U0425700

YICHANG MUBEN ZHIWU

CAISE TUJIAN

# 宜昌木本植物

# 彩色图鉴

王玉兵 陈邦清 主编

中国林業出版社
CFPH China Forestry Publishing House

图书在版编目（C I P）数据

宜昌木本植物彩色图鉴 / 王玉兵，陈邦清主编 . -- 北京：中国林业出版社，2020.8

ISBN 978-7-5219-0621-9

Ⅰ . ①宜… Ⅱ . ①王… ②陈… Ⅲ . ①木本植物－宜昌－图集 Ⅳ . ① S717.263.3-64

中国版本图书馆 CIP 数据核字 (2020) 第 102302 号

中国林业出版社 · 建筑家居分社
责任编辑：李 顺 薛瑞琦 陈 慧

---

出 版：中国林业出版社（100009 北京西城区德内大街刘海胡同 7 号）
网 站：http://www.forestry.gov.cn/lycb.html
印 刷：北京博海升彩色印刷有限公司
发 行：中国林业出版社
电 话 （010）8314 3569
版 次：2020 年 8 月第 1 版
印 次：2020 年 10 月第 1 次
开 本：1/16
印 张：31.5
字 数：500 千字
定 价：398.00 元

# 宜昌木本植物彩色图鉴

## 编委会

**主　任：** 刘新平

**副主任：** 张松林 曹光毅 何清泉 张惠琴 郑向东

**主　编：** 王玉兵 陈邦清

**副主编：** 梅　花 梁宏伟 李国圣 熊兴军

**委　员：**（按姓氏笔画排序）

王作明 王微琼 王黎明 毛业勇 刘　凯
刘　婧 许红霞 杜云明 李　萍 李　新
李羡军 杨世文 应中华 宋正江 张　欣
张立新 陆万明 陈　华 陈发菊 陈明祥
易尚源 罗友刚 周　红 周立平 周鸿彬
屈建中 赵　翔 姚东艳 姚圣典 黄祥丰
梅朋森 隗　权 鲁晓雄 谢　军 谢延平
鄢　蓉

# 前言

林木种质资源作为林业工作的重要载体之一，不仅是实现森林生态系统多样性的基础，而且也是解决当前林木同质化及培育新品种的遗传源泉。林木种质资源作为可持续发展的战略性资源，是国家乃至全人类的宝贵财富。系统研究某一地区的木本植物资源现状，不仅有助于我们认识该区域的木本植物组成、优势类群和分布规律，而且对促进该地区的生态环境建设和社会经济可持续发展具有十分重要的意义。

宜昌市位于湖北省西南部、长江上中游分界处，地处北纬29°56'~31°34'、东经110°15'~112°04'，属亚热带季风性湿润气候。全市东西长174.1km，南北宽180.6km，总面积约2.1万 $km^2$，其中山地占69%，丘陵占21%，平原占10%。宜昌市作为江汉平原向云贵高原过渡的第一个门户，其独特的地理位置和复杂多样的自然环境为植物的生存和繁衍提供了得天独厚的生存环境，长期以来，该地区一直被中外植物学学者所关注。

自2016年1月起，在湖北省林业局的支持下，宜昌市林业和园林局和三峡大学在全市开展木本植物种质资源本底调查，历时3年基本摸清了宜昌木本植物的资源家底。本书所收录的物种以宜昌市境内出现的野生木本植物为主，也收录有少量的常见栽培木本植物，包括乔木、灌木、亚灌木和木质藤本。经统计，本书共收录宜昌市木本植物111科342属939种（含亚种、变种和变型），其中野生种887种，栽培植物52种。本书在编排上，裸子植物按郑万钧系统排列，被子植物按哈钦松系统排列，各科内则按属、种的拉丁名字母顺序排列。中文名称和拉丁学名主要参考《中国植物志》和《Flora of China》。为了方便读者使用，每个物种附有1~4幅彩色图片和资源分布现状（物种分布提及的宜昌特指宜昌城区五个区）；书后还附有中文名和拉丁名索引。

本书较详细而系统的介绍了宜昌市木本植物资源的概况，为首部专门收集宜昌市木本植物种类的专著。该书图文并茂，实用性强，不仅是宜昌市木本植物资源保护和利用的重要参考资料，而且对林业调查、生态修复、园林绿化和木本花卉产业的发展具有一定的参考价值。

本书在编写过程中，少数图片得到了湖北民族大学易咏梅教授、武汉大学杜巍博士、中国科学院武汉植物园李晓东研究员、中国医学科学院药用植物研究所张成、香港嘉道理农场暨植物园张金龙博士、中国科学院植物研究所刘彬彬博士、枣阳市中医院周瑞忠医生、南京森林警察学院南程慧博士、利川市林业局张礼万工程师、信阳师范学院朱鑫鑫博士、神农架国家公园江志国所长、南京林业大学许晓岗教授、汤睿博士等人的帮助，图中未标明出处。本书承中国科学院武汉植物园研究员刘松柏、华中农业大学教授包满珠、省林木种苗管理总站教授级高工宋开秀等审阅，并提供了宝贵意见。中国林业出版社的编辑给了我们热情、耐心和无尽的帮助。在此一并致谢。

因作者水平有限，书中难免有疏漏之处，敬请广大读者批评指正。

编 者

2020年10月

# 目录

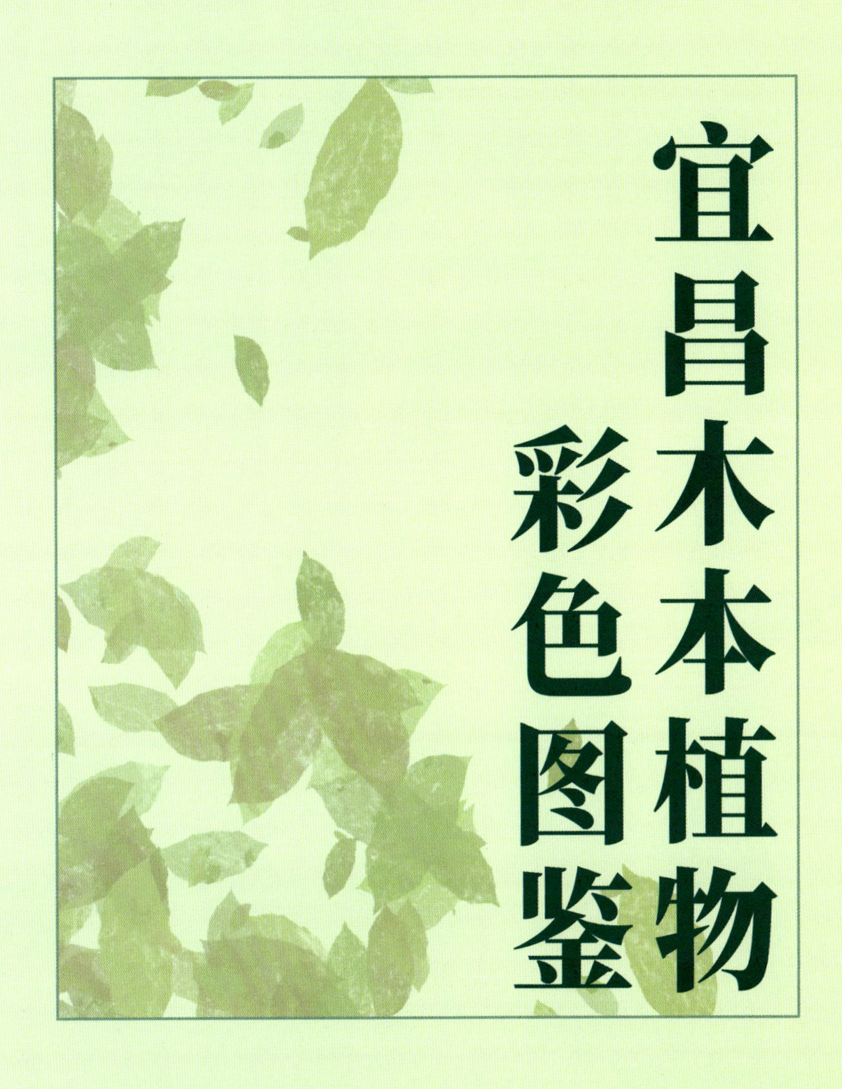

# 宜昌木本植物彩色图鉴

## 苏铁 *Cycas revoluta* Thunb.　　苏铁属 *Cycas* L.

常绿；树干圆柱形。羽状叶呈倒卵状狭披针形，长75~200cm；叶轴基部两侧具齿状刺，羽状裂片达100对以上，条形，厚革质，坚硬，长9~18cm，宽4~6mm，边缘显著向下反卷。雌雄异株，雄球花圆柱形，长30~70cm，径8~15cm，小孢子叶窄楔形；大孢子叶长12~22cm，密被淡黄色或淡灰黄色长绒毛，羽状分裂，裂片12~18对，胚珠2~6枚，生于大孢子叶柄的两侧，有绒毛。种子倒卵圆形，稍扁，径1.5~3cm，密被黄色短绒毛。花期6~7月，种子10月成熟。

宜昌市各地栽培。

## 银杏 *Ginkgo biloba* L.　　银杏属 *Ginkgo* L.

落叶乔木；树皮深纵裂。枝近轮生，具长短枝。叶在短枝上簇生，长枝上螺旋状着生。叶扇形，具长柄，有多数叉状并列细脉，上缘浅波状。雌雄异株，雄球花柔荑花序状，下垂，雄蕊排列疏松，具短梗，花药常2个；雌球花具长梗，梗端常2叉，每叉顶生1珠座并生有1枚胚珠，通常仅1枚胚珠发育成种子。种子核果状，近球形，具长梗，下垂，径约2cm。外种皮肉质，熟时黄色，被白粉；中种皮骨质；内种皮膜质，淡红褐色。花期3~4月，种子9~10月成熟。

极危种，国家Ⅰ级保护植物。宜昌市各地栽培。长阳方山景区的绝壁上有一棵胸径约20cm多的银杏，疑为野生。

## 巴山冷杉 *Abies fargesii* Franch.

冷杉属 *Abies* Mill.

乔木；树皮块状开裂。叶在枝条排成2列，条形，长1~3cm，宽1.5~4mm，先端钝有凹缺，下面沿中脉两侧有2条粉白色气孔带。球果圆柱形，长5~8cm，径3~4cm，成熟时紫黑色；中部种鳞肾形或扇状肾形，长0.8~1.2cm，宽1.5~2cm，上部宽厚，边缘内曲；苞鳞倒卵状楔形，上部圆，边缘有细缺齿，先端有急尖的短尖头；种子倒三角状卵圆形，种翅楔形，较种子短或等长。花期4~5月，果期9~10月。

分布于兴山，生于海拔1500m以上的山地。

## 雪松 *Cedrus deodara* (Roxb. ex D. Don) G. Don.

雪松属 *Cedrus* Trew

常绿乔木；树皮不规则的鳞状片。具长短枝，叶在长枝上散生，短枝上簇生，叶针形，坚硬，长2.5~5cm，宽1~1.5mm，上部较宽，先端锐尖，常呈三棱形，叶之腹面两侧各有2~3条气孔线，背面4~6条。雄球花长卵圆形，长2~3cm，径约1cm；雌球花卵圆形。球果成熟前淡绿色，熟时红褐色，卵圆形，长7~12cm，径5~9cm，顶端圆钝，有短梗；中部种鳞扇状倒三角形，长2.5~4cm，宽4~6cm；苞鳞短小；种子近三角状，种翅宽大。花期2~3月，球果翌年10月成熟。

宜昌市各地栽培。

## 铁坚油杉 *Keteleeria davidiana* (Bertrand) Beissn.

油杉属 *Keteleeria* Carrière

乔木；树皮深纵裂。叶条形，在侧枝上排列成 2 列，长 2~5cm，宽 3~4mm，先端圆钝或微凹，沿中脉两侧各有气孔线 10~16 条。球果圆柱形，长 8~21cm，径 3.5~6cm；中部的种鳞卵形或近斜方状卵形，长 2.6~3.2cm，宽 2.2~2.8cm，上部圆或窄长而反曲，边缘向外反曲；鳞苞上部近圆形，先端三裂，中裂窄，渐尖，侧裂圆而有明显的钝尖头，边缘有细缺齿，鳞苞中部窄短，下部稍宽；种翅中下部或近中部较宽，上部渐窄。花期 4 月，种子 10 月成熟。

分布于长阳、当阳、五峰、兴山、宜昌、宜都、秭归，生于海拔 600~1500m 的山地林中。

## 日本落叶松 *Larix kaempferi* (Lamb.) Carrière

落叶松属 *Larix* Mill.

乔木；树皮鳞片状脱落；枝平展，树冠塔形。具长短枝。叶条形，长 1.5~3.5cm，宽 1~2mm，先端微尖，下面中脉隆起，两面均有气孔线，通常 5~8 条。雄球花淡褐黄色，卵圆形；雌球花紫红色，苞鳞反曲，先端三裂。球果卵圆形，熟时黄褐色，长 2~3.5cm，径 1.8~2.8cm，种鳞上部边缘波状，显著地向外反曲；苞鳞窄矩圆形，先端三裂；种子倒卵圆形，具翅。花期 4~5 月，球果 10 月成熟。

栽培于长阳、五峰、兴山、秭归等地海拔 1500m 以上的山地。

## 麦吊云杉 *Picea brachytyla* (Franch.) Pritz.

云杉属 *Picea* A. Dietr.

乔木；树皮不规则鳞片状；大枝平展，树冠尖塔形；侧枝细而下垂。冬芽常为卵圆形，芽鳞排列紧密。叶条形，扁平，长 1~2.2cm，宽 1~1.5mm，先端尖或微尖，上面有 2 条白粉气孔带，每带有气孔线 5~7 条。球果矩圆状圆柱形或圆柱形，成熟前绿色，熟时褐色，长 6~12cm，宽 2.5~3.8cm；中部种鳞倒卵形或斜方状倒卵形，长 1.4~2.2cm，宽 1.1~1.3cm，上部圆形；种子连翅长约 1.2cm。花期 4~5 月，球果 9~10 月成熟。

零星分布于兴山、宜昌、秭归，生于海拔 1500m 以上的山地林中。

## 大果青扦 *Picea neoveitchii* Mast.

云杉属 *Picea* A. Dietr.

乔木；树皮鳞片状脱落；冬芽卵圆形，芽鳞淡紫褐色。叶四棱状条形，两侧扁，长 1.5~2.5cm，宽约 2mm，先端锐尖，四边有气孔线，上面每边 5~7 条，下面每边 4 条；叶在小枝上面之叶向上伸展，两侧及下面之叶向上弯曲。球果卵状圆柱形，长 8~14cm，径 5~6.5cm，通常两端窄缩，成熟前绿色，成熟时褐色；种鳞宽大，宽倒卵状五角形或倒三角状宽卵形，中部种鳞长约 2.7cm，宽 2.7~3cm；苞鳞短小，长约 5mm；种子倒卵圆形，长 5~6mm，宽约 3.5mm，种翅宽大，倒卵状。花期 4 月，球果 10 月成熟。

易危种，国家Ⅱ级保护植物。分布于兴山，生于海拔 1600m 以上的山地林中。

## 青杆 *Picea wilsonii* Mast.

云杉属 *Picea* A. Dietr.

乔木；树皮不规则块状脱落；冬芽卵圆形，芽鳞排列紧密。叶排列较密，四棱状条形，直或微弯，通常长 0.8~1.8cm，宽 1.2~1.7mm，先端尖，四面各有气孔线 4~6 条，微具白粉。球果卵状圆柱形，成熟前绿色，熟时褐色，长 5~8cm，径 2.5~4cm；中部种鳞倒卵形，长 1.4~1.7cm，宽 1~1.4cm；苞鳞匙状矩圆形；种子倒卵圆形，长 3~4mm，连翅长 1.2~1.5cm，种翅倒宽披针形，淡褐色，先端圆。花期 4 月，球果 10 月成熟。

零星分布于兴山、宜昌，生于海拔 1600~2200m 的山地林中。

## 华山松 *Pinus armandii* Franch.

松属 *Pinus* L.

乔木；幼树树皮灰绿色，老树呈不规则块状；冬芽近圆柱形。针叶常 5 针一束，长 8~15cm，径 1~1.5mm，边缘具细锯齿，仅腹面两侧各具 4~8 条白色气孔线。雄球花黄色，卵状圆柱形，多集生于新枝下部呈穗状。球果圆锥状长卵圆形，长 10~20cm，径 5~8cm，幼时绿色，成熟时黄色或褐黄色，种鳞张开；中部种鳞近斜方状倒卵形，长 3~4cm，宽 2.5~3cm，鳞盾近斜方形；种子倒卵圆形，无翅或两侧及顶端具棱脊，稀具极短的木质翅。花期 4~5 月，球果翌年 9~10 月成熟。

分布于长阳、五峰、兴山、宜昌、秭归，生于海拔 1000m 以上的山地林中。

## 马尾松 *Pinus massoniana* Lamb.　　松属 *Pinus* L.

乔木；树皮鳞片状；冬芽卵状圆柱形。针叶常 2 针一束，长 12~20cm，细柔，两面有气孔线，边缘有细锯齿；叶鞘宿存。雄球花淡红褐色，圆柱形，聚生于新枝下部苞腋，穗状；雌球花单生或 2~4 个聚生于新枝近顶端，淡紫红色。球果卵圆形，长 4~7cm，径 2.5~4cm，有短梗，下垂，成熟前绿色，熟时栗褐色，陆续脱落；中部种鳞近矩圆状倒卵形或近长方形，长约 3cm；鳞盾菱形；种子长卵圆形，长 4~6mm，连翅长 2~2.7cm。花期 4~5 月，球果翌年 10~12 月成熟。

全市广布，生于海拔 1200m 以下的山地和丘陵。现常栽培。

## 油松 *Pinus tabuliformis* Carrière　　松属 *Pinus* L.

乔木；树皮灰褐色，呈不规则鳞块状；冬芽矩圆形，顶端尖。针叶 2 针一束，深绿色，粗硬，长 10~15cm，径约 1.5mm，边缘有细锯齿，两面具气孔线。雄球花圆柱形，在新枝下部聚生呈穗状。球果卵形，长 4~9cm，有短梗，向下弯垂，成熟前绿色，熟时淡褐黄色，常宿存树上近数年之久；中部种鳞近矩圆状倒卵形，长 1.6~2cm，宽约 1.4cm，鳞盾扁菱形；种子卵圆形，连翅长 1.5~1.8cm。花期 4~5 月，球果翌年 10 月成熟。

分布于长阳、当阳、五峰、兴山、秭归，生于海拔 800~1700m 的山地林中。现常栽培。

## 巴山松 *Pinus tabuliformis* var. *henryi* (Mast.) C. T. Kuan　　松属 *Pinus* L.

乔木；树皮呈不规则的鳞块状；冬芽红褐色，圆柱形。针叶 2 针一束，稍硬，长 7~12cm，径约 1mm，先端微尖，两面有气孔线，边缘有细锯齿，叶鞘宿存。雄球花长卵圆形，聚生于新枝下部呈短穗状；一年生小球果的种鳞先端具短刺。球果显著向下，成熟时褐色，卵圆形或圆锥状卵圆形，基部楔形，长 2.5~5cm；径与长几相等；种鳞背面下部紫褐色，鳞盾褐色，斜方形或扁菱形；种子椭圆状卵圆形，微扁，连翅长约 2cm，种翅黑紫色。花期 4~5 月，球果翌年 10 月成熟。

分布于兴山、远安、宜昌、秭归，生于海拔 1100m 以上的山地林中。

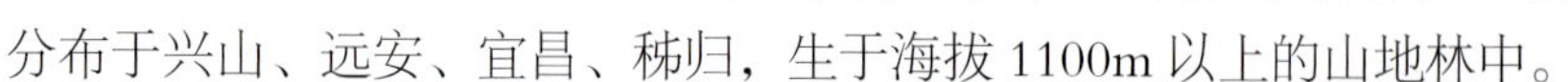

## 黄杉 *Pseudotsuga sinensis* Dode　　黄杉属 *Pseudotsuga* Carrière

乔木；树皮鳞片状脱落。叶条形，排成 2 列，长 1.3~3cm，宽约 2mm，先端钝圆有凹缺，基部宽楔形，上面绿色，下面有 21 条白色气孔带。球果卵圆形，近中部宽，两端微窄，长 4.5~8cm，径 3.5~4.5cm，成熟前微被白粉；中部种鳞近扇形或扇状斜方形，上部宽圆，基部宽楔形，两侧有凹缺；苞鳞露出部分向后反伸，中裂窄三角形，长约 3mm，侧裂片较中裂片短，边缘常有缺齿；种子三角状卵圆形，长约 9mm，种翅较种子为长，先端圆，种子连翅稍短于种鳞。花期 4 月，球果 10~11 月成熟。

易危种，国家Ⅱ级保护植物。分布于五峰，生于海拔 800m 以上的山地林中。

## 铁杉 *Tsuga chinensis* (Franch.) Pritz.

铁杉属 *Tsuga* (Endl.) Carrière

乔木；树皮纵裂，呈块状脱落。叶条形，排列成 2 列，长 1.2~2.7cm，宽 2~3mm，先端钝圆有凹缺，下面中脉隆起无凹槽，气孔带灰绿色，边缘全缘。球果卵圆形，长 1.5~2.5cm，径 1.2~1.6cm，具短梗；中部种鳞五边状卵形或近圆形；苞鳞倒三角状楔形，上部边缘有细缺齿，先端二裂；种子连同种翅长 7~9mm，种翅上部较窄。花期 4 月，球果 10 月成熟。

分布于长阳、五峰、兴山、宜昌、秭归，生于海拔 1000m 以上的山地林中。

## 丽江铁杉 *Tsuga chinensis* var. *forrestii* (Downie) Silba

铁杉属 *Tsuga* (Endl.) Carrière

乔木；树皮粗糙，深纵裂。叶条形，排成 2 列，全缘，先端钝有凹缺，长 1~2.5cm，宽约 2mm，上面绿色，下面淡绿色，气孔带粉白色。球果较大，圆锥状卵圆形或长卵圆形，长 2~4cm，径 1.5~3cm；种鳞靠近上部边缘处微加厚，常有微隆起的弧状脊，鳞背露出部分具细条槽，熟时黄褐色或淡褐色，中部种鳞长方圆形至方圆形，长 1.3~1.5cm，宽 1~1.3cm；苞鳞倒三角状斜方形，上部边缘有不规则的细缺齿，先端二裂；种子连翅长 0.9~1.2cm，种翅向上渐窄。花期 4~5 月，球果 10 月成熟。

易危种。零星分布于长阳、兴山，生于海拔 2100m 左右的山地林中。

## 杉木 *Cunninghamia lanceolata* (Lamb.) Hook.　　杉木属 *Cunninghamia* R. Br. ex A. Rich.

乔木；树皮长条片脱落，内皮淡红色；幼枝绿色，无毛，常近对生或轮生。叶条状披针形，常呈镰状，革质，长 2~6cm，宽 3~5mm，边缘有细缺齿，先端渐尖，上面深绿色，下面淡绿色，沿中脉两侧各有 1 条白粉气孔带。雄球花圆锥状，常多个簇生；雌球花单生或 2~4 个集生。球果卵圆形，长 2.5~5cm，径 3~4cm；苞鳞革质，三角状卵形，先端有尖头，边缘有不规则的锯齿；种鳞很小，先端三裂，侧裂较大，腹面具 3 粒种子；种子扁平，长卵形，两侧有窄翅。花期 4 月，球果 10 月下旬成熟。

全市广布，生于海拔 1700m 以下的山地林中。现常栽培。

## 日本柳杉 *Cryptomeria japonica* (Thunb. ex L. f.) D. Don　　柳杉属 *Cryptomeria* D. Don

乔木；树皮红棕色，纤维状，裂成长条片脱落；小枝下垂。叶钻形略向内弯曲，四边有气孔线，长 1~1.5cm。雄球花单生叶腋，长椭圆形，集生于小枝上部，呈短穗状花序状；雌球花顶生于短枝上。球果圆球形，径 1.2~2cm；种鳞 20 左右，上部有 4~5 短三角形裂齿，鳞背中部或中下部有 1 个三角状分离的苞鳞尖头，尖头长 3~5mm，基部宽 3~14mm，能育的种鳞有 2 粒种子；种子褐色，近椭圆形，扁平，长 4~6.5mm，宽 2~3.5mm，边缘有窄翅。花期 4 月，球果 10 月成熟。

全市广为栽培。

## 水杉 *Metasequoia glyptostroboides* Hu et W. C. Cheng　水杉属 *Metasequoia* Hu & W. C. Cheng

落叶乔木；树皮条裂。小枝对生或近对生，下垂。叶交互对生，排成羽状2列，线形，长1.3~2cm，宽1.5~2mm，上面中脉凹下，下面沿中脉两侧有4~8条气孔线。雌雄同株，雄球花卵圆形，排成总状或圆锥花序状，雄蕊约20；雌球花单生侧枝顶端，由交互对生的苞鳞和珠鳞所组成，各有5~9枚胚珠。球果下垂，近四棱状球形或矩圆状球形，当年成熟，成熟时深褐色，长1.8~2.5cm，直径1.6~2.5cm，梗长2~4cm。种鳞木质，盾形，通常11~12对，交互对生，鳞顶扁菱形；种子倒卵形，扁平，周围有窄翅，先端有凹缺。

濒危种，国家Ⅰ级保护植物。宜昌市各地栽培。



## 柏木 *Cupressus funebris* Endl.　柏木属 *Cupressus* L.

乔木；树皮裂成窄长条片；小枝细长下垂，生鳞叶的小枝扁，排成一平面，两面同形，绿色。鳞叶二型，长1~1.5mm，先端锐尖，中央之叶的背部有条状腺点，两侧的叶对折，背部有棱脊。雄球花椭圆形或卵圆形，长2.5~3mm，雄蕊通常6对；雌球花长3~6mm，近球形。球果圆球形，径8~12mm，熟时暗褐色；种鳞4对，顶端为不规则五角形或方形，能育种鳞有5~6粒种子；种子宽倒卵状菱形或近圆形，扁，边缘具窄翅。花期3~5月，种子翌年5~6月成熟。

分布于长阳、当阳、五峰、兴山、远安、宜昌、秭归，生于海拔1100m以下的山坡林中，以石灰岩地区居多。现常栽培。

## 圆柏 *Juniperus chinensis* L.

刺柏属 *Juniperus* L.

乔木；树皮呈条片开裂；小枝通常直或稍成弧状弯曲，生鳞叶的小枝近圆柱形或近四棱形。叶二型，即刺叶及鳞叶；刺叶生于幼树之上，老龄树则全为鳞叶，壮龄树兼有刺叶与鳞叶；刺叶三叶交互轮生，披针形，有 2 条白粉带。雌雄异株，稀同株，雄球花黄色，椭圆形。球果近圆球形，径 6~8mm，两年成熟，熟时暗褐色，有 1~4 粒种子；种子卵圆形，扁，顶端钝。花期 4 月，球果翌年 10 月成熟。

分布于长阳、当阳、五峰、兴山、远安、宜昌，生于海拔 2300m 以下的山地灌丛中。现多栽培。

## 高山柏 *Juniperus squamata* Buch.-Ham. ex D. Don

刺柏属 *Juniperus* L.

灌木；常呈匍匐状；或为乔木；树皮不规则薄片脱落。叶全为刺形，三叶交叉轮生，披针形，基部下延生长，长 5~10mm，宽 1~1.3mm，先端具尖头，上面稍凹，具白粉带，下面拱凸具钝纵脊。雄球花卵圆形，长 3~4mm，雄蕊 4~7 对。球果卵圆形或近球形，成熟前绿色或黄绿色，熟后黑色或蓝黑色，内有种子 1 粒；种子卵圆形或锥状球形。花期 4 月，球果翌年 10 月成熟。

分布于五峰、兴山、秭归，生于海拔 1600m 以上的山坡林中。

## 刺柏 *Juniperus formosana* Hayata

刺柏属 *Juniperus* L.

常绿乔木；树皮长条薄片脱落；小枝下垂，三棱形。叶三叶轮生，条状披针形或条状刺形，长1.2~2cm，宽1.2~2mm，先端渐尖具锐尖头，上面稍凹，中脉微隆起，绿色，两侧各有1条白色气孔带，在先端汇合为1条，下面绿色，具纵钝脊。雄球花圆球形或椭圆形，长4~6mm。球果近球形或宽卵圆形，长6~10mm，径6~9mm，熟时淡红褐色；种子半月圆形，具3~4棱脊，顶端尖，近基部有3~4个树脂槽。花期4月，球果翌年10月成熟。

分布于长阳、五峰、兴山、远安、宜昌、宜都、秭归，生于海拔600~2300m的山地林中。

## 侧柏 *Platycladus orientalis* (L.) Franco

侧柏属 *Platycladus* Spach

乔木；枝条向上伸展或斜展；生鳞叶的小枝向上直展或斜展，扁平，排成一平面。叶鳞形，长1~3mm，先端微钝，小枝中央的叶的露出部分呈倒卵状菱形或斜方形，背面中间有条状腺槽，两侧的叶船形。雄球花黄色，卵圆形；雌球花近球形，蓝绿色，被白粉。球果近卵圆形，长1.5~2.5cm，成熟前近肉质，蓝绿色，被白粉，成熟后木质，开裂，红褐色；中间2对种鳞倒卵形或椭圆形；种子卵圆形或近椭圆形，无翅或有极窄之翅。花期3~4月，球果10月成熟。

分布于长阳、当阳、兴山、远安、宜昌，生于海拔1000m以下的山地林中。现常栽培。

## 罗汉松 *Podocarpus macrophyllus* (Thunb.) Sweet　　罗汉松属 *Podocarpus* L'Hér. ex Pers.

乔木；树皮灰色或灰褐色，浅纵裂，呈薄片状脱落；枝开展或斜展。叶螺旋状着生，条状披针形，长 7~12cm，宽 7~10mm，先端尖，基部楔形，上面中脉显著隆起，下面中脉微隆起。雄球花穗状，腋生，常 3~5 个簇生，长 3~5cm，基部有数枚三角状苞片；雌球花单生叶腋，具梗。种子卵圆形，径约 1cm，先端圆，熟时肉质假种皮紫黑色，有白粉，种托肉质圆柱形，红色或紫红色，柄长 1~1.5cm。花期 4~5 月，种子 8~9 月成熟。

宜昌市各地栽培。

## 三尖杉 *Cephalotaxus fortunei* Hook.　　三尖杉属 *Cephalotaxus* Sieb. & Zucc. ex Endl.

常绿乔木；树皮褐色，片状脱落；枝条较细长，稍下垂。叶排成 2 列，披针状条形，通常微弯，长 4~13cm，宽 3.5~4.5mm，上部渐窄，先端有长尖头，基部楔形，上面深绿色，中脉隆起，下面气孔带白色，较绿色边带宽 3~5 倍，绿色中脉带明显。雄球花 8~10 个聚生呈头状，径约 1cm；雌球花的胚珠 3~8 枚发育成种子，总梗长 1.5~2cm。种子椭圆状卵形或近圆球形，长约 2.5cm，假种皮成熟时紫色或红紫色。花期 4 月，种子 8~10 月成熟。

分布于长阳、五峰、兴山、远安、宜昌、秭归，生于海拔 200~1500m 的山地林中。

## 篦子三尖杉 *Cephalotaxus oliveri* Mast.　　三尖杉属 *Cephalotaxus* Sieb. & Zucc. ex Endl.

灌木或小乔木；树皮灰褐色。叶条形，质硬，平展成2列，排列紧密，长1.5~3.2cm，宽3~4.5mm，基部截形，几无柄，先端凸尖，上面深绿色，下面气孔带白色，较绿色边带宽1~2倍。雄球花6~7个聚生呈头状花序，雄蕊6~10；雌球花的胚珠通常1~2枚发育成种子。种子倒卵圆形、卵圆形或近球形，径约1.8cm，顶端中央有小凸尖。花期3~4月，种子8~10月成熟。

易危种，国家Ⅱ级保护植物。分布于长阳、五峰、兴山、宜昌、秭归，生于海拔300~1800m的山地林中或山谷岩缝中。

## 粗榧 *Cephalotaxus sinensis* (Rehder et E. H. Wilson) H. L. Li　　三尖杉属 *Cephalotaxus* Sieb. & Zucc. ex Endl.

灌木或小乔木；树皮灰色，裂成薄片状脱落。叶条形，排成2列，通常直，长2~5cm，宽约3mm，基部近圆形，几无柄，先端通常渐尖，上面深绿色，中脉明显，下面有2条白色气孔带。雄球花6~7个聚生呈头状，径约6mm。种子卵圆形、椭圆状卵形或近球形，长1.8~2.5cm，顶端中央有一小尖头。花期3~4月，种子8~10月成熟。

易危种。分布于长阳、当阳、五峰、兴山、宜昌、秭归，生于海拔600~2200m的山地林中。

## 穗花杉 *Amentotaxus argotaenia* (Hance) Pilg.

穗花杉属 *Amentotaxus* Pilg.

灌木或小乔木；树皮灰褐色，裂成片状脱落。叶基部扭转成2列，条状披针形，长3~11cm，宽6~11mm，先端尖或钝，基部楔形，边缘微向下曲，下面白色气孔带与绿色边带等宽或较窄，萌生枝的叶较长。雄球花穗1~3，雄蕊有2~5个花药。种子椭圆形，成熟时假种皮鲜红色，长2~2.5cm，径约1.3cm，顶端有小尖头露出。花期4月，种子10月成熟。

易危种。分布于五峰、兴山、宜昌，生于海拔300~1800m的林中。

## 红豆杉 *Taxus wallichiana* var. *chinensis* (Pilg.) Florin

红豆杉属 *Taxus* L.

常绿乔木；树皮常红褐色。叶2列，条形，稍直或微镰状，长1~3cm，宽2~4mm，上部常较窄，先端急尖，有短刺尖头，基部狭，近无柄，两边边缘反曲或近平，下面中脉带、边带常与气孔带同色。种子卵圆形，生于杯状红色肉质的假种皮中，间或生于膜质盘状的种托之上，长约5~7mm，宽3.5~5mm，通常中上部较窄。花期4月，果期10月。

濒危种，国家Ⅰ级保护植物。分布于长阳、五峰、兴山、宜昌、秭归，生于海拔700~1900m的山地林中。

## 南方红豆杉 *Taxus wallichiana* var. *mairei* (Lemée & H. Lév.) L. K. Fu & Nan Li　　红豆杉属 *Taxus* L.

与红豆杉 *Taxus wallichiana* var. *chinensis* 区别在于叶常较宽、长，多呈弯镰状，通常长 2~4.5cm，宽 3~5mm，上部常渐窄，先端渐尖，下面中脉带上无角质乳头点突起，中脉带明晰可见，其色泽与气孔带相异，呈淡黄绿色或绿色，绿色边带较宽而明显。花期 4 月，果期 10 月。

易危种，国家 I 级保护植物。分布于长阳、五峰、兴山、宜昌，生于海拔 600~1200m 的山地林中。

## 巴山榧树 *Torreya fargesii* Franch.　　榧属 *Torreya* Arn.

乔木；树皮不规则纵裂；一年生枝绿色，老枝呈黄绿色或黄色。叶条形，通常直，长 1.3~3cm，宽 2~3mm，先端渐尖，具刺状短尖头，基部微偏斜，宽楔形，上面亮绿色，常有 2 条较明显的凹槽，下面淡绿色，中脉不隆起，气孔带较中脉带为窄。雄球花卵圆形，雄蕊常具 4 个花药，花丝短，药隔三角状，边缘具细缺齿。种子卵圆形、圆球形或宽椭圆形，肉质假种皮微被白粉，径约 1.5cm，顶端具小凸尖。花期 4~5 月，种子 9~10 月成熟。

易危种，国家 II 级保护植物。分布于长阳、五峰、兴山、宜昌、秭归，生于海拔 800~1800m 的山地林中。

## 鹅掌楸 *Liriodendron chinense* (Hemsl.) Sarg.　　鹅掌楸属 *Liriodendron* L.

乔木；叶马褂状，长4~12cm，近基部每边具1侧裂片，先端具2浅裂，下面苍白色，叶柄长4~8cm。花杯状，花被片9，外轮3片绿色，萼片状，向外弯垂，内两轮6片、直立，花瓣状、倒卵形，长3~4cm，绿色，具黄色纵条纹，花药长10~16mm，花丝长5~6mm，花时雌蕊群超出花被之上，心皮黄绿色。聚合果长7~9cm，具翅的小坚果长约6mm，顶端钝或钝尖，具种子1~2粒。花期5月，果期9~10月。

国家Ⅱ级保护植物。分布于长阳、五峰、兴山、宜昌、宜都、秭归，生于海拔600~1700m的山地林中。现常栽培。

## 望春玉兰 *Magnolia biondii* Pamp.　　木兰属 *Magnolia* L.

落叶乔木；顶芽密被淡黄色长柔毛。叶椭圆状披针形至狭倒卵，长10~18cm，宽3.5~6.5cm，先端急尖，基部阔楔形，上面暗绿色，下面浅绿色，初被平伏棉毛，后无毛；侧脉每边10~15条；叶柄长1~2cm。花先叶开放，花被9，外轮3片紫红色，近狭倒卵状条形，中内两轮近匙形，白色，外面基部常紫红色，内轮的较狭小；雄蕊紫色；雌蕊群长1.5~2cm。聚合果圆柱形，长8~14cm，常因部分不育而扭曲；种子心形，外种皮鲜红色，内种皮深黑色。花期3月，果熟期9月。

分布于长阳、五峰、兴山、宜昌、宜都、秭归，生于海拔600~1500m的山地林中。

## 玉兰 *Magnolia denudata* Desr.

木兰属 *Magnolia* L.

落叶乔木；冬芽及花梗密被淡灰黄色长绢毛。叶纸质，倒卵形、倒卵状椭圆形，长10~18cm，宽6~18cm，先端宽圆至稍凹，基部楔形，叶上初被柔毛，后仅脉上被柔毛，下面沿脉上被柔毛，侧脉每边8~10条；叶柄长1~2.5cm。花先叶开放，直径10~16cm；花被片9，白色，基部常带粉红色，近相似；雄蕊多数；雌蕊群淡绿色，圆柱形。聚合果圆柱形，长12~15cm，直径3.5~5cm；种子心形，侧扁，外种皮红色，内种皮黑色。花期2~3月，果期8~9月。

分布于长阳、五峰、宜昌、宜都、兴山、秭归，生于海拔2000m以下的山地林中。现常栽培。

## 荷花玉兰 *Magnolia grandiflora* L.

木兰属 *Magnolia* L.

常绿乔木；小枝、芽、叶背、叶柄均密被褐色短绒毛。叶革质，倒卵状椭圆形，长10~20cm，宽4~10cm，先端钝或钝尖，基部楔形；侧脉每边8~10条，叶柄长1.5~4cm。花白色，直径15~20cm；花被片9~12，厚肉质，倒卵形，长6~10cm，宽5~7cm；雄蕊多数，长约2cm；雌蕊群椭圆体形，密被长绒毛，花柱卷曲状。聚合果圆柱状长圆形，长7~10cm，径4~5cm，密被绒毛。种子近卵圆形或卵形，外种皮红色。花期5~6月，果期9~10月。

宜昌各地栽培。

## 紫玉兰 *Magnolia liliflora* Desr. 木兰属 *Magnolia* L.

落叶灌木；叶椭圆状倒卵形或倒卵形，长 8~18cm，宽 3~10cm，先端常急尖，基部渐狭，上面初被短柔毛，下面沿脉被短柔毛；侧脉每边 8~10 条，叶柄长 8~20mm，托叶痕约为叶柄长之半。花叶同期，花被片 9~12，紫绿色，披针形长 2~3.5cm，内两轮肉质，外面紫色或紫红色，内面带白色，花瓣状；雄蕊紫红色，侧向开裂；雌蕊群长约 1.5cm，淡紫色，无毛。聚合果深紫褐色，变褐色，圆柱形，长 7~10cm；成熟蓇葖近圆球形，顶端具短喙。花期 3~4 月，果期 8~9 月。

易危种。宜昌各地栽培。

## 厚朴 *Magnolia officinalis* Rehder & E. H. Wilson 木兰属 *Magnolia* L.

落叶乔木；小枝粗壮，顶芽密被淡黄褐色绢状毛。叶近革质，常 7~9 聚生枝端，长圆状倒卵形，长 22~45cm，宽 12~25cm，上面绿色，下面灰绿色，被灰色柔毛，有白粉，侧脉 20~30 对；叶柄长 2.5~4.5cm，托叶痕为叶柄的 2/3。花与叶同时开放，单生枝顶，白色；花被片 9~12；雄蕊多数，花丝红色；雌蕊群椭圆状卵圆形，心皮多数。聚合果圆柱状，长 9~16cm；蓇葖木质，顶端有向外弯的喙；种子倒卵形，有鲜红色外种皮。花期 5~6 月，果期 8~10 月。

国家Ⅱ级保护植物。分布于长阳、五峰、兴山、宜昌、秭归，生于海拔 1700m 以下的山坡林缘，现宜昌市各地栽培。

## 凹叶厚朴 *Magnolia officinalis* subsp. *biloba* (Rehder & E. H. Wilson) Y. W. Law 木兰属 *Magnolia* L.

为厚朴 *Magnolia officinalis* 的亚种，该亚种叶较小，侧脉较少，聚合果顶端较狭尖，叶先端凹成 2 钝圆浅裂是与厚朴的唯一区别特征。

国家Ⅱ级保护植物。分布于五峰，生于海拔 800m 以下的山坡。野生或栽培。

## 武当玉兰 *Magnolia sprengeri* Pamp. 木兰属 *Magnolia* L.

落叶乔木；皮具纵裂沟呈小块片状脱落。叶倒卵形，长 10~18cm，宽 4.5~10cm，先端急尖，基部楔形，上面仅沿中脉及侧脉疏被柔毛，下面初被平伏细柔毛，叶柄长 1~3cm。花蕾被淡灰黄色绢毛，花先叶开放，花被片 12，外面玫瑰红色，长 5~13cm，宽 2.5~3.5cm，雄蕊多数，花丝紫红色，宽扁；雌蕊群圆柱形，长 2~3cm，淡绿色，花柱玫瑰红色。聚合果圆柱形，长 6~18cm；蓇葖扁圆，成熟时红褐色。花期 3~4 月，果期 8~9 月。

分布于长阳、五峰、兴山、远安、宜昌，生于海拔 1200~2200m 的山地林中。

## 红花玉兰 *Magnolia wufengensis* L. Y. Ma et L. R. Wang　　木兰属 *Magnolia* L.

落叶乔木；老干树皮斑块状剥落叶。叶倒阔卵形或倒卵形，长 9~14cm，宽 6.5~10cm，先端圆或平齐，先端有小突尖，基部楔形；侧脉 5~10 对，腹面沿主脉被平伏柔毛；叶柄长 1.5~3cm。花芳香，单生枝顶，先叶开放；花蕾卵球形，长 1.8~3.1cm，径 1.2~2.1cm，外面密被淡黄色绢毛；花被片 9，内外均为红色，倒卵状或倒卵状匙形，长 7.2~8.8cm，宽 2.9~4.7cm，顶端圆，基础部楔形；雄蕊多数，雌蕊群圆柱形，长 2cm 左右，心皮多数。聚合蓇葖果长 10~20cm，每蓇葖具 2 粒种子。花期 3~4 月，果熟期 9 月。

零星分布长阳、五峰，生于海拔 1000~2200m 的山地林中。宜昌市各地栽培。

## 多瓣红花玉兰 *Magnolia wufengensis* var. *multitepala* L. Y. Me et S. C. He　　木兰属 *Magnolia* L.

为红花玉兰 *Magnolia wufengensis* 的变种。与原变种的区别在于花被片 12~46，花被片阔卵状匙形、倒卵状匙形或窄倒卵状匙形。

零星分布长阳、五峰，生于海拔 1000~2200m 的山地林中。

## 巴东木莲 *Manglietia patungensis* Hu　　木莲属 *Manglietia* Blume

乔木；叶薄革质，倒卵状椭圆形，长 14~20cm，宽 3.5~7cm，先端尾状渐尖，基部楔形；侧脉每边 13~15 条；叶柄长 2.5~3cm。花白色，径 8.5~11cm；花被片 9，外轮 3 片近革质，狭长圆形，先端圆，长 4.5~6cm，宽 1.5~2.5cm，中轮及内轮肉质，倒卵形，长 4.5~5.5cm，宽 2~3.5cm，雄蕊长 6~8mm，花药紫红色；雌蕊群圆锥形，长约 2cm，雌蕊背面无纵沟纹，每心皮有胚珠 4~8 枚。聚合果圆柱状椭圆形，长 5~9cm，径 2.5~3cm，淡紫红色。蓇葖露出面具点状凸起。花期 5~6 月，果期 7~10 月。

濒危种。当阳、五峰、宜昌、枝江有栽培。

## 乐昌含笑 *Michelia chapensis* Dandy　　含笑属 *Michelia* L.

乔木；叶薄革质，狭倒卵形至长圆状倒卵形，长 6.5~16cm，宽 3.5~7cm，先端骤狭短渐尖，尖头钝，基部楔形，侧脉每边 9~12 条；叶柄长 1.5~2.5cm，无托叶痕。花梗长 4~10mm；花被片 6，淡黄色，芳香，2 轮；雄蕊多数，雌蕊群狭圆柱形，长约 1.5cm，雌蕊群柄密被银灰色平伏毛；心皮卵圆形，长约 2mm，花柱长约 1.5mm；胚珠约 6 枚。聚合果长约 10cm，果梗长约 2cm；蓇葖长圆形或卵圆形，顶端具短细弯尖头；种子红色，卵形或长圆状卵圆形，长约 1cm，宽约 6mm。花期 3~4 月，果期 8~9 月。

宜昌市各地栽培。

## 含笑花 *Michelia figo* (Lour.) Spreng.　　含笑属 *Michelia* L.

常绿灌木；芽、嫩枝、叶柄、花梗均密被黄褐色绒毛。叶革质，狭椭圆形或倒卵状椭圆形，长4~10cm，宽1.8~4.5cm，先端钝短尖，基部楔形，叶柄长2~4mm，托叶痕长达叶柄顶端。花直立，淡黄色而边缘有时红色或紫色，具甜浓的芳香，花被片6，肉质，较肥厚，长椭圆形；雄蕊长7~8mm；雌蕊群无毛，长约7mm，超出于雄蕊群；雌蕊群柄长约6mm，被淡黄色绒毛。聚合果长2~3.5cm；蓇葖卵圆形或球形，顶端有短尖的喙。花期3~5月，果期7~8月。

宜昌市各地栽培。

## 黄心夜合 *Michelia martini* (H. Léveillé) Finet & Gagnepain ex H. Léveillé　　含笑属 *Michelia* L.

乔木；嫩枝榄青色，无毛，老枝褐色，疏生皮孔；芽卵圆形，密被灰红褐色长毛。叶革质，倒披针形或狭倒卵状椭圆形，长12~18cm，宽3~5cm，先端急尖，基部楔形，两面无毛，侧脉每边11~17条，叶柄长1.5~2cm，无托叶痕。花梗粗短，密被黄褐色绒毛；花淡黄色、芳香，花被6~8；雄蕊多数，侧向开裂；雌蕊群长约3cm，淡绿色，胚珠8~12枚。聚合果长9~15cm，扭曲；蓇葖倒卵圆形或长圆状卵圆形，长1~2cm，成熟时腹背两缝线同时开裂，具白色皮孔，顶端具短喙。花期2~3月，果期8~9月。

易危种。分布于长阳、五峰、兴山、宜昌，生于海拔1000m以下的山地林中。

## 深山含笑 *Michelia maudiae* Dunn

含笑属 *Michelia* L.

乔木；各部均无毛，芽、嫩枝、苞片均被白粉。叶革质，长圆状椭圆形，长7~18cm，宽3.5~8.5cm，先端骤狭短渐尖，基部楔形，上面深绿色，下面灰绿色，被白粉，侧脉每边7~12条；叶柄长1~3cm，无托叶痕。花芳香，花被片9，纯白色，基部稍呈淡红色；雄蕊多数，淡紫色；雌蕊群长1.5~1.8cm，心皮绿色，连花柱长5~6mm。聚合果长7~15cm，种子红色，斜卵圆形，稍扁。花期2~3月，果期9~10月。

宜昌市各地栽培。

## 红茴香 *Illicium henryi* Diels.

八角属 *Illicium* L.

小乔木；叶互生或2~5片簇生，革质，倒披针形至长披针形，长6~18cm，宽1.2~6cm，先端长渐尖，基部楔形，侧脉不明显，叶柄长7~20mm。花粉红至深红，腋生或近顶生，单生或2~3朵簇生；花梗细长，长15~50mm；花被片10~15；雄蕊11~14；心皮通常7~9枚，花柱钻形。蓇葖7~9，先端明显钻形，细尖，尖头长3~5mm；种子椭圆形或卵形。花期4~6月，果期8~10月。

分布于长阳、五峰、兴山、宜昌、宜都、秭归，生于海拔1500m以下的林中。

## 红毒茴 *Illicium lanceolatum* A. C. Sm. 八角属 *Illicium* L.

灌木或小乔木；叶互生或簇生于小枝近顶端，革质，披针形、倒披针形或倒卵状椭圆形，长5~15cm，宽1.5~4.5cm，先端渐尖、基部窄楔形；叶柄长7~15mm。花腋生或近顶生，单生或2~3朵，红色；花梗长15~50mm；花被片10~15，肉质，最大的花被片椭圆形或长圆状倒卵形，长8~12.5mm，宽6~8mm；雄蕊6~11；心皮10~14，花柱钻形。果梗长达6cm；蓇葖10~14，轮状排列，直径3.4~4cm，单个蓇葖长14~21mm，顶端有向后弯曲的钩状尖头；种子椭圆形或卵形。花期4~6月，果期8~10月。

分布于长阳、宜昌，生于海拔800m以下的山地林中。

## 异形南五味子 *Kadsura heteroclita* (Roxb.) Craib 南五味子属 *Kadsura* Kaempf. ex Juss.

常绿木质藤本；老茎木栓层厚，块状纵裂。叶卵状椭圆形，长6~15cm，宽3~7cm，先端渐尖，基部阔楔形，全缘或上半部边缘有疏离的小锯齿；侧脉7~11对；叶柄长0.6~2.5cm。花单生于叶腋，雌雄异株，花被片11~15，白色或浅黄色，外轮和内轮的较小，中轮的最大1片，椭圆形至倒卵形；雄蕊多数；雌蕊群近球形，具雌蕊30~55。聚合果近球形，直径2.5~4cm；果梗长7~30mm；成熟心皮倒卵圆形，种子常2~3粒，长圆状肾形。花期5~8月，果期8~12月。

分布于长阳、五峰、兴山、秭归，生于海拔600~900m的林中。

## 翼梗五味子 *Schisandra henryi* Clarke　　五味子属 *Schisandra* Michx.

落叶木质藤本；小枝具翅棱。叶宽卵形，长 6~11cm，宽 3~8cm，先端渐尖，基部阔楔形，上部边缘具浅锯齿；叶柄长 2.5~5cm，叶基下延成薄翅。雄花，花被片 8~10，黄色，雄蕊群倒卵圆形，雄蕊 28~40；雌花，花被片与雄花的相似，雌蕊群长圆状卵圆形，具雌蕊约 50。聚合果长 5~15cm，浆果红色，球形，直径 4~5mm；种子扁球形或扁长圆形。花期 5~7 月，果期 8~9 月。

分布于长阳、五峰、宜昌，生于海拔 500~1500m 的沟谷边、山坡林下或灌丛中。

## 兴山五味子 *Schisandra incarnata* Stapf　　五味子属 *Schisandra* Michx.

落叶木质藤本；叶纸质，倒卵形或椭圆形，长 6~12cm，宽 3~6cm，先端渐尖，基部楔形，边缘 2/3 以上具稀疏锯齿，叶两面近同色，中脉在上面凹或平，侧脉每边 4~6 条。雄花，花梗长 1.6~3.5cm，花被片 7~8，粉红色，椭圆形至倒卵形；雄蕊群椭圆体形，雄蕊 24~32，分离；雌花，雌花梗似雄花的而较粗，花被片似雄花的而较小；雌蕊群长圆状椭圆体形，雌蕊约 70，子房椭圆形稍弯。聚合果长 5~9cm，小浆果深红色，椭圆形，种子深褐色，扁椭圆形，平滑。花期 5~6 月，果期 9 月。

分布于长阳、五峰、兴山、宜昌，生于海拔 600~1800m 的灌丛或林中。

## 铁箍散 *Schisandra propinqua* subsp. *sinensis* (Oliv.) R. M. K. Saunders　　五味子属 *Schisandra* Michx.

落叶木质藤本；全株无毛。叶坚纸质，长圆状卵形，长7~17cm，宽2~5cm，先端渐尖，基部阔楔形，下面苍白色；边缘具疏离的胼胝质齿。花橙黄色，常单生或2~3朵聚生于叶腋。花被片9~15；雄蕊群淡红色至紫红色，近球形，雄蕊12~16；雌蕊群卵球形。聚合果长3~15cm，具10~45成熟心皮，成熟心皮近球形；种子近球形或椭圆体形。花期6~7月，果熟期10月。

分布于长阳、五峰、兴山、宜昌、秭归，生于海拔400~1200m的灌丛或路边。

## 毛叶五味子 *Schisandra pubescens* Hemsl. et Wils.　　五味子属 *Schisandra* Michx.

落叶木质藤本；叶纸质，卵形或近圆形，长8~11cm，宽5~9cm，先端短急尖，基部近圆形，上部边缘具稀浅钝齿，具缘毛；中脉凹入延至叶柄，侧脉每边4~6条，侧脉和网脉两面凸起。雄花，花梗长2~3cm，花被片6或8，淡黄色，雄蕊群扁球形，雄蕊11~24；雌花，花梗长4~6mm，花被片与雄花的相似，雌蕊群近球形，心皮45~55枚，卵状椭圆体形。成熟小浆果球形，橘红色；种子长圆形，长3~3.7mm，宽约3mm，暗红褐色。花期5~6月，果期7~9月。

分布于兴山、长阳，生于海拔1000~1500m的山坡灌丛或林中。

## 华中五味子 *Schisandra sphenanthera* Rehder & E. H. Wilson

五味子属 *Schisandra* Michx.

落叶木质藤本；叶纸质，倒卵形或倒卵状长椭圆形，长 3~11cm，宽 2~7cm，先端常急尖，基部楔形，中部以上具波状齿；侧脉每边 4~5 条；叶柄长 1~3cm。花梗长 2~4.5cm；花被片 5~9，淡黄色；雄花，雄蕊群倒卵圆形，花托圆柱形，雄蕊 11~23；雌花，雌蕊群卵球形，雌蕊 30~60。聚合果梗长 3~10cm，成熟小浆果红色，长 8~12mm，宽 6~9mm，具短柄；种子长圆体形或肾形。花期 4~7 月，果期 7~9 月。

分布于长阳、当阳、五峰、兴山、宜昌、宜都，生于海拔 500~2300m 的山地林中。

## 水青树 *Tetracentron sinense* Oliv.

水青树属 *Tetracentron* Oliv.

落叶乔木；茎单轴分枝，枝两型，长枝细长，短枝矩状，基部具明显的叶痕和芽鳞痕。单叶互生，心形，先端渐尖，基部略呈心形，长 6~15cm，宽 5~7cm，边缘具腺齿，基出脉 5~7 条；叶柄长约 2~3.5cm。穗状花序生于短枝顶，长约 10cm；花小，淡黄色，两性；花被片 4，雄蕊 4；心皮 4 枚。蒴果褐色，种子条形，具窄翅。花期 5 月，果期 10 月。

国家Ⅱ级保护植物。分布于长阳、五峰、兴山、宜昌、秭归，生于海拔 1000~2000m 的山地林中。

## 领春木 *Euptelea pleiosperma* Hook. f. & Thomson　　领春木属 *Euptelea* Sieb. & Zucc.

落叶乔木；树皮具明显皮孔，枝有长、短枝之分。冬芽为混合芽，芽鳞片多数，深褐色。单叶互生，叶片纸质，卵形至近圆形，长 5~14cm，宽 3~9cm，先端渐尖，基部楔形，边缘疏生锯齿，近基部全缘；叶柄长 2~5cm。花丛生，花梗长 3~5mm；苞片椭圆形早落；雄蕊 6~14 枚，花药红色；心皮 6~12 枚。翅果，种子卵圆形，黑色。花期 4~5 月，果期 9~10 月。

分布于长阳、五峰、兴山、宜昌、秭归，生于海拔 700~2000m 的山地林中或沟边。

## 连香树 *Cercidiphyllum japonicum* Sieb. & Zucc.　　连香树属 *Cercidiphyllum* Sieb. & Zucc.

落叶乔木；叶在长枝上对生，在短枝上单生，近圆形，长 4~7cm，宽 3.5~6.0cm，先端圆钝，基部心形，边缘有圆钝锯齿，叶柄长 1.0~2.5cm；花雌雄异株，先叶开放和与叶同放；雄花常 4 朵丛生，苞片在花期红色，卵形，雄蕊 15~20；雌花 2~8 朵丛生，心皮 2~6 枚，分离。蓇葖果长 8~18mm，直径 2~3mm，褐色，微弯曲；种子数粒，扁平四角形，顶端具翅。花期 3~4 月，果期 9~10 月。

国家Ⅱ级保护植物。分布于长阳、五峰、兴山、宜昌、秭归，生于海拔 600~2100m 的山地林中。

## 红果黄肉楠 *Actinodaphne cupularis* (Hemsl.) Gamble

黄肉楠属 *Actinodaphne* Nees

小乔木；小枝微被柔毛。叶通常5~6簇生于枝端，长圆形至长圆状披针形，长5.5~13.5cm，宽1.5~2.7cm，两端渐尖，上面无毛，下面被短柔毛，粉绿色，侧脉每边8~13条；叶柄长3~8mm。伞形花序，无总梗；每一雄花序有雄花6~7朵；花梗及花被筒密被长柔毛；花被裂片6；能育雄蕊9，退化雌蕊细小；雌花序常有雌花5朵；子房椭圆形。果卵形或卵圆形，直径约10mm，成熟时红色，生于杯状果托上。花期10~11月，果期8~9月。

分布于长阳、五峰、兴山、宜昌、秭归，生于海拔1300m以下的沟谷林中或山坡灌丛中。

## 猴樟 *Cinnamomum bodinieri* Lévl.

樟属 *Cinnamomum* Schaeff.

乔木；叶互生，卵圆形，长8~17cm，宽3~10cm，先端短渐尖，基部宽楔形至圆形，上面光亮，下面苍白，密被绢状微柔毛，侧脉每边4~6条，叶柄长2~3cm。圆锥花序，花绿白色，花梗丝状，被微柔毛。花被筒倒锥形，花被裂片6，卵圆形；能育雄蕊9，退化雄蕊3；子房卵珠形。果球形，直径7~8mm，无毛；果托浅杯状。花期5~6月，果期7~8月。

分布于长阳、五峰、兴山、宜昌、宜都、秭归，生于海拔1200m以下的沟谷或山坡林中。

## 樟树 *Cinnamomum camphora* (L.) Presl 樟属 *Cinnamomum* Schaeff.

常绿大乔木；叶互生，卵状椭圆形，长 6~12cm，宽 2.5~5.5cm，先端急尖，基部宽楔形至近圆形，边缘全缘，具离基三出脉；叶柄纤细，长 2~3cm。圆锥花序腋生，总梗长 2.5~4.5cm。花绿白或带黄色，花梗长 1~2mm，无毛；花被筒倒锥形，花被裂片椭圆形；能育雄蕊 9，退化雄蕊 3；子房球形，无毛，花柱长约 1mm。果卵球形或近球形，直径 6~8mm，紫黑色；果托杯状，顶端截平，基部具纵向沟纹。花期 4~5 月，果期 8~11 月。

国家Ⅱ级保护植物。分布于宜昌市各地，常生于山坡或沟谷中，也多栽培。

## 云南樟 *Cinnamomum glanduliferum* (Wall.) Nees 樟属 *Cinnamomum* Schaeff.

常绿乔木；叶互生，椭圆形至卵状椭圆形，长 6~15cm，宽 4~6.5cm，先端通常急尖，基部楔形至近圆形，革质，幼时仅下面被微柔毛，老时常两面无毛；常羽状脉，侧脉每边 4~5 条，侧脉脉腋在上面明显隆起，下面有明显的腺窝；叶柄长 1.5~3.5cm。圆锥花序腋生，均比叶短，总梗长 2~4cm；花小，淡黄色；花被筒倒锥形，花被裂片 6，宽卵圆形，近等大；能育雄蕊 9，退化雄蕊 3；子房卵珠形，花柱纤细。果球形，直径达 1cm，黑色；果托狭长倒锥形，长约 1cm。花期 3~5 月，果期 7~9 月。

分布于兴山，生于海拔 1500m 以下的山坡林中。

## 狭叶桂 *Cinnamomum heyneanum* Nees

樟属 *Cinnamomum* Schaeff.

乔木；叶互生或近对生，叶线形至线状披针形，长 4.5~12cm，宽 1~2cm，先端短渐尖，基部宽楔形，两面无毛，具离基三出脉；叶柄长 0.5~1.2cm。圆锥花序比叶短，总梗常十分纤细。花绿白色，花梗纤细，长达 1cm，被灰白微柔毛。花被筒短小，倒锥形，花被裂片长圆状卵圆形；能育雄蕊 9，退化雄蕊 3；子房近球形，略被微柔毛，花柱具棱角。果卵球形，长约 8mm，宽 5mm。花期 3~4 月，果熟期 7~8 月。

分布于宜昌、秭归，生于海拔 400m 以下的山坡林中。

## 野黄桂 *Cinnamomum jensenianum* Hand.-Mazz.

樟属 *Cinnamomum* Schaeff.

小乔木；树皮具桂皮香味。叶常近对生，披针形或长圆状披针形，长 5~10cm，宽 1.5~3cm，先端尾状渐尖，基部宽楔形至近圆形，上面绿色，下面被蜡粉，离基三出脉。花序伞房状，具 2~5 花，总梗通常长 1.5~2.5cm。花黄色或白色，花梗长 5~10mm；花被裂片 6；能育雄蕊 9，退化雄蕊 3；子房卵珠形。果卵球形，长达 1cm，直径达 7mm，先端具小突尖；果托倒卵形。花期 4~6 月，果期 7~8 月。

分布于长阳、五峰，生于海拔 1500m 以下的山地林中。

## 油樟 *Cinnamomum longepaniculatum* (Gamble) N. Chao ex H. W. Li　　樟属 *Cinnamomum* Schaeff.

常绿乔木；叶互生，卵形或椭圆形，长 6~12cm，宽 3.5~6.5cm，先端渐尖，基部楔形至近圆形，上面深绿色，下面灰绿色，两面无毛；羽状脉，侧脉每边约 4~5 条，侧脉脉腋在上面呈泡状隆起，下面有小腺窝；叶柄长 2~3.5cm。圆锥花序腋生，长 9~20cm，具分枝，长达 5cm，3~7 花呈聚伞花序。花淡黄色，花梗纤细；花被筒倒锥形，花被裂片 6；能育雄蕊 9，退化雄蕊 3；子房卵珠形，花柱纤细，柱头不明显。果球形，直径约 8mm。花期 3 月，果期 9~10 月。

国家Ⅱ级保护植物。仅见长阳，生于海拔 500~1500m 的山地林中。

## 银木 *Cinnamomum septentrionale* Hand.-Mazz.　　樟属 *Cinnamomum* Schaeff.

乔木；叶互生，椭圆形或椭圆状倒披针形，长 10~15cm，宽 5~7cm，先端短渐尖，基部楔形，近革质，上面被短柔毛，下面尤其是在脉上明显被白色绢毛，侧脉每边约 4 条；叶柄长 2~3cm。圆锥花序腋生，多花密集，具分枝。花被筒倒锥形，外面密被白色绢毛，花被裂片 6；能育雄蕊 9，花丝被柔毛，退化雄蕊 3；子房卵珠形。果球形，直径不及 1cm，果托先端增大呈盘状。花期 5~6 月，果期 7~9 月。

湖北稀有植物。分布于长阳、五峰、宜昌，生于海拔 600~800m 的山坡林中。

## 川桂 *Cinnamomum wilsonii* Gamble　　樟属 *Cinnamomum* Schaeff.

乔木；叶互生或近对生，卵圆形或卵圆状长圆形，长 8.5~18cm，宽 3.2~5.3cm，先端渐尖，基部渐狭下延至叶柄，革质，上面绿色，下面灰绿色，离基三出脉；叶柄长 10~15mm，无毛。圆锥花序，具总梗；花白色，花梗长 6~20mm；花被筒倒锥形，花被裂片卵圆形；能育雄蕊 9，退化雄蕊 3；子房卵球形，长近 1mm，花柱增粗，长 3mm，柱头宽大，头状。果卵形，径约 1cm；果托顶端截平，边缘具极短裂片。花期 4~5 月，果期 7~8 月。

分布于长阳、五峰、兴山、宜昌、秭归，生于海拔 1600m 以下的山谷或山坡林中。

## 香叶树 *Lindera communis* Hemsl.　　山胡椒属 *Lindera* Thunb.

常绿灌木；叶互生，常卵形或椭圆形，长 4~9cm，宽 1.5~3cm，先端渐尖至急尖，基部宽楔形或近圆形；下面被柔毛；羽状脉，侧脉每边 5~7 条；叶柄长 5~8mm。伞形花序，具 5~8 花，总梗极短。雄花，黄色，直径达 4mm；花被片 6，卵形；雄蕊 9，退化雌蕊的子房卵形；雌花，黄白色；花被片 6，卵形；退化雄蕊 9；子房椭圆形。果卵形，长约 1cm，宽 7~8mm，成熟时红色；果梗长 4~7mm，被黄褐色微柔毛。花期 3~4 月，果期 9~10 月。

分布于长阳、五峰、兴山、宜昌、秭归，生于海拔 1400m 以下的山坡林中。

## 香叶子 *Lindera fragrans* Oliv.　　山胡椒属 *Lindera* Thunb.

常绿小乔木；叶互生，披针形至长狭卵形，先端渐尖，基部楔形，上面绿色，下面绿带苍白色；三出脉；叶柄长 5~8mm。伞形花序腋生，总苞片 4，具 2~4 花；雄花，黄色，花被片 6，外面密被黄褐色短柔毛；雄蕊 9，第三轮的基部有 2 个宽肾形几无柄的腺体；退化子房长椭圆形，柱头盘状。果长卵形，长 1cm，宽 0.7cm，成熟时紫黑色，果梗长约 5~7mm，有疏柔毛，果托膨大。花期 3~4 月，果期 9~10 月。

分布于长阳、五峰、兴山、宜昌、秭归，生于海拔 1500m 以下的山坡林中或灌丛中。

## 山胡椒 *Lindera glauca* (Sieb. & Zucc.) Blume　　山胡椒属 *Lindera* Thunb.

落叶灌木；叶互生，宽椭圆形到狭倒卵形，长 4~9cm，宽 2~4cm，上面深绿色，下面淡绿色，被白色柔毛，纸质，侧脉每侧 4~6 条；叶枯后不落，翌年新叶发出时落下。伞形花序腋生，每总苞有 3~8 朵花；雄花，花被片黄色，椭圆形，雄蕊 9，退化雌蕊细小；雌花，花被片黄色，椭圆或倒卵形，退化雄蕊条形；子房椭圆形，长约 1.5mm，花柱长约 0.3mm，柱头盘状；花梗长 3~6mm。果熟时黑褐色；果梗长 1~1.5cm。花期 3~4 月，果期 7~8 月。

分布于宜昌市各地，生于海拔 1200m 以下的山地林或灌丛中。

## 黑壳楠 *Lindera megaphylla* Hemsl.

山胡椒属 *Lindera* Thunb.

半常绿乔木；枝条粗壮，散生纵裂皮孔。叶互生，常倒披针形，长 10~23cm，先端渐尖，基部渐狭，革质，两面无毛，侧脉每边 15~21 条；叶柄长 1.5~3cm。伞形花序，具总梗；雄花，黄绿色，花被片 6，椭圆形，花丝被疏柔毛，子房卵形；雌花，黄绿色，花被片 6，子房卵形，花柱极纤细。果椭圆形至卵形，长约 1.8cm，宽约 1.3cm，成熟时紫黑色；果梗长 1.5cm，向上渐粗壮；宿存果托杯状，直径达 1.5cm。花期 2~4 月，果期 9~12 月。

分布于长阳、五峰、兴山、远安、宜昌、宜都、秭归，生于海拔 1700m 以下的山坡或路边林中。

## 绿叶甘橿 *Lindera neesiana* (Wall. ex Nees) Kurz

山胡椒属 *Lindera* Thunb.

落叶小乔木；幼枝青绿色。叶互生，卵形至宽卵形，长 5~14cm，宽 2.5~8cm，先端渐尖，基部近圆形，纸质，上面深绿色，下面绿苍白色；三出脉；叶柄长 10~12mm。伞形花序具总梗，具花 7~9 朵；雄花，花被片绿色，宽椭圆形或近圆形；雌花，花被片黄色，宽倒卵形，先端圆，退化雄蕊条形，子房椭圆形，花梗长 2mm，被微柔毛。果近球形，直径 6~8mm；果梗长 4~7mm。花期 4 月，果期 9 月。

分布于长阳、五峰、兴山、宜昌，生于海拔 2300m 以下的山坡、路旁、林下及林缘。

## 三桠乌药 *Lindera obtusiloba* Blume

山胡椒属 *Lindera* Thunb.

落叶乔木；叶互生，近圆形至扁圆形，长 5.5~10cm，宽 4.8~10.8cm，先端急尖，全缘或 3 裂，常明显 3 裂，基部近圆形，上面深绿，下面绿苍白色，被柔毛或近无毛；常三出脉；叶柄长 1.5~2.8cm。团伞花序无总梗，总苞片 4，早落；雄花，花被片 6，外被长柔毛；能育雄蕊 9，退化雌蕊长椭圆形；雌花，花被片 6，长椭圆形，退化雄蕊，子房椭圆形。果广椭圆形，直径 0.5~0.6cm，成熟时紫黑色。花期 3~4 月，果期 8~9 月。

分布于长阳、当阳、五峰、兴山、宜昌、宜都、秭归，生于海拔 500~2200m 的山坡林中。

## 川钓樟 *Lindera pulcherrima* var. *hemsleyana* (Diels) H. P. Tsui

山胡椒属 *Lindera* Thunb.

常绿乔木；枝初被柔毛，后渐脱落。叶互生，常椭圆形或倒卵形。长 8~13cm，宽 2~4.5cm，先端具长尾尖，基部宽楔形，上面绿色，下面蓝灰色；三出脉；叶柄长 8~12mm，被白色柔毛。伞形花序无总梗；雄花花梗被白色柔毛，花被片 6，能育雄蕊 9，退化雌蕊子房及花柱无毛。果椭圆形，被稀疏白色柔毛，顶部及未脱落的花柱密被白色柔毛，近成熟果长 8mm，直径 6mm。花期 3~4 月，果期 6~8 月。

分布于长阳、五峰、兴山、宜昌，生于海拔 500~1200m 左右的山坡、灌丛中或林缘。

## 山橿 *Lindera reflexa* Hemsl.　　山胡椒属 *Lindera* Thunb.

落叶小乔木；叶互生，常卵形或倒卵状椭圆形，长9~12cm，宽5.5~8cm，先端渐尖，基部宽楔形，纸质，上面绿色，下面带绿苍白色，侧脉每边6~8条；叶柄长6~17mm。伞形花序具总梗；总苞片4，具花约5朵；雄花，花被片6，黄色，椭圆形，花丝无毛，退化雌蕊细小；雌花，花被片黄色，宽矩圆形，退化雄蕊条形；子房椭圆形，柱头盘状。果球形，直径约7mm，熟时红色；果梗长约1.5cm，被疏柔毛。花期4月，果期8月。

分布于长阳、五峰、兴山、宜昌、秭归，生于海拔约1000m以下的山坡林中。

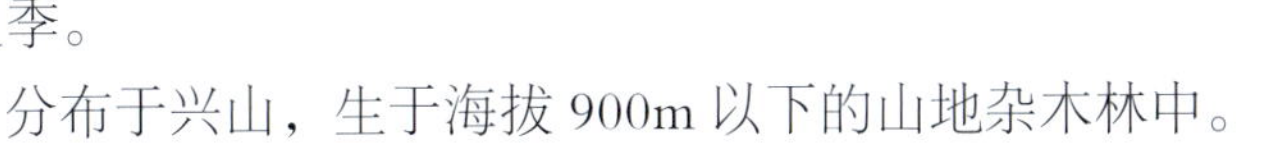

## 豹皮樟 *Litsea coreana* var. *sinensis* (C. K. Allen) Y. C. Yang & P. H. Huang　　木姜子属 *Litsea* Lam.

常绿乔木；树皮呈鳞片状剥落。叶互生，叶片长圆形或披针形，长4.5~9.5cm，宽1.4~4cm，先端渐尖，基部楔形，革质，下面粉绿色，侧脉每边7~10条；叶柄长6~16mm。伞形花序腋生，苞片4；雄花，花被裂片6，卵形或椭圆形，雄蕊9，无退化雌蕊；雌花，子房近于球形，柱头2裂，退化雄蕊丝状。果近球形，直径7~8mm；果托扁平，宿存有6裂花被裂片；果梗较粗壮。花期8~9月，果期翌年夏季。

分布于兴山，生于海拔900m以下的山地杂木林中。

## 山鸡椒 *Litsea cubeba* (Lour.) Pers.　　木姜子属 *Litsea* Lam.

落叶小乔木；叶互生，披针形或长圆形，长 4~11cm，宽 1.1~2.4cm，先端渐尖，基部楔形，纸质，上面深绿色，下面粉绿色，两面均无毛，羽状脉，侧脉每边 6~10 条；叶柄长 6~20mm。伞形花序，总梗长 6~10mm；每一花序具花 4~6，先叶开放或同时开放，花被裂片 6，宽卵形；能育雄蕊 9，花丝中下部被毛；退化雌蕊无毛；雌花中退化雄蕊中下部被柔毛；子房卵形，花柱短，柱头头状。果近球形，直径约 5mm，无毛，幼时绿色，成熟时黑色，果梗长 2~4mm，先端稍增粗。花期 2~3 月，果期 7~8 月。

分布于长阳、五峰、宜昌，生于海拔 500~1500m 的疏林中。

## 黄丹木姜子 *Litsea elongata* (Nees ex Wall.) Benth. & Hook. f.　　木姜子属 *Litsea* Lam.

常绿小乔木；小枝密被褐色绒毛。叶互生，长圆形至长圆状披针形，长 6~22cm，宽 2~6cm，先端短渐尖，基部楔形或近圆，革质，上面无毛，下面被短柔毛，沿中脉及侧脉有长柔毛；侧脉每边 10~20 条；叶柄长 1~2.5cm，密被褐色绒毛。伞形花序，每一花序具花 4~5；花被裂片 6，雄花中能育雄蕊 9~12 枚，退化雌蕊细小；雌花子房卵圆形；退化雄蕊细小，基部被柔毛。果长圆形，长 11~13mm，直径 7~8mm，成熟时黑紫色；果托杯状。花期 5~11 月，果期 2~6 月。

分布于长阳、五峰、兴山、宜昌，生于海拔 700~1500m 的山地林或灌丛中。

## 宜昌木姜子 *Litsea ichangensis* Gamble　　木姜子属 *Litsea* Lam.

落叶小乔木；叶互生，倒卵形或近圆形，长2~5cm，宽2~3cm，先端急尖，基部楔形，纸质，上面深绿色，下面粉绿色，幼时脉腋处有簇毛，侧脉每边4~6条；叶柄长5~15mm。伞形花序，每一花序常具9花，花梗被丝状柔毛；雄花，花被裂片6，黄色，倒卵形或近圆形，能育雄蕊9，退化雌蕊细小；雌花中退化雄蕊无毛，子房卵圆形，花柱短，柱头头状。果近球形，直径约5mm，成熟时黑色；果梗先端稍增粗。花期4~5月，果期7~8月。

分布于长阳、五峰、兴山、宜昌、宜都、秭归，生于海拔600~2200m的山地林中或灌丛中。

## 毛叶木姜子 *Litsea mollis* Hemsl.　　木姜子属 *Litsea* Lam.

落叶小乔木；树皮绿色，小枝灰褐色，被柔毛。叶互生或聚生枝顶，长圆形或椭圆形，长4~12cm，宽2~4.8cm，先端突尖，基部楔形，纸质，上面暗绿色，下面带绿苍白色，密被白色柔毛，侧脉每边6~9条；叶柄长1~1.5cm，被白色柔毛。伞形花序，常2~3个簇生于短枝上，花序梗长6mm，每一花序具花4~6，先叶开放或与叶同时开放；花被裂片6，黄色，宽倒卵形，能育雄蕊9，无退化雌蕊。果球形，直径约5mm，成熟时蓝黑色；果梗长5~6mm。花期3~4月，果期9~10月。

分布于长阳、五峰、兴山、宜昌、宜都、秭归，生于海拔300~1800m的山地林中。

## 木姜子 *Litsea pungens* Hemsl.　　木姜子属 *Litsea* Lam.

落叶小乔木；幼枝黄绿色，初被柔毛，后无毛。叶互生，披针形或倒卵状披针形，长 4~15cm，宽 2~5.5cm，先端短尖，基部楔形，膜质，幼叶下面具绢状柔毛，后脱落；羽状脉，侧脉每边 5~7 条；叶柄长 1~2cm。伞形花序腋生，总花梗长 5~8mm，每一花序有雄花 8~12 朵，先叶开放；花梗长 5~6mm；花被裂片 6，黄色，倒卵形；能育雄蕊 9，退化雌蕊细小，无毛。果球形，直径 7~10mm，成熟时蓝黑色；果梗长 1~2.5cm，先端略增粗。花期 3~5 月，果期 7~9 月。

分布于长阳、五峰、兴山、宜昌、秭归，生于海拔 800~1900m 的山坡林中。

## 红叶木姜子 *Litsea rubescens* Lecomte　　木姜子属 *Litsea* Lam.

落叶小乔木；小枝嫩时红色。叶互生，椭圆形或披针状椭圆形，长 4~6cm，宽 1.7~3.5cm，两端渐狭或先端圆钝，上面绿色，下面淡绿色，两面均无毛，羽状脉，侧脉每边 5~7 条；叶柄长 12~16mm，叶脉、叶柄常为红色。伞形花序腋生，总梗长 5~10mm，每一花序有雄花 10~12 朵，先叶开放或与叶同时开放；花梗长 3~4mm；花被裂片 6，黄色，宽椭圆形；能育雄蕊 9，退化雌蕊细小，柱头 2 裂。果球形，直径约 8mm；果梗长 8mm，先端稍增粗，有稀疏柔毛。花期 3~4 月，果期 9~10 月。

分布于长阳、五峰、秭归，生于海拔 500~1400m 的山谷林中。

## 钝叶木姜子 *Litsea veitchiana* Gamble　　木姜子属 *Litsea* Lam.

落叶小乔木；叶互生，倒卵形或倒卵状长圆形，长 4~12cm，宽 2.5~5.5cm，先端急尖，基部楔形，幼时两面密被长绢毛，后毛渐脱落，侧脉每边 6~9 条；叶柄长 1~1.2cm。伞形花序，单生；花序总梗长 6~7mm；每一花序具花 10~13，淡黄色；花梗长 5~7mm，密被柔毛，雄花，花被裂片 6，能育雄蕊 9，退化子房卵形；雌花，退化雄蕊基部被柔毛，子房卵圆形。果球形，直径约 5mm，成熟时黑色；果梗长 1.5~2cm。花期 4~5 月，果期 8~9 月。

分布于长阳、当阳、五峰、兴山、宜昌、秭归，生于海拔 800m 以上的沟谷或山坡林中。

## 宜昌润楠 *Machilus ichangensis* Rehder & E. H. Wilson　　润楠属 *Machilus* Nees

常绿乔木；顶芽近球形。叶常集生当年生枝上，长圆状披针形，长 10~24cm，宽 2~6cm，先端短渐尖，基部楔形，坚纸质，上面无毛，下面带粉白色，每边 12~17 条；叶柄长 0.8~2cm。圆锥花序，长 5~9cm，具总梗；花白色，花被裂片先端钝圆；雄蕊较花被稍短，退化雄蕊三角形；子房近球形，花柱头状。果序长 6~9cm；果近球形，直径约 1cm，黑色；果梗不增大，花萼成熟时反卷。花期 4 月，果期 8 月。

分布于长阳、五峰、兴山、宜昌、宜都、秭归，生于海拔 1600m 以下的山坡或沟谷林中。

## 小果润楠 *Machilus microcarpa* Hemsl.　　润楠属 *Machilus* Nees

常绿乔木；小枝纤细，无毛。叶倒卵形、倒披针形至椭圆形，长 5~9cm，宽 3~5cm，先端尾状渐尖，基部楔形，革质，上面光亮，下面带粉绿色，中脉上面凹下，侧脉每边 8~10 条；叶柄细弱，长 8~15mm，无毛。圆锥花序集生小枝枝端，较叶为短，长 3.5~9cm；花梗与花等长或较长；花被裂片近等长，卵状长圆形，先端很钝；花丝无毛；子房近球形；花柱略蜿蜒弯曲，柱头盘状。果球形，直径 5~7mm。花期 5 月，果期 8~9 月。

分布于五峰、兴山、秭归，生于海拔 1500m 以下的山坡林中。

## 川鄂新樟 *Neocinnamomum fargesii* (Lec.) Kosterm.　　新樟属 *Neocinnamomum* H. Liu

常绿小乔木；叶互生，宽卵圆形或菱状卵圆形，长 4~6.5cm，宽 3~4cm，先端渐尖，基部楔形，坚纸质，上面绿色，下面白绿色，三出脉或近三出脉；叶柄长 0.6~0.8cm。团伞花序，具 1~4 花，近无梗；苞片卵圆形；花浅绿色，花被裂片 6，能育雄蕊 9，退化雄蕊小，子房椭圆状卵球形。果近球形，直径 1.2~1.5cm，先端具小突尖，成熟时红色；果托高脚杯状，果梗向上略增粗。花期 6~8 月，果期 9~11 月。

分布于兴山、秭归，生于海拔 1300m 以下的山坡灌丛或林缘。

## 簇叶新木姜子 *Neolitsea confertifolia* (Hemsl.) Merr.

新木姜子属 *Neolitsea* Merr.

常绿小乔木；叶密集呈轮生状，长圆形至狭披针形，长5~12cm，宽1.2~3.5cm，先端渐尖，基部楔形，侧脉每边4~6条；叶柄长5~7mm。伞形花序常3~5个簇生，每一花序具4花；花被裂片黄色，宽卵形；雄花，能育雄蕊6，退化雌蕊柱头膨大；雌花，子房卵形，花柱长，柱头膨大。果卵形或椭圆形，长8~12mm，直径5~6mm，成熟时灰蓝黑色，果托扁平盘状。花期4~5月，果期9~10月。

分布于长阳、当阳、五峰、兴山、宜昌、宜都、秭归，生于海拔300~1300m的沟边灌丛或林中。

## 巫山新木姜子 *Neolitsea wushanica* (Chun) Merr.

新木姜子属 *Neolitsea* Merr.

常绿小乔木；叶互生或聚生于枝顶，椭圆形，长5~9cm，宽1.7~3.5cm，先端急尖，薄革质，上面深苍绿色，下面粉绿，具白粉，两面均无毛，侧脉每边8~12条，纤细，中脉、侧脉在叶两面均突起；叶柄长1~1.5cm，无毛。伞形花序，无总梗，苞片4；每一花序有雄花5朵，花被裂片4，卵形；能育雄蕊6，退化雌蕊细小。果球形，直径6~7mm，成熟时紫黑色；果托浅盘状；果梗长5~10mm，顶端略增粗。花期10月，果期翌年6~7月。

分布于五峰、兴山、宜昌，生于海拔800~1500m的山坡或沟谷林中。

## 闽楠 *Phoebe bournei* (Hemsl.) Yang

楠属 *Phoebe* Nees

常绿乔木；叶革质，披针形或倒披针形，长 7~15cm，宽 2~4cm，先端渐尖，基部楔形，上面无毛，下面被短柔毛，侧脉每边 10~14 条，横脉及小脉多而密，在下面结成十分明显的网格状；叶柄长 5~20mm。花序被毛，长 3~10cm，常 3~4 个，为紧缩不开展的圆锥花序；花被片卵形，两面被短柔毛。果椭圆形或长圆形，长 1.1~1.5cm，直径约 6~7mm；宿存花被片紧贴。花期 4 月，果期 10~11 月。

易危种，国家Ⅱ级保护植物。分布于长阳、兴山、宜昌、秭归，生于海拔 800m 以下的山地林中。

## 山楠 *Phoebe chinensis* Chun

楠属 *Phoebe* Nees

常绿乔木；叶革质，阔披针形或长圆状披针形，长 11~17cm，宽 3~5cm，先端短尖，基部楔形，中脉粗壮，侧脉两面均不明显或有时下面略明显；叶柄粗，长 2~4cm。花序数个，粗壮，长 8~17cm，总梗长 5~9cm；花黄绿色，花被片卵状长圆形，花丝无毛或仅基部被毛，子房卵珠形，花柱纤细。果近球形，直径约 1cm；果梗长约 6mm，红褐色；花被片宿存。花期 4~5 月，果期 6~7 月。

分布于五峰、秭归，生于海拔 1400~1500m 的山坡或山谷常绿阔叶林中。

## 竹叶楠 *Phoebe faberi* (Hemsl.) Chun

楠属 *Phoebe* Nees

乔木；叶革质，长圆状披针形或椭圆形，长 7~12cm，宽 2~4.5cm，先端钝头或短尖，基部楔形，常歪斜，下面苍绿色，侧脉每边 12~15 条，叶柄长 1~2.5cm。花序生于新枝下部叶腋，长 5~12cm，每伞形花序具 3~5 花；花黄绿色，花梗长 4~5mm；花被片卵圆形；花丝无毛或仅基部被毛；子房卵形，花柱纤细。果球形，直径 7~9mm；果梗长约 8mm，微增粗；宿存花被片卵形，革质。花期 4~5 月，果期 6~7 月。

分布于长阳、五峰、兴山、宜昌、宜都、秭归，生于海拔 800~1500m 的阔叶林中。

## 湘楠 *Phoebe hunanensis* Hand.-Mazz.

楠属 *Phoebe* Nees

常绿乔木；叶革质，倒阔披针形，长 10~18cm，宽 3~4.5cm，先端短渐尖，基部楔形，下面苍白色，侧脉每边 6~14 条；叶柄长 7~24mm。花序生当年生枝上部，细弱，长 8~14cm，近于总状或在上部分枝，无毛；花长 4~5mm，花梗约与花等长；花被片有缘毛，能育雄蕊各轮花丝无毛或仅基部被毛；子房扁球形，无毛。果卵形，长约 1~1.2cm，直径约 7mm；果梗略增粗；宿存花被片卵形，纵脉明显，松散。花期 5~6 月，果期 8~9 月。

分布于五峰，生于海拔 500m 以下的山谷林中。

## 白楠 *Phoebe neurantha* (Hemsl.) Gamble　　楠属 *Phoebe* Nees

常绿乔木；叶革质，狭披针形、披针形或倒披针形，长8~16cm，宽1.5~5cm，先端尾状渐尖，基部渐狭下延，侧脉通常每边8~12条；叶柄长7~15mm。圆锥花序长4~10cm，花梗被毛；花被片卵状长圆形，花丝被长柔毛，退化雄蕊具柄；子房球形，花柱伸长。果卵形，长约1cm，直径约7mm；果梗不增粗或略增粗；宿存花被片革质，松散，有时先端外倾，具明显纵脉。花期5月，果期8~10月。

分布于五峰、兴山、宜昌，生于海拔1500m以下的沟边或山坡林中。

## 楠木 *Phoebe zhennan* S. K. Lee & F. N. Wei　　楠属 *Phoebe* Nees

常绿乔木；小枝有棱或近于圆柱形，被灰黄色或灰褐色长柔毛。叶革质，椭圆形或披针形，长7~13cm，宽2.5~4cm，先端渐尖，基部楔形，上面无毛，下面密被短柔毛；侧脉每边8~13条，近边缘网结；叶柄长1~2.2cm。聚伞状圆锥花序，被毛，长6~12cm，纤细，分枝，每一伞形花序具3~6花；花被片近等大；花丝被毛，退化雄蕊三角形；子房球形，柱头盘状。果椭圆形，长1.1~1.4cm，直径6~7mm；果梗微增粗，宿存花被片紧贴。花期4~5月，果期9~10月。

易危种，国家Ⅱ级保护植物。分布于长阳、五峰、兴山、宜昌、秭归，生于海拔1000m以下的山地林中。

## 檫木 *Sassafras tzumu* (Hemsl.) Hemsl.

檫木属 *Sassafras* J. Presl

落叶乔木；叶聚集枝顶，卵形或倒卵形，长 9~18cm，宽 6~10cm，先端渐尖，基部楔形，全缘或 2~3 浅裂，裂片先端略钝，坚纸质，羽状脉或离基三出脉；叶柄长 2~7cm。花序顶生，先叶开放，基部具总苞片；花黄色，雌雄异株；雄花，花被筒极短，花被裂片 6，能育雄蕊 9，退化雄蕊 3，退化雌蕊明显；雌花，退化雄蕊 12，子房卵珠形。果近球形，直径达 8mm，成熟时蓝黑色，着生于浅杯状的果托上，果梗上端增粗，与果托呈红色。花期 3~4 月，果期 5~9 月。

分布于长阳、五峰、宜昌、宜都、兴山、秭归，生于海拔 800~1200m 的山坡林中。



## 小木通 *Clematis armandii* Franch.

铁线莲属 *Clematis* L.

木质藤本；三出复叶，小叶片革质，长椭圆状卵形至卵状披针形，长 4~12cm，宽 2~5cm，顶端渐尖，基部圆形至心形，全缘，两面无毛。聚伞花序或圆锥状聚伞花序，腋生或顶生；花序下部苞片近长圆形，常 3 浅裂；萼片 4，开展，白色，偶带淡红色，长圆形或长椭圆形，长 1~2.5cm，宽 0.3~1.2cm，外面边缘密被短绒毛，雄蕊无毛。瘦果扁，卵形至椭圆形，长 4~7mm，疏被柔毛，宿存花柱长达 5cm，有白色长柔毛。花期 3~4 月，果期 4~7 月。

分布于长阳、五峰、兴山、宜昌、秭归，生于海拔 2300m 以下的石灰岩林下或灌丛中。

## 威灵仙 *Clematis chinensis* Osbeck　　铁线莲属 *Clematis* L.

木质藤本；干后变黑色。一回羽状复叶，常有5小叶，小叶片纸质，卵形至卵状披针形，卵圆形，长1.5~10cm，宽1~7cm，顶端锐尖至渐尖，基部宽楔形至浅心形，全缘，两面近无毛。常为圆锥状聚伞花序，多花，花直径1~2cm；萼片4，开展，白色，长圆形或长圆状倒卵形，长0.5~1cm，顶端常凸尖，雄蕊无毛。瘦果扁，3~7个，卵形至宽椭圆形，长5~7mm，被柔毛，宿存花柱长2~5cm。花期6~9月，果期8~11月。

分布于长阳、五峰、兴山、远安、宜昌，生于海拔1200m以下的路边灌丛中。

## 山木通 *Clematis finetiana* H. Lév. & Vaniot　　铁线莲属 *Clematis* L.

无毛木质藤本；茎圆柱形，有纵条纹。三出复叶，小叶片薄革质，卵状披针形至卵形，长3~9cm，宽1.5~3.5cm，顶端锐尖至渐尖，基部圆形或浅心形，全缘，两面无毛。花单生或为聚伞花序、总状聚伞花序，少数7朵以上呈圆锥状聚伞花序；萼片4，开展，白色，狭椭圆形或披针形，长1~1.8cm，外面边缘密被短绒毛；雄蕊无毛，药隔明显。瘦果镰刀状狭卵，长约5mm，被柔毛，宿存花柱长达3cm，有黄褐色长柔毛。花期4~6月，果期7~11月。

分布于长阳、五峰、兴山、宜昌，生于海拔1300m以下的山坡林或灌丛中。

## 小蓑衣藤 *Clematis gouriana* Roxb. ex DC.　　铁线莲属 *Clematis* L.

藤本；一回羽状复叶，常有5小叶；小叶片纸质，卵形、长卵形至披针形，长7~11cm，宽3~5cm，顶端渐尖或长渐尖，基部圆形或浅心形，常全缘，偶尔疏生锯齿状牙齿，两面近无毛，有时下面疏被短柔毛。圆锥状聚伞花序，多花；花序梗、花梗密被短柔毛；萼片4，开展，白色，椭圆形或倒卵形，长5~9mm，顶端钝，两面被短柔毛；雄蕊无毛；子房被柔毛。瘦果纺锤形或狭卵形，不扁，顶端渐尖，被柔毛，长3~5mm，宿存花柱长达3cm。花期9~10月，果期11~12月。

分布于长阳、五峰、兴山、宜昌，生于海拔1200m的灌丛中。

## 金佛铁线莲 *Clematis gratopsis* W. T. Wang　　铁线莲属 *Clematis* L.

藤本；一回羽状复叶，有5小叶；小叶片卵形至卵状披针形，长2~6cm，宽1.5~4cm，基部心形，常在中部以下3浅裂至深裂，顶端锐尖至渐尖，边缘有少数锯齿状牙齿，两面密被贴伏短柔毛。聚伞花序，花直径1.5~2cm；萼片4，白色，倒卵状长圆形，顶端钝，长7~10mm，外面密被绢状短柔毛，内面无毛；雄蕊无毛，花丝比花药长5倍。瘦果卵形，密被柔毛。花期8~10月，果期10~12月。

分布于长阳、五峰、兴山，生于海拔150~900m的山坡、沟边、路旁灌丛中。

## 单叶铁线莲 *Clematis henryi* Oliv.　　铁线莲属 *Clematis* L.

木质藤本；主根下部膨大呈瘤状或地瓜状。单叶，叶片卵状披针形，长 10~15cm，宽 3~7.5cm，顶端渐尖，基部浅心形，边缘具刺头状的浅齿，基出弧形，中脉 3~5 条；叶柄长 2~6cm。聚伞花序腋生，常有 1 花，花序梗与叶柄近于等长；花钟状，直径 2~2.5cm；萼片 4，白色或淡黄色，卵圆形；雄蕊长 1~1.2cm，花药长椭圆形；心皮被短柔毛，花柱被绢状毛。瘦果狭卵形，长 3mm，被短柔毛，宿存花柱长达 4.5cm。花期 11~12 月，果期翌年 3~4 月。

分布于长阳、五峰、兴山、宜昌、秭归，生于海拔 1000~1200m 的山坡林缘。

## 大叶铁线莲 *Clematis heracleifolia* DC.　　铁线莲属 *Clematis* L.

直立半灌木；三出复叶，叶片亚革质，卵圆形至近于圆形，长 6~10cm，宽 3~9cm，顶端短尖，基部圆形或楔形，边缘具粗锯齿，上面近于无毛，下面被曲柔毛；叶柄长达 15cm，被毛。聚伞花序，花梗粗壮，雄花与两性花异株；花直径 2~3cm，花萼下半部呈管状，顶端常反卷；萼片 4，蓝紫色，长椭圆形至宽线形，常在反卷部分增宽；雄蕊长约 1cm，花丝线形；心皮被白色绢状毛。瘦果卵圆形，两面凸起，被短柔毛，宿存花柱丝状，长达 3cm，有白色长柔毛。花期 8~9 月，果期 10 月。

分布于长阳、五峰、兴山、宜昌、秭归，生于海拔 1000m 以下的沟谷林缘。

## 绣球藤 *Clematis montana* D. Don　　铁线莲属 *Clematis* L.

木质藤本；三出复叶，数叶与花簇生或对生；小叶片卵形、宽卵形至椭圆形，长2~7cm，宽1~5cm，边缘缺刻状锯齿由多而锐至粗而钝，顶端3裂或不明显，两面疏被短柔毛，有时下面较密。花1~6朵与叶簇生，直径3~5cm；萼片4，开展，白色或外面带淡红色，长圆状倒卵形至倒卵形，长1.5~2.5cm，宽0.8~1.5cm，外面疏被短柔毛，内面无毛；雄蕊无毛。瘦果扁，卵形或卵圆形，长4~5mm，宽3~4mm，无毛。花期4~6月，果期7~9月。

分布于长阳、五峰、兴山，生于海拔800~2000m的林下灌丛中。

## 五叶铁线莲 *Clematis quinquefoliolata* Hutch.　　铁线莲属 *Clematis* L.

木质藤本；茎、枝有纵条纹，小枝被短柔毛，后变无毛。一回羽状复叶，有5小叶；小叶片薄革质，长圆状披针形、卵状披针形至长卵形，长4~9cm，宽1~3.5cm，顶端渐尖，基部圆形至浅心形，全缘，两面无毛。聚伞花序或总状、圆锥状聚伞花序，具3~10余花；花序梗、花梗疏被短柔毛；萼片4，开展，白色，近长圆形或倒卵状椭圆形。瘦果卵形或椭圆形，长约5mm，被柔毛，宿存花柱长达6cm。花期6~8月，果期7~10月。

分布于兴山、宜昌，生于海拔500~1600m的路边灌丛或林缘。

## 柱果铁线莲 *Clematis uncinata* Champ. ex Benth.　　铁线莲属 *Clematis* L.

木质藤本；除花柱有羽状毛及萼片外面边缘被短柔毛外，其余无毛。一至二回羽状复叶，有5~15小叶，基部2对常为2~3小叶，茎基部为单叶或三出叶；小叶片纸质或薄革质，宽卵形、卵形、长圆状卵形至卵状披针形，长3~13cm，宽1.5~7cm，顶端渐尖至锐尖，基部圆形或宽楔形，全缘，上面亮绿，下面灰绿色，两面网脉突出。圆锥状聚伞花序，多花；萼片4，开展，白色，线状披针形至倒披针形；雄蕊无毛。瘦果圆柱状钻形，长5~8mm，宿存花柱长1~2cm。花期6~7月，果期7~9月。

分布于长阳、五峰、兴山、宜昌、秭归，生于海拔1200m的路边灌丛或林缘。



## 牡丹 *Paeonia suffruticosa* Andrews　　芍药属 *Paeonia* L.

落叶灌木；叶通常为二回三出复叶；顶生小叶宽卵形，长7~8cm，宽5.5~7cm，3裂至中部；侧生小叶狭卵形或长圆状卵形，长4.5~6.5cm，宽2.5~4cm，不等2裂至3浅裂或不裂；叶柄长5~11cm。花单生枝顶，苞片5，长椭圆形；萼片5，宽卵形；花瓣5或重瓣，玫瑰色、红紫色、粉红色至白色；雄蕊长1~1.7cm，花丝紫红色、粉红色；花盘杯状，紫红色；心皮5枚，密被柔毛。蓇葖长圆形，密被黄褐色硬毛。花期5月，果期7~8月。

宜昌各地栽培。

## 短柄小檗 *Berberis brachypoda* Maxim.　　小檗属 *Berberis* L.



落叶灌木；茎刺常三分叉，长 1~3cm。叶厚纸质，椭圆形或倒卵形，长 3~8cm，宽 1.5~3.5cm，先端急尖，基部楔形，上面有折皱，背面脉上密被长柔毛，每边具 20~40 刺齿。穗状总状花序，具 20~50 花，花序梗长 1.5~4cm；花淡黄色；萼片 3 轮，外萼片卵形，中萼片长圆状倒卵形，内萼片倒卵状椭圆形；花瓣椭圆形；雄蕊长约 2mm；胚珠 1~2 枚。浆果长圆形，长 6~9mm，直径约 5mm，鲜红色。花期 5~6 月，果期 7~9 月。

分布于五峰、兴山、宜昌、秭归，生于海拔 1300m 以上的灌丛中。

## 直穗小檗 *Berberis dasystachya* Maxim.　　小檗属 *Berberis* L.

落叶灌木；茎刺单一，长 5~15mm。叶纸质，叶片长圆状椭圆形至近圆形，长 3~6cm，宽 2.5~4cm，先端钝圆，基部骤缩，稍下延，呈楔形、圆形或心形，两面网脉显著，无毛，叶缘具小刺齿；叶柄长 1~4cm。总状花序直立，长 4~7cm，总梗长 1~2cm，无毛；花黄色，小苞片披针形，长约 2mm；萼片 2 轮，外萼片披针形，内萼片倒卵形；花瓣倒卵形，长约 4mm，宽约 2.5mm，先端全缘；雄蕊长约 2.5mm；胚珠 1~2 枚。浆果椭圆形，长 6~7mm，直径 5~5.5mm，红色。花期 4~6 月，果期 6~9 月。

分布于兴山、宜昌，生于海拔 800~2000m 的灌丛中。

## 豪猪刺 *Berberis julianae* C. K. Schneid.　　小檗属 *Berberis* L.

常绿灌木；茎刺粗壮，三分叉，长 1~4cm。叶革质，椭圆形、披针形，长 3~10cm，宽 1~3cm，先端渐尖，基部楔形，上面深绿色，背面淡绿色，不被白粉，叶缘平展，每边具 10~20 刺齿；叶柄长 1~4mm。花 10~25 朵簇生，花梗长 8~15mm，花黄色；萼片 2 轮，外萼片卵形，内萼片长圆状椭圆形；花瓣长圆状椭圆形，胚珠单生。浆果长圆形，蓝黑色，长 7~8mm，直径 3.5~4mm，顶端具明显宿存花柱，被白粉。花期 3 月，果期 5~11 月。

分布于长阳、五峰、兴山、宜昌、秭归，生于海拔 1000~1800m 的山坡灌丛中或疏林下。

## 假豪猪刺 *Berberis soulieana* C. K. Schneid.　　小檗属 *Berberis* L.

常绿灌木；茎刺三分叉，长 1~2.5cm。叶革质，长圆状椭圆形或长圆状倒卵形，长 3.5~10cm，宽 1~2.5cm，先端急尖，基部楔形，两面侧脉和网脉不显，每边具 5~18 刺齿。花 7~20 朵簇生，花梗长 5~11mm；花黄色，小苞片 2；萼片 3 轮，外萼片卵形，中萼片近圆形，内萼片倒卵状长圆形；花瓣倒卵形，先端缺裂，基部呈短爪；雄蕊长约 3mm，先端圆形；胚珠 2~3 枚。浆果倒卵状长圆形，熟时红色，被白粉。花期 3~4 月，果期 6~9 月。

分布于五峰、兴山、宜昌，生于海拔 600~2000m 的山坡灌丛或林缘。

## 阔叶十大功劳 *Mahonia bealei* (Fort.) Carr. 十大功劳属 *Mahonia* Nutt.

灌木；叶狭倒卵形至长圆形，长 27~51cm，宽 10~20cm，具 4~10 对小叶，上面暗灰绿色，背面被白霜，小叶厚革质，自下部往上小叶渐次变长而狭，小叶近圆形至卵形，长 2~10.5cm，宽 2~6cm，基部阔楔形或圆形，偏斜，边缘每边具 2~6 粗锯齿，先端具硬尖。总状花序直立，通常 3~9 个簇生；花黄色，萼片 9，花瓣 6，雄蕊 6，子房长圆状卵形，胚珠 2 枚。浆果卵形，被白粉。花期 9 月至翌年 1 月，果期 3~5 月。

分布于长阳、五峰、兴山、宜昌、秭归，生于海拔 600~1500m 的山地林中。

## 宽苞十大功劳 *Mahonia eurybracteata* Fedde 十大功劳属 *Mahonia* Nutt.

灌木；叶长圆状倒披针形，长 25~45cm，宽 8~15cm，具 6~9 对小叶，小叶椭圆状披针形至狭卵形，从下往上逐渐增大，长 2.6~10cm，宽 0.8~4cm，基部楔形，边缘每边具 3~9 刺齿，先端渐尖，近无柄或长达约 3cm。总状花序 4~10 个簇生，花黄色；外萼片卵形，中萼片椭圆形，内萼片椭圆形；花瓣椭圆形，基部腺体明显；雄蕊长 2~2.6mm；子房长约 2.5mm，柱头显著。浆果倒卵状或长圆状，长 4~5mm，直径 2~4mm，蓝色或淡红紫色，具宿存花柱。花期 8~11 月，果期 11 月至翌年 5 月。

分布于长阳、宜昌、秭归，生于 400m 以下的林下或灌丛中。

## 长阳十大功劳 *Mahonia sheridaniana* C. K. Schneid.　　十大功劳属 *Mahonia* Nutt.

灌木；叶长圆状披针形，长 17~36cm，宽 8~14cm，具 4~9 对小叶，叶柄长 0.7~1cm，上面暗绿色，背面淡绿色；小叶厚革质，硬直，卵形至卵状披针形，由下往上增大，长 1.2~9.5cm，宽 1.5~3.6cm，基部阔圆形至近楔形或近心形，边缘每边具 2~5 牙齿，先端急尖。总状花序 4~10 个簇生，长 5~18cm；花黄色；外萼片和中萼片卵形至卵状披针形，内萼片椭圆形；花瓣倒卵状椭圆形至长圆形；雄蕊长 3~4mm；子房长 2~3mm。浆果卵形至椭圆形，长 8~10mm，直径 4~7mm，蓝黑色或暗紫色。花期 3~4 月，果期 4~6 月。

分布于长阳、五峰、兴山、宜昌，生于海拔 1200m 以上的山地林下。

## 南天竹 *Nandina domestica* Thunb.　　南天竹属 *Nandina* Thunb.

常绿灌木；叶互生，集生于茎的上部，三回羽状复叶，长 30~50cm；二至三回羽片对生；小叶薄革质，椭圆状披针形，长 2~10cm，宽 0.5~2cm，顶端渐尖，基部楔形，全缘。圆锥花序长 20~35cm；花白色，直径 6~7mm；外轮萼片卵状三角形，最内轮萼片卵状长圆形；花瓣长圆形，先端圆钝；雄蕊 6；子房 1 室，具 1~3 枚胚珠。果柄长 4~8mm；浆果球形，直径 5~8mm，熟时鲜红色；种子扁圆形。花期 3~6 月，果期 5~11 月。

宜昌市各地均有分布，生于海拔 1000m 以下的灌丛中或林下。现常栽培。

## 木通 *Akebia quinata* (Thunb. ex Houtt.) Decne.　　木通属 *Akebia* Decne.

落叶木质藤本；掌状复叶，常有小叶5，小叶纸质，倒卵形，长2~5cm，宽1.5~2.5cm，先端圆或凹入，具小凸尖，基部圆或阔楔形，侧脉每边5~7条。伞房状总状花序，基部有雌花1~2朵，上部为雄花；雄花，萼片通常3，淡紫色，雄蕊6，退化心皮3~6；雌花，萼片暗紫色，心皮3~6枚，离生，退化雄蕊6~9。果长圆形，长5~8cm，直径3~4cm，成熟时紫色，腹缝开裂；种子多数，卵状长圆形，种皮褐色或黑色。花期4~5月，果期6~8月。

宜昌市各地均有分布，生于海拔1800m以下的灌丛或林中。

## 三叶木通 *Akebia trifoliata* (Thunb.) Koidz.　　木通属 *Akebia* Decne.

落叶木质藤本；掌状复叶，小叶3，薄革质，卵形至阔卵形，长4~7.5cm，宽2~6cm，先端通常钝，具小凸尖，基部截平，边缘具波状齿或浅裂，侧脉每边5~6条。总状花序，下部雌花1~2朵，以上为雄花，总花梗长约5cm；雄花，萼片3，淡紫色，雄蕊6，离生，退化心皮3；雌花，萼片3，紫褐色，退化雄蕊6或更多，心皮3~9枚。果长圆形，长6~8cm，成熟时灰白略带淡紫色；种子极多数，扁卵形。花期4~5月，果期7~8月。

分布于长阳、五峰、兴山、远安、宜昌、宜都、秭归，生于海拔1600m以下的灌丛或林中。

## 白木通 *Akebia trifoliata* subsp. *australis* (Diels) T. Shimizu　　木通属 *Akebia* Decne.

落叶木质藤本；小叶 3 片，革质，卵状长圆形或卵形，长 4~7cm，宽 1.5~3cm，先端狭圆，顶微凹入而具小凸尖，基部圆至阔楔形，常全缘，有时略具少数不规则的浅缺刻。总状花序长 7~9cm，腋生或生于短枝上；雄花，萼片长 2~3mm，紫色，雄蕊 6，离生，长约 2.5mm，红色或紫红色；雌花，直径约 2cm 萼片长 9~12mm，宽 7~10mm，暗紫色，心皮 5~7 枚，紫色。果长圆形，长 6~8cm，直径 3~5cm，熟时黄褐色；种子卵形，黑褐色。花期 4~5 月，果期 6~9 月。

分布于长阳、五峰、兴山、宜昌、秭归，生于海拔 1300m 以下的灌丛或林缘。

## 猫儿屎 *Decaisnea insignis* (Griff.) Hook. f . & Thomson　　猫儿屎属 *Decaisnea* Hook. f. & Thoms.

直立落叶灌木；羽状复叶，小叶 13~25，叶柄长 10~20cm，小叶膜质，卵状长圆形，长 6~14cm，宽 3~7cm，先端渐尖，基部阔楔形，上面无毛，下面苍白色。总状花序；萼片卵状披针形至狭披针形，先端长渐尖；雄花，外轮萼片长约 3cm，内轮的长约 2.5cm ，花丝合生呈细长管状，花药离生，退化心皮小；雌花，退化雄蕊花丝短，合生呈盘状，花药离生，心皮 3 枚，圆锥形。果圆柱形，蓝色，长 5~10cm，直径约 2cm；种子倒卵形，黑色，扁平，长约 1cm。花期 4~6 月，果期 7~8 月。

分布于长阳、五峰、兴山、宜昌、秭归，生于海拔 800~1800m 的山坡林中。

## 五叶瓜藤 *Holboellia angustifolia* Wall.

八月瓜属 *Holboellia* Diels

常绿木质藤本；掌状复叶，小叶5~7；小叶近革，线状长圆形，长5~9cm，宽1.2~2cm，先端渐尖，基部阔楔形，下面苍白色，侧脉每边6~10条。花雌雄同株，伞房状总状花序，总花梗长8~20mm；雄花，外轮萼片线状长圆形，内轮的较小，花瓣极小，雄蕊直，花丝圆柱状，退化心皮小；雌花，紫红色，花梗长3.5~5cm，外轮萼片倒卵状圆形或广卵形，内轮的较小，花瓣小，卵状三角形，退化雄蕊无花丝，心皮棍棒状。果紫色，长圆形，长5~9cm；种子椭圆形，种皮褐黑色。花期4~5月，果期7~8月。

分布于长阳、五峰、兴山、宜昌，生于海拔500~1800m的山坡林或灌丛中。

## 鹰爪枫 *Holboellia coriacea* Diels

八月瓜属 *Holboellia* Diels

常绿木质藤本；3小叶，叶柄长3.5~10cm，小叶厚革质，椭圆形，长6~10cm，宽4~5cm，先端渐尖，基部圆，上面深绿色，下面粉绿色，基部三出脉，侧脉每边4条。花雌雄同株，白绿色或紫色，伞房状总状花序，总花梗近于无梗；雄花，花梗长约2cm，萼片长圆形，顶端钝，花瓣极小，近圆形，雄蕊长6~7.5mm，退化心皮锥尖；雌花，花梗长3.5~5cm；萼片紫色，与雄花近似但稍大，退化雄蕊极小，心皮卵状棒形。果长圆状柱形，长5~6cm，直径约3cm，熟时紫色；种子椭圆形，略扁平。花期4~5月，果期6~8月。

分布于长阳、五峰、兴山、宜昌、秭归，生于海拔600~1400m的山地杂木林中。

## 牛姆瓜 *Holboellia grandiflora* Réaub.　　八月瓜属 *Holboellia* Diels

常绿木质藤本；枝具线纹和皮孔。掌状复叶具长柄，有小叶 3~7；叶柄长 7~20cm，叶革质，倒卵状长圆形或长圆形，长 6~14cm，宽 4~6cm，通常中部以上最阔，先端渐尖，基部通常长楔形，上面深绿色，下面苍白色；侧脉每边 7~9 条；小叶柄长 2~5cm。花淡绿白色或淡紫色，伞房状总状花序，总花梗长 2.5~5cm；雄花，外轮萼片长倒卵形，内轮的线状长圆形，花瓣极小，雄蕊直，退化心皮锥尖；雌花，外轮萼片阔卵形，先端急尖，内轮萼片卵状披针形，花瓣与雄花的相似，退化雄蕊小，心皮披针状柱形。果长圆形，长 6~9cm；种子多数，黑色。花期 4~5 月，果期 7~9 月。

分布于长阳、五峰、兴山、宜昌，生于海拔 500~1800m 的林中。

## 串果藤 *Sinofranchetia chinensis* (Franch.) Hemsl.　　串果藤属 *Sinofranchetia* (Diels) Hemsl.

落叶木质藤本；幼枝被白粉。3 小叶，叶柄长 10~20cm；叶纸质，顶生小叶菱状倒卵形，长 9~15cm，宽 7~12cm，先端渐尖，基部楔形，侧生小叶较小，基部略偏斜，上面暗绿色，下面灰绿色；侧脉每边 6~7 条。总状花序；雄花，萼片 6，绿白色，花瓣 6，雄蕊 6，退化心皮小；雌花，萼片与雄花的相似，花瓣很小，具退化雄蕊，心皮 3 枚。成熟心皮浆果状，椭圆形，淡紫蓝色，长约 2cm，直径 1.5cm，种子多数，卵圆形。花期 5~6 月，果期 9~10 月。

分布于长阳、五峰、兴山、宜昌，生于海拔 1000~2000m 的灌丛或林中。

## 羊瓜藤 *Stauntonia duclouxii* Gagnep.

野木瓜属 *Stauntonia* DC.

木质大藤本；掌状复叶有小叶5~7，小叶革质，倒卵形长4~8cm，宽2~3.5cm，先端急尖，基部阔楔形；基部具三出脉；小叶柄长1~3cm。花序长8~15cm，具3~7花，花黄绿色或乳白色；雄花，花梗长2~3cm，萼片长14~18mm，肉质，外轮的卵状披针形，内轮的线状披针形，无花瓣，雄蕊花丝合生为筒状，顶部稍分离，退化心皮3；雌花，萼片与雄花的相似但稍大，有6枚退化雄蕊，心皮3，卵状柱形。果长圆形，长4~7cm，直径2~3cm，熟时黄色。花期4月，果期8~10月。

分布于长阳、五峰、兴山，生于海拔500~1500m的灌丛中或路边。

## 大血藤 *Sargentodoxa cuneata* Rehder & E. H. Wilson

大血藤属 *Sargentodoxa* Rehder & E. H. Wilson

落叶木质藤本；三出复叶，小叶革质，顶生小叶近棱状倒卵圆形，长4~12.5cm，宽3~9cm，先端急尖，基部渐狭成短柄，全缘，侧生小叶斜卵形，先端急尖，基部楔形。总状花序，雄花与雌花同序；雄花生于基部，萼片6，花瓣状，花瓣6，圆形，雄蕊长3~4mm，具退化雄蕊；雌蕊多数，螺旋状生于卵状凸起的花托上，子房瓶形，退化雌蕊线形。浆果近球形，成熟时黑蓝色。种子卵球形，种子黑色。花期4~5月，果期6~9月。

分布于长阳、五峰、兴山、宜昌、秭归，生于海拔1800m以下的灌丛中或林缘。

## 木防己 *Cocculus orbiculatus* (L.) DC.　　木防己属 *Cocculus* DC.

木质藤本；小枝被柔毛。叶片纸质至近革质，形状变异极大，线状披针形至阔卵状近圆形，顶端短尖，有时微缺或2裂，边全缘或3裂或掌状5裂，长通常3~8cm，两面被柔毛；掌状脉3条；叶柄长1~3cm。聚伞花序；雄花，小苞片紧贴花萼，萼片6，花瓣6，雄蕊6，比花瓣短；雌花，萼片和花瓣与雄花相同，退化雄蕊6，心皮6枚，无毛。核果近球形，红色至紫红色，径常7~8mm；果核骨质，径约5~6mm。花期5~6月，果期8~9月。

宜昌市各地均有分布，生于海拔1500m以下的山地、丘陵或路边。

## 轮环藤 *Cyclea racemosa* Oliv.　　轮环藤属 *Cyclea* Arn. ex Wight

木质藤本；叶盾状，纸质，卵状三角形，长4~9cm，宽约3.5~8cm，顶端短尖至尾状渐尖，基部近截平至心形，全缘，上面被疏柔毛或近无毛，下面通常密被柔毛；掌状脉9~11条；叶柄被柔毛。聚伞圆锥花序，狭窄，密花，花序轴密被柔毛，苞片卵状披针形；雄花，萼钟形花冠碟状或浅杯状，聚药雄蕊；雌花，萼片2，花瓣2，常近圆形，子房密被刚毛，柱头3裂。核果扁球形，疏被刚毛，果核直径约3.5~4mm。花期4~5月，果期8月。

分布于五峰、兴山、宜昌，生于海拔1300m以下的山坡灌丛或路边。

## 秤钩风 *Diploclisia affinis* (Oliv.) Diels　　秤钩风属 *Diploclisia* Miers

木质藤本；叶革质，三角状扁圆形或菱状扁圆形，长 3.5~9cm，宽度常稍大于长度，顶端短尖，基部近截平至浅心形，边缘具明显或不明显的波状圆齿；掌状脉常 5 条；叶柄与叶片近等长，在叶片的基部或紧靠基部着生。聚伞花序腋生，总梗长约 2~4cm；雄花，萼片椭圆形至阔卵圆形，长约 2.5~3mm，花瓣卵状菱形，长 1.5~2mm，基部两侧反折呈耳状，抱着花丝，雄蕊长 2~2.5mm。核果红色，倒卵圆形，长 8~10mm，宽约 7mm。花期 4~5 月，果期 7~9 月。

分布于兴山、远安、宜昌，生于海拔 800m 以下的林缘或灌丛中。

## 风龙 *Sinomenium acutum* (Thunb.) Rehder & E. H. Wilson　　风龙属 *Sinomenium* Diels

木质藤本；叶革质至纸质，心状圆形至阔卵形，长 6~15cm，顶端渐尖，基部常心形，边全缘、有角至 5~9 裂，裂片尖或钝圆，嫩叶被绒毛，后脱落；掌状脉 5 条；叶柄长 5~15cm。圆锥花序常不超过 20cm，花序轴和分枝均被柔毛，苞片线状披针形；雄花，小苞片 2，紧贴花萼，萼片背面被柔毛，花瓣稍肉质，长 0.7~1mm，雄蕊长 1.6~2mm；雌花，退化雄蕊丝状，心皮无毛。核果红色至暗紫色。花期夏季，果期秋末。

分布于长阳、五峰、兴山、宜昌、秭归，生于海拔 600~1500m 的灌丛中或山坡林缘。

## 千金藤 *Stephania japonica* (Thunb.) Miers　　千金藤属 *Stephania* Lour.

稍木质藤本；叶纸质，通常三角状近圆形，长 6~15cm，常不超过 10cm，长度与宽度近相等，顶端有小凸尖，基部通常微圆，下面粉白；掌状脉约 10~11 条；叶柄明显盾状着生。复伞形聚伞花序，常有伞梗 4~8 条，小聚伞花序近无柄，密集呈头状；雄花：萼片 6 或 8，膜质，花瓣 3 或 4，黄色，聚药雄蕊长 0.5~1mm；雌花：萼片和花瓣各 3~4，形状和大小与雄花的近似或较小，心皮卵状。果倒卵形至近圆形，成熟时红色。花期春季和夏季，果实秋季和冬季成熟。

宜昌各县市均有分布，生于海拔 1000m 以下的灌丛中。

## 草珊瑚 *Sarcandra glabra* (Thunb.) Nakai　　草珊瑚属 *Sarcandra* Gardner

常绿灌木；节膨大。叶革质，椭圆形至卵状披针形，长 6~17cm，宽 2~6cm，顶端渐尖，基部楔形，边缘具锯齿；叶柄基部合生呈鞘状；托叶钻形。穗状花序顶生，连总花梗长 1.5~4cm，苞片三角形；花黄绿色，雄蕊 1，肉质，棒状至圆柱状，花药 2，生于药隔上部之两侧，侧向或有时内向；子房球形或卵形，无花柱，柱头近头状。核果球形，直径 3~4mm，熟时亮红色。花期 6 月，果期 8~10 月。

分布于五峰，生于海拔 500m 以下的林下。

## 荷包山桂花 *Polygala arillata* Buch.-Ham. ex D. Don　　远志属 *Polygala* L.

灌木；小枝密被短柔毛。单叶互生，叶片纸质，椭圆形至长圆状披针形，长 6.5~14cm，宽 2~2.5cm，先端渐尖，基部楔形，全缘；侧脉 5~6 对；叶柄长约 1cm。总状花序与叶对生，下垂；花梗被短柔毛；萼片 5，花后脱落；花瓣 3，黄色；雄蕊 8，2/3 以下连合成鞘；子房圆形，先端呈喇叭状 2 裂。蒴果阔肾形至略心形，浆果状，长约 10mm，成熟时紫红色，具短尖头。种子球形，棕红色，径约 4mm。花期 5~10 月，果期 6~11 月。

分布于长阳、五峰、兴山、宜昌，生于海拔 600~2200m 的山坡林下或灌丛中。

## 长毛籽远志 *Polygala wattersii* Hance　　远志属 *Polygala* L.

常绿灌木；叶片近革质，椭圆形或椭圆状披针形，长 4~10cm，宽 1.5~3cm，先端渐尖，基部渐狭至楔形，全缘，波状，侧脉 8~9 对；叶柄长 6~10mm。总状花序长 3~7cm，被短细毛；花梗长约 6mm，基部具小苞片 3；萼片 5，早落；花瓣 3，常黄色，稀紫红色；雄蕊 8，3/4 以下连合成鞘；子房倒卵形，花柱先端 2 浅裂。蒴果倒卵形或楔形，长 10~14mm，径约 6mm，先端微缺，边缘具由下而上逐渐加宽的狭翅。种子卵形，棕黑色，被长毛，无种阜。花期 4~6 月，果期 5~7 月。

分布于长阳、五峰、兴山、宜昌、宜都、秭归，生于海拔 1700m 以下的石山灌丛中。

## 石海椒 *Reinwardtia indica* Dumort.

石海椒属 *Reinwardtia* Dumort.

小灌木；叶纸质，椭圆形，长 2~8.8cm，宽 0.7~3.5cm，先端急尖，基部楔形，全缘；叶柄长 8~25mm；托叶小，早落。花黄色，直径 1.4~3cm；萼片 5，分离，披针形，宿存；花瓣 4 或 5，旋转排列；雄蕊 5，花丝下部两侧扩大呈翅状或瓣状，基部合生成环，退化雄蕊 5，与雄蕊互生；腺体 5，与雄蕊环合生；子房 3 室，每室有 2 小室，每小室有胚珠 1 枚；花柱 3，下部合生，柱头头状。蒴果球形，3 裂，每裂瓣有种子 2 粒；种子具膜质翅。花果期 4 月至翌年 1 月。

分布于宜昌、秭归，生于海拔 500~1000m 的山坡路边。



## 紫薇 *Lagerstroemia indica* L.

紫薇属 *Lagerstroemia* L.

落叶小乔木；树皮平滑，灰色；小枝具 4 棱。叶互生或近对生，纸质，椭圆形或阔矩圆形，长 2.5~7cm，宽 1.5~4cm，顶端短尖，基部阔楔形，侧脉 3~7 对，几无柄。花淡红色或紫色、白色，圆锥花序；花萼长 7~10mm，裂片 6，三角形，直立，无附属体；花瓣 6，皱缩，长 12~20mm，具长爪；雄蕊 36~42，外面 6 枚着生于花萼上；子房 3~6 室。蒴果椭圆状球形，长 1~1.3cm，成熟时紫黑色；种子有翅，长约 8mm。花期 6~9 月，果期 9~12 月。

分布于长阳、当阳、五峰、兴山、远安、宜昌、宜都、秭归，生于海拔 1200m 以下的山坡林中。现各地栽培。

## 南紫薇 *Lagerstroemia subcostata* Koehne

紫薇属 *Lagerstroemia* L.

落叶乔木；树皮灰白色。叶膜质，矩圆形、矩圆状披针形，长 2~9cm，宽 1~4.4cm，顶端渐尖，基部阔楔形；侧脉 3~10 对，顶端连结；叶柄短，长 2~4mm。花小，白色或玫瑰色，顶生圆锥花序，花密生；花萼有棱 10~12 条，5 裂，裂片三角形，直立；花瓣 6，长 2~6mm，皱缩，有爪；雄蕊 15~30，着生于萼片或花瓣上，花丝细长；子房无毛，5~6 室。蒴果椭圆形，长 6~8mm，3~6 瓣裂；种子有翅。花期 6~8 月，果期 7~10 月。

分布于长阳、五峰、兴山、宜昌，生于海拔 1000m 以下的山坡林中。

## 石榴 *Punica granatum* L.

石榴属 *Punica* L.

落叶小乔木；枝顶常呈尖锐长刺。叶通常对生，纸质，矩圆状披针形，长 2~9cm，顶端短尖或钝尖，基部短尖至稍钝形；叶柄短。花大，1~5 朵生枝顶；萼筒长 2~3cm，通常红色或淡黄色，裂片略外展，卵状三角形，长 8~13mm；花瓣通常大，红色、黄色或白色，长 1.5~3cm，宽 1~2cm，顶端圆形；花丝无毛，长达 13mm；花柱长超过雄蕊。浆果近球形，直径 5~12cm，通常为淡黄褐色或淡黄绿色。种子多数，钝角形，红色至乳白色，肉质的外种皮供食用。花期 3~6 月，果熟期 6~11 月。

宜昌各地栽培。

## 芫花 *Daphne genkwa* Sieb. & Zucc.　　瑞香属 *Daphne* L.

落叶灌木；幼枝密被丝状柔毛，后脱落。叶对生，纸质，卵形至椭圆状披针形，长3~4cm，宽1~2cm，先端短渐尖，基部宽楔形或钝圆形，边缘全缘，侧脉5~7对；叶柄短或几无，被柔毛。花先叶开放，紫色或淡紫蓝色，常3~6朵簇生于叶腋，花梗短；花萼筒细瘦，筒状，裂片4，卵形或长圆形；雄蕊8，着生于花萼筒的中上部；花盘环状；子房长倒卵形，密被淡黄色柔毛，柱头头状，橘红色。果实肉质，白色，椭圆形，具1粒种子。花期3~5月，果期6~7月。

宜昌市各地均有分布，生于海拔1600m以下的山坡或路边。

## 毛瑞香 *Daphne kiusiana* var. *atrocaulis* (Rehd.) F. Maek.　　瑞香属 *Daphne* L.

常绿灌木；枝深紫色或紫红色。叶互生，革质，椭圆形或披针形，长6~12cm，宽1.8~3cm，两端渐尖，基部下延于叶柄，边缘全缘，微反卷，侧脉6~7对；叶柄两侧翅状，长6~8mm。花白色，9~12朵簇生于枝顶，呈头状花序，几无花序梗；花萼筒圆筒状，外面下部密被丝状绒毛，裂片4，卵状三角形或卵状长圆形；雄蕊8，着生于花萼筒中上部；花盘短杯状；子房无毛，倒圆锥状圆柱形，柱头头状。果实红色，广椭圆形或卵状椭圆形，长10mm，直径5~6mm。花期11月至翌年2月，果期4~5月。

分布于长阳、兴山、宜昌，生于海拔400~1400m的山坡林下或灌丛中。

## 白瑞香 *Daphne papyracea* Wall. ex G. Don　　瑞香属 *Daphne* L.

常绿灌木；叶互生，集生枝顶，膜质或纸质，长椭圆形至长圆形，长 6~16cm，宽 1.5~4cm，先端渐尖，尖头钝形，基部楔形，边缘全缘；侧脉 6~15 对；叶柄长 4~15mm。花白色，簇生呈头状花序；苞片绿色，早落；花萼筒漏斗状，裂片 4，卵状披针形至卵状长圆形；雄蕊 8；花盘杯状，子房圆柱形，无毛，花柱粗短，柱头头状。浆果，成熟时红色，卵形或倒梨形，长 0.8~1cm，直径 0.6~0.8mm；种子圆球形。花期 11 月至翌年 1 月，果期 4~5 月。

分布于长阳、五峰、兴山、宜昌、秭归，生于海拔 300~1500m 的山坡林下。

## 野梦花 *Daphne tangutica* var. *wilsonii* (Rehder) H. F. Zhou　　瑞香属 *Daphne* L.

常绿灌木；叶互生，革质，倒卵状披针形或长圆状披针形，长 3.5~10cm，宽 1~2.2cm，先端渐尖或锐尖，边缘不反卷，侧脉不甚显著或下面稍明显；几无叶柄。花外面紫色或紫红色，内面白色，头状花序顶生；苞片早落，卵形或卵状披针形；花萼筒圆筒形，裂片 4，卵形或卵状椭圆形；雄蕊 8；花盘环状；子房长圆状倒卵形。浆果近圆形，无毛，长 6~8mm，直径 6~7mm，成熟时红色；种子卵形。花期 4~5 月，果期 5~7 月。

分布于长阳、五峰、兴山、宜昌，生于海拔 600~1800m 的山坡林中或灌丛中。

## 结香 *Edgeworthia chrysantha* Lindl.

结香属 *Edgeworthia* Meisn.

落叶灌木；小枝粗壮，幼时被短柔毛，韧皮极坚韧。叶在花前凋落，长圆形、披针形至倒披针形，先端短尖，基部楔形，长8~20cm，宽2.5~5.5cm，两面被绢状毛，侧脉每边10~13条。头状花序，具30~50花呈绒球状，花序梗长1~2cm；花芳香，无梗；花萼外面密被白色丝状毛，内面无毛，黄色，顶端4裂，裂片卵形；雄蕊8；子房卵形，花柱线形，无毛。果椭圆形，绿色，长约8mm，直径约3.5mm，顶端被毛。花期冬末春初，果期春夏间。

分布于长阳、五峰、兴山、宜昌，生于海拔400~2000m的山坡灌丛，现多栽培。

## 岩杉树 *Wikstroemia angustifolia* Hemsl.

荛花属 *Wikstroemia* Endl.

灌木；小枝纤细。叶革质，对生或近对生，常为窄长圆状匙形，长0.8~2.5cm，宽2~3mm，先端钝圆常具细尖头，基部略钝，边缘常反卷；叶柄短。总状花序无花序梗，花梗极短；花萼近肉质，淡黄色或有时变红色，花萼筒圆柱形，长约9mm，具8条纵脉，顶端4裂，裂片长圆状卵形，长约3mm，具网纹；雄蕊8，2列，上列4枚着生于花萼筒喉部，花药略伸出，下列4枚着生于花萼筒的中部；花盘鳞片1枚，侧生，深3裂；子房倒卵形，具子房柄，顶端被柔毛，柱头头状。浆果红色。花期夏末秋初。

分布于兴山、远安、宜昌，生于海拔500m以下的山坡灌丛中。

## 头序荛花 *Wikstroemia capitata* Rehder　　荛花属 *Wikstroemia* Endl.

小灌木；枝纤细。叶膜质，对生或近对生，椭圆形或倒卵状椭圆形，长 1~2cm，宽 0.4~0.9cm，先端钝或微钝，基部渐狭，两面均无毛，侧脉在每边 5~7 条；叶柄极短。头状花序具 3~7 花，着生于纤细的花序轴上，总花梗极细；花黄色，径约 1mm，外面被绢状糙伏毛，顶端 4 裂，裂片卵形或卵状长圆形；雄蕊 8；花盘鳞片 1 枚，线形；雌蕊长约 3mm，子房被柔毛，柱头头状。果卵圆形，两端渐尖，长约 4.5mm，黄色，略被糙伏毛；种子卵珠形，暗黑色，长约 4mm。花期夏秋间。

分布于长阳、兴山、宜昌、秭归，生于海拔 1000m 以下的山坡灌丛或林中。

## 纤细荛花 *Wikstroemia gracilis* Hemsl.　　荛花属 *Wikstroemia* Endl.

灌木；小枝纤弱，被长而平贴毛发状糙伏毛。叶对生或近对生，膜质，具长约 1mm 的短柄，叶椭圆形、卵圆形或长圆形，长 1.5~5cm，宽 0.8~2.8cm，先端钝，基部钝圆或宽楔形，两面均被极稀疏的糙伏毛，后近无毛，上面绿色，下面灰绿色，侧脉明显，纤细，每边约 5~6 条。花序总状或由总状花序组成的小圆锥花序，花序梗短；花黄色，外面被平贴毛，顶端 4 裂，裂片椭圆形，具明显的网纹；雄蕊 8，2 列；子房具柄，仅在顶端被柔毛，花柱短，柱头头状；花盘鳞片 2 枚，线形，1 窄 1 宽。花期秋季。

分布于兴山、宜昌，生于海拔 1100m 的山坡灌丛中。

## 小黄构 *Wikstroemia micrantha* Hemsl.

荛花属 *Wikstroemia* Endl.

小灌木；除花萼有时被极疏稀的柔毛外，余部无毛；小枝纤弱。叶坚纸质，通常对生或近对生，长圆形至椭圆状长圆形，长0.5~4cm，宽0.3~1.7cm，先端钝或具细尖头，基部通常圆形，边缘向下反卷，侧脉6~11对，在下面明显且在边缘网结；叶柄长1~2mm。总状花序单生、簇生或为顶生的小圆锥花序；花黄色，花萼近肉质，顶端4裂，裂片广卵形；雄蕊8，2列，花药线形，花盘鳞片小，近长方形，顶端不整齐或为分离的2~3枚线形鳞片；子房倒卵形，顶端被柔毛，花柱短，柱头头状。果卵圆形，黑紫色。花果期秋冬。

分布于兴山、宜昌、秭归，生于海拔1200m以下的山坡灌丛中。



## 马桑 *Coriaria nepalensis* Wall.

马桑属 *Coriaria* L.

落叶灌木；小枝四棱形。叶对生，纸质，椭圆，长2.5~8cm，宽1.5~4cm，先端急尖，基部圆形，全缘，基出三脉。总状花序生于二年生的枝条上，雄花序先叶开放，长1.5~2.5cm，花密集；萼片卵形，上部具流苏状细齿；花瓣极小，卵形；雄蕊10；雌花序与叶同出，苞片带紫色；萼片与雄花同；花瓣肉质，龙骨状；雄蕊较短，心皮5枚，花柱具小疣体，柱头上紫红色。果球形，成熟时由红色变紫黑色，径4~6mm；种子卵状长圆形。花期2~3月，果期5~8月。

宜昌市各地均有分布，生于海拔1500m以下的灌丛中。

## 短萼海桐 *Pittosporum brevicalyx* (Oliv.) Gagnep.

海桐属 *Pittosporum* Banks ex Gaertn.

常绿小乔木；叶簇生于枝顶，薄革质，倒卵状披针形，长5~12cm，宽2~4cm；先端渐尖，基部楔形；侧脉9~11对；叶柄长1~1.5cm。伞房花序3~5条生于枝顶叶腋内，花序柄长1~1.5cm，花梗长约1cm，苞片狭窄披针形；萼片卵状披针形；花瓣长6~8mm，分离；雄蕊比花瓣略短；子房卵形，被毛，侧膜胎座2个，胚珠7~10枚。蒴果近圆球形，压扁，直径7~8mm，2裂，果片薄，胎座位于果片下半部；种子7~10粒。花期3~5月，果期9~11月。

分布于长阳、五峰、兴山，生于海拔900~1200m的山坡林下。

## 狭叶海桐 *Pittosporum glabratum* var. *neriifolium* Rehder & E. H. Wilson

海桐属 *Pittosporum* Banks ex Gaertn.

常绿灌木；嫩枝无毛。叶带状或狭窄披针形，长6~18cm，或更长，宽1~2cm，无毛，叶柄长5~12mm。伞形花序顶生，具数花，花梗长约1cm，被微毛。萼片长2mm，有睫毛；花瓣长8~12mm；雄蕊比花瓣短；子房无毛。蒴果长2~2.5cm，子房柄不明显，3片裂开，种子红色，长6mm。花期3~5月，果期7~11月。

分布于五峰、兴山、宜昌，生于海拔600~1750m的林下或灌丛中。

## 海金子 *Pittosporum illicioides* Makino　　海桐属 *Pittosporum* Banks ex Gaertn.

常绿灌木；叶枝顶簇生呈假轮生状，薄革质，倒卵状披针形或倒披针形，长 5~10cm，宽 2.5~4.5cm，先端渐尖，基部窄楔形；侧脉 6~8 对；叶柄长 7~15mm。伞形花序顶生，花梗长 1.5~3.5cm；苞片细小，早落；萼片卵形；花瓣长 8~9mm；雄蕊长 6mm；子房长卵形，子房柄短，侧膜胎座 3 个，每个胎座有胚珠 5~8 枚。蒴果近圆形，长 9~12mm，多少三角形，子房柄长 1.5mm，3 片裂开，果片薄木质；种子 8~15 粒；果梗纤细，长 2~4cm，常向下弯。花期 3~4 月，果期 9~11 月。

分布于长阳、五峰、兴山、宜昌、秭归，生于海拔 1500m 以下的山坡林下或灌丛中。

## 全秃海桐 *Pittosporum perglabratum* H. T. Chang & S. Z. Yan　　海桐属 *Pittosporum* Banks ex Gaertn.

常绿小乔木；叶簇生于枝顶，革质，矩圆形或矩圆状倒披针形，长 5~7cm，宽 2~2.5cm；上面深绿色，发亮，下面干后黄绿色；先端尖锐，基部楔形；侧脉 5~6 对；边缘上部略有微波状浅齿，叶柄长 4~8mm。伞形花序顶生，花梗长 1~1.5cm，苞片卵形；萼片卵形；花瓣分离；雄蕊长 6~7mm；雌蕊与雄蕊等长，子房有短柄，心皮 2 枚，侧膜胎座 2 个，胚珠 12 枚。蒴果长椭圆形，无毛，长 10~12mm，宽 6~7mm，2 片裂开，果片厚 1mm，内侧无横格；种子 8 粒，种柄极短。花期 3~5 月，果期 8~10 月。

分布于五峰，生于海拔 1400m 的山坡林下。

## 厚圆果海桐 *Pittosporum rehderianum* Gowda

海桐属 *Pittosporum* Banks ex Gaertn.

常绿灌木；叶簇生于枝顶，4~5片排成假轮生状，革质，倒披针形，长5~12cm，宽2~4cm，先端渐尖，基部楔形；侧脉6~9对，叶柄长6~12mm。伞形花序顶生；苞片卵形；花梗长5~10mm；萼片三角状卵形；花瓣分离，黄色，长10~12mm；雄蕊比花瓣短，长7~8mm；雌蕊与雄蕊近等长，子房无毛，侧膜胎座3个，胚珠24~27枚。蒴果圆球形，宽1.5~2cm，有棱，3片裂开，果片木质，厚1~2mm，阔卵形，种柄长3mm；种子23粒，红色。花期3~5月，果期9~11月。

分布于五峰、兴山、宜昌、秭归，生于海拔400~1400m的林下或灌丛中。

## 棱果海桐 *Pittosporum trigonocarpum* H. Lév.

海桐属 *Pittosporum* Banks ex Gaertn.

常绿灌木；叶簇生于枝顶，革质，倒卵形或矩圆倒披针形，长7~14cm，宽2.5~4cm，先端急短尖，基部窄楔形；侧脉约6对，叶柄长约1cm。伞形花序3~5个顶生，花多数；花梗长1~2.5cm；萼片卵形，长2mm，有睫毛；花瓣长1.2cm，分离或部分联合；雄蕊长8mm，雌蕊与雄蕊等长，子房被柔毛，侧膜胎座3个，胚珠9~15枚。蒴果常单生，椭圆形，长2.7cm，被毛；果梗长约1cm，被柔毛，3片裂开，果片薄，革质，表面粗糙，每片有种子3~5粒；种子红色，长约5~6cm。花期3~5月，果期8~10月。

分布于五峰、宜昌，生于海拔500~1500m的山坡林中或灌丛中。

## 崖花子 *Pittosporum truncatum* E. Pritz. ex Diels　　海桐属 *Pittosporum* Banks ex Gaertn.

常绿灌木；叶簇生于枝顶，硬革质，倒卵形或菱形，长5~8cm，宽2.5~3.5cm，中部以上最宽；先端短急尖，中部以下急剧收窄而下延；侧脉7~8对；叶柄长5~8mm。花单生或数朵呈伞形状，生于枝顶叶腋内，花梗长1.5~2cm；萼片卵形；花瓣倒披针形；雄蕊长6mm；子房被褐毛，卵圆形，侧膜胎座2个，胚珠16~18枚。蒴果短椭圆形，长9mm，宽7mm，果片薄；种子16~18粒，种柄扁而细，长1.5mm。花期3~4月，果期7~9月。

分布于长阳、当阳、五峰、兴山、远安、宜昌、宜都、秭归，生于海拔1000m以下的灌丛中。

## 山羊角树 *Carrierea calycina* Franch.　　山羊角属 *Carrierea* Franch.

落叶乔木；叶薄革质，长圆形，长9~14cm，宽4~6cm，先端突尖，基部圆形或心状，边缘具锯齿；基出脉3条，侧脉4~5对；叶柄长3~7cm。花杂性，白色，圆锥花序；萼片4~6，卵形；雌花比雄花小，直径0.6~1.2cm，有退化雄蕊；子房上位，长约2cm，侧膜胎座3~4个，胚珠多数；雄花比雌花大，雄蕊多数，有退化雌蕊。蒴果木质，羊角状，有喙，长4~5cm，直径1~1.5cm，有棕色绒毛；果梗具关节；种子扁平，四周有膜质翅。花期5~6月，果期7~10月。

分布于长阳、五峰、兴山、宜昌，生于海拔400~1200m的山坡林中。

## 山桐子 *Idesia polycarpa* Maxim.

山桐子属 *Idesia* Maxim.

落叶乔木；小枝有明显的皮孔。叶薄革质，卵形或心状卵形，长 13~16cm，宽 12~15cm，先端渐尖或尾状，基部通常心形，边缘有粗齿，上面深绿色，下面有白粉，沿脉有疏柔毛，通常 5 基出脉；叶柄长 6~12cm，下部有 2~4 个腺体。花单性，雌雄异株或杂性，黄绿色，花瓣缺，呈顶生下垂的圆锥花序；雄花比雌花稍大，直径约 1.2cm；萼片 3~6，通常 6，覆瓦状排列，长卵形；花丝丝状，有退化子房；雌花比雄花稍小，直径约 9mm；萼片通常 6，卵形；子房上位，圆球形，退化雄蕊多数。浆果成熟期紫红色，扁圆形，直径 5~7mm。花期 4~5 月，果熟期 10~11 月。

分布于长阳、五峰、兴山、宜昌，生于海拔 1500m 以下的山坡林中。

## 柞木 *Xylosma congesta* (Lour.) Merr.

柞木属 *Xylosma* G. Forst.

常绿小乔木；树皮不规则向上反卷，幼枝常具腋生的刺，被短毛。叶卵形至长椭圆状卵形，长 4~8cm，宽 3~4cm，先端渐尖，基部宽楔形至圆形，边缘有微锯齿，侧脉 4~6 对；叶柄长约 2mm，被短毛。总状花序腋生，花梗极短，雌雄异株；萼片 4~6，黄白色；无花瓣；雄花有多数雄蕊，花盘由多数腺体组成，位于雄蕊外围；雌花花盘圆盘状，边缘稍呈浅波状，子房 1 室，具 2 个侧膜胎座，花柱短，柱头 2 浅裂。浆果球形，黑色，直径约 5mm；种子 2~4 粒。花期 8 月，果期 10 月至翌年春季。

宜昌市各地均有分布，生于海拔 900m 以下的低山丘陵或疏林中。

## 疏花水柏枝 *Myricaria laxiflora* (Franch.) P. Y. Zhang & Y. J. Zhang　水柏枝属 *Myricaria* Desv.

直立灌木；老枝红褐色或紫褐色。叶密生于当年生绿色小枝上，叶披针形或长圆形，长 2~4mm，宽 0.8~1mm，先端钝或锐尖，基部略扩展，具狭膜质边。总状花序，长 6~12cm；苞片披针形，渐尖，具狭膜质边；花梗短；萼片披针形或长圆形，先端钝或锐尖，具狭膜质边；花瓣倒卵形，长 5~6mm，宽 2mm，粉红色或淡紫色；花丝 1/2 或 1/3 部分合生；子房圆锥形，长约 4mm。蒴果狭圆锥形，长 6~8mm。种子长 1~1.5mm，顶端芒柱一半以上被白色长柔毛。花果期 6~8 月。

分布于宜昌、宜都、秭归、枝江，生长于长江边。



## 短柱油茶 *Camellia brevistyla* (Hayata) Cohen-Stuart　山茶属 *Camellia* L.

小乔木；叶革质，狭椭圆形，长 3~4.5cm，宽 1.5~2.2cm，先端略尖，基部阔楔形，上面中脉被柔毛，下面无毛，边缘有钝锯齿，叶柄长 5~6mm。花白色，苞片 6~7，阔卵形；花瓣 5，阔倒卵形，长 1~1.6cm，宽 6~12mm，基部与雄蕊连生约 2mm；雄蕊长 5~9mm，下半部连合成短管，无毛；子房被长粗毛，花柱长 1.5~5mm，完全分裂为 3 条，有时 4 条，或仅先端 3 裂。蒴果圆球形，直径 1cm，有种子 1 粒。花期 10 月，果期翌年 8 月。

分布于五峰，生于海拔 300~1800m 的山坡林中或灌丛中。

## 贵州连蕊茶 *Camellia costei* H. Lév.　　山茶属 *Camellia* L.

灌木；叶革质，卵状长圆形，先端渐尖或长尾状渐尖，基部阔楔形，长 4~7cm，宽 1.3~2.6cm，上面中脉有残留短毛，下面初时有长毛，以后秃净，侧脉约 6 对，边缘有钝锯齿，叶柄长 2~4mm。花柄长 3~4mm，苞片三角形，先端尖；花萼杯状，萼片 5，卵形；花冠白色，长 1.3~2cm，花瓣 5，基部 3~5mm，与雄蕊连生，先端圆或凹入；雄蕊长 10~15mm，无毛，花丝管长 7~9mm；子房无毛，花柱长 10~17mm，先端极短 3 裂。蒴果圆球形，直径 11~15mm，1 室，有种子 1 粒。花期 1~2 月，果期 9~10 月。

分布于长阳、五峰、兴山，生于海拔 1000m 以下的山坡灌丛中。

## 尖连蕊茶 *Camellia cuspidata* (Kochs) H. J. Veitch　　山茶属 *Camellia* L.

灌木；嫩枝无毛。叶革质，卵状披针形或椭圆形，长 5~8cm，宽 1.5~2.5cm，先端渐尖至尾状渐尖，基部楔形；侧脉 6~7 对；边缘具细锯齿，叶柄长 3~5mm。花单生枝顶，苞片 3~4，卵形；花萼杯状，萼片 5，阔卵形；花白色，花瓣 6~7，基部连生并与雄蕊的花丝贴生；雄蕊比花瓣短，外轮雄蕊只在基部和花瓣合生；雌蕊长 1.8~2.3cm，子房无毛。蒴果圆球形，直径 1.5cm，有宿存苞片和萼片，1 室，种子 1 粒，圆球形。花期 4~7 月，果期 8~10 月。

分布于长阳、五峰、兴山、宜昌、秭归，生于海拔 500~1600m 的灌丛中或林中。

## 毛柄连蕊茶 *Camellia fraterna* Hance

山茶属 *Camellia* L.

灌木；嫩枝密被柔毛。叶革质，椭圆形，长 4~8cm，宽 1.5~3.5cm，先端渐尖而有钝尖头，基部阔楔形，上面无毛，下面初时有长毛，后无毛，侧脉 5~6 对，边缘具钝锯齿，叶柄长 3~5mm，被柔毛。花常单生于枝顶，苞片 4~5，阔卵形；萼杯状，长 4~5mm，萼片 5，卵形；花冠白色，基部与雄蕊连生达 5mm，花瓣 5~6，先端稍凹入；雄蕊多数，花丝管长为雄蕊的 2/3；子房无毛。蒴果圆球形，直径 1.5cm，1 室，种子 1 粒，果壳薄革质。花期 4~5 月，果期 9~10 月。

分布于兴山、宜昌，生于海拔 800m 以下的疏林中或灌丛中。

## 长瓣短柱茶 *Camellia grijsii* Hance

山茶属 *Camellia* L.

小乔木；叶革质，长圆形，长 6~9cm，宽 2.5~3.7cm，先端渐尖，基部阔楔形，上面无毛，下面中脉被稀疏长毛，侧脉 6~7 对，边缘具尖锐锯齿，叶柄长 5~8mm，被柔毛。花顶生，白色，直径 4~5cm，花梗极短；苞被片 9~10，半圆形至近圆形，花开后脱落；花瓣 5~6，倒卵形，长 2~2.5cm，宽 1.2~2cm，先端凹入，基部与雄蕊连生约 2~5mm；雄蕊长 7~8mm，基部连合或部分离生，花药基部着生；子房有黄色长粗毛；花柱长 3~4mm，无毛，先端 3 浅裂。蒴果球形，直径 2~2.5cm，1~3 室，果皮厚 1mm。花期 1~3 月，果期 9~10 月。

分布于五峰、宜昌，生于海拔 500~1200m 的山坡林中或灌丛中。

## 山茶 *Camellia japonica* L.

山茶属 *Camellia* L.

灌木；叶革质，椭圆形，长 5~10cm，宽 2.5~5cm，先端略尖，基部阔楔形，两面无毛，侧脉 7~8 对，边缘被细锯齿。叶柄长 8~15mm。花顶生，红色，无柄；苞片及萼片约 10 片，组成长约 2.5~3cm 的杯状苞被，半圆形至圆形；花瓣 6~7，倒卵圆形，长 3~4.5cm，无毛；雄蕊 3 轮，长约 2.5~3cm，外轮花丝基部连生，花丝管长 1.5cm，无毛，内轮雄蕊离生，稍短；子房无毛，花柱长 2.5cm，先端 3 裂。蒴果圆球形，直径 2.5~3cm，2~3 室，每室有种子 1~2 粒，3 爿裂开，果爿厚木质。花期 1~4 月，果期 9~10 月。

宜昌市各地栽培。

## 油茶 *Camellia oleifera* Abel.

山茶属 *Camellia* L.

灌木或小乔木；嫩枝有粗毛。叶革质，椭圆形，先端尖而有钝头，基部楔形，长 5~7cm，宽 2~4cm，上面中脉被粗毛，下面无毛或中脉被长毛，边缘具细锯齿，叶柄长 4~8mm。花顶生，苞片与萼片约 10 片，阔卵形，花后脱落；花瓣 5~7，白色，倒卵形，长 2.5~3cm，宽 1~2cm，先端凹入或 2 裂，近于离生；雄蕊长 1~1.5cm，外侧雄蕊仅基部略连生；子房被长毛，3~5 室。蒴果球形或卵圆形，直径 2~4cm，3 室或 1 室，2~3 爿裂开，每室有种子 1~2 粒，果爿木质。花期 12 月至翌年 1 月，果期 9~10 月。

宜昌市各地均有分布，生于海拔 1400m 以下的林中或灌丛中。现多栽培。

## 茶 *Camellia sinensis* (L.) Kuntze

### 山茶属 *Camellia* L.

灌木；嫩枝无毛。叶革质，长圆形或椭圆形，长 4~12cm，宽 2~5cm，先端钝或尖锐，基部楔形，上面发亮，下面无毛或初时被柔毛，侧脉 5~7 对，边缘有锯齿，叶柄长 3~8mm，无毛。花 1~3 朵腋生，白色，花柄长 4~6mm；苞片 2，早落；萼片 5，阔卵形至圆形，宿存；花瓣 5~6，阔卵形，长 1~1.6cm，基部略连合，背面无毛；雄蕊长 8~13mm，基部连生 1~2mm；子房密被白毛；花柱无毛。蒴果球形，3 室或 1~2 室，直径 1.1~1.5cm，每室有种子 1~2 粒。花期 10 月至翌年 2 月，果期 8~9 月。

宜昌市各地均有分布，分布于海拔 800m 以下的山地林下或灌丛中。现多为栽培。

## 红淡比 *Cleyera japonica* Thunb.

### 红淡比属 *Cleyera* Thunb.

小乔木；顶芽大，长锥形，无毛；嫩枝略具二棱。叶革质，长圆形或长圆状椭圆形至椭圆形，长 6~9cm，宽 2.5~3.5cm，顶端渐尖，基部楔形，全缘，上面深绿色，下面淡绿色；侧脉 6~8 对，两面稍明显；叶柄长 7~10mm。花常 2~4 朵腋生，花梗长 1~2cm；苞片 2，早落；萼片 5，卵圆形；花瓣 5，白色，倒卵状长圆形；雄蕊 25~30 枚，花丝无毛；子房圆球形，2 室。果实圆球形，成熟时紫黑色，直径 8~10mm，果梗长 1.5~2cm；种子每室数个至 10 多个，扁圆形。花期 5~6 月，果期 10~11 月。

分布于长阳、五峰，生于海拔 1200m 以下的山坡林中或林缘。

## 翅柃 *Eurya alata* Kobuski

柃属 *Eurya* Thunb.

常绿灌木；嫩枝具显著4棱。叶革质，长圆形，长4~7.5cm，宽1.5~2.5cm，顶端窄缩呈短尖，基部楔形，边缘密生细锯齿，侧脉6~8对；叶柄长约4mm。花簇生于叶腋，花梗短。雄花：小苞片2，卵圆形；萼片5，卵圆形；花瓣5，白色，倒卵状长圆形，基部合生；雄蕊约15。雌花的小苞片和萼片与雄花同；花瓣5，长圆形；子房圆球形，3室。果实圆球形，直径约4mm，成熟时蓝黑色。花期10~11月，果期6~8月。

分布于长阳、五峰、兴山、宜昌、宜都、秭归，生于海拔400~1500m的山地林中或灌丛中。

## 短柱柃 *Eurya brevistyla* Kobuski

柃属 *Eurya* Thunb.

常绿小乔木；全株除萼片外均无毛。叶革质，倒卵形或椭圆形，长5~9cm，宽2~3.5cm，顶端短渐尖至急尖，基部楔形或阔楔形，边缘具锯齿，侧脉9~11对，两面均明显；叶柄长3~6mm。花1~3朵腋生，花梗短。雄花：小苞片2，卵圆形；萼片5，近圆形；花瓣5，白色，长圆形或卵形；雄蕊13~15，退化子房无毛。雌花的小苞片和萼片与雄花同；花瓣5，卵形；子房圆球形，3室，花柱3，极短，离生。果实圆球形，直径3~4mm，成熟时蓝黑色。花期10~11月，果期6~8月。

分布于长阳、五峰、兴山、宜昌，生于海拔500~2000m的山地林中或灌丛中。

## 格药柃 *Eurya muricata* Dunn　　柃属 *Eurya* Thunb.

常绿灌木或小乔木；全株无毛，嫩枝圆柱形。叶革质，长圆状椭圆形，长5.5~11.5cm，宽2~4.3cm，顶端渐尖，基部楔形，边缘有细钝锯齿，侧脉9~11对；叶柄长4~5mm。花1~5朵簇生叶腋，花梗长1~1.5mm。雄花：小苞片2，萼片5；花瓣5，白色；雄蕊15~22，花药具多分格，退化子房无毛。雌花的小苞片和萼片与雄花同；花瓣5，白色；子房圆球形，3室，花柱顶端3裂。果实圆球形，直径4~5mm，成熟时紫黑色；种子肾圆形。花期9~11月，果期翌年6~8月。

分布于五峰、兴山、宜昌，生于海拔300~1200m的山坡林下或灌丛中。

## 钝叶柃 *Eurya obtusifolia* Hung T. Chang　　柃属 *Eurya* Thunb.

灌木；嫩枝被微毛。叶革质，长圆形或长圆状椭圆形，长3~5.5cm，宽1~2.2cm，顶端钝，基部楔形，边缘上半部有疏线钝齿，两面均无毛，侧脉5~7对；叶柄短，被毛。花1~4朵腋生，花梗被微毛。雄花：小苞片2，近圆形；萼片5，近膜质，卵圆形；花瓣5，白色，长圆形或椭圆形；雄蕊约10。雌花的小苞片和萼片与雄花相同；花瓣5，卵形或椭圆形；子房圆球形，3室，花柱顶端3浅裂。果实圆球形，直径3~4mm，成熟时蓝黑色。花期2~3月，果期8~10月。

分布于五峰，生于海拔1200m以下的山坡灌丛或林中。

## 木荷 *Schima superba* Gardner & Champ.

木荷属 *Schima* Reinw. ex Blume

大乔木；叶薄革质，椭圆形，长 7~12cm，宽 4~6.5cm，先端尖锐，基部楔形，上面无毛，下面无毛，侧脉 7~9 对，边缘有钝齿；叶柄长 1~2cm。花生于枝顶叶腋，常多朵呈总状花序，直径 3cm，白色，花柄长 1~2.5cm，纤细，无毛；苞片 2，贴近萼片，长 4~6mm，早落；萼片半圆形，长 2~3mm，外面无毛，内面有绢毛；花瓣长 1~1.5cm，最外 1 片风帽状，边缘多少具毛；子房被毛。蒴果直径 1.5~2cm。花期 6~8 月，果期 10~12 月。

分布于五峰，生于海拔 1000m 以下的山地林中。

## 紫茎 *Stewartia sinensis* Rehder & E. H. Wilson

紫茎属 *Stewartia* L.

落叶小乔木；树皮灰黄色。叶纸质，卵状椭圆形，长 6~10cm，宽 2~4cm，先端渐尖，基部楔形，边缘有粗齿，侧脉 7~10 对，下面叶腋常有簇生毛丛，叶柄长 1cm。花单生，直径 4~5cm，花柄长 4~8mm；苞片长卵形；萼片 5，基部连生，长卵形；花瓣阔卵形，长 2.5~3cm，基部连生，外面有绢毛；雄蕊有短的花丝管，被毛；子房被毛。蒴果卵圆形，先端尖，宽 1.5~2cm。种子长 1cm，有窄翅。花期 6 月，果期 9~11 月。

分布于五峰、兴山、宜昌，生于海拔 1800m 以下的山地林中。

## 厚皮香 *Ternstroemia gymnanthera* (Wight & Arn.) Bedd. 厚皮香属 *Ternstroemia* Mutis ex L. f.

常绿小乔木；全株无毛。叶革质，常聚生于枝端，椭圆形至长圆状倒卵形，长5.5~9cm，宽2~3.5cm，顶端短渐尖，基部楔形，边全缘，侧脉5~6对，不明显；叶柄长7~13mm。花两性或单性，花梗长约1cm；小苞片2，三角形；萼片5，卵圆形或长圆卵形；花瓣5，淡黄白色，倒卵形；雄蕊约50；子房圆卵形，2室，每室2枚胚珠。果实圆球形，直径7~10mm，果梗长1~1.2cm；种子肾形，每室1粒，成熟时肉质假种皮红色。花期5~7月，果期8~10月。

分布于长阳、五峰、远安、宜昌，生于海拔1500m以下的林中或灌丛中。



## 软枣猕猴桃 *Actinidia arguta* (Sieb. & Zucc.) Miq. 猕猴桃属 *Actinidia* Lindl.

落叶藤本；髓片层状。叶膜质或纸质，卵形、长圆形至近圆形，长6~12cm，宽5~10cm，顶端急尖，基部圆形至浅心形，边缘具锐锯齿，侧脉腋被髯毛，侧脉6~7对；叶柄长3~6cm。花绿白色，直径1.2~2cm；萼片4~6，卵圆形至长圆形；花瓣4~6，楔状倒卵形或瓢状倒阔卵形；花丝丝状，花药黑色或暗紫色；子房瓶状，无毛。果圆球形至柱状长圆形，长2~3cm，无毛，无斑点，成熟时绿黄色或紫红色。花期4月，果期8~10月。

分布于长阳、五峰、兴山、宜昌，生于海拔2000m以下的山地林中。

## 京梨猕猴桃 *Actinidia callosa* var. *henryi* Maxim. 猕猴桃属 *Actinidia* Lindl.

大型落叶藤本；小枝较坚硬，洁净无毛；着花小枝髓淡褐色，片层状或实心；隔年枝髓片层状。叶卵形或卵状椭圆形至倒卵形，长 8~10cm，宽 4~5.5cm，边缘锯齿细小，背面脉腋上被髯毛；侧脉 6~8 对；叶柄长 2~8cm。花序 1~3 花，花白色，直径约 15mm；萼片 5，卵形；花瓣 5，倒卵形；花丝丝状，花药黄色；子房近球形，被灰白色茸毛，花柱比子房稍长。果乳头状至矩圆圆柱状，长可达 5cm。花期 4~6 月，果期 9~10 月。

分布于长阳、五峰、兴山、宜昌，生于海拔 400~1500m 的山地林中。

## 城口猕猴桃 *Actinidia chengkouensis* C. Y. Chang 猕猴桃属 *Actinidia* Lindl.

落叶藤本；枝密被长硬毛，髓褐色，片层状。叶纸质，团扇状倒卵形，长 6~12cm，宽 7~12cm，顶端截平并稍凹陷，基部截平状浅心形，边缘具睫状小齿，腹面被小糙伏毛，侧脉 7~8 对；叶柄长 2.5~4.5cm，密被长硬毛。花序 1~3 花，花黄白色，直径约 2cm；萼片 4，长方卵形；花瓣 6，倒卵形，长 12mm；花丝长约 5mm，花药黄色；退化子房近球形，密被茸毛。幼果球形或球状卵形，密被黄色长硬毛，宿存花柱红褐色，宿存萼片外反。花期 6 月，果期 9~10 月。

分布于五峰、宜昌，生于海拔 1000~2000m 的山地林中。

## 中华猕猴桃 *Actinidia chinensis* Planch.　　猕猴桃属 *Actinidia* Lindl.

落叶藤本；髓片层状。叶纸质，倒阔卵形至倒卵形，长 6~17cm，宽 7~15cm，顶端截平并中间凹入或具突尖，基部钝圆形至浅心形，边缘具睫状小齿，背面密被星状绒毛，侧脉 5~8 对；叶柄长 3~6cm。聚伞花序 1~3 花；花初时白色，后变淡黄色，直径 1.8~3.5cm；萼片 3~7，阔卵形至卵状长圆形；花瓣 5，阔倒卵形；雄蕊极多；子房球形，密被糙毛。果近球形至椭圆形，长 4~6cm，成熟时秃净或不秃净，具褐色斑点。花期 4~5 月，果期 9~10 月。

分布于长阳、五峰、兴山、宜昌、秭归，生于海拔 1100m 以下的山坡林中。

## 美味猕猴桃 *Actinidia chinensis* var. *deliciosa* (A. Chev.) A. Chev.　　猕猴桃属 *Actinidia* Lindl.

落叶藤本；幼枝被褐色糙伏毛，毛不易丢失。叶薄纸质，阔卵形至长方卵形，边缘有锯齿，上面无毛，下面被短柔毛，中脉和侧脉上更密集，叶脉不发达；叶柄被刚毛。聚伞花序，雄性具 3 花，雌性常 1 花单生；花白色或粉红色，萼片长方卵形，两面被有极微弱的短绒毛，边缘有睫毛；花瓣长方倒卵形，花丝丝状；子房圆柱状、卵形或球形。果近球形到圆筒状或卵球形，径 5~6cm，密被硬糙毛。花期 5 月，果熟期 9~10 月。

分布于长阳、五峰、兴山、宜昌、秭归，生于海拔 500~1500m 以下的山坡林中。

## 黑蕊猕猴桃 *Actinidia melanandra* Franch.　　猕猴桃属 *Actinidia* Lindl.

落叶藤本；髓片层状。叶纸质，椭圆形或狭椭圆形，长 5~11cm，宽 2.5~5cm，顶端急尖至短渐尖，基部圆形，稍不等侧，边缘具锯齿；腹面绿色，背面苍绿色，侧脉 6~7 对；叶柄无毛，长 1.5~5.5cm。聚伞花序 1~7 花，花绿白色，萼片 5；花瓣 5，长 6~13mm；花药黑色；子房瓶状，无毛，长约 7mm。果瓶状卵珠形，长约 3cm，无毛，无斑点，顶端有喙，基部萼片早落。种子小，长约 2mm。花期 5~6 月，果期 9~10 月。

分布于长阳、五峰、兴山、宜昌，生于海拔 1000~2000m 的山地林中。

## 葛枣猕猴桃 *Actinidia polygama* (Sieb. & Zucc.) Planch. ex Maxim.　　猕猴桃属 *Actinidia* Lindl.

落叶藤本；髓白色，实心。叶薄纸质，卵形或椭圆卵形，长 7~14cm，宽 4.5~8cm，顶端渐尖，基部阔楔形，边缘具细锯齿；侧脉约 7 对；叶柄长 1.5~3.5cm。花序 1~3 花，花白色，直径 2~2.5cm；萼片 5，卵形至长方卵形；花瓣 5，倒卵形至长方倒卵形，长 8~13mm；花丝线形，花药黄色；子房瓶状，长 4~6mm，无毛，花柱长 3~4mm。果成熟时淡橘色，柱状卵珠形，长 2.5~3cm，无毛，无斑点，顶端有喙，基部有宿存萼片。花期 6~7 月，果熟期 9~10 月。

分布长阳、五峰、兴山、宜昌、秭归，生于海拔 1000~1900m 的山地林中。

## 革叶猕猴桃 *Actinidia rubricaulis* var. *coriacea* (Fin. & Gagn.) C. F. Liang　猕猴桃属 *Actinidia* Lindl.

半常绿藤本；除子房外，全体洁净无毛；小枝皮孔显著，髓污白色，实心。叶革质，倒披针形，长7~12cm，宽3~4.5cm，顶端急尖，基部楔状钝圆形，上部具粗大锯齿，侧脉8~10对；叶柄长1~3cm。花常单生；花红色；萼片4~5；花瓣5，瓢状倒卵形；花丝粗短；子房柱球形，长约2mm，被短绒毛，花柱粗短。果暗绿色，卵圆形至柱状卵珠形，长1~1.5cm，幼时被绒毛，后秃净，果被斑点，萼片宿存。花期4~5月，果期9~10月。

分布于五峰，生于海拔500~1000m的山地林中。

## 四萼猕猴桃 *Actinidia tetramera* Maxim.　猕猴桃属 *Actinidia* Lindl.

落叶藤本；着花小枝皮孔显著，髓褐色，片层状。叶薄纸质，长椭圆形或椭圆披针形，长4~8cm，宽2~4cm，顶端长渐尖，基部楔形至截形，两侧不对称，边缘有细锯齿，腹面无毛，背面侧脉腋有显著白色髯毛，侧脉6~7对；叶柄水红色，长1.2~3.5cm。花白色，常1花单生，雌性花远比雄性花普遍常见；花柄长1.5~2.2cm；萼片4，长方卵形；花瓣4，瓢状倒卵形；花丝丝状，花药黄色；子房球形，无毛。果熟时橘黄色，卵珠状，长1.5~2cm，无毛，无斑点，有反折的宿存萼片。花期5~6月，果期9~10月。

分布于五峰、兴山，生于海拔1000~2400m的山地林中。

## 毛蕊猕猴桃 *Actinidia trichogyna* Franch.　　猕猴桃属 *Actinidia* Lindl.

落叶藤本；叶纸质至软革质，卵形至长卵形，长5~10cm，宽3~6cm，顶端急尖至渐尖，基部钝形至圆形，边缘具小锯齿，腹面绿色，背面粉绿色，两面无毛，侧脉6~7对；叶柄长2.5~5cm，无毛。花序1~3花；花白色，直径约2cm；萼片5，长圆形；花瓣5，倒卵形；花丝丝状，花药黄色；子房柱状近球形，被灰黄色茸毛，花柱比子房稍短。果成熟时暗绿色，秃净具褐色斑点，近球形、卵珠形或柱状长圆形，直径10~20mm；种子长约2mm。花期5~7月，果期10月。

分布于五峰，生于海拔1000~1500m的山地林中。

## 对萼猕猴桃 *Actinidia valvata* Dunn　　猕猴桃属 *Actinidia* Lindl.

落叶藤本；隔年枝皮孔较显著，髓白色，实心。叶近膜质，阔卵形至长卵形，长5~13cm，宽2.5~7.5cm，顶端渐尖，基部阔楔形，两侧稍不对称；边缘具细锯齿，两面无毛，侧脉5~6对；叶柄长15~20mm。花常单生，白色，径约2cm；萼片2~3，卵形至长方卵形；花瓣7~9，长方倒卵形；花丝丝状，花药橙黄色；子房瓶状，无毛，花柱比子房稍长。果成熟时橙黄色，卵珠状，稍偏肿，长2~2.5cm，无斑点，顶端有尖喙，基部有反折的宿存萼片；种子长1.8~3.5mm。花期4~5月，果期9~10月。

分布于长阳、宜昌，生于海拔300~1200m的沟谷林中。

## 繁花藤山柳 *Clematoclethra scandens* subsp. *hemsleyi* (Baill.) Y. C. Tang & Q. Y. Xiang　藤山柳属 *Clematoclethra* Maxim.

藤本；小枝被绒毛，很快秃净。叶卵形或椭圆形，长5~10cm，宽3~5cm，顶端短渐尖，基部圆形，边缘具疏隔的纤毛状锯齿，腹面深绿色，除中脉具微柔毛外，余处无毛，背面浅绿色，沿中脉和侧脉被长柔毛，有时秃净，脉腋上有髯毛；叶柄细长，长4~8cm。花序柄密被淡红色长柔毛，6~12花，在果期长达20~30mm；花柄在果期长达7~11mm。花白色；萼片椭圆形，密被淡红色柔毛。果球形，干后径6mm。花期6~7月，果期7~8月。

分布于长阳、五峰、兴山、宜昌，生于海拔1000~2500m的山地林中。



## 长柱金丝桃 *Hypericum longistylum* Oliv.　金丝桃属 *Hypericum* L.

直立灌木；叶对生，近无柄；叶片狭长圆形至椭圆形，长1~3.1cm，宽0.6~1.6cm，先端圆形，基部楔形至短渐狭，全缘，侧脉约3对。花单生枝顶，花梗长8~12mm，花直径2.5~5cm；萼片离生或在基部合生，线形；花瓣金黄色至橙色，倒披针形；雄蕊5束，每束约有雄蕊15~25；子房卵珠形，花柱长1~1.8cm。蒴果卵珠形，长0.6~1.2cm，宽0.4~0.5cm，通常略具柄。种子圆柱形。花期5~7月，果期8~9月。

分布于长阳、当阳、兴山、宜昌、秭归，生于海拔1000m以下的山坡灌丛中。

## 金丝桃 *Hypericum monogynum* L.　　金丝桃属 *Hypericum* L.

灌木；叶对生，近无柄，叶片倒披针形至长圆形，长2~11.2cm，宽1~4.1cm，先端锐尖，基部楔形至圆形，坚纸质；侧脉4~6对。伞房花序，花梗长0.8~2.8cm，苞片线状披针形，花直径3~6.5cm；萼片椭圆形至倒披针形；花瓣金黄色，三角状倒卵形，长2~3.4cm，宽1~2cm；雄蕊5束，每束有雄蕊25~35；子房卵珠形至近球形，长2.5~5mm，宽2.5~3mm，花柱长1.2~2cm，合生几达顶端。蒴果宽卵形，种子圆柱形。花期5~8月，果期8~9月。

分布于长阳、五峰、兴山、宜昌、宜都、秭归，生于海拔300~1200m的山坡灌丛中。

## 金丝梅 *Hypericum patulum* Thunb.　　金丝桃属 *Hypericum* L.

灌木；叶对生，叶柄长0.5~2mm；叶片披针形至长圆状卵形，长1.5~6cm，宽0.5~3cm，先端钝形至圆形，具小尖突，基部楔形，坚纸质，侧脉3对。花序具1~15花，伞房状；花梗长2~4mm，花直径2.5~4cm；萼片离生，宽卵形至长圆状椭圆形，边缘有细的啮蚀状小齿；花瓣金黄色，长圆状倒卵形至宽倒卵形，全缘；雄蕊5束，每束有雄蕊约50~70；子房多少呈宽卵珠形。蒴果宽卵形，长0.9~1.1cm，宽0.8~1cm。种子深褐色，多少呈圆柱形。花期6~7月，果期8~10月。

分布于长阳、五峰、兴山、宜昌，生于海拔300~1400m的山坡灌丛中。

## 甜麻 *Corchorus aestuans* L.　　黄麻属 *Corchorus* L.

亚灌木；叶卵形或阔卵形，长 4.5~6.5cm，宽 3~4cm，顶端短渐尖，基部圆形，两面被稀疏长粗毛，边缘具锯齿，近基部 1 对锯齿往往延伸呈尾状的小裂片，基出脉 5~7 条；叶柄长 0.9~1.6cm。花单独或数朵组成聚伞花序生于叶腋；萼片 5，狭窄长圆形；花瓣 5，与萼片近等长，倒卵形，黄色；雄蕊多数，黄色；子房长圆柱形，被柔毛。蒴果长筒形，长约 2.5cm，直径约 5mm，具 6 条纵棱，顶端有 3~4 条向外延伸的角，角二叉，成熟时 3~4 瓣裂；种子多数。花期 5~6 月，果期 8~9 月。

分布于长阳、当阳、兴山、远安、宜昌、宜都、枝江、秭归，生于低海拔的田间或路边。

## 扁担杆 *Grewia biloba* G. Don　　扁担杆属 *Grewia* L.

灌木；叶薄革质，椭圆形或倒卵状椭圆形，长 4~9cm，宽 2.5~4cm，先端锐尖，基部楔形，两面被稀疏星状粗毛，基出脉 3 条，中脉有侧脉 3~5 对，边缘具细锯齿；叶柄长 4~8mm，被粗毛；托叶钻形，长 3~4mm。聚伞花序腋生，多花，花序柄长不到 1cm；花柄长 3~6mm；苞片钻形，长 3~5mm；萼片狭长圆形，长 4~7mm，外面被毛，内面无毛；花瓣长 1~1.5mm；雌雄蕊柄长 0.5mm，被毛；雄蕊长 2mm；子房被毛，花柱与萼片平齐，柱头扩大，盘状，有浅裂。核果红色，有 2~4 粒分核。花期 5~7 月，果期 9 月。

分布于长阳、五峰、兴山、宜昌、宜都、秭归，生于海拔 1000m 以下的山地灌丛中或路边。

## 华椴 *Tilia chinensis* Maxim.

椴树属 *Tilia* L.

乔木；嫩枝无毛。叶阔卵形，长5~10cm，宽4.5~9cm，先端急短尖，基部斜心形，上面无毛，下面被灰色星状茸毛，侧脉7~8对，边缘具细锯齿；叶柄长3~5cm，被灰色毛。聚伞花序长4~7cm，常有花3朵，花序柄下半部与苞片合生；花柄长1~1.5cm；苞片窄长圆形，长4~8cm；萼片长卵形；花瓣长7~8mm，退化雄蕊较花瓣短小；雄蕊长5~6mm；子房被灰黄色星状茸毛。果实椭圆形，长1cm，有5条棱突，被黄褐色星状茸毛。花期5~6月，果期8~10月。

分布于长阳、五峰、兴山、宜昌，生于海拔1000~2400m的山地林中。

## 鄂椴 *Tilia oliveri* Szyszyl.

椴树属 *Tilia* L.

乔木；嫩枝通常无毛。叶卵形，长9~12cm，宽6~10cm，先端急锐尖，基部斜心形，上面无毛，下面被白色星状茸毛，侧脉7~8对，边缘密生细锯齿；叶柄长3~5cm。聚伞花序长6~9cm，具6~15花；花序柄长5~7cm，有灰白色星状茸毛，下部3~4.5cm，与苞片合生，花柄长4~6mm；苞片窄倒披针形，长6~10cm，宽1~2cm，先端圆，基部钝；萼片卵状披针形，长5~6mm，被白色毛；花瓣长6~7mm，退化雄蕊比花瓣短；雄蕊与萼片近等长；子房有星状茸毛。果实椭圆形，有棱或仅在下半部有棱突。花期7~8月，果期9~10月。

分布于长阳、五峰、兴山、宜昌、秭归，生于海拔600~2200m的山地林中。

## 少脉椴 *Tilia paucicostata* Maxim.

椴树属 *Tilia* L.

乔木；嫩枝无毛。叶薄革质，卵圆形，长 6~10cm，宽 3.5~6cm，先端急渐尖，基部斜心形，上面无毛，下面脉腋被毛丛，边缘具细锯齿；叶柄长 2~5cm。聚伞花序长 4~8cm，具 6~8 花；花柄长 1~1.5cm；萼片狭窄倒披针形，长 5~8.5cm，宽 1~1.6cm，两面近无毛，下半部与花序柄合生；萼片长卵形，长 4mm；花瓣长 5~6mm；退化雄蕊比花瓣短小；雄蕊长 4mm；子房被星状茸毛，花柱长 2~3mm，无毛。果实倒卵形，长 6~7mm。花期 5 月，果期 8~9 月。

分布于兴山、宜昌、秭归，生于海拔 1200~1600m 的山地林中。

## 单毛刺蒴麻 *Triumfetta annua* L.

刺蒴麻属 *Triumfetta* L.

亚灌木；嫩枝被黄褐色茸毛。叶纸质，卵形或卵状披针形，长 5~11cm，宽 3~7cm，先端尾状渐尖，基部圆形或微心形，两面被稀疏单长毛，基出脉 3~5 条，边缘具锯齿；叶柄长 1~5cm，有疏长毛。聚伞花序腋生，花序柄极短，花柄长 3~6mm；苞片长 2~3mm，均被长毛；萼片长 5mm，先端有角；花瓣比萼片稍短，倒披针形；雄蕊 10；子房被刺毛，3~4 室，花柱短，柱头 2~3 浅裂。蒴果扁球形；刺长 5~7mm，无毛，先端弯勾，基部被毛。花果期 8~11 月。

分布于当阳、远安、宜昌、枝江，生于 1800m 以下的山坡、田边或路边。

## 刺蒴麻 *Triumfetta rhomboidea* Jacq.

刺蒴麻属 *Triumfetta* L.

亚灌木；嫩枝被灰褐色短茸毛。叶纸质，生于茎下部的阔卵圆形，长 3~8cm，宽 2~6cm，先端常 3 裂，基部圆形；生于上部的长圆形；上面被疏毛，下面被星状柔毛，基出脉 3~5 条，两侧脉直达裂片尖端，边缘具不规则的粗锯齿；叶柄长 1~5cm。聚伞花序腋生，花序柄及花柄均极短；萼片狭长圆形，长 5mm，顶端有角，被长毛；花瓣比萼片略短，黄色；雄蕊 10；子房被刺毛。果球形，不开裂，被灰黄色柔毛，具钩针刺长 2mm，有种子 2~6 粒。花期 8~9 月，果期 10~11 月。

分布于兴山，生于海拔 1600m 以下的路边或山坡灌丛中。

## 杜英 *Elaeocarpus sylvestris* (Lour.) Poir.

杜英属 *Elaeocarpus* L.

常绿乔木；叶革质，披针形，长 7~12cm，宽 2~3.5cm，两面无毛，先端渐尖，基部楔形，侧脉 7~9 对，边缘具小钝齿；叶柄长 1cm。总状花序，长 5~10cm，花序轴纤细；花白色，萼片披针形；花瓣倒卵形，与萼片等长，上半部撕裂，裂片 14~16 条；雄蕊 25~30；子房 3 室，每室 2 枚胚珠。核果椭圆形，长 2~2.5cm，宽 1.3~2cm，种子 1 粒。花期 6~7 月，果期 9~10 月。

宜昌各地栽培。

## 日本杜英 *Elaeocarpus japonicus* Sieb. & Zucc.　　杜英属 *Elaeocarpus* L.

乔木；叶革质，通常卵形，长6~12cm，宽3~6cm，先端尖锐，基部圆形，初时两面密被绢毛，后脱落，侧脉5~6对；边缘具疏锯齿；叶柄长2~6cm，初时被毛，后脱落。总状花序长3~6cm，花两性或单性。两性花：萼片5，长圆形；花瓣长圆形，两面被毛，与萼片等长，先端全缘或有数个浅齿；雄蕊15；花盘10裂，连合成环；子房被毛，3室。雄花：萼片5~6，花瓣5~6，两面被毛；雄蕊9~14；常具退化子房。核果椭圆形，长1~1.3cm，宽8mm，1室；种子1粒，长8mm。花期4~5月，果期10~12月。

宜昌市各地栽培。

## 仿栗 *Sloanea hemsleyana* (T. Itô) Rehder & E. H. Wilson　　猴欢喜属 *Sloanea* L.

常绿乔木；叶簇生于枝顶，薄革质，常为狭窄倒卵形，长10~20cm，宽3~5cm，先端急尖，基部收窄而钝，侧脉7~9对，边缘具钝齿；叶柄长1~2.5cm。花生于枝顶，排呈总状花序；萼片4；花瓣白色，与萼片等长；雄蕊与花瓣等长；子房被褐色茸毛。蒴果常4~5爿裂开，果爿长2.5~5cm，厚3~5mm；内果皮紫红色；针刺长1~2cm；种子黑褐色，长1.2~1.5cm，下半部有黄褐色假种皮。花期7月，果期10月。

分布于长阳、五峰、兴山、宜昌，生于海拔1000m以下的山地林中。

## 梧桐 *Firmiana simplex* (L.) W. Wight

梧桐属 *Firmiana* Marsili

落叶乔木；树皮青绿色。叶心形，掌状 3~5 裂，直径 15~30cm，裂片三角形，顶端渐尖，基部心形，基生脉 7 条。圆锥花序顶生，花淡黄绿色；萼 5 深裂几至基部，萼片条形，向外卷曲；雄花的雌雄蕊柄与萼等长，花药 15，退化子房梨形且小；雌花的子房圆球形，被毛。蓇葖果膜质，成熟前开裂呈叶状，长 6~11cm，宽 1.5~2.5cm，每蓇葖果有种子 2~4 粒；种子圆球形，直径约 7mm。花期 6 月，果期 9~10 月。

宜昌市各地均有分布，生于海拔 400m 以下的路边林中。

## 马松子 *Melochia corchorifolia* L.

马松子属 *Melochia* L.

亚灌木；叶薄纸质，卵形至披针形，长 2.5~7cm，宽 1~1.3cm，顶端急尖，基部圆形，边缘具锯齿，上面近无毛，下面略被星状短柔毛，基生脉 5 条；叶柄长 5~25mm。花呈密聚伞花序或团伞花序；萼钟状，5 浅裂；花瓣 5，白色，后变为淡红色，矩圆形；雄蕊 5，下部连合成筒，与花瓣对生；子房无柄，5 室，密被柔毛。蒴果圆球形，直径 5~6mm，被长柔毛，每室有种子 1~2 粒；种子卵圆形，略成三角状。花期 6~8 月，果期 9~11 月。

宜昌市各地均有分布，生于低海拔的草地、田间或灌丛中。

## 苘麻 *Abutilon theophrasti* Medik. 苘麻属 *Abutilon* Mill.

亚灌木；茎被柔毛。叶互生，圆心形，长 5~10cm，先端渐尖，基部心形，边缘具细锯齿，两面均密被星状柔毛；叶柄长 3~12cm；托叶早落。花单生，花梗长 1~13cm，被柔毛，近顶端具节；花萼杯状，密被短绒毛，裂片 5，卵形，长约 6mm；花黄色，花瓣倒卵形，长约 1cm；雄蕊柱平滑无毛，心皮 15~20 枚，长 1~1.5cm，顶端平截。蒴果半球形，直径约 2cm，长约 1.2cm，分果爿 15~20，被粗毛，顶端具长芒 2；种子肾形，褐色，被星状柔毛。花期 7~8 月，果期 9~10 月。

宜昌市各地均有分布，生于低海拔的山坡、路边及田野。

## 木芙蓉 *Hibiscus mutabilis* L. 木槿属 *Hibiscus* L.

落叶灌木；叶宽卵形至圆卵形或心形，直径 10~15cm，常 5~7 裂，裂片三角形，先端渐尖，具钝圆锯齿，上面疏被星状细毛，下面密被星状细绒毛；主脉 7~11 条；叶柄长 5~20cm；托叶披针形，早落。花单生，花梗长约 5~8cm，近端具节；小苞片线形，基部合生；萼钟形，裂片 5，卵形；花初开时白色或淡红色，后变深红色，直径约 8cm，花瓣近圆形，直径 4~5cm；雄蕊柱长 2.5~3cm，无毛；花柱枝 5。蒴果扁球形，直径约 2.5cm，被刚毛和绵毛，果爿 5；种子肾形，背面被长柔毛。花期 8~10 月，果期 11~12 月。

宜昌市各地均有栽培。

## 木槿 *Hibiscus syriacus* L.

木槿属 *Hibiscus* L.

落叶灌木；小枝密被黄色星状绒毛。叶菱形至三角状卵形，长 3~10cm，宽 2~4cm，具深浅不同的 3 裂或不裂，先端钝，基部楔形，边缘具不整齐齿缺；叶柄长 5~25mm；托叶线形。花单生，花梗长 4~14mm，被星状短绒毛；小苞片 6~8，线形，密被星状疏绒毛；花萼钟形，长 14~20mm，密被星状短绒毛，裂片 5，三角形；花钟形，淡紫色，直径 5~6cm，花瓣倒卵形，长 3.5~4.5cm；雄蕊柱长约 3cm；花柱无毛。蒴果卵圆形，直径约 12mm，密被黄色星状绒毛；种子肾形，背部被黄白色长柔毛。花期 7~10 月，果期 10~12 月。

宜昌市各地均有栽培。

## 地桃花 *Urena lobata* L.

梵天花属 *Urena* L.

直立亚灌木；小枝被星状绒毛。茎下部的叶近圆形，长 4~5cm，宽 5~6cm，先端浅 3 裂，基部圆形或近心形，边缘具锯齿；中部的叶卵形，长 5~7cm，3~6.5cm；上部的叶长圆形至披针形，长 4~7cm，宽 1.5~3cm；叶上面被柔毛，下面被星状绒毛；叶柄长 1~4cm；托叶早落。花腋生，淡红色，直径约 15mm；花梗长约 3mm，被绵毛；小苞片 5，基部 1/3 合生；花萼杯状，裂片 5；花瓣 5，倒卵形，长约 15mm；雄蕊柱长约 15mm；花柱微被长硬毛。果扁球形，直径约 1cm，分果爿被星状短柔毛和锚状刺。花期 7~10 月，果期 8~12 月。

分布于宜昌，生于低海拔的路边灌丛中。

## 山麻杆 *Alchornea davidii* Franch. 山麻杆属 *Alchornea* Swartz

落叶灌木；叶薄纸质，阔卵形，长 8~15cm，宽 7~14cm，顶端渐尖，基部心形或近截平，边缘具锯齿，两面被短柔毛，基部具腺体 2 或 4 个；基出脉 3 条；叶柄长 2~10cm。雌雄异株，雄花序穗状，长 1.5~2.5cm，雄花 5~6 朵簇生于苞腋；雌花序总状，顶生，具花 4~7 朵；雄花：直径约 2mm，萼片 3，雄蕊 6~8；雌花：萼片 5，长三角形，子房球形，被绒毛，花柱 3。蒴果近球形，具 3 圆棱，直径 1~1.2cm，密被柔毛；种子卵状三角形。花期 3~5 月，果期 6~7 月。

分布于长阳、五峰、兴山、宜昌、宜都、秭归，生于海拔 1000m 以下的山坡灌丛中。

## 重阳木 *Bischofia polycarpa* (H. Lév.) Airy Shaw 秋枫属 *Bischofia* Blume

落叶乔木；三出复叶，小叶纸质，椭圆状卵形，长 5~9cm，宽 3~6cm，顶端突尖，基部圆或浅心形，边缘具钝细锯齿；顶生小叶柄长 1.5~4cm，侧生小叶柄长 3~14mm；托叶早落；叶柄长 9~13.5cm。雌雄异株，总状花序，花叶同期，雄花序长 8~13cm；雌花序 3~12cm；雄花：萼片半圆形，膜质，具退化雌蕊；雌花：萼片与雄花的相同，子房 3~4 室，每室 2 枚胚珠。果实浆果状，圆球形，直径 5~7mm，成熟时褐红色。花期 4~5 月，果期 10~11 月。

分布于长阳、五峰、兴山、远安、宜昌、宜都，生于海拔 1000m 以下的低山或丘陵林中。

## 假奓包叶 *Discocleidion rufescens* Pax & K. Hoffm.　假奓包叶属 *Discocleidion* (Müll. Arg.) Pax & K. Hoffm.

灌木；叶纸质，卵形或卵状椭圆形，长 7~14cm，宽 5~12cm，顶端渐尖，基部圆形，边缘具锯齿，上面被糙伏毛，下面被绒毛；基出脉 3~5 条，侧脉 4~6 对；近基部常具腺体 2~4 个。总状花序或下部多分枝呈圆锥花序；雄花 3~5 朵簇生于苞腋，花萼裂片 3~5，卵形，雄蕊 35~60；雌花 1~2 朵生于苞腋，苞片披针形，花萼裂片卵形；子房被黄色糙伏毛。蒴果扁球形，直径 6~8mm，被柔毛。花期 4~8 月，果期 8~10 月。

分布于长阳、当阳、五峰、兴山、宜昌、宜都、秭归，生于海拔 1200m 以下的山坡林中、林缘或路边。

## 云南土沉香 *Excoecaria acerifolia* Didr.　海漆属 *Excoecaria* L.

灌木；叶互生，纸质，叶片卵状披针形，长 6~13cm，宽 2~5.5cm，顶端渐尖，基部渐狭，边缘具锯齿，侧脉 6~10 对；叶柄长 2~5mm，无腺体。花单性，雌雄同株同序，长 2.5~6cm，雌花生于花序轴下部，雄花生于花序轴上部。雄花：花梗极短；苞片阔卵形或三角形，每苞片内有花 2~3 朵；萼片 3，披针形；雄蕊 3。雌花：苞片卵形，小苞片长圆形；萼片 3，基部稍联合，卵形；子房球形。蒴果近球形，具 3 棱。种子卵球形。花期 4~8 月，果期 6~8 月。

分布于长阳，生于海拔 500m 左右的山坡灌丛中。

## 一叶萩 *Flueggea suffruticosa* (Pall.) Baill.

白饭树属 *Flueggea* Willd.

灌木；全株无毛。叶片纸质，椭圆形，长1.5~8cm，宽1~3cm，顶端急尖至钝，基部钝至楔形，全缘或稀具波状齿；侧脉每边5~8条；托叶卵状披针形。雌雄异株。雄花：3~18朵簇生；萼片5，椭圆形；雄蕊5。雌花：萼片5，椭圆形至卵形；花盘盘状，子房卵圆形，3(~2)室，花柱3。蒴果三棱状扁球形，直径约5mm，成熟时淡红褐色，有网纹，3爿裂；果梗长2~15mm，基部常有宿存的萼片；种子卵形，扁。花期3~8月，果期6~11月。

分布于兴山、宜昌，生于海拔800m以下的山坡灌丛中。

## 白饭树 *Flueggea virosa* (Roxb. ex Willd.) Voigt

白饭树属 *Flueggea* Willd.

灌木；小枝具纵棱槽。叶片纸质，椭圆形至倒卵形，长2~5cm，宽1~3cm，顶端圆至急尖，基部楔形，全缘；侧脉每边5~8条；叶柄长2~9mm；托叶披针形。花小，淡黄色，雌雄异株，生于叶腋。雄花：萼片5，卵形；雄蕊5，伸出萼片之外；花盘腺体5，与雄蕊互生；退化雌蕊通常3深裂。雌花：3~10朵簇生，萼片与雄花的相同；花盘环状，顶端全缘，围绕子房基部；子房卵圆形，3室。蒴果浆果状，近圆球形，直径3~5mm，成熟时果皮淡白色；种子栗褐色。花期3~8月，果期7~12月。

分布于兴山、宜昌、秭归，生于海拔1500m以下的灌丛中或山坡路边。

## 算盘子 *Glochidion puberum* (L.) Hutch.　　算盘子属 *Glochidion* J. R. Forst. & G. Forst.

落叶灌木；小枝、叶片下面、萼片外面、子房和果实均密被短柔毛。叶片纸质，长圆形，长3~8cm，宽1~2.5cm，顶端钝至短渐尖，基部楔形；侧脉5~7条。花小，雌雄同株或异株，2~5朵簇生于叶腋。雄花：花梗长4~15mm，萼片6，雄蕊3。雌花：萼片6，与雄花的相似，子房圆球状，5~10室，每室有2枚胚珠。蒴果扁球状，直径8~15mm，边缘有8~10条纵沟，成熟时红色；种子近肾形，硃红色。花期4~8月，果期7~11月。

宜昌市各地均有分布，生于海拔1500m以下的山坡灌丛或林下。

## 湖北算盘子 *Glochidion wilsonii* Hutch.　　算盘子属 *Glochidion* J. R. Forst. & G. Forst.

灌木；除叶柄外，全株均无毛。叶片纸质，披针形，长3~10cm，宽1.5~4cm，顶端短渐尖，基部钝或宽楔形；侧脉5~6条；叶柄长3~5mm。花绿色，雌雄同株，雌花生于小枝上部，雄花生于小枝下部。雄花：萼片6，长圆形；雄蕊3，合生。雌花：萼片与雄花的相同；子房圆球状，6~8室，花柱圆柱状。蒴果扁球状，直径约1.5cm，边缘有6~8条纵沟，萼片宿存；种子近三棱形，红色。花期4~7月，果期6~9月。

分布于五峰、兴山、宜昌，生于海拔1300m以下的山地林中或灌丛中。

## 雀儿舌头 *Leptopus chinensis* (Bunge) Pojark.　　雀儿舌木属 *Leptopus* Decaisne

直立灌木；叶片薄纸质，椭圆形或披针形，长 1~5cm，宽 0.4~2.5cm，顶端钝或急尖，基部宽楔形；侧脉每边 4~6 条。雌雄同株，萼片、花瓣和雄蕊均为 5。雄花：萼片卵形；花瓣白色，匙形；花盘腺体 5；雄蕊离生。雌花：花瓣倒卵形；萼片与雄花的相同；花盘环状；子房近球形，3 室，每室有 2 枚胚珠，花柱 3。蒴果圆球形或扁球形，直径 6~8mm，基部有宿存萼片；果梗长 2~3cm。花期 2~8 月，果期 6~10 月。

分布于长阳、五峰、兴山、宜昌、秭归，生于海拔 1500m 以下的山地林中。

## 白背叶 *Mallotus apelta* (Lour.) Müll. Arg.　　野桐属 *Mallotus* Lour.

落叶小乔木；小枝、叶背、叶柄和花序均密被星状柔毛和颗粒状腺体。叶互生，阔卵形，长和宽均 6~16cm，顶端急尖，基部截平，边缘具疏齿；基出脉 5 条，侧脉 6~7 对；近叶柄处有腺体 2 个；叶柄长 5~15cm。花雌雄异株，雄花序为圆锥花序或穗状，长 15~30cm；雄花：花萼裂片 4，雄蕊 50~75；雌花序穗状，长 15~30cm，苞片近三角形；雌花：花萼裂片 3~5，花柱 3~4。蒴果近球形，密被灰白色星状毛的软刺，软刺线形；种子近球形。花期 6~9 月，果期 8~11 月。

分布于长阳、五峰、兴山、宜昌、秭归，生于海拔 1000m 以下的山地林中。

## 毛桐 *Mallotus barbatus* Müll. Arg.

野桐属 *Mallotus* Lour.

小乔木；嫩枝、叶背、叶柄和花序均被黄棕色星状长绒毛。叶互生，纸质，卵状三角形，长13~35cm，宽12~28cm，顶端渐尖，基部圆形，边缘具锯齿，上部有时具2裂片；掌状脉5~7条，侧脉4~6对，近叶柄有腺体数个；叶柄离叶基部0.5~5cm处盾状着生，长5~22cm。雌雄异株，总状花序顶生。雄花序长11~36cm，下部常多分枝；雄花：花萼裂片4~5，卵形，雄蕊多数。雌花序长10~25cm；雌花：花萼裂片3~5，卵形；花柱3~5，基部稍合生。蒴果球形，直径1.3~2cm，密被淡黄色星状毛；种子卵形。花期4~5月，果期9~10月。

分布于宜昌，生于海拔300~1000m的山坡灌丛中。

## 粗糠柴 *Mallotus philippensis* (Lam.) Müll. Arg.

野桐属 *Mallotus* Lour.

小乔木；小枝、嫩叶、叶背和花序均密被黄褐色短星状柔毛。叶互生，近革质，卵形、长圆形或卵状披针形，长5~18cm，宽3~6cm，顶端渐尖，基部近圆形，边近全缘；基出脉3条，侧脉4~6对；近基部有腺体2~4个；叶柄两端稍增粗。花雌雄异株，花序总状；雄花1~5朵簇生于苞腋；雄花：花萼裂片3~4，雄蕊15~30；雌花：花萼裂片3~5，子房被毛，花柱2~3，柱头密被羽毛状突起。蒴果扁球形，直径6~8mm，密被红色颗粒状腺体和粉末状毛；种子卵形或球形，黑色，具光泽。花期4~5月，果期5~8月。

分布于五峰、兴山、宜昌、秭归，生于海拔1200m以下的山坡林中或灌丛中。

## 杠香藤 *Mallotus repandus* var. *chrysocarpus* (Pamp.) S. M. Hwang　　野桐属 *Mallotus* Lour.

攀缘状灌木；嫩枝、嫩叶、叶柄、花序和花梗均密被黄色星状柔毛。叶互生，纸质，卵形或椭圆状卵形，长 3.5~8cm，宽 2.5~5cm，顶端急尖，基部近圆形；基出脉 3 条，侧脉 4~5 对；叶柄长 2~6cm。雌雄异株，总状花序；雄花序顶生，苞片钻状；雄花：花萼裂片 3~4，雄蕊多数。雌花序顶生，长 5~8cm，苞片长三角形；雌花：花萼裂片 5，花柱 2，被星状毛。蒴果，直径约 1cm，密被黄色粉末状毛和颗粒状腺体；种子卵形，直径约 5mm，黑色。花期 3~5 月，果期 8~9 月。

分布于长阳、五峰、兴山、宜昌、宜都、秭归，生于海拔 1000m 以下的山坡灌丛。

## 野桐 *Mallotus tenuifolius* Pax　　野桐属 *Mallotus* Lour.

小乔木；嫩枝、叶背、叶柄和花序轴均密被褐色星状毛。叶互生，纸质，形状多变，常卵形、卵圆形或卵状三角形，长 5~17cm，宽 3~11cm，顶端急尖，基部近圆形，全缘，不分裂或上部每侧具 1 裂片；基出脉 3 条；侧脉 5~7 对；叶柄长 5~17mm，近叶柄具腺体 2 个。花雌雄异株，雄花在每苞片内 3~5 朵，花萼裂片 3~4，雄蕊 25~75。雌花序总状，不分枝，长 8~15cm；雌花在每苞片内 1 朵；花萼裂片 4~5；子房近球形，三棱状；花柱 3~4，具疣状突起和密被星状毛。蒴果近扁球形，直径 8~10mm，密被星状毛的软刺和红色腺点；种子近球形，直径约 5mm。花期 4~6 月，果期 7~8 月。

分布于长阳、五峰、兴山、宜昌、秭归，生于海拔 500~1800m 的山地林中。

## 白木乌桕 *Neoshirakia japonica* (Sieb. & Zucc.) Esser　　白木乌桕属 *Neoshirakia* Esser

灌木；各部均无毛。叶互生，纸质，叶卵形或椭圆形，长 7~16cm，宽 4~8cm，顶端短尖，基部钝至截平，两侧常不等，全缘，基部靠近中脉之两侧亦具 2 个腺体；侧脉 8~10 对；叶柄长 1.5~3cm。花单性，雌雄同序，雌花生于花序轴基部，雄花生于花序轴上部，稀全为雄花。雄花：每一苞片内有 3~4 朵；花萼杯状，3 裂；雄蕊常 3。雌花：苞片 3 深裂几达基部；萼片 3，子房卵球形，3 室，柱头 3。蒴果三棱状球形，直径 10~15mm；种子扁球形，直径 6~9mm。花期 5~6 月，果期 8~9 月。

分布于长阳、兴山、宜昌、宜都，生于海拔 1500m 以下的山地林中或灌丛中。

## 浙江叶下珠 *Phyllanthus chekiangensis* Croizat & F. P. Metcalf　　叶下珠属 *Phyllanthus* L.

灌木；小枝常集生于枝条的上部或数条簇生于枝条的凸起处；除子房和果皮外，全株均无毛。叶 2 列，15~30 对，叶片纸质，椭圆形，长 15mm，宽 3~7mm，顶端急尖，基部偏斜；侧脉每边 3~4 条；叶柄长 5~10mm。花紫红色，雌雄同株；雄花：直径 2~3mm，萼片 4，雄蕊 4；雌花：直径 3~4.5mm，萼片 6，子房扁球状，密被卷曲状长毛，花柱 3。蒴果扁球形，直径约 7mm，外果皮密被卷曲状长毛；种子肾状三棱形。花期 4~8 月，果期 7~10 月。

分布于宜昌，生于海拔 1000m 以下的山坡灌丛中或林下。

## 落萼叶下珠 *Phyllanthus flexuosus* (Sieb. & Zucc.) Müll. Arg.　　叶下珠属 *Phyllanthus* L.

灌木；叶片纸质，椭圆形至卵形，长 2~4.5cm，宽 1~2.5cm，顶端渐尖，基部钝至圆，下面稍带白绿色；侧脉每边 5~7 条；叶柄长 2~3mm；托叶早落。雄花数朵和雌花 1 朵簇生于叶腋。雄花：花梗短；萼片 5，宽卵形，暗紫红色；花盘腺体 5；雄蕊 5。雌花，直径约 3mm；花梗长约 1cm；萼片 6，卵形；花盘腺体 6；子房卵圆形，3 室，花柱顶端 2 深裂。蒴果浆果状，扁球形，直径约 6mm，3 室，每室 1 粒种子，萼片脱落；种子近三棱形。花期 4~5 月，果期 6~9 月。

分布于长阳、五峰、兴山、宜昌、秭归，生于海拔 400~1200m 的山坡灌丛中。

## 青灰叶下珠 *Phyllanthus glaucus* Wall. ex Müll. Arg.　　叶下珠属 *Phyllanthus* L.

灌木；叶片膜质，椭圆形或长圆形，长 2.5~5cm，宽 1.5~2.5cm，顶端急尖，基部钝至圆；侧脉每边 8~10 条；叶柄长 2~4mm。花直径约 3mm，数朵簇生于叶腋；花梗丝状，顶端稍粗；雄花：花梗长约 8mm，萼片 6，花盘腺体 6，雄蕊 5；雌花：通常 1 朵与数朵雄花同生于叶腋，花梗长约 9mm，萼片 6，花盘环状，子房卵圆形，3 室，每室 2 枚胚珠，花柱 3，基部合生。蒴果浆果状，直径约 1cm，萼片宿存；种子黄褐色。花期 4~7 月，果期 7~10 月。

分布于长阳、五峰、兴山、宜昌，生于海拔 800m 以下的山坡疏林中或林缘。

## 乌桕 *Triadica sebifera* (L.) Small　　乌桕属 *Triadica* Lour.

乔木；叶纸质，叶片菱形，长3~8cm，宽3~9cm，顶端具骤然紧缩的尖头，基部阔楔形，全缘；侧脉6~10对，顶端具2个腺体。花单性，雌雄同株，呈总状花序，雌花常生于花序轴最下部，雄花常生于花序轴上部或有时整个花序全为雄花；雄花：每苞片内具10~15朵，花萼杯状，雄蕊常2；雌花：苞片深3裂，每苞片内仅1朵雌花，花萼3深裂，子房卵球形。蒴果梨状球形，直径1~1.5cm，具3粒种子，分果爿脱落后而中轴宿存。种子扁球形。花期4~5月，果期8~10月。

宜昌市各地均有分布，生于1200m以下的丘陵、林缘或田间，现常栽培。

## 油桐 *Vernicia fordii* (Hemsl.) Airy Shaw　　油桐属 *Vernicia* Lour.

落叶乔木；叶卵圆形，长8~18cm，宽6~15cm，顶端短尖，基部截平至浅心形，全缘，稀1~3浅裂；掌状脉5条；叶柄与叶片近等长，顶端有2个腺体。花雌雄同株，先叶或与叶同时开放；花萼长约1cm，2裂；花瓣白色，有淡红色脉纹，倒卵形，长2~3cm，宽1~1.5cm；雄花：雄蕊8~12，2轮；雌花：子房密被柔毛，3~5室，每室有1粒胚珠。核果球状，直径4~6cm，种子3~4粒，种皮木质。花期3~4月，果期8~9月。

宜昌市各地均有分布，生于海拔1000m以下的山坡林中，现常栽培。

## 交让木 *Daphniphyllum macropodum* Miq.

虎皮楠属 *Daphniphyllum* Blume

常绿小乔木；叶革质，长圆形至倒披针形，长 14~25cm，宽 3~6.5cm，先端渐尖，顶端具细尖头，基部楔形，叶面具光泽，叶背淡绿色，侧脉 12~18 对；叶柄紫红色，长 3~6cm。雄花序长 5~7cm，花萼不育，雄蕊 8~10。雌花序长 4.5~8cm，花萼不育；子房基部具不育雄蕊 10；子房卵形，被白粉，花柱极短，柱头 2。果椭圆形，径 5~6mm，柱头宿存，具疣状皱褶，果梗长 10~15cm，纤细。花期 3~5 月，果期 8~10 月。

分布于长阳、五峰、兴山、宜昌、秭归，生于海拔 600~1900m 的山地林中。

## 虎皮楠 *Daphniphyllum oldhamii* (Hemsl.) K. Rosenthal

虎皮楠属 *Daphniphyllum* Blume

常绿小乔木；叶常簇生枝顶，纸质，披针形或倒卵状披针形，长 9~14cm，宽 2.5~5cm，先端渐尖，基部楔形或钝，边缘全缘，叶背通常显著被白粉，具细小乳突体，侧脉 8~15 对；叶柄长 2~3.5cm。雄花序长 2~4cm；花萼小，三角状卵形；雄蕊 7~10。雌花序长 4~6cm，萼片 4~6；子房长卵形，被白粉，柱头 2，叉开，外弯或拳卷。果椭圆或倒卵圆形，长约 8mm，径约 6mm，暗褐至黑色，具不明显疣状突起，先端具宿存柱头，基部无宿存萼片。花期 3~5 月，果期 8~11 月。

分布于长阳、兴山、秭归，生于海拔 300~1700m 的山地林中。

## 冬青叶鼠刺 *Itea ilicifolia* Oliv.

鼠刺属 *Itea* L.

常绿灌木；叶厚革质，阔椭圆形至椭圆状长圆形，长5~9.5cm，宽3~6cm，先端锐尖，基部阔楔形，边缘具较疏而坚硬刺状锯齿，两面无毛；侧脉5~6对；叶柄长5~10mm。顶生总状花序，下垂，长达25~30cm，被短柔毛；花多数，通常3花簇生；花梗短；萼筒浅钟状，萼片三角状披针形；花瓣黄绿色，线状披针形，花后直立；雄蕊短于花瓣约为花瓣之半，花丝无毛；子房半下位，心皮2枚。蒴果卵状披针形，长约5mm，下垂，无毛。花期5~6月，果期7~11月。

分布于长阳、五峰、兴山、宜昌、秭归，生于海拔800m以下的山坡林中。

## 长刺茶藨子 *Ribes alpestre* Wall. ex Decne.

茶藨子属 *Ribes* L.

落叶灌木；在叶下部的节上着生3枚粗壮刺，刺长达3cm。叶宽卵圆形，长1.5~3cm，宽2~4cm，基部近截形，两面被细柔毛，沿叶脉毛较密，3~5裂，边缘具缺刻状锯齿；叶柄长2~3.5cm。花两性，短总状花序或单生；苞片宽卵圆形；花萼外面几无毛，萼筒钟形，萼片长圆形；花瓣椭圆形，颜色较浅，带白色；雄蕊伸出花瓣之上。果实近球形或椭圆形，直径10~12mm，被柔毛和刺状腺毛或无毛，味酸。花期4~6月，果期6~9月。

分布于兴山，生于海拔1600m以上的山坡林下或灌丛中。

## 鄂西茶藨子 *Ribes franchetii* Jancz.

茶藨子属 *Ribes* L.

落叶小灌木；嫩枝被长柔毛，后脱落。叶宽卵圆形，长2.5~5cm，宽与长近相等，基部截形至浅心脏形，两面均被长柔毛；掌状3~5浅裂，顶生裂片菱状长卵圆形，先端渐尖，侧生裂片卵状三角形，先端急尖，边缘具深裂粗大锯齿；叶柄长1.5~3cm。花单性，雌雄异株，总状花序，花序轴和花梗被柔毛，苞片椭圆形；花萼外面红色，萼筒杯形，萼片卵圆形或倒卵圆形；花瓣近扇形，红色；雄蕊稍长于花瓣；子房密被长柔毛和腺毛。果实球形，直径4~6mm，红褐色，被长柔毛和腺毛。花期5~6月，果期7~8月。

分布于兴山，生于海拔1400~2000m的山坡灌丛或疏林下。

## 冰川茶藨子 *Ribes glaciale* Wall.

茶藨子属 *Ribes* L.

无刺落叶灌木；叶长卵圆形，长3~5cm，宽2~4cm，基部圆形，叶掌状3~5裂，顶生裂片三角状长卵圆形，先端长渐尖，侧生裂片卵圆形，先端急尖，边缘具单锯齿；叶柄长1~2cm。花单性，雌雄异株，直立总状花序，雄花序长于雌花序；苞片卵状披针形；花萼近辐状，萼筒浅杯形，萼片卵圆形；花瓣近扇形或楔状匙形，雄蕊几与花瓣近等长或稍长；雌花的雄蕊退化；子房倒卵状长圆形，雄花中子房退化；花柱先端二裂。果实近球形，直径5~7mm，红色。花期4~6月，果期7~9月。

分布于长阳、五峰、兴山、远安、宜昌，生于海拔900m以上的山坡灌丛中。

## 尖叶茶藨子 *Ribes maximowiczianum* Kom.

茶藨子属 *Ribes* L.

落叶小灌木；叶宽卵圆形或近圆形，长2.5~5cm，宽2~4cm，基部宽楔形至圆形，掌状3裂，顶生裂片近菱形，先端渐尖，侧生裂片卵状三角形，先端急尖，边缘具粗钝锯齿；上面疏被粗伏柔毛，下面常沿叶脉具粗伏柔毛，叶柄长5~10mm。花单性，雌雄异株，总状花序；花序轴和花梗疏被腺毛；苞片椭圆状披针形；萼筒碟形，萼片长卵圆形；花瓣极小，倒卵圆形；雄蕊比花瓣稍长或几等长；雌花的退化雄蕊棒状；子房无毛，雄花的子房不发育。果实近球形，直径6~8mm，红色。花期5~6月，果期8~9月。

分布于长阳、五峰、兴山，生于海拔1800~2000m的山坡灌丛中。

## 宝兴茶藨子 *Ribes moupinense* Franch.

茶藨子属 *Ribes* L.

无刺落叶灌木；小枝无毛。叶卵圆形或宽三角状卵圆形，长5~9cm，宽几与长相似，基部心形，常3~5裂，裂片三角状长卵圆形，先端长渐尖，侧生裂片先端短渐尖，边缘具不规则的尖锐锯齿；叶柄长5~10cm。花两性，总状花序长5~12cm，下垂，疏松排列具9~25花；苞片宽卵圆形，花萼绿色而有红晕，萼筒钟形，萼片卵圆形，花瓣倒三角状扇形，雄蕊几与花瓣等长，子房无毛，花柱先端二裂。果实球形，直径5~7mm，黑色，无毛。花期5~6月，果期7~8月。

分布于五峰、兴山、宜昌，生于海拔1500m以上的山坡灌丛或林下。

## 细枝茶藨子 *Ribes tenue* Jancz.　　茶藨子属 *Ribes* L.

无刺落叶灌木；叶长卵圆形，长 2~5.5cm，宽 2~5cm，基部截形至心脏形，掌状 3~5 裂，顶生裂片菱状卵圆形，先端长渐尖，侧生裂片卵圆形或菱状卵圆形，先端急尖，边缘具深裂或缺刻状重锯齿；叶柄长 1~3cm。花单性，雌雄异株，总状花序；花序轴和花梗被柔毛和腺毛；苞片披针形，花萼近辐状，萼筒碟形，萼片舌形；花瓣楔状匙形，暗红色；雄蕊几与花瓣等长，雌花的花药不发育；子房光滑无毛；花柱先端二裂；雄花中子房败育。果实球形，直径 4~7mm，暗红色。花期 5~6 月，果期 8~9 月。

分布于长阳、当阳、五峰、兴山、宜昌、宜都，生于海拔 1300m 以上的山坡灌丛或林中。



## 草绣球 *Cardiandra moellendorffii* (Hance) Migo　　草绣球属 *Cardiandra* Sieb. et Zucc.

亚灌木；叶互生，纸质，椭圆形或倒长卵形，长 6~13cm，宽 3~6cm，先端渐尖，基部沿叶柄两侧下延呈楔形，边缘具锯齿；侧脉 7~9 对；叶柄长 1~3cm。顶生伞房状聚伞花序，不育花萼片阔卵形至近圆形，长 5~15mm，先端圆，基部近截平，白色或粉红色；孕性花萼筒杯状，萼齿阔卵形，先端钝；花瓣阔椭圆形至近圆形，淡红色或白色；雄蕊 15~25；子房近下位，3 室。蒴果近球形，种子棕褐色，长圆形，扁平。花期 7~8 月，果期 9~10 月。

分布于长阳、五峰、兴山、宜昌、秭归，生于海拔 900m 以上的山坡林下。

## 赤壁木 *Decumaria sinensis* Oliv.　　赤壁木属 *Decumaria* L.

攀缘灌木；嫩枝疏被长柔毛，节稍肿胀。叶薄革质，椭圆形或倒披针状椭圆形，长3.5~7cm，宽2~3.5cm，先端钝或急尖，基部楔形，全缘或上部具疏锯齿，侧脉每边4~6条；叶柄长1~2cm。伞房状圆锥花序，花序梗疏被长柔毛；花白色；萼筒陀螺形，裂片卵形；花瓣长圆状椭圆形，雄蕊20~30；花柱粗短，柱头扁盘状，7~9裂。蒴果钟状或陀螺状，直径约5mm，具宿存花柱；种子细小，两端尖，具翅。花期3~5月，果期8~10月。

分布于长阳、当阳、五峰、兴山、宜昌、秭归，生于海拔600~1000m的石壁上。

## 异色溲疏 *Deutzia discolor* Hemsl.　　溲疏属 *Deutzia* Thunb.

灌木；叶纸质，椭圆状或长圆状披针形，长5~10cm，宽2~3cm，先端急尖，基部楔形，边缘具细锯齿，上面被星状毛，下面较密，侧脉每边5~6条；叶柄长3~6mm，被星状毛。聚伞花序，具12~20花；花冠直径1.5~2cm；花梗长1~1.5cm；萼筒杯状，直径3.5~4mm；花瓣白色，椭圆形，长10~12mm，宽5~6mm，外面疏被星状毛；外轮雄蕊长5.5~7mm，内轮雄蕊长3.5~5mm；花柱与雄蕊近等长。蒴果半球形，直径4.5~6mm，宿存萼裂片外反。花期6~7月，果期8~10月。

分布于长阳、五峰、兴山、宜昌、秭归，生于海拔1200~2200m的山坡灌丛中。

## 宁波溲疏 *Deutzia ningpoensis* Rehder　　溲疏属 *Deutzia* Thunb.

灌木；表皮常脱落。叶厚纸质，卵状长圆形或卵状披针形，长 3~9cm，宽 1.5~3cm，先端渐尖，基部圆形，边缘具疏离锯齿，上面疏被星状毛，下面灰白色，密被星状毛；侧脉每边 5~6 条；叶柄长 5~10mm。聚伞状圆锥花序，花冠直径 1~1.8cm；萼筒杯状，裂片卵形；花瓣白色，长圆形，先端急尖；外轮雄蕊长 3~4mm，内轮雄蕊较短；柱头稍弯。蒴果半球形，直径 4~5mm，密被星状毛。花期 5~7 月，果期 9~10 月。

分布于长阳、五峰、兴山、宜昌、远安，生于海拔 500~1000m 的山坡灌丛中。

## 四川溲疏 *Deutzia setchuenensis* Franch.　　溲疏属 *Deutzia* Thunb.

灌木；叶纸质，卵形或卵状披针形，长 2~8cm，宽 1~5cm，先端渐尖，基部圆形，边缘具细锯齿，两面被星状毛；侧脉 3~4 对，叶柄长 3~5mm。伞房状聚伞花序，具 6~20 花；花序梗柔弱，花冠直径 1.5~1.8cm；花瓣白色，卵状长圆形，长 5~8cm，宽 2~3cm；萼筒杯状，密被星状毛，裂片阔三角形；花蕾时内向镊合状排列；外轮雄蕊长 5~6mm，内轮雄蕊较短；花柱 3。蒴果球形，宿存萼裂片内弯。花期 4~7 月，果期 6~9 月。

分布于五峰、兴山、宜昌，生于海拔 700~1700m 的山坡灌丛中。

## 常山 *Dichroa febrifuga* Lour.　　常山属 *Dichroa* Lour.

灌木；叶形变异大，常椭圆形、倒卵形或披针形，长 6~25cm，宽 2~10cm，先端渐尖，基部楔形，边缘具锯齿或粗齿，侧脉每边 8~10 条；叶柄长 1.5~5cm。伞房状圆锥花序，花蓝色或白色；花蕾倒卵形，花萼倒圆锥形，4~6 裂；裂片阔三角形，急尖；花瓣长圆状椭圆形，花后反折；雄蕊 10~20；花柱 4~6，棒状。浆果直径 3~7mm，蓝色；种子长约 1mm，具网纹。花期 2~4 月，果期 5~8 月。

分布于长阳、当阳、五峰、兴山、宜昌、宜都、秭归，生于海拔 1000m 以下的沟边阴湿处。

## 冠盖绣球 *Hydrangea anomala* D. Don　　绣球属 *Hydrangea* L.

攀缘藤本；叶纸质，椭圆形、长卵形或卵圆形，长 6~17cm，宽 3~10cm，先端渐尖，基部近圆形，边缘具小锯齿，下面脉腋间常具髯毛；侧脉 6~8 对；叶柄长 2~8cm。伞房状聚伞花序；不育花萼片 4，阔倒卵形或近圆形；孕性花密集，萼筒钟状，萼齿阔卵形或三角形；花瓣连合成一冠盖状花冠，花后整个冠盖立即脱落；雄蕊 9~18；子房下位，花柱 2。蒴果坛状；种子淡褐色，椭圆形或长圆形，扁平，周边具薄翅。花期 5~6 月，果期 9~10 月。

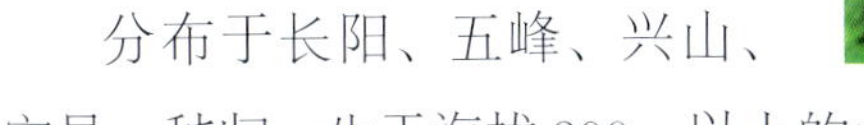

分布于长阳、五峰、兴山、宜昌、秭归，生于海拔 800m 以上的山谷林下或灌丛中。

## 马桑绣球 *Hydrangea aspera* Buch.-Ham. ex D. Don　　绣球属 *Hydrangea* L.

灌木；枝密被糙伏毛。叶纸质，卵状披针形或长椭圆形，长 11~25cm，宽 3.5~8cm，先端渐尖，基部近圆形，边缘具不规则锯齿，上面被疏糙伏毛，下面密被颗粒状腺体和短柔毛；侧脉 7~10 对；叶柄长 1.5~4cm。伞房状聚伞花序，密被粗毛；不育花萼片 4，阔卵形或圆形，边缘具粗齿，绿白色；孕性花萼筒钟状，萼齿阔三角形；花瓣长卵形；雄蕊不等长；子房下位，花柱常 3。蒴果坛状，种子褐色，阔椭圆形或近圆形，稍扁，两端具翅。花期 8~9 月，果期 10~11 月。

分布于长阳、五峰、兴山、宜昌、秭归，生于海拔 200~1400m 的山坡灌丛中。

## 东陵绣球 *Hydrangea bretschneideri* Dippel　　绣球属 *Hydrangea* L.

灌木；叶纸质，卵形、倒长卵形或长椭圆形，长 7~16cm，宽 2.5~7cm，先端渐尖，基部阔楔形，边缘具锯齿；下面密被灰白色柔毛；侧脉 7~8 对；叶柄 1~3.5cm。伞房状聚伞花序；不育花萼片 4，广椭圆形或近圆形，长 1.3~1.7cm，宽 1~1.6cm，全缘；孕性花萼筒杯状，萼齿三角形；花瓣白色，卵状披针形；雄蕊 10；子房半下位，花柱 3。蒴果卵球形，顶端突出部分圆锥形；种子淡褐色，狭椭圆形或长圆形，略扁，两端具狭翅。花期 6~7 月，果期 9~10 月。

分布于五峰、兴山、宜昌、秭归，生于海拔 1500~2000m 的山坡或林缘。

## 中国绣球 *Hydrangea chinensis* Maxim.　　绣球属 *Hydrangea* L.

灌木；叶纸质，长圆形或狭椭圆形，长6~12cm，宽2~4cm，先端渐尖，基部楔形，边缘近中部以上疏具钝齿；侧脉6~7对；叶柄长0.5~2cm。伞形状或伞房状聚伞花序；不育花萼片3~4，椭圆形、倒卵形或扁圆形，果时长1.1~3cm，宽1~3cm，全缘或具小齿；孕性花萼筒杯状，萼齿披针形；花瓣黄色，椭圆形或倒披针形；雄蕊10~11；子房近半下位，花柱3~4。蒴果卵球形，稍长于萼筒；种子淡褐色，椭圆形或近圆形，略扁，无翅。花期5~6月，果期9~10月。

分布于五峰，生于海拔1500m以下的山坡灌丛中。

## 莼兰绣球 *Hydrangea longipes* Franch.　　绣球属 *Hydrangea* L.

灌木；小枝被黄色短柔毛。叶薄纸质，阔卵形或长卵形，长8~20cm，宽3.5~12cm，先端急尖，基部截平至微心形，边缘具粗锯齿，两面被毛；侧脉6~8对；叶柄长3~15cm。伞房状聚伞花序顶生，直径12~20cm，常密集；不育花白色，萼片4，倒卵形或近圆形，长1.3~2.2cm，宽1~2.2cm；孕性花白色，萼筒杯状，萼齿三角形；花瓣长卵形，先端急尖，早落；雄蕊10；子房下位，花柱2。蒴果杯状，顶端截平；种子淡棕色，倒长卵形或狭椭圆形，扁平，两端具短翅。花期7~8月，果期9~10月。

分布于长阳、五峰、兴山、宜昌、秭归，生于海拔1000~2000m的山坡灌丛中。

## 绣球 *Hydrangea macrophylla* (Thunb.) Ser.　　绣球属 *Hydrangea* L.

灌木；叶厚纸质，倒卵形或阔椭圆形，长 6~15cm，宽 4~11.5cm，先端骤尖，基部钝圆，边缘于基部以上具粗齿；侧脉 6~8 对；叶柄长 1~3.5cm。伞房状聚伞花序近球形，直径 8~20cm，具总花梗；花密集，多数不育；不育花萼片 4，阔卵形、近圆形或阔卵形，长 1.4~2.4cm，宽 1~2.4cm，粉红色、淡蓝色或白色；孕性花极少数，萼筒倒圆锥状，萼齿卵状三角形；花瓣长圆形；雄蕊 10，近等长；子房半下位，花柱 3。常不结实。花期 6~8 月。

宜昌各地栽培。

## 粗枝绣球 *Hydrangea robusta* Hook. f. & Thomson　　绣球属 *Hydrangea* L.

灌木；叶纸质，阔卵形至长卵形或椭圆形，长 9~35cm，宽 5~22cm，先端急尖或渐尖，基部截平至微心形，边缘具齿，上面疏被糙伏毛，下面密被短柔毛；侧脉 9~13 对；叶柄长 3~15cm。伞房状聚伞花序，花序分枝多而疏散；不育花淡紫色或白色；萼片 4~5，阔卵形至圆形，长 1.2~2.8cm，宽 1.5~3.3cm，边缘具齿；

孕性花萼筒杯状，萼齿卵状三角形；花瓣紫色，卵状披针形；雄蕊 10~14；花柱 2。蒴果杯状，种子红褐色，椭圆形，略扁，两端具短翅。花期 7~8 月，果期 9~11 月。

分布于长阳、五峰、兴山、远安、宜昌，生于海拔 800~2000m 的山地林下。

## 蜡莲绣球 *Hydrangea strigosa* Rehder

绣球属 *Hydrangea* L.

灌木；小枝密被糙伏毛。叶纸质，长圆形或卵状披针形，长 8~28cm，宽 2~10cm，先端渐尖，基部楔形，边缘具锯齿；两面被糙伏毛；侧脉 7~10 对；叶柄长 1~7cm。伞房状聚伞花序，不育花萼片 4~5，阔卵形，白色或淡紫红色；孕性花淡紫红色，萼筒钟状，萼齿三角形；花瓣长卵形；雄蕊不等长；子房下位，花柱 2。蒴果坛状，顶端截平；种子阔椭圆形，两端具翅。花期 7~8 月，果期 11~12 月。

分布于长阳、五峰、兴山、宜昌、宜都、远安、秭归，生于海拔 400~1500m 的山坡灌丛中。

## 挂苦绣球 *Hydrangea xanthoneura* Diels

绣球属 *Hydrangea* L.

灌木；叶纸质，椭圆形或长卵形，长 8~18cm，宽 3~10cm，先端短渐尖，基部阔楔形，边缘具锯齿，上面无毛，下面脉上被短柔毛；侧脉 7~8 对；叶柄长 1.5~5cm，新鲜时紫红色。伞房状聚伞花序顶生，不育花萼片 4，淡黄绿色，广椭圆形至近圆形，长 1~3.5cm，宽 1~2.5cm；孕性花萼筒浅杯状，萼齿三角形；花瓣白色或淡绿色，长卵形；雄蕊 10~13，不等长；子房半下位，花柱 3~4。蒴果卵球形，种子椭圆形或纺锤形，扁平，两端具狭翅。花期 7 月，果期 9~10 月。

分布于当阳、兴山，生于海拔 2000m 以下的山坡灌丛中。

## 山梅花 *Philadelphus incanus* Koehne

山梅花属 *Philadelphus* L.

落叶灌木；小枝表皮呈片状脱落。叶卵形或阔卵形，长6~12.5cm，宽8~10cm，先端急尖，基部圆形；叶脉离基出3~5条；叶柄长5~10mm。总状花序，下部的分枝有时具叶；花序轴和花梗密被长柔毛；花萼外面密被糙伏毛；萼筒钟形，裂片卵形，花冠盘状，直径2.5~3cm，花瓣白色，卵形或近圆形；雄蕊30~35；花柱长约5mm，柱头棒形。蒴果倒卵形，直径4~7mm；种子具短尾。花期5~6月，果期7~8月。

分布于长阳、五峰、兴山、宜昌、秭归，生于海拔600m以上的山坡灌丛中。

## 绢毛山梅花 *Philadelphus sericanthus* Koehne

山梅花属 *Philadelphus* L.

落叶灌木；叶纸质，椭圆形或椭圆状披针形，长3~11cm，宽1.5~5cm，先端渐尖，基部楔形，边缘具锯齿，上面疏被糙伏毛，下面仅沿主脉和脉腋被长硬毛；叶脉稍离基3~5条；叶柄长8~12mm。总状花序，花萼疏被糙伏毛，裂片卵形；花冠盘状，直径2.5~3cm；花瓣白色，倒卵形或长圆形，长1.2~1.5cm，宽8~10mm，外面基部常疏被毛，顶端圆形；雄蕊30~35；花柱长约6mm。蒴果倒卵形，直径约5mm；种子具短尾。花期5~6月，果期8~9月。

分布于五峰、兴山，生于海拔600m以上的山坡灌丛中。

## 冠盖藤 *Pileostegia viburnoides* Hook. f. & Thomson

冠盖藤属 *Pileostegia* Hook. f. & Thomson

常绿攀缘状灌木；叶对生，薄革质，椭圆状倒披针形，长10~18cm，宽3~7cm，先端渐尖，基部楔形，边缘全缘，两面常无毛；侧脉每边7~10对；叶柄长1~3cm。伞房状圆锥花序顶生，长7~20cm，宽5~25cm，花白色；萼筒圆锥状，裂片三角形，无毛；花瓣卵形，长约2.5mm；雄蕊8~10，花丝纤细；花柱长约1mm，无毛，柱头圆锥形，4~6裂。蒴果圆锥形，5~10肋纹或棱，具宿存花柱；种子连翅长约2mm。花期7~8月，果期9~12月。

分布于五峰、兴山、远安、宜昌、秭归，附生于海拔1200m以下的岩石上或树上。

## 钻地风 *Schizophragma integrifolium* Oliv.

钻地风属 *Schizophragma* Sieb. & Zucc.

木质藤本；叶纸质，椭圆形至阔卵形，长8~20cm，宽3.5~12.5cm，先端渐尖，基部阔楔形至微心形，下面脉腋常被髯毛；侧脉7~9对；叶柄长2~9cm。伞房状聚伞花序密被短柔毛，不育花萼片常单生，卵状披针形至阔椭圆形，长3~7cm，宽2~5cm，黄白色；孕性花萼筒陀螺状，基部略尖，萼齿三角形；花瓣长卵形；雄蕊近等长；子房近下位。蒴果钟状；种子褐色，连翅轮廓纺锤形或近纺锤形，两端具翅。花期6~7月，果期10~11月。

分布于长阳、五峰、兴山、宜昌、秭归，生于海拔900~1800m的山坡灌丛或林中。

## 唐棣 *Amelanchier sinica* (C. K. Schneid.) Chun　　唐棣属 *Amelanchier* Medikus

小乔木；叶片卵形或长椭圆形，长4~7cm，宽2.5~3.5cm，先端急尖，基部圆形，常在中部以上具细锐锯齿，基部全缘；叶柄长1~2.1cm；托叶披针形，早落。总状花序，多花，总花梗和花梗无毛，花梗细；苞片线状披针形，早落；花直径3~4.5cm；萼筒杯状萼片披针形或三角披针形；花瓣细长，长圆披针形或椭圆披针形，白色；雄蕊20；花柱4~5，柱头头状。果实近球形或扁圆形，直径约1cm，蓝黑色；萼片宿存，反折。花期5月，果期9~10月。

分布于长阳、五峰、兴山、宜昌，生于海拔1000~2000m的山地林中。

## 桃 *Amygdalus persica* L.　　桃属 *Amygdalus* L.

落叶乔木；小枝细长，具大量小皮孔；冬芽圆锥形，常2~3个簇生。叶片长圆披针形至椭圆披针形，长7~15cm，宽2~3.5cm，先端渐尖，基部宽楔形，边缘上具锯齿；叶柄长1~2cm，常具1至数个腺体。花单生，先叶开放；萼筒钟形；萼片卵形至长圆形；花瓣长圆状椭圆形至宽倒卵形，粉红色；雄蕊约20~30；花柱几与雄蕊等长或稍短，子房被短柔毛。果实卵形、宽椭圆形或扁圆形，直径5~7cm，长几与宽相等，外面密被短柔毛，腹缝明显；核椭圆形或近圆形，两侧扁平，顶端渐尖，表面具纵、横沟纹和孔穴。花期3~4月，果期8~9月。

宜昌各地栽培。

## 梅 *Armeniaca mume* Sieb.　　杏属 *Armeniaca* Scopoli

落叶小乔木；小枝绿色，无毛。叶片卵形或椭圆形，长 4~8cm，宽 2.5~5cm，先端尾尖，基部宽楔形，叶边具小锐锯齿，幼嫩时两面被短柔毛，后脱落；叶柄长 1~2cm，幼时被毛。花单生或 2 朵同生于 1 芽内，直径 2~2.5cm，先叶开放，花梗短；花萼通常红褐色，萼筒宽钟形，萼片卵形或近圆形；花瓣倒卵形，白色至粉红色；雄蕊多数；子房密被柔毛。果实近球形，直径 2~3cm，被柔毛；果肉与核黏贴，核椭圆形，两侧微扁，腹面和背棱上均有明显纵沟，表面具蜂窝状孔穴。花期冬春季，果期 5~6 月。

宜昌各地栽培。

## 杏 *Armeniaca vulgaris* Lam.　　杏属 *Armeniaca* Scopoli

乔木；多年生枝具大而横生的皮孔。叶片宽卵形或圆卵形，长 5~9cm，宽 4~8cm，先端急尖至短渐尖，基部圆形，叶缘具圆钝锯齿；叶柄长 2~3.5cm，基部常具 1~6 个腺体。花单生，直径 2~3cm，先于叶开放；花梗短，花萼紫绿色，萼筒圆筒形，萼片卵形至卵状长圆形，花后反折；花瓣圆形至倒卵形，白色或带红色，具短爪；雄蕊约 20~45 枚，子房被短柔毛，花柱下部被柔毛。果实球形，直径约 2.5cm 以上，微被短柔毛；核卵形或椭圆形，两侧扁平，顶端圆钝，基部对称，表面稍粗糙或平滑，腹面具龙骨状棱；种仁味苦或甜。花期 3~4 月，果期 6~7 月。

宜昌各地栽培。

## 微毛樱桃 *Cerasus clarofolia* (Schneid.) T. T. Yu & C. L. Li

樱属 *Cerasus* Mill.

落叶小乔木；叶片卵形至卵状椭圆形，长3~6cm，宽2~4cm，先端渐尖，基部圆形，边缘具锯齿，两面疏被短柔毛或无，侧脉7~12对；叶柄长0.8~1cm；托叶披针形，边缘具腺齿。花序伞形，具2~4花，花叶同期；总苞片匙形，总梗长4~10mm；苞片绿色，果时宿存，边有锯齿；花梗长1~2cm；萼筒钟状，萼片卵状三角形；花瓣白色或粉红色，倒卵形至近圆形；雄蕊20~30枚；花柱基部被疏柔毛。核果红色，长椭圆形；种子表面微具棱纹。花期4~6月，果期6~7月。

分布于长阳、五峰、兴山、宜昌，生于海拔1200~2200m的山坡林中或灌丛中。

## 华中樱桃 *Cerasus conradinae* (Koehne) T. T. Yu & C. L. Li

樱属 *Cerasus* Mill.

落叶乔木；叶片倒卵形至长椭圆形，长5~9cm，宽2.5~4cm，先端骤渐尖，基部圆形，边缘具锯齿，齿端有腺体，两面均无毛，侧脉7~9对；叶柄长6~8mm，具2个腺体；托叶线形，边缘具腺齿，花后脱落。伞形花序，具3~5花，先叶开放，直径约1.5cm；总苞片倒卵椭圆形；总梗长0.4~1.5cm；花梗长1~1.5cm；萼筒管形钟状，长约4mm，萼片三角卵形；花瓣白色或粉红色，卵形或倒卵圆形，先端二裂；雄蕊32~43；花柱无毛。核果卵球形，红色，纵径8~11mm，横径5~9mm；核表面棱纹不显著。花期3月，果期4~5月。

分布于长阳、五峰、兴山、宜昌、秭归，生于海拔2000m以下的山坡林中。

## 尾叶樱桃 *Cerasus dielsiana* (Schneid.) T. T. Yu & C. L. Li　　樱属 *Cerasus* Mill.

落叶小乔木；叶片长椭圆形或倒卵状长椭圆形，长 6~14cm，宽 2.5~4.5cm，先端尾状渐尖，基部圆形至宽楔形，叶缘具锯齿，齿端有圆钝腺体，叶上面无毛，下面中脉和侧脉密被柔毛，侧脉 10~13 对；叶柄长 0.8~1.7cm，具 1~3 个腺体；托叶狭带形，边缘具腺齿。花序伞形或近伞形，具 3~6 花，先叶开放；总苞长椭圆形，内面密被柔毛；总梗长 0.6~2cm，被柔毛；花梗长 1~3.5cm；萼筒钟形，萼片约为萼筒的 2 倍；花瓣白色或粉红色，卵圆形，先端二裂；雄蕊 32~36，与花瓣近等长；花柱比雄蕊稍短或较长。核果红色，近球形，直径 8~9mm；核卵形表面较光滑。花期 3~4 月，果期 5~6 月。

分布于长阳、五峰、兴山，生于海拔 1500m 以下的山地林中。

## 樱桃 *Cerasus pseudocerasus* (Lindl.) Loudon　　樱属 *Cerasus* Mill.

落叶小乔木；叶片卵形或长圆状卵形，长 5~12cm，宽 3~5cm，先端渐尖，基部圆形，边缘具尖锐重锯齿，齿端具小腺体，上面近无毛，下面沿脉或脉间被稀疏柔毛，侧脉 9~11 对；叶柄长 0.7~1.5cm，先端有 1 或 2 个大腺体；托叶披针形，具羽裂腺齿，早落。花序伞房状或近伞形，具 3~6 花，先叶开放；总苞倒卵状椭圆形，褐色；花梗长 0.8~1.9cm；萼筒钟状，萼片三角卵圆形或卵状长圆形，长约为萼筒的一半；花瓣白色，卵圆形，先端下凹或二裂；雄蕊 30~35；花柱与雄蕊近等长。核果近球形，红色，直径 0.9~1.3cm。花期 3~4 月，果期 5~6 月。

宜昌各地栽培。

## 日本晚樱 *Cerasus serrulata* var. *lannesiana* (Carrière) T. T. Yu & C. L. Li　　樱属 *Cerasus* Mill.

落叶小乔木；冬芽卵圆形。叶片卵状椭圆形，长 5~9cm，宽 2.5~5cm，先端渐尖，基部圆形，叶边具渐尖重锯齿，两面无毛，侧脉 6~8 对；叶柄长 1~1.5cm，先端具 1~3 个圆形腺体；托叶线形，边缘有腺齿，早落。花序伞房总状或近伞形，具 2~3 花；总苞片褐红色，总梗长 5~10mm，花梗长 1.5~2.5cm；萼筒管状，萼片三角披针形；花瓣白色、粉红色，先端下凹；雄蕊常花瓣化。花期 4~5 月，果期 6~7 月。

宜昌各地栽培。

## 毛叶山樱花 *Cerasus serrulata* var. *pubescens* (Makino) T. T. Yu & C. L. Li　　樱属 *Cerasus* Mill.

落叶乔木；叶片卵状椭圆形，长 5~9cm，宽 2.5~5cm，先端渐尖，基部圆形，边缘具渐尖单锯齿及重锯齿，齿尖有小腺体，上面无毛，下面被短柔毛，侧脉 6~8 对；叶柄长 1~1.5cm，被短毛，先端有 1~3 个圆形腺体；托叶线形，早落。花序伞房总状或近伞形；总梗长 5~10mm，被短柔毛；花梗长 1.5~2.5cm，被柔毛；萼筒管状，萼片三角披针形；花瓣白色，稀粉红色，倒卵形，先端下凹；雄蕊约 38 枚；花柱无毛。核果球形或卵球形，紫黑色，直径 8~10mm。花期 4~5 月，果期 6~7 月。

分布于长阳和兴山，生于海拔 400~800m 的山地林中。

## 康定樱桃 *Cerasus tatsienensis* (Batalin) T. T. Yu & C. L. Li　　樱属 *Cerasus* Mill.

落叶小乔木；叶片卵形或卵状椭圆形，长1~4.5cm，宽1~2.5cm，先端渐尖，基部圆形，边缘具重锯齿，齿端具小腺体，上面几无毛，下面脉腋具簇毛，侧脉6~9对；叶柄长0.8~1cm；托叶椭圆披针形或卵状披针形，边有锯齿。花序伞形，具2~4花，花叶同期；总梗长5~12mm；苞片绿色，果期宿存；总梗长1~2cm，无毛，花直径约1.5cm；萼筒钟状，萼片卵状三角形、先端急尖或钝，全缘或有疏齿，长约为萼筒的一半；花瓣白色或粉红色，卵圆形；雄蕊20~35；花柱与雄蕊近等长，柱头头状。花期4~6月，果期6~7月。

分布于五峰、兴山、宜昌，生于海拔700~2300m的林中。

## 皱皮木瓜 *Chaenomeles speciosa* (Sweet) Nakai　　木瓜属 *Chaenomeles* Lindl.

落叶具刺灌木；叶片卵形至椭圆形，长3~9cm，宽1.5~5cm，先端急尖，基部楔形，边缘具尖锐锯齿；叶柄长约1cm；托叶大形，肾形，长5~10mm，宽12~20mm，边缘具尖锐重锯齿。花先叶开放，3~5朵簇生；花梗短粗；花直径3~5cm，萼筒钟状；萼片直立，半圆形或稀卵形；花瓣倒卵形或近圆形，基部延伸成短爪，猩红色、淡红色或白色；雄蕊45~50；花柱5，基部合生。果实球形或卵球形，直径4~6cm，黄色；萼片脱落，果梗短或近于无梗。花期3~5月，果期9~10月。

分布于长阳、五峰、兴山、秭归。现常栽培。

## 木瓜 *Chaenomeles sinensis* (Thouin) Koehne

木瓜属 *Chaenomeles* Lindl.

落叶小乔木；树皮呈片状脱落，小枝无刺。叶片卵状椭圆形，长5~8cm，宽3.5~5.5cm，先端急尖，基部宽楔形，边缘具刺芒状锯齿；叶柄长5~10mm，微被柔毛，有腺齿；托叶膜质，卵状披针形。花梗短粗；花直径2.5~3cm；萼筒钟状外面无毛；萼片三角披针形；花瓣倒卵形，淡粉红色；雄蕊多数，长不及花瓣之半；花柱3~5，基部合生，被柔毛，柱头头状，有不显明分裂，约与雄蕊等长或稍长。果实长椭圆形，长10~15cm，果梗短。花期4月，果期9~10月。

分布于长阳、五峰、兴山，现各地栽培。

## 灰栒子 *Cotoneaster acutifolius* Turcz.

栒子属 *Cotoneaster* Medikus

落叶灌木；小枝幼时被长柔毛。叶片椭圆卵形，长2.5~5cm，宽1.2~2cm，先端急尖，基部宽楔形，全缘，幼时两面均被长柔毛，后渐脱落；托叶线状披针形，脱落。聚伞花序2~5花，花梗长3~5mm；花直径7~8mm；萼筒钟状，萼片三角形；花瓣直立，白色外带红晕；雄蕊10~15，花柱通常2，离生，子房先端密被短柔毛。果实椭圆形，直径7~8mm，内有小核2~3。花期5~6月，果期9~10月。

分布于长阳、五峰、兴山、宜昌，生于海拔1000~2000m的灌丛中。

## 灰毛栒子 *Cotoneaster acutifolius* var. *villosulus* Rehder & E. H. Wilson　栒子属 *Cotoneaster* Medikus

与原变种区别在于：叶片较大，下面密被长柔毛，花萼外面也密被长柔毛，果实疏被短柔毛。

分布于长阳、五峰、兴山、宜昌，生于海拔 1500~2000m 的灌丛中。

## 匍匐栒子 *Cotoneaster adpressus* Bois　栒子属 *Cotoneaster* Medikus

落叶匍匐灌木；茎不规则分枝，平铺地上；小枝细瘦，红褐色至暗灰色。叶片宽卵形或倒卵形，长 5~15mm，宽 4~10mm，先端圆钝或稍急尖，基部楔形，边缘全缘而呈波状，上面无毛，下面具稀疏短柔毛；叶柄长 1~2mm。花 1~2 朵，几无梗，直径 7~8mm；萼筒钟状；萼片卵状三角形，先端急尖；花瓣直立，倒卵形，宽几与长相等，先端微凹或圆钝，粉红色；雄蕊约 10~15，短于花瓣；花柱 2，离生，比雄蕊短。果实近球形，直径 6~7mm，鲜红色，通常有 2 小核。花期 5~6 月，果期 8~9 月。

分布于长阳、五峰、兴山，生于海拔 1800~2000m 的山坡灌丛中。

## 泡叶栒子 *Cotoneaster bullatus* Bois　　栒子属 *Cotoneaster* Medikus

落叶灌木；小枝幼时被糙伏毛。叶片长圆卵形或椭圆卵形，长 3.5~7cm，宽 2~4cm，先端渐尖，基部楔形，全缘，上面有明显皱纹并呈泡状隆起，下面疏被柔毛，沿叶脉毛较密；叶柄长 3~6mm，被柔毛；托叶披针形，早落。聚伞花序 5~13 花，总花梗和花梗均被柔毛，花梗长 1~3mm；花直径 7~8mm；萼筒钟状，萼片三角形，先端急尖；花瓣直立，倒卵形，先端圆钝，浅红色；雄蕊约 20~22，比花瓣短；花柱 4~5，离生，子房顶端被柔毛。果实球形或倒卵形，长 6~8mm，直径 6~8mm，红色，4~5 小核。花期 5~6 月，果期 8~9 月。

分布于兴山、宜昌，生于海拔 2100~2500m 的山地林下或灌丛中。

## 矮生栒子 *Cotoneaster dammeri* C. K. Schneid.　　栒子属 *Cotoneaster* Medikus

常绿灌木；枝匍匐地面，常生不定根。叶片厚革质，椭圆形至椭圆长圆形，长 1~3cm，宽 0.7~2.2cm，先端圆钝，基部宽楔形，上面光亮无毛，叶脉下陷，下面微带苍白色，侧脉 4~6 对；叶柄长 2~3mm；托叶早落。花常单生，直径约 1cm，花梗长 4~5mm；萼筒钟状，萼片三角形；花瓣平展，近圆形，白色；雄蕊 20，花药紫色；花柱 5，离生，子房顶端被柔毛。果实近球形，直径 6~7mm，鲜红色，通常具 4~5 小核。花期 5~6 月，果期 10 月。

分布于长阳和五峰，生于海拔 1000~1800m 的灌丛中。

## 木帚栒子 *Cotoneaster dielsianus* E. Pritz. ex Diels　　栒子属 *Cotoneaster* Medikus

落叶灌木；叶片椭圆形至卵形，长 1~2.5cm，宽 0.8~1.5cm，先端急尖，基部宽楔形，全缘，上面微被柔毛，下面密被绒毛；叶柄被绒毛；托叶至果期部分宿存。聚伞花序 3~7 花，萼筒钟状，外面被柔毛；萼片三角形；花瓣直立，几圆形；雄蕊 15~20；花柱通常 3，离生，子房顶部被柔毛。果实近球形或倒卵形，直径 5~6mm，红色，3~5 小核。花期 6~7 月，果期 9~10 月。

分布于长阳、五峰、兴山、宜昌、秭归，生于海拔 800~2000m 的山坡灌丛中。

## 平枝栒子 *Cotoneaster horizontalis* Decne.　　栒子属 *Cotoneaster* Medikus

半常绿匍匐灌木；枝水平开张呈整齐两列状，小枝幼时被糙伏毛。叶片近圆形或宽椭圆形，长 5~14mm，宽 4~9mm，先端急尖，基部楔形，全缘，上面无毛，下面被稀疏平贴柔毛；叶柄长 1~3mm；托叶钻形，早落。花 1~2 朵，近无梗；萼筒钟状，萼片三角形，先端急尖；花瓣直立，倒卵形，粉红色；雄蕊约 12，短于花瓣；花柱常为 3，离生，子房顶端被柔毛。果实近球形，直径 4~6mm，鲜红色，常具 3 小核。花期 5~6 月，果期 9~10 月。

分布于长阳、五峰、兴山、宜昌、秭归，生于海拔 2200m 以下的灌丛中。

## 柳叶栒子 *Cotoneaster salicifolius* Franch. 栒子属 *Cotoneaster* Medikus

半常绿灌木；叶片椭圆长圆形至卵状披针形，长4~8.5cm，宽1.5~2.5cm，先端急尖或渐尖，基部楔形，全缘，上面无毛，侧脉12~16对下陷，具浅皱纹，下面被灰白色绒毛及白霜，叶脉明显凸起；叶柄长4~5mm。花多而密呈复聚伞花序，总花梗和花梗密被灰白色绒毛，长3~5cm；苞片早落；花梗长2~4mm；花直径5~6mm；萼筒钟状，萼片三角形，先端短渐尖；花瓣平展，卵形或近圆形，直径约3~4mm，先端圆钝，基部有短爪，白色；雄蕊20，花药紫色；花柱2~3，离生，子房顶端被柔毛。果实近球形，直径5~7mm，深红色，小核2~3。花期6月，果期9~10月。

分布于兴山，生于海拔1000~2000m的山地林下或灌丛中。

## 皱叶柳叶栒子 *Cotoneaster salicifolius* var. *rugosus* (E. Pritz.) Rehder & E. H. Wilson 栒子属 *Cotoneaster* Medikus

与原变种 *Cotoneaster salicifolius* 的区别在于：叶片较宽大，椭圆长圆形，上面暗褐色，具深皱纹，叶脉深陷，叶边反卷，下面叶脉显著凸起，密被绒毛。果实红色，直径约6mm，具小核2~3。花期6月，果期9~10月。

分布于五峰和兴山，生于海拔500~1800m的灌丛中。

## 华中栒子 *Cotoneaster silvestrii* Pamp.　　栒子属 *Cotoneaster* Medikus

落叶灌木；小枝嫩时被短柔毛。叶片椭圆形至卵形，长 1.5~3.5cm，宽 1~1.8cm，先端急尖或圆钝。基部宽楔形，上面无毛或微被柔毛，下面被薄层灰色绒毛；侧脉 4~5 对；叶柄长 3~5mm，具绒毛；托叶线形，早落。聚伞花序 3~9 花，总花梗和花梗被细柔毛；总花梗长 1~2cm，花梗长 1~3mm；花直径 9~10mm；萼筒钟状，萼片三角形，先端急尖；花瓣平展，直径 4~5mm，先端微凹，白色；雄蕊 20；花柱 2，离生，子房先端有白色柔毛。果实近球形，直径 8mm，红色，通常 2 小核连合为 1 个。花期 6 月，果期 9 月。

分布于兴山，生于海拔 1300m 的山坡林下。

## 西北栒子 *Cotoneaster zabelii* C. K. Schneid.　　栒子属 *Cotoneaster* Medikus

落叶灌木；叶片椭圆形至卵形，长 1.2~3cm，宽 1~2cm，先端多数圆钝，基部圆形，全缘，上面稀被柔毛，下面密被绒毛；叶柄长 1~3mm；托叶披针形。花 3~13 朵呈下垂聚伞花序，总花梗和花梗被柔毛；花梗长 2~4mm；萼筒钟状，萼片三角形；花瓣直立，直径 2~3mm，先端圆钝，浅红色；雄蕊 18~20，较花瓣短；花柱 2，离生，短于雄蕊，子房先端被柔毛。果实倒卵形至卵球形，直径 7~8mm，鲜红色，常具 2 小核。花期 5~6 月，果期 8~9 月。

分布于五峰、兴山，生于海拔 800~2400m 的杂木林下或灌丛中。

## 野山楂 *Crataegus cuneata* Sieb. & Zucc.　　山楂属 *Crataegus* L.

落叶灌木；具刺，刺长 5~8mm。叶片宽倒卵形至倒卵状长圆形，长 2~6cm，宽 1~4.5cm，先端急尖，基部楔形，下延连于叶柄，边缘具不规则重锯齿，顶端常有 3~5 浅裂片，叶脉显著；叶柄两侧有叶翼；托叶镰刀状。伞房花序，具 5~7 花，花梗长约 1cm，花直径约 1.5cm；萼筒钟状，萼片三角卵形；花瓣近圆形或倒卵形，白色，基部有短爪；雄蕊 20，花药红色；花柱 4~5，基部被绒毛。果实近球形或扁球形，直径 1~1.2cm，常具有宿存反折萼片或 1 苞片；小核 4~5。花期 5~6 月，果期 9~11 月。

宜昌市各地均有分布，生于海拔 2000m 以下的山坡林中。

## 湖北山楂 *Crataegus hupehensis* Sarg.　　山楂属 *Crataegus* L.

小乔木；刺少，长约 1.5cm。叶片卵形至卵状长圆形，长 4~9cm，宽 4~7cm，先端短渐尖，基部宽楔形，边缘具圆钝锯齿，上半部具 2~4 对浅裂片，裂片卵形，先端短渐尖；叶柄长 3.5~5cm；托叶披针形或镰刀形。伞房花序，直径 3~4cm，具多花；总花梗和花梗均无毛；花直径约 1cm；萼筒钟状，萼片三角卵形；花瓣卵形，白色；雄蕊 20，花药紫色；花柱 5，柱头头状。果实近球形，直径 2.5cm，深红色，有斑点，萼片宿存，反折。花期 5~6 月，果期 8~9 月。

分布于长阳、五峰、兴山、宜昌、秭归，生于海拔 1800m 以下的林中。

## 华中山楂 *Crataegus wilsonii* Sarg.

山楂属 *Crataegus* L.

具刺落叶灌木；当年生枝被柔毛，后近无毛。叶片卵形或倒卵形，长 4~6.5cm，宽 3.5~5.5cm，先端急尖或圆钝，基部宽楔形，边缘具尖锐锯齿，常在中部以上有3~5对浅裂片，裂片近圆形或卵形，幼时上面疏被柔毛，下面叶脉被柔毛；叶柄长 2~2.5cm，有窄叶翼；托叶早落。伞房花序具多花，总花梗和花梗均被绒毛；花直径 1~1.5cm；萼筒钟状，萼片卵形；花瓣近圆形，白色；雄蕊 20；花柱 2~3，比雄蕊稍短。果实椭圆形，直径 6~7mm，红色，肉质；萼片宿存，反折；小核 1~3。花期 5 月，果期 8~9 月。

分布于长阳、五峰、兴山、宜昌、秭归，生于海拔 1000m 以上的山地林中。

## 枇杷 *Eriobotrya japonica* (Thunb.) Lindl.

枇杷属 *Eriobotrya* Lindl.

常绿小乔木；小枝密被绒毛。叶片革质，倒披针形至倒卵形，长 12~30cm，宽 3~9cm，先端急尖，基部楔形，叶上部边缘具疏锯齿，基部全缘，上面多皱，下面密被绒毛，侧脉 11~21 对。圆锥花序顶生；萼筒浅杯状，萼片三角卵形；花瓣白色；雄蕊 20；花柱 5，子房 5 室，每室有 2 枚胚珠。果实球形，直径 2~5cm，黄色或橘黄色，外被锈色柔毛；种子 1~5 粒，球形或扁球形。花期 10~12 月，果期翌年 5~6 月。

分布于五峰、兴山、宜昌、宜都、秭归，生于海拔 1400m 以下的林中，现各地栽培。

## 绿柄白鹃梅 *Exochorda giraldii* var. *wilsonii* (Rehder) Rehder　　白鹃梅属 *Exochorda* Lindl.

落叶灌木；小枝幼时绿色，老时红褐色。叶片椭圆形至长圆形，长 3~4cm，宽 1.5~3cm，先端急尖或圆钝，基部楔形至圆形，有时具锯齿，两面均无毛；叶柄长 1~2cm，绿色。总状花序，具 6~10 花，花梗短或近于无梗；苞片线状披针形，全缘，长约 3mm，两面均无毛；花直径 5cm；萼筒浅钟状，萼片短而宽，近于半圆形，全缘；花瓣倒卵形或长圆倒卵形，先端圆钝，基部有长爪，白色；雄蕊 20~25，着生于花盘边缘；心皮 5 枚，花柱分离。蒴果倒圆锥形，长达 1.5cm，具 5 脊，无毛。花期 5 月，果期 7~8 月。

分布于五峰、兴山、宜昌，生于海拔 600~1500m 的石灰岩灌丛中。

## 棣棠花 *Kerria japonica* (L.) DC.　　棣棠属 *Kerria* DC.

落叶灌木；小枝绿色。叶互生，三角状卵形，顶端长渐尖，基部圆形或截形，边缘具尖锐重锯齿；叶柄长 5~10mm；托叶膜质，带状披针形，早落。花单生于当年生侧枝顶端，花梗无毛；花直径 2.5~6cm；萼片卵状椭圆形，顶端急尖，有小尖头，全缘，无毛，果时宿存；花瓣黄色，宽椭圆形，顶端下凹，比萼片长 1~4 倍。瘦果倒卵形至半球形，褐色或黑褐色，表面无毛，有皱褶。花期 4~6 月，果期 6~8 月。

宜昌市各地均有分布，生于海拔 2000m 以下的路边灌丛，也常栽培。

## 重瓣棣棠花 *Kerria japonica* f. *pleniflora* Witte

棣棠属 *Kerria* DC.

本变种与原变种 *Kerria japonica* 的区别在于：花重瓣。

分布于长阳、当阳、五峰、宜都，生于海拔 1400m 以下的灌丛中或林缘。现常栽培。

## 臭樱 *Maddenia hypoleuca* Koehne

臭樱属 *Maddenia* Hook. f. & Thomson

落叶小乔木；叶片卵状长圆形，长 4~9cm，宽 2~4cm，先端长渐尖，基部近心形，叶边具不整齐锯齿，两面无毛，上面暗绿色，下面苍白色，中脉和侧脉均凸起，侧脉 14~18 对；叶柄长 2~4mm；托叶草质，披针形，长可达 1.5cm，宿存或很迟脱落。总状花序密集，生于侧枝顶端；总花梗和花梗均无毛；萼筒钟状，萼 10 裂；两性花，雄蕊 23~30；雌蕊 1，花柱与雄蕊近等长。核果卵球形，直径约 8mm，黑色，光滑；萼片脱落。花期 4~5 月，果期 7~8 月。

分布于兴山、宜昌，生于海拔 1200m 以上的山地林中。

## 华西臭樱 *Maddenia wilsonii* Koehne

臭樱属 *Maddenia* Hook. f. & Thomson

落叶小乔木；当年生枝密被柔毛，后脱落。叶片长圆状倒披形，长 3.5~12cm，宽 1.8~6cm，先端长渐尖，基部近心形，叶边缘具不整齐重锯齿，上面无毛，下面密被柔毛，中脉和侧脉均突起，15~20 对；叶柄长 2~7mm，被柔毛。花多数呈总状，生于侧枝顶端；花梗长约 2mm，总花梗和花梗密被柔毛；萼片小，10 裂，三角状卵形，萼筒和萼片外面被柔毛；无花瓣；雄蕊 30~40；雌蕊 1，心皮伸出雄蕊之外。核果卵球形，成熟时黑色，直径 8mm，顶端急尖，花柱宿存；萼片脱落。花期 4~6 月，果期 6 月。

分布于长阳、五峰和兴山，生于海拔 1000~1600m 的灌丛中。

## 垂丝海棠 *Malus halliana* Koehne

苹果属 *Malus* Mill.

乔木；叶片卵形至长椭卵形，长 3.5~8cm，宽 2.5~4.5cm，先端长渐尖，基部楔，边缘具圆钝细锯齿，叶柄长 5~25mm；托叶膜质，早落。伞房花序，具 4~6 花，花梗细弱，长 2~4cm，下垂，紫色；花直径 3~3.5cm；萼筒外面无毛；萼片三角卵形；花瓣倒卵形，长约 1.5cm，基部有短爪，粉红色，常在 5 束以上；雄蕊 20~25；花柱 4 或 5。果实梨形或倒卵形，直径 6~8mm，成熟很迟，萼片脱落；果梗长 2~5cm。花期 3~4 月，果期 9~10 月。

宜昌各地栽培。

## 湖北海棠 *Malus hupehensis* (Pamp.) Rehder　　苹果属 *Malus* Mill.

落叶小乔木；叶片卵形至卵状椭圆形，长 5~10cm，宽 2.5~4cm，先端渐尖，基部宽楔形，边缘具细锐锯齿；叶柄长 1~3cm；托叶草质至膜质，早落。伞房花序，具花 4~6 朵，花梗长 3~6cm；花直径 3.5~4cm；萼筒外面无毛或稍被有长柔毛；萼片三角卵形，与萼筒等长或稍短；花瓣倒卵形，长约 1.5cm，基部有短爪，粉白色或近白色；雄蕊 20，花丝长短不齐；花柱 3，较雄蕊稍长。果实椭圆形，直径约 1cm，萼片脱落；果梗长 2~4cm。花期 4~5 月，果期 8~9 月。

分布于长阳、五峰、兴山、宜昌、秭归，生于海拔 1900m 以下的山地林中。

## 西府海棠 *Malus* × *micromalus* Makino　　苹果属 *Malus* Mill.

落叶小乔木；嫩时被短柔毛，老时脱落。叶片椭圆形，长 5~10cm，宽 2.5~5cm，先端急尖，基部楔形，边缘具尖锐锯齿；叶柄长 2~3.5cm；托叶膜质，早落。伞形总状花序，4~7 花集生小枝顶端，花梗长 2~3cm；花直径约 4cm；萼筒外面密被绒毛；萼片三角卵形；花瓣近圆形，基部有短爪，粉红色；雄蕊约 20；花柱 5，基部被绒毛，约与雄蕊等长。果实近球形，直径 1~1.5cm，红色，萼片少数宿存。花期 4~5 月，果期 8~9 月。

宜昌各地栽培。

## 苹果 *Malus pumila* Mill.　　苹果属 *Malus* Mill.

落叶乔木；叶片椭圆形至宽椭圆形，长 4.5~10cm，宽 3~5.5cm，先端急尖，基部宽楔形，边缘具圆钝锯齿；叶柄粗壮，长约 1.5~3cm，被短柔毛；托叶草质，早落。伞房花序，3~7 花集生于小枝顶端，花梗长 1~2.5cm，密被绒毛；花直径 3~4cm；萼筒外面密被绒毛；萼片三角披针形，萼片比萼筒长；花瓣倒卵形，长 15~18mm，白色；雄蕊 20，约等于花瓣之半；花柱 5。果实扁球形，直径在 2cm 以上，萼片宿存，果梗短粗。花期 5 月，果期 7~10 月。

长阳、五峰、兴山、宜昌、秭归等地有栽培。

## 川鄂滇池海棠 *Malus yunnanensis* var. *veitchii* (Osborn) Rehder　　苹果属 *Malus* Mill.

落叶小乔木；小枝幼时密被绒毛。叶片卵形，长 6~12cm，宽 4~7cm，先端急尖，基部心形，叶边具显著且短渐尖的裂片，下面被绒毛，后渐无；叶柄长 2~3.5cm；托叶线形。伞形总状花序，总花梗和花梗均被绒毛，花梗长 1.5~3cm；花直径约 1.5cm；萼筒钟状，萼片三角卵形；花瓣近圆形，白色；雄蕊 20~25；花柱 5。果实球形，直径 1~1.5cm，红色，具斑点，萼片宿存。花期 5 月，果期 8~9 月。

分布于长阳、五峰、宜昌、秭归，生于海拔 1500~2300m 的山地林中。

## 中华绣线梅 *Neillia sinensis* Oliv.

绣线梅属 *Neillia* D. Don

落叶灌木；叶片卵形至卵状长椭圆形，长 5~11cm，宽 3~6cm，先端长渐尖，基部圆形，边缘具重锯齿，常不规则分裂，在叶下面脉腋被柔毛；叶柄长 7~15mm；托叶线状披针形，早落。顶生总状花序；花直径 6~8mm；萼筒筒状，萼片三角形，先端尾尖；花瓣倒卵形，先端圆钝，淡粉色；雄蕊 10~15，排成不规则的 2 轮；心皮 1~2 枚，子房顶端被毛，花柱直立，内含 4~5 枚胚珠。蓇葖果长椭圆形，萼筒宿存，外被疏被长腺毛。花期 5~6 月，果期 8~9 月。

分布于长阳、五峰、兴山、宜昌、远安、秭归，生于海拔 600~1800m 的灌丛中。

## 短梗稠李 *Padus brachypoda* (Batalin) Schneid.

稠李属 *Padus* Mill.

落叶乔木；小枝散生皮孔。叶片长圆形，长 6~16cm，宽 3~7cm，先端急尖，基部圆形或微心形，叶边缘具锐锯齿，脉腋被髯毛；叶柄长 1.5~2.3cm，顶端两侧各具 1 个腺体；膜质线形托叶，早落。总状花序具多花；总花梗和花梗被短柔毛；花直径 5~7mm；萼筒钟状，萼片三角状卵形；花瓣白色，倒卵形，中部以上啮蚀状或波状；雄蕊 25~27，排成不规则的 2 轮；雌蕊 1。核果球形，直径 5~7mm，黑褐色；萼片脱落。花期 4~5 月，果期 5~10 月。

分布于长阳、五峰、兴山、宜昌，生于海拔 1000~2000m 的山地林中。

## 橉木 *Padus buergeriana* (Miq.) T. T. Yu & T. C. Ku　　稠李属 *Padus* Mill.

落叶乔木；叶片椭圆形，长 4~10cm，宽 2.5~5cm，先端尾状渐尖，基部宽楔形，边缘具贴生锐锯齿，两面无毛；叶柄长 1~1.5cm，有时在叶基两侧各具 1 个腺体；托叶线形，早落。总状花序具多花，长 6~9cm，基部无叶；花直径 5~7mm；萼筒钟状，萼片三角状卵形，长宽几相等，边缘具不规则细锯齿；花瓣白色，宽倒卵形，着生在萼筒边缘；雄蕊 10，心皮 1 枚，子房无毛。核果近球形或卵球形，黑褐色；果梗无毛；萼片宿存。花期 4~5 月，果期 5~10 月。

分布于长阳、兴山、宜昌，生于海拔 1600m 以下的山地林中。

## 细齿稠李 *Padus obtusata* (Koehne) T. T. Yu & T. C. Ku　　稠李属 *Padus* Mill.

落叶乔木；小枝幼时红褐色。叶片椭圆形，长 4.5~11cm，宽 2~4.5cm，先端急尖或渐尖，基部近圆形，边缘具细密锯齿，两面无毛，叶脉明显突起；叶柄长 1~2.2cm，常叶基两侧各具 1 个腺体；托叶膜质，早落。总状花序，总花梗和花梗被短柔毛；苞片膜质，早落；萼筒钟状，萼片三角状卵形；花瓣白色，近圆形；雄蕊多数，排成紧密不规则的 2 轮；雌蕊 1，心皮无毛。核果卵球形，直径 6~8mm，黑色，无毛；萼片脱落。花期 4~5 月，果期 6~10 月。

分布于五峰、兴山，生于海拔 800m 以上的山坡林中。

## 绢毛稠李 *Padus wilsonii* Schneider

稠李属 *Padus* Mill.

落叶乔木；当年生小枝被短柔毛。叶片常椭圆形，长 6~14cm，宽 3~8cm，先端短渐尖，基部圆形至宽楔形，叶缘疏生圆钝锯齿，下面幼时密被绢状柔毛；叶柄长 7~8mm，顶端两侧各具 1 个腺体；托叶线形，早落。总状花序具多花，长 7~14cm，被毛，花直径 6~8mm；萼筒钟状，萼片三角状卵形；花瓣白色，倒卵状长圆形；雄蕊约 20，排成不规则的 2 轮；雌蕊 1，心皮无毛。核果卵球形，直径 8~11mm，无毛，黑紫色；果梗明显增粗，被短柔毛；萼片脱落。花期 4~5 月，果期 6~10 月。

分布于长阳、五峰、兴山、宜昌，生于海拔 600~1600m 的沟谷林中。

## 中华石楠 *Photinia beauverdiana* C. K. Schneid.

石楠属 *Photinia* Lindl.

落叶乔木；小枝散生皮孔。叶片薄纸质，长圆形至倒卵状长圆形，长 5~10cm，宽 2~4.5cm，先端突渐尖，基部圆形，边缘疏生腺锯齿，下面中脉疏被柔毛，侧脉 9~14 对；叶柄长 5~10mm。复伞房花序；花梗长 7~15mm；花直径 5~7mm；萼筒杯状，萼片三角卵形；花瓣白色，卵形，先端圆钝；雄蕊 20；花柱 2~3，基部合生。果实卵形，直径 5~6mm，紫红色，无毛，微有疣点，萼片宿存；果梗长 1~2cm。花期 5 月，果期 7~8 月。

分布于长阳、五峰、兴山、宜昌、秭归，生于海拔 2300m 以下的林中。

## 贵州石楠 *Photinia bodinieri* H. Lév.

石楠属 *Photinia* Lindl.

常绿乔木；有时具刺。叶片革质，长圆形或倒披针形，长 5~15cm，宽 2~5cm，先端急尖，具短尖头，基部楔形，边缘稍反卷，叶缘具细锯齿，侧脉 10~12 对；叶柄长 8~15mm。花多数，密集呈顶生复伞房花序；总花梗和花梗被平贴短柔毛；花直径 10~12mm；萼筒浅杯状，直径 2~3mm，萼片阔三角形；花瓣圆形，直径 3.5~4mm，先端圆钝；雄蕊 20；花柱 2。果实球形或卵形，直径 7~10mm，黄红色，无毛；种子 2~4 粒，卵形，褐色。花期 5 月，果期 9~10 月。

分布于宜昌，生于海拔 600~1000m 的山地林中。现各地栽培。

## 小叶石楠 *Photinia parvifolia* (E. Pritz.) C. K. Schneid.

石楠属 *Photinia* Lindl.

落叶灌木；小枝散生皮孔。叶片纸质，椭圆状卵形，长 4~8cm，宽 1~3.5cm，先端渐尖，基部宽楔形，边缘具腺尖锐锯齿，侧脉 4~6 对。伞形花序，无总花梗；花梗具疣点；花直径 0.5~1.5cm；萼筒杯状，萼片卵形；花瓣白色，圆形，直径 4~5mm；雄蕊 20，较花瓣短；花柱 2~3，中部以下合生，子房顶端密被长柔毛。果实椭圆形，直径 5~7mm，橘红色或紫色，萼片直立宿存，内含 2~3 粒卵形种子；果梗长 1~2.5cm，密布疣点。花期 4~5 月，果期 7~8 月。

分布于长阳、五峰、兴山、宜昌、秭归，生于海拔 500~1500m 的山坡灌丛。

## 绒毛石楠 *Photinia schneideriana* Rehder & E. H. Wilson

石楠属 *Photinia* Lindl.

落叶小乔木；幼枝疏被长柔毛，后近无毛。叶片长椭圆形，长 6~11cm，宽 2~5.5cm，先端渐尖，基部宽楔形，边缘具锐锯齿，上面初疏被长柔毛，后脱落，下面被稀疏绒毛，侧脉 10~15 对；叶柄长 6~10mm，初被柔毛，后脱落。花多数，呈顶生复伞房花序，总花梗被长柔毛；萼筒杯状，萼片直立，圆形；花瓣白色，近圆形，直径约 4mm；雄蕊 20；花柱 2~3，基部连合。果实卵形，长 10mm，直径约 8mm，带红色，顶端具宿存萼片；种子 2~3 粒，卵形。花期 5 月，果期 10 月。

分布于长阳和五峰，生于海拔 1500~1800m 的山地林中。

## 石楠 *Photinia serratifolia* (Desf.) Kalkman

石楠属 *Photinia* Lindl.

常绿小乔木；叶片革质，长椭圆形，长 9~22cm，宽 3~6.5cm，先端尾尖，基部宽楔形，边缘疏生细锯齿，侧脉 25~30 对；叶柄长 2~4cm。复伞房花序顶生，花梗长 3~5mm；花密生，直径 6~8mm；萼筒杯状，萼片阔三角形；花瓣白色，近圆形；雄蕊 20；花柱 2，柱头头状，子房顶端被柔毛。果实球形，直径 5~6mm，红色，有 1 粒种子；种子卵形，棕色，平滑。花期 4~5 月，果期 10 月。

分布于长阳、五峰、兴山、宜昌，生于海拔 1500m 以下的山坡林中。

## 紫叶李 *Prunus cerasifera* 'Pissardii'　　李属 *Prunus* L.

落叶小乔木；小枝暗红色。叶片椭圆形或倒卵形，长 3~6cm，宽 2~4cm，先端急尖，基部宽楔形，边缘具圆钝锯齿，侧脉 5~8 对；叶柄长 6~12mm；托叶膜质，早落。花常单生，花梗长 1~2.2cm；花直径 2~2.5cm；萼筒钟状，萼片长卵形；花瓣白色，着生于萼筒边缘；雄蕊 25~30，花丝长短不等；雌蕊 1，心皮被长柔毛。核果近球形，直径 2~3cm，黄常紫红色，被蜡粉；种子椭圆形或卵球形，先端急尖，表面平滑或粗糙或有时呈蜂窝状，背缝具沟。花期 4 月，果期 8 月。

宜昌各地栽培。

## 李 *Prunus salicina* Lindl.　　李属 *Prunus* L.

落叶乔木；叶片长圆倒卵形或长椭圆形，长 6~10cm，宽 3~5cm，先端渐尖，基部楔形，边缘具锯齿；侧脉 6~10 对；托叶早落；叶柄长 1~2cm。花通常 3 朵并生；花梗 1~2cm，常无毛；花直径 1.5~2.2cm；萼筒钟状，萼片长圆卵形；花瓣白色，长圆倒卵形，着生在萼筒边缘，比萼筒长 2~3 倍；雄蕊多数，排成不规则的 2 轮；雌蕊 1，花柱比雄蕊稍长。核果球形，直径 3.5~5cm，顶端微尖，基部有纵沟，外被蜡粉；种子卵圆形或长圆形，有皱纹。花期 4 月，果期 7~8 月。

宜昌各地栽培。

## 全缘火棘 *Pyracantha atalantioides* (Hance) Stapf　　火棘属 *Pyracantha* M. Roemer

常绿灌木；常有枝刺；嫩枝被柔毛，老枝无毛。叶片椭圆形或长圆形，长 1.5~4cm，宽 1~1.6cm，先端微尖或圆钝，基部近圆形，叶缘常全缘或有时具不显明的细锯齿，老时两面无毛；叶柄长 2~5mm。复伞房花序，直径 3~4cm，花梗和花萼外被柔毛；花梗长 5~10mm，花直径 7~9mm；萼筒钟状，萼片浅裂，广卵形；花瓣白色，卵形；雄蕊 20；花柱 5，子房上部密生白色绒毛。梨果扁球形，直径 4~6mm，亮红色。花期 4~5 月，果期 9~11 月。

分布于长阳、五峰、兴山、宜昌、秭归，生于海拔 300~1400m 的灌丛中。

## 火棘 *Pyracantha fortuneana* (Maxim.) H. L. Li　　火棘属 *Pyracantha* M. Roemer

常绿灌木；小枝先端呈刺状。叶片倒卵形或倒卵状长圆形，长 1.5~6cm，宽 0.5~2cm，先端圆钝或微凹，基部楔形，下延于叶柄，边缘具钝锯齿。花集呈复伞房花序，直径 3~4cm，花梗和总花梗近于无毛，花梗长约 1cm；花直径约 1cm；萼筒钟状，无毛，萼片三角卵形，先端钝；花瓣白色，近圆形；雄蕊 20，花丝长 3~4mm，花药黄色；花柱 5，离生，与雄蕊等长，子房上部密被柔毛。果实近球形，直径约 5mm，橘红色或深红色。花期 3~5 月，果期 8~11 月。

宜昌市各地均有分布，生于海拔 2000m 以下的灌丛中。现常栽培。

## 豆梨 *Pyrus calleryana* Decne

梨属 *Pyrus* L.

落叶乔木；叶片宽卵形至卵形，长 4~8cm，宽 3.5~6cm，先端渐尖，基部宽楔形，边缘具钝锯齿；叶柄长 2~4cm，无毛。伞形总状花序，具 6~12 花，直径 4~6mm，花梗长 1.5~3cm；花直径 2~2.5cm；萼筒无毛，萼片披针形，先端渐尖，全缘，外面无毛，内面被绒毛，边缘较密；花瓣卵形，长约 13mm，宽约 10mm，基部具短爪，白色；雄蕊 20，稍短于花瓣；花柱 2，基部无毛。梨果球形，直径约 1cm，黑褐色，有斑点，萼片脱落，2~3 室，有细长果梗。花期 4 月，果期 8~9 月。

分布于长阳、当阳、五峰、兴山、宜昌、秭归，生于海拔 700~2000m 的山坡林中。

## 沙梨 *Pyrus pyrifolia* (Burm. f.) Nakai

梨属 *Pyrus* L.

落叶乔木；叶片卵状椭圆形或卵形，长 7~12cm，宽 4~6.5cm，先端长尖，基部圆形，边缘具刺芒锯齿；叶柄长 3~4.5cm；托叶膜质，线状披针形，早落。伞形总状花序，具 6~9 花，直径 5~7cm；花梗长 3.5~5cm；花直径 2.5~3.5cm；萼片三角卵形；花瓣卵形，先端啮齿状，白色；雄蕊 20，长约等于花瓣之半；花柱 5，稀 4，光滑无毛，与雄蕊等长。果实近球形，浅褐色，有浅色斑点，先端微向下陷，萼片脱落；种子卵形，微扁，长 8~10mm，深褐色。花期 4 月，果期 8 月。

分布于长阳、五峰、兴山、远安、宜昌、宜都、秭归等地。现常栽培。

## 麻梨 *Pyrus serrulata* Rehder

梨属 *Pyrus* L.

落叶乔木；叶片卵形至长卵形，长5~11cm，宽3.5~7.5cm，先端渐尖，基部宽楔形，边缘具细锐锯齿，下面在幼嫩时被绒毛，后脱落，侧脉7~13对，网脉显明；叶柄长3.5~7.5cm；托叶膜质，线状披针形，早落。伞形总状花序，花梗长3~5cm，总花梗和花梗均被绵毛，逐渐脱落；花直径2~3cm；萼筒外面疏被绒毛；萼片三角卵形；花瓣宽卵形，长10~12cm，先端圆钝，白色；雄蕊20，约短于花瓣之半；花柱3，稀4，和雄蕊近等长，基部疏被柔毛。果实近球形或倒卵形，长1.5~2.2cm，深褐色，有浅褐色斑点，3~4室，萼片宿存或有时部分脱落，果梗长3~4cm。花期4月，果期6~8月。

分布于五峰、兴山、宜昌，生于海拔300~1500m的山坡林缘。

## 鸡麻 *Rhodotypos scandens* (Thunb.) Makino

鸡麻属 *Rhodotypos* Sieb. & Zucc.

落叶灌木；嫩枝绿色。叶对生，卵形，长4~11cm，宽3~6cm，顶端渐尖，基部圆形至微心形，边缘具尖锐重锯齿，上面幼时被疏柔毛，后脱落无毛，下面被绢状柔毛，老时脱落仅沿脉被稀疏柔毛；叶柄长2~5mm，被疏柔毛；托叶膜质，狭带形。单花顶生枝顶；花直径3~5cm；萼片大，卵状椭圆形，顶端急尖，边缘有锐锯齿，副萼片细小，狭带形；花瓣白色，倒卵形，比萼片长1/4~1/3倍。核果1~4，黑色或褐色，斜椭圆形。花期4~5月，果期6~9月。

分布于兴山，生于海拔300~800m的疏林下或灌丛中。

## 木香花 *Rosa banksiae* R. Br.　　蔷薇属 *Rosa* L.

具刺攀缘小灌木；小枝无毛。小叶 3~5，小叶片椭圆状卵形，长 2~5cm，宽 8~18mm，先端急尖，基部近圆形，边缘具细锯齿，上面无毛，下面沿脉被柔毛；小叶柄和叶轴被稀疏柔毛和散生小皮刺；托叶线状披针形，早落。花小，多朵呈伞形花序，花直径 1.5~2.5cm；花梗长 2~3cm，无毛；萼片卵形，先端长渐尖，全缘，萼筒和萼片外面均无毛，内面被柔毛；花瓣重瓣至半重瓣，倒卵形；心皮多数，花柱离生。果近球形，长 4~5mm。花期 4~5 月，果期 7~9 月。

分布于长阳、五峰、兴山、秭归，生于海拔 1300m 以下的灌丛中。

## 尾萼蔷薇 *Rosa caudata* Baker　　蔷薇属 *Rosa* L.

具刺灌木；小叶 7~9，连叶柄长 10~20cm；小叶片卵形或椭圆卵形，长 3~7cm，宽 1~3cm，先端急尖，基部圆形或宽楔形，边缘具单锯齿，两面无毛或下面沿脉被稀疏短柔毛；小叶柄和叶轴疏被腺毛和小皮刺；托叶宽平，大部贴生于叶柄，离生部分卵形。花多朵呈伞房状，花梗长 1.5~4cm；花直径 3.5~5cm；萼筒长圆形，密被腺毛或近光滑，萼片长可达 3cm，三角状卵形，先端伸展呈叶状，全缘，外面无毛，内面密被短柔毛；花瓣红色，宽倒卵形，先端微凹，基部宽楔形；花柱离生，被柔毛。果长圆形，长 2~25cm，橘红色；萼片常直立宿存。花期 6~7 月，果期 7~11 月。

分布于五峰、兴山、宜昌，生于海拔 800~2000m 的灌丛中。

## 月季花 *Rosa chinensis* Jacq.

蔷薇属 *Rosa* L.

直立灌木；小枝具短粗的钩状皮刺。小叶 3~5，连叶柄长 5~11cm，小叶片宽卵形至卵状长圆形，长 2.5~6cm，宽 1~3cm，先端长渐尖，基部近圆形，边缘具锐锯齿；托叶大部贴生于叶柄，仅顶端分离部分呈耳状。花少数集生，直径 4~5cm；花梗长 2.5~6cm，萼片卵形，先端尾状渐尖，边缘常具羽状裂片，外面无毛，内面密被长柔毛；花瓣重瓣至半重瓣，红色、粉红色至白色，倒卵形，先端凹缺，基部楔形；花柱离生，伸出萼筒口外，约与雄蕊等长。果卵球形或梨形，长 1~2cm，红色，萼片脱落。花期 4~9 月，果期 6~11 月。

宜昌市各地广泛栽培。

## 小果蔷薇 *Rosa cymosa* Tratt.

蔷薇属 *Rosa* L.

具刺攀缘灌木；小叶 3~5，连叶柄长 5~10cm；小叶片卵状披针形或椭圆形，长 2.5~6cm，宽 8~25mm，先端渐尖，基部近圆形，边缘具锐细锯齿；托叶膜质，离生，线形。复伞房花序，花直径 2~2.5cm，花梗长约 1.5cm，幼时密被长柔毛，后近无毛；萼片卵形，常有羽状裂片；花瓣白色，倒卵形，先端凹，基部楔形；花柱离生，稍伸出花托口外，与雄蕊近等长，密被白色柔毛。果球形，直径 4~7mm，红色至黑褐色，萼片脱落。花期 5~6 月，果期 7~11 月。

分布于长阳、五峰、兴山、宜昌、宜都、远安、秭归，生于海拔 2200m 以下的山坡灌丛中。

## 卵果蔷薇 *Rosa helenae* Rehder & E. H. Wilson　　蔷薇属 *Rosa* L.

铺散灌木；皮刺短粗。小叶常7~9，小叶片长圆卵形，长2.5~4.5cm，宽1~2.5cm，先端急尖，基部圆形，边缘具锐锯齿；叶柄被柔毛和小皮刺。托叶长1.5~2.5cm，仅顶端离生，离生部分耳状。顶生伞房花序，花梗长1.5~2cm；萼筒卵球形或倒卵球形；萼片卵状披针形；花瓣倒卵形，白色，先端微凹；花柱结合成束，密被长柔毛。果实卵球形或卵球形，长1~1.5cm，直径8~10mm，红色，果梗长约2cm，密被腺毛；萼片花后脱落。花期5~7月，果期9~10月。

分布于长阳、当阳、五峰、兴山、宜昌，生于海拔600~1900m的山坡灌丛。

## 软条七蔷薇 *Rosa henryi* Bouleng.　　蔷薇属 *Rosa* L.

灌木；小叶通常5，连叶柄长9~14cm；小叶片长圆形、卵形或椭圆状卵形，长3.5~9cm，宽1.5~5cm，先端长渐尖，基部近圆形，边缘具锐锯齿；托叶大部贴生于叶柄，离生部分披针形。伞形伞房状花序具5~15花，花直径3~4cm；花梗和萼筒无毛，萼片披针形，先端渐尖，全缘；花瓣白色，宽倒卵形，先端微凹，基部宽楔形；花柱结合成柱，被柔毛，比雄蕊稍长。果近球形，直径8~10mm，成熟后红色，有光泽，果梗有稀疏腺点；萼片脱落。花期4~6月，果期8~10月。

分布于长阳、五峰、兴山、宜昌、秭归，生于海拔300~2000m的灌丛中。

## 金樱子 *Rosa laevigata* Michx. 蔷薇属 *Rosa* L.

常绿攀缘灌木；小叶革质，通常3，连叶柄长5~10cm；小叶片椭圆状卵形，长2~6cm，宽1.2~3.5cm，先端急尖，边缘具锐锯齿；小叶柄和叶轴被皮刺和腺毛；托叶离生或基部与叶柄合生，早落。花单生于叶腋，直径5~7cm；花梗长1.8~2.5cm，花梗和萼筒密被腺毛；萼片卵状披针形；花瓣白色，宽倒卵形，先端微凹；雄蕊多数；心皮多数，花柱离生。果梨形、倒卵形，紫褐色，外面密被刺毛，果梗长约3cm，萼片宿存。花期4~6月，果期7~11月。

宜昌市各地广布，生于海拔1600m以下的路边阳性灌丛中。

## 野蔷薇 *Rosa multiflora* Thunb. 蔷薇属 *Rosa* L.

攀缘灌木；小叶5~9，连叶柄长5~10cm；小叶片倒卵形、长圆形或卵形，长1.5~5cm，宽8~28mm，先端急尖或圆钝，基部近圆形或楔形，边缘具尖锐单锯齿，上面无毛，下面被柔毛；托叶篦齿状，大部贴生于叶柄。花多朵，呈圆锥状花序，花梗长1.5~2.5cm；花直径1.5~2cm，萼片披针形，有时中部具2个线形裂片，外面无毛，内面被柔毛；花瓣白色，宽倒卵形，先端微凹，基部楔形；花柱结合成束，无毛，比雄蕊稍长。果近球形，直径6~8mm，红褐色或紫褐色，有光泽，无毛，萼片脱落。花期4~6月，果期10月。

宜昌市各地均有分布，生于海拔1700m以下的灌丛中或草丛中。

## 粉团蔷薇 *Rosa multiflora* var. *cathayensis* Rehder & E. H. Wilson　　蔷薇属 *Rosa* L.

本变种与原变种 *Rosa multiflora* 的区别在于：花为粉红色，单瓣。花期 4~6 月，果期 10 月。

分布于长阳、兴山、宜昌，生于海拔 1800m 以下的灌丛中。

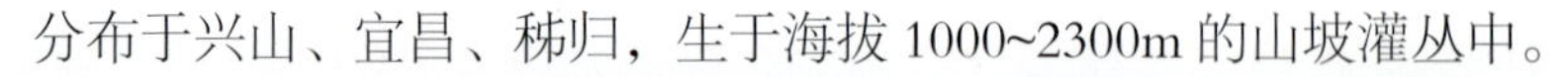

## 峨眉蔷薇 *Rosa omeiensis* Rolfe　　蔷薇属 *Rosa* L.

直立灌木；小枝无刺或具扁而基部膨大皮刺。小叶 9~13，连叶柄长 3~6cm；小叶椭圆状长圆形，长 8~30mm，宽 4~10mm，先端急尖或圆钝，基部圆钝，边缘具锐锯齿，上面无毛，下面沿中脉被柔毛；托叶大部贴生于叶柄，顶端离生部分呈三角状卵形。花单生于叶腋，花梗长 6~20mm；花直径 2.5~3.5cm；萼片 4，披针形，先端渐尖，外面近无毛，内面疏被柔毛；花瓣 4，白色，倒三角状卵形；花柱离生，被长柔毛。果倒卵球形，直径 8~15mm，亮红色，果成熟时果梗肥大，萼片直立宿存。花期 5~6 月，果期 7~9 月。

分布于兴山、宜昌、秭归，生于海拔 1000~2300m 的山坡灌丛中。

## 缫丝花 *Rosa roxburghii* Tratt.

蔷薇属 *Rosa* L.

具刺灌木；小叶 9~15，连叶柄长 5~11cm，小叶片椭圆形，长 1~2cm，宽 6~12mm，先端急尖，基部宽楔形，边缘具细锐锯齿；托叶大部贴生于叶柄，离生部分呈钻形。花常单生短枝顶端；花直径 5~6cm，花梗短；萼片通常宽卵形；花瓣重瓣至半重瓣，淡红色或粉红色，微香，倒卵形，外轮花瓣大，内轮较小；雄蕊多数着生在杯状萼筒边缘；心皮多数，花柱离生，被毛。果扁球形，直径 3~4cm，绿红色，外面密被针刺；萼片宿存，直立。花期 5~7 月，果期 8~10 月。

分布于长阳、五峰、兴山、宜昌、秭归，生于海拔 600~1300m 的路边灌丛。

## 玫瑰 *Rosa rugosa* Thunb.

蔷薇属 *Rosa* L.

直立灌木；小枝密被绒毛，并具针刺和腺毛。小叶 5~9，连叶柄长 5~13cm；小叶片椭圆形，长 1.5~4.5cm，宽 1~2.5cm，先端急尖，基部近圆形，边缘具尖锐锯齿，上面无毛，叶脉下陷，有褶皱，下面密被绒毛和腺毛；叶柄和叶轴密被绒毛和腺毛；托叶大部贴生于叶柄。花单生叶腋，或数朵簇生；花梗密被绒毛和腺毛；花直径 4~5.5cm；萼片卵状披针形，先端尾状渐尖，常具羽状裂片；花瓣倒卵形，重瓣至半重瓣，芳香，紫红色至白色；花柱离生，被毛，稍伸出萼筒口外。果扁球形，直径 2~2.5cm，萼片宿存。花期 5~6 月，果期 8~9 月。

宜昌各地栽培。

## 刺梗蔷薇 *Rosa setipoda* Hemsl. & E. H. Wilson　　蔷薇属 *Rosa* L.

灌木；小枝散生宽扁皮刺。小叶 5~9，连叶柄长 8~19cm；小叶片卵形或椭圆形，长 2.5~5.2cm，宽 1.2~3cm，先端急尖，基部近圆形，边缘具重锯齿，上面无毛，下面被柔毛和腺体；小叶柄和叶轴密被腺毛或小皮刺；托叶宽平，大部贴生于叶柄。疏伞房花序，花梗长 1.3~2.4cm，被腺毛；花直径 3.5~5cm；萼片卵形，先端扩展呈叶状，边缘具羽状裂片或有锯齿，两面被毛；花瓣粉红色或玫瑰紫色，宽倒卵形，外面微被柔毛；花柱离生，被柔毛。果长圆状卵球形，直径 1~2cm，深红色，萼片直立宿存。花期 5~7 月，果期 7~10 月。

分布于兴山、宜昌，生于海拔 1500~2000m 的山坡灌丛中。

## 腺毛莓 *Rubus adenophorus* Rolfe　　悬钩子属 *Rubus* L.

攀缘灌木；小叶 3，宽卵形或卵形，长 4~11cm，宽 2~8cm，顶端渐尖，基部圆形至近心形，上下两面均被稀疏柔毛，边缘具粗锐重锯齿；叶柄长 5~8cm；托叶线状披针形，被柔毛和稀疏腺毛。总状花序，花梗、苞片和花萼均密被带黄色长柔毛和紫红色腺毛；花梗长 0.6~1.2cm；萼片披针形或卵状披针形，顶端渐尖，花后常直立；花瓣倒卵形或近圆形，紫红色；花丝线形；花柱无毛，子房微被柔毛。果实球形，直径约 1cm，红色；种子被显明皱纹。花期 4~6 月，果期 6~7 月。

分布于五峰、兴山、宜昌，生于海拔 400~1000m 的山坡灌丛中或林缘。

## 秀丽莓 *Rubus amabilis* Focke

悬钩子属 *Rubus* L.

灌木；小叶7~11，卵状披针形，长1~5.5cm，宽0.8~2.5cm，小叶顶端渐尖，基部近圆形，顶生小叶边缘有时浅裂；叶柄长1~3cm，小叶柄长约1cm，侧生小叶几无柄；托叶线状披针形。花单生于侧生小枝顶端；花梗长2.5~6cm；花直径3~4cm；花萼绿带红色，萼片宽卵形；花瓣近圆形，白色，比萼片稍长或几等长；花丝线形，带白色；花柱浅绿色，子房被短柔毛。果实长圆形，长1.5~2.5cm，直径1~1.2cm，红色，幼时被稀疏短柔毛，老时无毛；种子肾形。花期4~5月，果期7~8月。

分布于兴山、宜昌，生于海拔1000m以上的山谷林中或林缘。

## 竹叶鸡爪茶 *Rubus bambusarum* Focke

悬钩子属 *Rubus* L.

常绿攀缘灌木；掌状复叶具3或5小叶，革质，小叶片狭披针形或狭椭圆形，长7~13cm，宽1~3cm，顶端渐尖，基部宽楔形，上面无毛，下面密被绒毛，边缘具不明显的稀疏小锯齿；叶柄长2.5~5.5cm，小叶几无柄；托叶早落。总状花序，花梗长达1cm；花萼密被绢状长柔毛；萼片卵状披针形，顶端渐尖，全缘，在果期常反折；花直径1~2cm，花瓣紫红色至粉红色形；雄蕊疏被柔毛；雌蕊约25~40，花柱被长柔毛。果实近球形，红色至红黑色，宿存花柱被长柔毛。花期5~6月，果期7~8月。

分布于兴山、宜昌、秭归，生于海拔1200~2000m的灌丛或路边林缘。

## 寒莓 *Rubus buergeri* Miq.

悬钩子属 *Rubus* L.

匍匐小灌木；茎常伏地生根，匍匐枝与花枝均密被长柔毛。单叶，卵形至近圆形，直径 5~11cm，顶端圆钝，基部心形，上面微被柔毛，下面密被绒毛，基部具掌状 5 出脉，侧脉 2~3 对；叶柄长 4~9cm，密被长柔毛；托叶离生，早落。花呈短总状花序，总花梗和花梗密被长柔毛；花梗长 0.5~0.9cm，花直径 0.6~1cm；花萼外密被长柔毛和绒毛；萼片披针形或卵状披针形，在果期常直立开展；花瓣倒卵形，白色，几与萼片等长；雄蕊多数；雌蕊多数。果实近球形，直径 6~10mm，紫黑色，无毛；核具粗皱纹。花期 7~8 月，果期 9~10 月。

分布于长阳、五峰、宜昌，生于海拔 400~1400m 的林下。

## 毛萼莓 *Rubus chroosepalus* Focke

悬钩子属 *Rubus* L.

半常绿攀缘灌木；枝疏生皮刺。单叶，近圆形或宽卵形，直径 5~10.5cm，顶端尾状短渐尖，基部心形，上面无毛，下面密被绒毛，侧脉 5~6 对，基部有 5 条掌状脉，边缘不明显的波状且不整齐的尖锐锯齿；叶柄长 4~7cm；托叶离生，披针形，早落。圆锥花序顶生，总花梗和花梗均被长柔毛，花梗长 3~6mm；花直径 1~1.5cm；花萼外密被绢状长柔毛，萼筒浅杯状，萼片卵形或卵状披针形；无花瓣；雄蕊多数，短于萼片；雌蕊约 15 或较少，比雄蕊长。果实球形，直径约 1cm，紫黑色或黑色。花期 5~6 月，果期 7~8 月。

分布于五峰、兴山、宜昌、秭归，生于海拔 1300m 以下的灌丛中或路边。

## 山莓 *Rubus corchorifolius* L. f.

悬钩子属 *Rubus* L.

直立灌木；枝具皮刺。单叶，卵形至卵状披针形，长5~12cm，宽2.5~5cm，顶端渐尖，基部微心形，下面沿中脉疏生小皮刺，边缘不分裂或3裂，且具不规则锐锯齿或重锯齿，基部具3脉；叶柄长1~2cm；托叶线状披针形。花常单生，花梗长0.6~2cm；花直径可达3cm；花萼外密被细柔毛，萼片卵形；花瓣长圆形或椭圆形，白色；雄蕊多数；雌蕊多数，子房被柔毛。果实近球形或卵球形，直径1~1.2cm，红色，密被细柔毛；种子具皱纹。花期2~3月，果期4~6月。

宜昌市各地均有分布，生于海拔2000m以下的灌丛中。

## 插田泡 *Rubus coreanus* Miq.

悬钩子属 *Rubus* L.

灌木；枝红褐色，被白粉，具扁平皮刺。小叶通常5，卵形至宽卵形，长3~8cm，宽2~5cm，顶端急尖，基部楔形至近圆形，叶下面疏被柔毛，边缘具不整齐粗锯齿，顶生小叶偶有3浅裂；叶柄长2~5cm，侧生小叶近无柄。伞房花序，总花梗和花梗均被短柔毛，花梗长5~10mm，花直径7~10mm；萼片长卵形至卵状披针形，花时开展，果时反折；花瓣倒卵形，淡红色至深红色；雄蕊比花瓣短或近等长；雌蕊多数，花柱无毛，子房被稀疏短柔毛。果实近球形，直径5~8mm，深红色至紫黑色。花期4~6月，果期6~8月。

分布于长阳、五峰、兴山、远安、宜昌、宜都、秭归，生于海拔1600m以下的灌丛中。

## 桉叶悬钩子 *Rubus eucalyptus* Focke

悬钩子属 *Rubus* L.

灌木；疏生粗壮钩状皮刺。小叶 3~5，顶生小叶卵形或菱状卵形，侧生小叶菱状卵形，长 2~6cm，宽 1.5~5cm，顶生小叶顶端常渐尖，侧生小叶急尖，基部宽楔形至圆形，上面无毛，下面密被灰白色绒毛，边缘具不整齐粗锯齿；叶柄长 5~8cm；托叶线形。花 1~2 朵，花梗长 2~5cm；花直径 1.5~2cm；萼片卵状披针形，顶端尾尖，花时直立，果时开展；花瓣匙形，白色；花丝线形；花柱下部和子房顶部密被白色长绒毛。果实近球形，直径 1.2~2cm，密被灰白色长绒毛。花期 4~5 月，果期 6~7 月。

分布于五峰、兴山，生于海拔 1000~2000m 的灌丛中。

## 大红泡 *Rubus eustephanos* Focke

悬钩子属 *Rubus* L.

灌木；小枝常有棱角，疏生皮刺。小叶 3~7，卵形或椭圆形，长 2~5cm，宽 1~3cm，顶端渐尖，基部圆形，沿中脉具小皮刺，边缘具缺刻状尖锐重锯齿；叶柄长 1.5~4cm；托叶披针形，顶端尾尖。花常单生，花梗长 2.5~5cm，花大，直径 3~4cm；花萼无毛；萼片长圆披针形，顶端钻状长渐尖，内萼片边缘有绒毛，花后开展，果时常反折；花瓣椭圆形或宽卵形，白色，长于萼片；雄蕊多数，花丝线形；雌蕊很多，子房和花柱无毛。果实近球形，直径达 1cm，红色。种子较平滑或微皱。花期 4~5 月，果期 6~7 月。

分布于长阳、五峰、宜昌、秭归，生于海拔 400~1500m 的林下或路边灌丛中。

## 弓茎悬钩子 *Rubus flosculosus* Focke

悬钩子属 *Rubus* L.

灌木；枝疏生紫红色钩状扁平皮刺，幼枝被短柔毛。小叶5~7，卵形或卵状披针形，顶生小叶有时为菱状披针形，长3~7cm，宽1.5~4cm，顶端渐尖，基部宽楔形至圆形，上面无毛或近无毛，下面被灰白色绒毛，边缘具粗重锯齿；叶柄长3~5cm，托叶线形。狭圆锥花序，花直径5~8mm；萼片卵形，在花果时均直立开展；花瓣近圆形，粉红色；雄蕊多数，花药紫色，花丝线形；花柱无毛，子房被柔毛。果实球形，直径5~8mm，红色至红黑色，无毛或微被柔毛；种子卵球形，多皱。花期6~7月，果期8~9月。

分布于兴山和宜昌，生于海拔500~1500m的山地灌丛中。

## 鸡爪茶 *Rubus henryi* Hemsley & Kuntze

悬钩子属 *Rubus* L.

常绿攀缘灌木；枝疏生小皮刺。单叶，革质，长8~15cm，基部较狭窄，宽楔形至近圆形，常深3裂分裂至叶片的2/3处或超过，顶端渐尖，边缘被稀疏细锐锯齿，上面无毛，下面密被绒毛；叶柄长3~6cm，被绒毛；托叶离生，膜质，被长柔毛。总状花序，具9~20花；总花梗、花梗和花萼密被绒毛和长柔毛；花萼长约1.5cm，萼片长三角形，花后反折；花瓣狭卵圆形，粉红色，两面疏被柔毛；雄蕊多数；雌蕊多数，被长柔毛。果实近球形，黑色，直径1.3~1.5cm，宿存花柱带红色并有长柔毛。花期5~6月，果期7~8月。

分布于长阳、五峰、兴山、宜昌，生于海拔700~1800m的灌丛中。

## 宜昌悬钩子 *Rubus ichangensis* Hemsl. & Kuntze

悬钩子属 *Rubus* L.

半常绿攀缘灌木；单叶，近革质，卵状披针形，长 8~15cm，宽 3~6cm，顶端渐尖，基部深心形，两面均无毛，沿中脉疏生小皮刺，边缘具稀疏小锯齿；叶柄长 2~4cm。顶生圆锥花序狭窄，长达 25cm；花梗长 3~6mm；花直径 6~8mm；萼片卵形，顶端急尖，外面疏被柔毛和腺毛，里面密被白色短柔毛；花瓣直立，椭圆形，白色，几与萼片等长；雄蕊多数，花丝稍宽扁；雌蕊 12~30，无毛。果实近球形，红色，直径 6~8mm；种子有细皱纹。花期 7~8 月，果期 10 月。

分布于长阳、五峰、兴山、宜昌、秭归，生于海拔 2000m 以下的灌丛中。

## 白叶莓 *Rubus innominatus* S. Moore

悬钩子属 *Rubus* L.

灌木；小枝密被绒毛状柔毛，疏生钩状皮刺。小叶常 3，长 4~10cm，宽 2.5~5cm，顶端急尖，上面疏被柔毛或几无毛，下面密被灰白色绒毛，边缘具不整齐粗锯齿或重锯齿；叶柄长 2~4cm；托叶线形，被柔毛。总状或圆锥状花序，总花梗和花梗均密被长柔毛和腺毛；花梗长 4~10mm；花直径 6~10mm；花萼外面密被柔毛和腺毛，萼片卵形；花瓣倒卵形或近圆形，紫红色；雄蕊稍短于花瓣；花柱无毛，子房稍被柔毛。果实近球形，直径约 1cm，橘红色，初期被疏柔毛，成熟时无毛。花期 5~6 月，果期 7~8 月。

分布于长阳、五峰、兴山、宜昌、秭归，生于海拔 1500m 以下的灌丛或林缘。

## 红花悬钩子 *Rubus inopertus* (Focke ex Diels) Focke

悬钩子属 *Rubus* L.

攀缘灌木；小枝紫褐色，疏生皮刺。小叶 7~11，卵状披针形或卵形，长 3~7cm，宽 1~3cm，顶端渐尖，基部圆形或近截形，上面疏被柔毛，下面沿叶脉被柔毛，边缘具粗锐重锯齿；叶柄长 3.5~6cm；托叶线状披针形。花数朵簇生或呈顶生伞房花序；总花梗和花梗均无毛；花直径达 1.2cm；萼片卵形或三角状卵形，顶端急尖至渐尖，在果期常反折；花瓣倒卵形，粉红至紫红色；花柱基部和子房被柔毛。果实球形，直径 6~8mm，熟时紫黑色，外面被柔毛。花期 5~6 月，果期 7~8 月。

分布于五峰、兴山、宜昌、秭归，生于海拔 800~2200m 的山地林边或灌丛中。

## 灰毛泡 *Rubus irenaeus* Focke

悬钩子属 *Rubus* L.

常绿矮小灌木；枝密被灰色绒毛状柔毛。单叶，近革质，近圆形，直径 8~14cm，顶端圆钝或急尖，基部深心形，下面密被灰色绒毛，具 5 出掌状脉，边缘波状或不明显浅裂，具粗锐锯齿；叶柄长 5~10cm，密被绒毛状柔毛；托叶长圆形。花数朵呈顶生伞房状或近总状花序；总花梗和花梗密被柔毛；花直径 1.5~2cm；花萼外密被绒毛状柔毛，萼片宽卵形，顶端短渐尖，在果期反折；花瓣近圆形，白色；雄蕊多数，短于萼片，花药具长柔毛；雌蕊约 30~60，无毛。果实球形，直径 1~1.5cm，红色，无毛。花期 5~6 月，果期 8~9 月。

分布于长阳和五峰，生于海拔 500~1400m 的林下。

## 高粱泡 *Rubus lambertianus* Ser.

悬钩子属 *Rubus* L.

半落叶藤状灌木；单叶宽卵形，长 5~10cm，宽 1~8cm，顶端渐尖，基部心形，两面疏被柔毛，中脉上疏生小皮刺，边缘明显 3~5 裂或呈波状，具细锯齿；叶柄长 2~4；托叶离生，线状深裂。圆锥花序常顶生，总花梗、花梗和花萼均被细柔毛；花直径约 8mm；萼片卵状披针形；花瓣倒卵形，白色；雄蕊多数；雌蕊约 15~20。果实小，近球形，直径约 6~8mm，由多数小核果组成，熟时红色。花期 7~8 月，果期 9~11 月。

分布于长阳、五峰、兴山、宜昌、秭归，生于海拔 1700m 以下的灌丛中或林缘。

## 绵果悬钩子 *Rubus lasiostylus* Focke

悬钩子属 *Rubus* L.

灌木；小叶 3，顶生小叶宽卵形，侧生小叶卵形或椭圆形，长 3~10cm，宽 2.5~9cm，顶端渐尖，基部圆形，上面疏被细柔毛，下面密被灰白色绒毛，沿叶脉疏生小皮刺，边缘具重锯齿，顶生小叶常浅裂；叶柄长 5~10cm；托叶卵状披针形至卵形。顶生伞房状花序，具 2~6 花，花梗长 2~4cm；花开展时直径 2~3cm；花萼外面紫红色，萼片宽卵形，在花果时均开展；花瓣近圆形，红色；花丝线形；花柱下部和子房上部密被长绒毛。果实球形，直径 1.5~2cm，外面密被灰白色长绒毛和宿存花柱。花期 6 月，果期 8 月。

分布于五峰、兴山、宜昌、秭归，生于海拔 700m 以上的灌丛或林缘。

## 棠叶悬钩子 *Rubus malifolius* Focke

悬钩子属 *Rubus* L.

攀缘灌木；单叶，椭圆形，长5~12cm，宽2.5~5cm，顶端渐尖，基部近圆形，上面无毛，下面具平贴灰白色绒毛，叶脉8~10对，边缘具不明显浅齿或粗锯齿；叶柄长约1~1.5cm；托叶和苞片线状披针形，膜质，早落。顶生总状花序，长5~10cm，总花梗和花梗被长柔毛，后近无毛；花萼密被长柔毛，萼筒盆形，萼片三角状卵形；花直径可达2.5cm；花瓣宽，倒卵形至近圆形，白色有粉红色斑；雄蕊多数；雌蕊多数，花柱和子房无毛。果实扁球形，无毛，熟时紫黑色；种子果半圆形。花期5~6月，果期6~8月。

分布于五峰，生于海拔800~1400m的沟边林中。

## 喜阴悬钩子 *Rubus mesogaeus* Focke ex Diels

悬钩子属 *Rubus* L.

攀缘灌木；老枝疏具皮刺。小叶常3，顶生小叶宽菱状卵形，顶端渐尖，边缘常羽状分裂，基部圆形，侧生小叶斜椭圆形，顶端急尖，基部楔形，长4~9cm，宽3~7cm，上面疏被柔毛，下面密被灰白色绒毛，边缘具不整齐粗锯齿并常浅裂；叶柄长3~7cm；托叶线形，长达1cm。伞房花序，多花；总花梗被柔毛，花梗长6~12mm。花直径约1cm；花萼外密被柔毛，萼片披针形，花后常反折；花瓣倒卵形、近圆形，白色或浅粉红色；花丝线形，花柱无毛。果实扁球形，直径6~8mm，紫黑色。花期4~5月，果期7~8月。

分布于五峰、兴山、宜昌，生于海拔800~1500m的山地林中或灌丛中。

## 乌泡子 *Rubus parkeri* Hance　　悬钩子属 *Rubus* L.

攀缘灌木；枝密被灰色长柔毛，疏被紫红色腺毛和皮刺。单叶，卵状长圆形，长 7~16cm，宽 3.5~6cm，顶端渐尖，基部心形，上面被长柔毛，下面密被绒毛，侧脉 5~6 对，边缘具细锯齿和浅裂片；叶柄长 0.5~1cm；托叶早落。圆锥花序，总花梗、花梗和花萼密被长柔毛和紫红色腺毛；花梗长约 1cm；花直径约 8mm，花萼带紫红色，萼片卵状披针形；花瓣白色，但常无花瓣；雄蕊多数；雌蕊少数。果实球形，直径约 4~6mm，紫黑色。花期 5~6 月，果期 7~8 月。

分布于长阳、五峰、兴山、宜昌、宜都、远安、秭归，生于 1400m 以下的灌丛中。

## 茅莓 *Rubus parvifolius* L.　　悬钩子属 *Rubus* L.

灌木；小叶 3，菱状圆形或倒卵形，长 2.5~6cm，宽 2~6cm，顶端圆钝，基部圆形，上面疏被柔毛，下面密被灰白色绒毛，边缘具不整齐粗锯齿；叶柄长 2.5~5cm；托叶线形。伞房花序，花直径约 1cm；花萼外面密被柔毛和针刺，萼片卵状披针形或披针形，在花果时均直立开展；花瓣卵圆形或长圆形，粉红至紫红色；雄蕊花丝白色，稍短于花瓣；子房被柔毛。果实卵球形，直径 1~1.5cm，红色，无毛或具稀疏柔毛；种子有浅皱纹。花期 5~6 月，果期 7~8 月。

宜昌市各地均有分布，生于海拔 500~2000m 的山坡、灌丛和草坡。

## 黄泡 *Rubus pectinellus* Maxim.

悬钩子属 *Rubus* L.

半灌木；茎匍匐，茎被长柔毛和稀疏微弯针刺。单叶，叶片心状近圆形，长 2.5~4.5cm，宽 3~5cm，顶端圆钝，基部心形，边缘有时波状浅裂或 3 浅裂，具不整齐细钝锯齿或重锯齿，两面被稀疏长柔毛；叶柄长 3~6cm；托叶离生，二回羽状深裂。花单生，常顶生，直径达 2cm；花梗长 2~4cm，被长柔毛和针刺；花萼长 1.5~2cm，外面密被针刺和长柔毛；萼筒卵球形，萼片不等大，卵形至卵状披针形；花瓣狭倒卵形，白色；雄蕊多数，雌蕊多数，但很多败育。果实红色，球形，直径 1~1.5cm，具反折萼片。花期 5~7 月，果期 7~8 月。

分布于长阳和五峰，生于海拔 1800m 以下的林下。

## 盾叶莓 *Rubus peltatus* Maxim.

悬钩子属 *Rubus* L.

常为直立灌木；小枝常有白粉。叶片盾状，卵状圆形，长 7~17cm，宽 6~15cm，基部心形，两面均被柔毛，下面毛较密，边缘 3~5 掌状分裂，裂片三角状卵形，顶端急尖或短渐尖，具不整齐细锯齿；叶柄 4~8cm；托叶大，膜质，卵状披针形。花单生，花梗长 2.5~4.5cm；苞片与托叶相似；萼筒常无毛；萼片卵状披针形，边缘常有齿；花瓣近圆形，直径 1.8~2.5cm，白色，长于萼片；雄蕊多数；雌蕊很多，可达 100，被柔毛。果实圆柱形或圆筒形，长 3~4.5cm，橘红色，密被柔毛；核具皱纹。花期 4~5 月，果期 6~7 月。

分布于五峰，生于海拔 1400m 的以下的林下或林缘。

## 五叶鸡爪茶 *Rubus playfairianus* Hemsl. ex Focke　　悬钩子属 *Rubus* L.

半常绿蔓性灌木；枝疏生钩状小皮刺。掌状复叶具3~5小叶，小叶片椭圆披针形，长5~12cm，宽1~3cm，顶生小叶远较侧生小叶大，顶端渐尖，基部楔形，上面无毛，下面密被灰白色绒毛，边缘具不整齐尖锐锯齿，侧生小叶片有时在近基部2裂；叶柄长2~4cm；托叶掌状深裂。总状花序，花直径1~1.5cm；花萼外密被绒毛状长柔毛；萼片卵状披针形；花瓣卵圆形；雄蕊多数；雌蕊约60。果实近球形，老时黑色。花期4~5月，果期6~7月。

分布五峰、兴山、秭归，生于海拔500~1000m的山坡灌丛。

## 针刺悬钩子 *Rubus pungens* Cambess.　　悬钩子属 *Rubus* L.

匍匐灌木；枝常具较稠密的直立针刺。小叶常5~7，卵形或卵状披针形，长2~5cm，宽1~3cm，顶端急尖至短渐尖，基部圆形至近心形，边缘具尖锐重锯齿，顶生小叶常羽状分裂；叶柄长3~6cm；托叶线形。花单生或2~4朵呈伞房状花序，花梗长2~3cm；花直径1~2cm；花萼外面密被直立针刺和柔毛；萼筒半球形，萼片披针形或三角披针形，直立；花瓣长圆形或倒卵形，白色，雄蕊多数，花丝近基部稍宽扁；雌蕊多数。果实近球形，红色，直径1~1.5cm，被柔毛或近无毛；种子卵球形，有明显皱纹。花期4~5月，果期7~8月。

分布于长阳、兴山、宜昌，生于海拔1500m以下的山坡林下、林缘或灌丛中。

## 空心泡 *Rubus rosifolius* Sm.

悬钩子属 *Rubus* L.

直立或攀缘灌木；小枝疏生皮刺。小叶 5~7，卵状披针形或披针形，长 3~5cm，宽 1.5~2cm，顶端渐尖，基部圆形，两面疏被柔毛，后无毛，具腺点，下面沿中脉有稀疏小皮刺，边缘具尖锐缺刻状重锯齿；叶柄长 2~3cm；托叶卵状披针形。花常 1~2 朵，花梗长 2~3.5 cm，被柔毛，疏生小皮刺；花直径 2~3cm；萼片披针形或卵状披针形，顶端长尾尖，花后常反折；花瓣长圆形或近圆形，白色，长于萼片；雄蕊多数；雌蕊多数，花柱和子房无毛。果实卵球形，长 1~1.5cm，红色。花期 3~5 月，果期 6~7 月。

分布于长阳、兴山、五峰、宜昌，生于海拔 1500~2000m 的杂木林中或路边灌丛。

## 川莓 *Rubus setchuenensis* Bureau & Franch.

悬钩子属 *Rubus* L.

落叶灌木；单叶，近圆形或宽卵形，直径 7~15cm，顶端圆钝或近截形，基部心形，上面粗糙，下面密被灰白色绒毛，基部具掌状 5 出脉，边缘 5~7 浅裂，具不整齐浅钝锯齿；叶柄长 5~7cm；托叶离生。狭圆锥花序，总花梗和花梗均密被绒毛，花梗长约 1cm；花直径 1~1.5cm；花萼外密被绒毛和柔毛；萼片卵状披针形；花瓣倒卵形或近圆形，紫红色；雄蕊较短，花丝线形；雌蕊无毛。果实半球形，直径约 1cm，黑色，常包藏在宿萼内。花期 7~8 月，果期 9~10 月。

分布于五峰、兴山、宜昌，生于海拔 1000m 以下的山坡灌丛或林缘。

## 单茎悬钩子 *Rubus simplex* Focke

悬钩子属 *Rubus* L.

低矮半灌木；茎单一，直立，具稀疏小皮刺。小叶3，卵形至卵状披针形，长6~9.5cm，宽2.5~5cm，顶生小叶稍长于侧生小叶，顶端渐尖，基部近圆形，边缘具不整齐尖锐锯齿；叶柄长5~10cm；托叶基部与叶柄连生，线状披针形。花2~4朵腋生或顶生，稀单生；花梗长0.6~1.2cm，被柔毛和钩状小皮刺；花直径1.5~2cm；花萼外具稀疏钩状小皮刺和细柔毛，萼片长三角形至卵圆形；花瓣倒卵圆形，白色，几与萼片等长；雄蕊多数；雌蕊多数。果实橘红色，球形，常无毛，小核果多数。花期5~6月，果期8~9月。

分布于兴山、宜昌、秭归，生于海拔1200~1500m的林下。

## 木莓 *Rubus swinhoei* Hance

悬钩子属 *Rubus* L.

半常绿灌木；单叶，叶宽卵形至长圆披针形，长5~11cm，宽2.5~5cm，顶端渐尖，基部截形至浅心形，上面仅沿中脉被柔毛，下面密被灰色绒毛或近无毛，边缘具不整齐粗锐锯齿，叶脉9~12对；叶柄长5~10mm；托叶卵状披针形。花常5~6朵呈总状花序；总花梗、花梗和花萼均被紫褐色腺毛和稀疏针刺；花直径1~1.5cm；萼片卵形，果期反折；花瓣白色，宽卵形或近圆形；雄蕊多数；雌蕊多数。果实球形，直径1~1.5cm，成熟时黑紫色。花期5~6月，果期7~8月。

分布于五峰、宜昌、兴山、秭归，生于海拔500~1600m的山坡林下或灌丛中。

## 三花悬钩子 *Rubus trianthus* Focke

悬钩子属 *Rubus* L.

藤状灌木；枝疏生皮刺。单叶，卵状披针形，长4~9cm，宽2~5cm，顶端渐尖，基部心形，两面无毛，3裂或不裂，边缘具锯齿；叶柄长1~3cm，疏生小皮刺，基部有3脉；托叶披针形或线形，无毛。花常3朵，有时花超过3朵呈短总状花序，常顶生；花梗长1~2.5cm；苞片披针形或线形；花直径1~1.7cm；花萼外面无毛，萼片三角形，顶端长尾尖；花瓣长圆形或椭圆形，白色，与萼片近等长；雄蕊多数，花丝宽扁；雌蕊约10~50，子房无毛。果实近球形，直径约1cm，红色，核具皱纹。花期4~5月，果期5~6月。

分布于五峰，生于海拔500~1000m的杂木林下。

## 红毛悬钩子 *Rubus wallichianus* Wight & Arn.

悬钩子属 *Rubus* L.

攀缘灌木；小枝密被红褐色刺毛，并被柔毛和稀疏皮刺。小叶3，椭圆形、卵形，长4~9cm，宽2~7cm，顶端尾尖或急尖，基部近圆形，上面紫红色，叶脉下陷，下面仅沿叶脉疏被柔毛、刺毛和皮刺，边缘具不整齐细锐锯齿；叶柄长2~4.5cm，与叶轴均被红褐色刺毛、柔毛和皮刺；托叶线形。花数朵在叶腋团聚成束；花梗短，密被短柔毛；花直径1~1.3cm；花萼外面密被柔毛，萼片卵形，在果期直立；花瓣长倒卵形，白色；雄蕊花丝稍宽扁，几与雌蕊等长；花柱基部和子房顶端被柔毛。果实球形，直径5~8mm，熟时金黄色或红黄色，无毛。花期3~4月，果期5~6月。

分布于兴山、宜昌，生于海拔1200m以下的灌丛中或路边。

## 黄脉莓 *Rubus xanthoneurus* Focke ex Diels

悬钩子属 *Rubus* L.

攀缘灌木；小枝具绒毛，疏生小皮刺。单叶，长卵形，长 7~12cm，宽 4~7cm，顶端渐尖，基部浅心形，上面沿叶脉被长柔毛，下面密被灰白色绒毛，侧脉 7~8 对，边缘常浅裂，具不整齐粗锐锯齿；叶柄长 2~3cm，疏生小皮刺；托叶离生，边缘深裂。圆锥花序，总花梗和花梗被绒毛状短柔毛；花梗长达 1.2cm；花直径在 1cm 以下；萼筒外被绒毛状短柔毛，萼片卵形；花瓣小，白色，倒卵圆形；雄蕊多数，短于萼片；雌蕊 10~35，无毛。果实近球形，暗红色，无毛。花期 6~7 月，果期 8~9 月。

分布于兴山，生于海拔 1600m 以下的灌丛或林缘。

## 高丛珍珠梅 *Sorbaria arborea* Schneider

珍珠梅属 *Sorbaria* (Seringe) A. Braun

落叶灌木；羽状复叶，小叶片 13~17，连叶柄长 20~32cm；小叶片对生，披针形至长圆披针形，长 4~9cm，宽 1~3cm，先端渐尖，基部宽楔形，边缘具重锯齿，侧脉 20~25 对。顶生大型圆锥花序，花直径 6~7mm，萼筒浅钟状，萼片长圆形至卵形；花瓣近圆形，白色；雄蕊 20~30；心皮 5 枚。蓇葖果圆柱形，萼片宿存，果梗弯曲，果实下垂。花期 6~7 月，果期 9~10 月。

分布于长阳、五峰、兴山、宜昌、秭归，生于海拔 1200~2000m 的林缘或灌丛中。

## 水榆花楸 *Sorbus alnifolia* (Sieb. & Zucc. ) K. Koch

花楸属 *Sorbus* L.

落叶乔木；叶片卵形，长 5~10cm，宽 3~6cm，先端短渐尖，基部宽楔形，边缘具不整齐的尖锐重锯齿，侧脉 6~10 对；叶柄长 1.5~3cm。复伞房花序，花梗长 6~12mm；萼筒钟状，萼片三角形，外面无毛，内面密被白色绒毛；花瓣卵形或近圆形，白色；雄蕊 20，短于花瓣；花柱 2，基部或中部以下合生。果实椭圆形或卵形，红色或黄色，不具斑点或具极少数细小斑点，2 室，萼片脱落后果实先端残留圆斑。花期 5 月，果期 8~9 月。

分布于长阳、五峰、兴山、宜昌，生于海拔 1300~2200m 的山地林中。

## 美脉花楸 *Sorbus caloneura* (Stapf) Rehder

花楸属 *Sorbus* L.

小乔木；叶片长椭圆形至长椭倒卵形，长 7~12cm，宽 3~5.5cm，先端渐尖，基部宽楔，边缘具圆钝锯齿，上面无毛，下面叶脉上被稀疏柔毛，侧脉 10~18 对，直达叶边齿尖；叶柄长 1~2cm。复伞房花序，总花梗和花梗被稀疏柔毛，花梗长 5~8mm；花直径 6~10mm；萼筒钟状，萼片三角卵形；花瓣宽卵形，白色；雄蕊 20，稍短于花瓣；花柱 4~5，中部以下部分合生，无毛，短于雄蕊。果实球形，直径约 1cm，长 1~1.4cm，褐色，被显著斑点，4~5 室，萼片脱落后残留圆斑。花期 4 月，果期 8~10 月。

分布于长阳、五峰、兴山、宜昌，生于海拔 1300~1800m 的沟边林中。

## 石灰花楸 *Sorbus folgneri* (C. K. Schneid.) Rehder　　花楸属 *Sorbus* L.

乔木；小枝幼时被白色绒毛。叶片卵形至椭圆卵形，长 5~8cm，宽 2~3.5cm，先端急尖，基部宽楔形，边缘具细锯齿，下面密被白色绒毛，侧脉通常 8~15 对，直达叶边锯齿顶端；叶柄长 5~15mm，密被白色绒毛。复伞房花序，总花梗和花梗均被白色绒毛；花直径 7~10mm；萼筒钟状，萼片三角卵形；花瓣卵形，白色；雄蕊 18~20；花柱 2~3。果实椭圆形，直径 6~7mm，长 9~13mm，红色；具不显明的细小斑点，2~3 室。花期 4~5 月，果期 7~8 月。

分布于长阳、五峰、兴山、宜昌、秭归，生于海拔 800~2000m 的山地林中。

## 江南花楸 *Sorbus hemsleyi* (C. K. Schneid.) Rehder　　花楸属 *Sorbus* L.

乔木；小枝具显明皮孔，无毛。叶片卵形至长椭卵形，长 5~11cm，宽 2.5~5.5cm，先端急尖，基部楔形，边缘具细锯齿，上面深绿色，下面除中脉和侧脉外均被灰白色绒毛，侧脉 12~14 对，直达叶边齿端；叶柄通常长 1~2cm。复伞房花序；花梗长 5~12mm，被白色绒毛；花直径 10~12mm；萼筒钟状，萼片三角卵形，外被白色绒毛，内面微有绒毛；花瓣宽卵形，白色；雄蕊 20，长短不齐；花柱 2，基部合生，并有白色绒毛，短于雄蕊。果实近球形，直径 5~8mm，有少数斑点，先端萼片脱落后留有圆斑。花期 5 月，果期 8~9 月。

分布于五峰、兴山、宜昌，生于海拔 1200~2000m 的山坡林中。

## 湖北花楸 *Sorbus hupehensis* C. K. Schneid.

花楸属 *Sorbus* L.

乔木；奇数羽状复叶，连叶柄长 10~15cm，叶柄长 1.5~3.5cm；小叶片 4~8 对，长圆披针形或卵状披针形，长 3~5cm，宽 1~1.8cm，先端急尖或圆钝，边缘具尖锐锯齿，近基部全缘；上面无毛，下面沿中脉被白色绒毛，侧脉 7~16 对，几乎直达叶边锯齿；托叶线状披针形，早落。复伞房花序，总花梗和花梗无毛或被疏被柔毛；花直径 5~7mm；萼筒钟状，萼片三角形；花瓣卵形，先端圆钝，白色；雄蕊 20；花柱 4~5，基部有灰白色柔毛。果实球形，直径 5~8mm，白色；先端具宿存闭合萼片。花期 5~7 月，果期 8~9 月。

分布于兴山，生于海拔 1300~2200m 的山坡林中。

## 陕甘花楸 *Sorbus koehneana* C. K. Schneid.

花楸属 *Sorbus* L.

小乔木；奇数羽状复叶，连叶柄长 10~16cm，叶柄长 1~2cm；小叶片 8~12 对，长圆形至长圆披针形，长 1.5~3cm，宽 0.5~1cm，先端圆钝或急尖，基部偏斜圆形，全部具锯齿或仅基部全缘，下面仅在中脉上被稀疏柔毛或近无毛；叶轴两面微具窄翅；托叶披针形，早落。复伞房花序具多花，总花梗和花梗具稀疏柔毛；花梗长 1~2mm；萼筒钟状，萼片三角形；花瓣宽卵形，白色，雄蕊 20，长约为花瓣的 1/3；花柱 5，与雄蕊近等长。果实球形，直径 6~8mm，白色；先端具宿存闭合萼片。花期 6 月，果期 9 月。

分布于五峰和兴山，生于海拔 1800~2300m 的山地林中。

## 华西花楸 *Sorbus wilsoniana* C. K. Schneid.

花楸属 *Sorbus* L.

乔木；小枝粗壮具皮孔；冬芽长卵形，肥大。大形奇数羽状复叶，连叶柄长 20~25cm，叶柄长 5~6cm；小叶片 6~7 对，长圆椭圆形长 5~8.5cm，宽 1.8~2.5cm，先端急尖，基部宽楔形，边缘每侧有 8~20 细锯齿，基部近于全缘，侧脉 17~20 对；托叶发达，半圆形，具锐锯齿，后脱落。复伞房花序具多花，总花梗和花梗均被短柔毛；花梗长 2~4mm，花直径 6~7mm；萼筒钟状，萼片三角形；花瓣卵形，白色；雄蕊 20，短于花瓣；花柱 3~5，较雄蕊短，基部密被柔毛。果实卵形，直径 5~8mm，橘红色，先端有宿存闭合萼片。花期 5 月，果期 9 月。

分布于长阳、五峰、兴山，生于海拔 1200m 以上的山地林中。

## 长果花楸 *Sorbus zahlbruckneri* C. K. Schneid.

花楸属 *Sorbus* L.

乔木；叶片长椭圆形或长圆卵形。长 9~14cm，宽 5~9cm，先端急尖，基部圆形或宽楔形，边缘多数具浅裂片，裂片上具尖锐锯齿或重锯齿，有时不具裂片而具重锯齿，幼时上面被短柔毛，老时脱落，下面被白色绒毛，逐渐脱落，侧脉 10~14 对，直达叶边锯齿；叶柄长 2~3cm，被白色绒毛。复伞房花序具多花，总花梗和花梗均被白色绒毛。果实长卵形至长椭圆形，直径约 1cm，长达 1.5cm，具稀疏细小斑点，2 室，萼片宿存，外被白色绒毛。花期 5 月，果期 7~8 月。

分布于长阳、五峰、兴山，生于海拔 1300~2000m 的山坡或山谷林中。

## 绣球绣线菊 *Spiraea blumei* G. Don　　绣线菊属 *Spiraea* L.

灌木；叶片菱状卵形至倒卵形，长 2~3.5cm，宽 1~1.8cm，先端圆钝，基部楔形，边缘近中部以上具少数圆钝缺刻状锯齿或 3~5 浅裂，基部具不显明的 3 脉或羽状脉。伞形花序有总梗，具 10~25 花，花梗长 6~10mm，花直径 5~8mm；萼筒钟状，萼片三角形或卵状三角形；花瓣宽倒卵形，先端微凹，宽几与长相等，白色；雄蕊 18~20，较花瓣短；子房无毛或仅在腹部微被短柔毛，花柱短于雄蕊。蓇葖果较直立，无毛，花柱倾斜开展，萼片直立。花期 4~6 月，果期 8~10 月。

分布于当阳、五峰、兴山、宜昌、远安、秭归，生于海拔 1300m 的疏林中或灌丛中。

## 中华绣线菊 *Spiraea chinensis* Maxim.　　绣线菊属 *Spiraea* L.

落叶灌木；叶片菱状卵形至倒卵形，长 2.5~6cm，宽 1.5~3cm，先端急尖或圆钝，基部宽楔形或圆形，边缘具缺刻状粗锯齿，或不明显 3 裂，叶两面被毛；叶柄长 4~10mm。伞形花序，花梗长 5~10mm，花直径 3~4mm；萼筒钟状，萼片卵状披针形，先端长渐尖；花瓣近圆形，白色；雄蕊 22~25，短于花瓣或与花瓣等长；子房被短柔毛，花柱短于雄蕊。果开张，全体被短柔毛，花柱顶生，萼片直立。花期 3~6 月，果期 6~10 月。

分布于长阳、五峰、兴山、宜昌、宜都、远安、秭归，生于海拔 500~1000m 的山坡灌丛。

## 华北绣线菊 *Spiraea fritschiana* Schneid. 绣线菊属 *Spiraea* L.

灌木。叶片卵形、椭圆卵形或椭圆长圆形，长 3~8cm，宽 1.5~3.5cm，先端渐尖，基部宽楔形，边缘具不整齐重锯齿；叶柄长 2~5mm。复伞房花序顶生于当年生直立新枝上，多花；花直径 5~6mm；萼筒钟状，萼片三角形；花瓣卵形，白色；雄蕊 25~30；花盘圆环状，约有 8~10 个大小不等的裂片，裂片先端微凹；子房被短柔毛，花柱短于雄蕊。果近直立，开张，无毛或仅沿腹缝被短柔毛，花柱顶生，直立或稍倾斜，常具反折萼片。花期 6 月，果期 7~8 月。

分布于五峰、兴山、宜昌、秭归，生于海拔 100~1000m 的灌丛中或林下。

## 翠蓝绣线菊 *Spiraea henryi* Hemsl. 绣线菊属 *Spiraea* L.

灌木；幼枝被短柔毛，后脱落。叶片椭圆形或倒卵状长圆形，长 2~7cm，宽 0.8~2.3cm，先端急尖，基部楔形，偶具粗锯齿或全缘，下面密被长柔毛；叶柄长 2~5mm。复伞房花序密集在侧生短枝顶端，多花，花梗长 5~8mm，花直径 5~6mm；萼筒钟状，萼片卵状三角形；花瓣宽倒卵形至近圆形，先端常微凹，白色；雄蕊 20，几与花瓣等长；子房具有细长柔毛。蓇葖果开张，被长柔毛，花柱稍向外倾斜开展，具直立萼片。花期 4~5 月，果期 7~8 月。

分布于长阳、五峰、兴山、宜昌、秭归，生于海拔 800~1800m 的山坡灌丛中。

## 兴山绣线菊 *Spiraea hingshanensis* T. T. Yu et L. T. Lu　　绣线菊属 *Spiraea* L.

灌木；小枝棕褐色。叶卵形至卵状椭圆形，长 5~7.5cm，宽 2.5~3.5cm，先端急尖至短渐尖，基部宽楔形，边缘具稍钝单锯齿或重锯齿，上面无毛，下面沿叶脉及脉腋被柔毛；叶柄长 5~7mm，无毛。复伞房花序和花萼均无毛；花直径 3~4mm；萼片三角形；花瓣近圆形，白色；雄蕊较花瓣长，多数；子房密被柔毛。蓇葖密被短柔毛。花期 6 月，果期 7~8 月。

分布于兴山、宜昌、秭归，生于海拔 800~1650m 的山坡林下或灌丛中。

## 疏毛绣线菊 *Spiraea hirsuta* (Hemsl.) Schneid.　　绣线菊属 *Spiraea* L.

灌木；叶片倒卵形或椭圆形，长 1.5~3.5cm，宽 1~2cm，先端圆钝，基部楔形，边缘自中部以上或先端具钝锯齿，两面具稀疏柔毛，叶脉明显；叶柄长约 5mm，被短柔毛。伞形花序，直径 3.5~4.5cm，具 20 花以上；花梗密集，长 1.2~2.2cm；萼筒钟状，萼片三角形或卵状三角形；花瓣宽倒卵形，白色；雄蕊 18~20，短于花瓣；子房微被短柔毛，花柱短于雄蕊。蓇葖果稍开张，被稀疏短柔毛，花柱顶生，倾斜开展，常具直立萼片。花期 5 月，果期 7~8 月。

分布于当阳、五峰、兴山、宜昌、秭归，生于海拔 1200m 以下的山坡灌丛或岩石灌丛中。

## 粉花绣线菊 *Spiraea japonica* L. f.　　绣线菊属 *Spiraea* L.

直立灌木；叶片卵形至卵状椭圆形，长 2~8cm，宽 1~3cm，先端急尖至短渐尖，基部楔形，边缘具缺刻状锯齿，上面沿叶脉微被短柔毛，下面常沿叶脉被短柔毛；叶柄长 1~3mm。复伞房花序生于当年生的直立新枝顶端，花朵密集；花梗长 4~6mm；萼筒钟状，萼片三角形；花瓣卵形至圆形；雄蕊 25~30，远较花瓣长；花盘圆环形，约具 10 个不整齐的裂片。蓇葖果半开张，无毛或沿腹缝被稀疏柔毛，花柱顶生，稍倾斜开展，萼片常直立。花期 6~7 月，果期 8~9 月。

分布于长阳、五峰、兴山、宜昌、宜都、远安、秭归，生于海拔 800~2350m 的林下或灌丛中。

## 广椭绣线菊 *Spiraea ovalis* Rehder　　绣线菊属 *Spiraea* L.

灌木；叶片广椭圆形、长圆形，长 1.5~3.5cm，宽 1~2cm，先端圆钝，基部宽楔形或近圆形，全缘，稀先端具少数浅锯齿，两面无毛或仅下面沿叶脉被稀疏短柔毛；叶柄长 3~5mm。复伞房花序着生在侧生小枝顶端，多花；花梗长 4~7mm，花直径约 5mm；萼筒钟状，萼片卵状三角形；花瓣宽卵形或近圆形，先端圆钝，长 1.5mm，宽 2mm，白色；雄蕊 20，与花瓣近等长；子房被短柔毛，花柱短于雄蕊。蓇葖果开张，微被短柔毛，花柱生于背部顶端，有直立萼片。花期 5~6 月，果期 8 月。

分布于兴山、宜昌，生于海拔 900~2300m 的灌丛中或林缘。

## 鄂西绣线菊 *Spiraea veitchii* Hemsl.　　绣线菊属 *Spiraea* L.

灌木；叶片长圆形、椭圆形倒卵形，长 1.5~3cm，宽 7~10mm，先端圆钝或有微尖，基部楔形，全缘，上面常无毛，下面具白霜，有时被短柔毛；叶柄长约 2mm，被短柔毛。复伞房花序着生在侧生小枝顶端；花梗短，长约 3~4mm，花直径约 4mm；萼筒钟状，萼片三角形；花瓣卵形或近圆形，先端圆钝，白色；雄蕊约 20，稍长于花瓣；子房几无毛，花柱短于雄蕊。蓇葖果小，开张，无毛，倾斜开展，萼片直立。花期 5~7 月，果期 7~10 月。

分布于长阳、五峰、兴山、宜昌，生于海拔 1500m 以上的山地。

## 波叶红果树 *Stranvaesia davidiana* var. *undulata* (Decne.) Rehder & E. H. Wilson　　红果树属 *Stranvaesia* Lindl.

常绿灌木；叶片椭圆长圆形至长圆披针形，长 3~8cm，宽 1.5~2.5cm，先端急尖，边缘波皱起伏，基部楔形，全缘，上面中脉下陷，下面中脉突起，侧脉 8~16 对；叶柄长 1.2~2cm；托叶钻形，早落。复伞房花序，总花梗和花梗均被柔毛，花直径 5~10mm；萼片三角卵形，长不及萼筒之半；花瓣近圆形，白色；雄蕊 20，花药紫红色；花柱 5，柱头头状，子房顶端被绒毛。果实近球形，橘红色，直径 7~8mm；萼片宿存。花期 5~6 月，果期 9~10 月。

分布于长阳、五峰、兴山、宜昌、宜都、远安、秭归，生于海拔 700~2200m 的林中或灌丛中。

## 华空木 *Stephanandra chinensis* Hance　　小米空木属 *Stephanandr* Sieb. & Zucc.

灌木；小枝细弱。叶片卵形至长椭卵形，长 5~7cm。宽 2~3cm，先端渐尖，基部近心形至圆形，边缘常浅裂并具重锯齿，两面无毛或下面沿叶脉微被柔毛，侧脉 7~10 对；叶柄长 6~8mm；托叶线状披针形至椭圆披针形。顶生疏松的圆锥花序，长 5~8cm；总花梗和花梗均无毛；萼筒杯状，萼片三角卵形；花瓣倒卵形，白色；雄蕊 10，着生在萼筒边缘；心皮 1 枚，子房外被柔毛。蓇葖果近球形，直径约 2mm，宿存萼片直立；种子 1 粒，卵球形。花期 5 月，果期 7~8 月。

分布于当阳、五峰、兴山、远安，生于海拔 1500m 以下的山坡林下或灌丛中。

## 蜡梅 *Chimonanthus praecox* (L.) Link　　蜡梅属 *Chimonanthus* Lindl.

落叶灌木；幼枝四方形，老枝近圆柱形；鳞芽通常着生于第二年生的枝条叶腋内。叶厚纸质，卵圆形，长 5~25cm，宽 2~8cm，顶端渐尖，基部急尖至圆形，叶面粗糙，除叶背脉上被疏微毛外，其余各部无毛。花着生于第二年生枝条叶腋内，先花后叶，芳香，黄色，直径 2~4cm；花被片基部有爪；雄蕊长 4mm；心皮基部被疏硬毛，花柱长达子房 3 倍。果托近木质化，坛状，长 2~5cm，直径 1~2.5cm，口部收缩。花期 11 月至翌年 3 月，果期 4~11 月。

分布于五峰、兴山、宜昌、秭归，生于海拔 1200m 以下的山坡灌丛中。

## 山蜡梅 *Chimonanthus nitens* Oliv.

蜡梅属 *Chimonanthus* Lindl.

常绿灌木；叶纸质至近革质，椭圆形至卵状披针形，长2~13cm，宽1.5~5.5cm，顶端渐尖，基部钝至急尖，叶面略粗糙，有光泽，基部被不明显的腺毛，叶背无毛；网脉不明显。花小，直径7~10mm，黄色或黄白色；花被片圆形、卵形、倒卵形或卵状披针形，长3~15mm，宽2.5~10mm；雄蕊长2mm，花丝短，具退化雄蕊；心皮基部及花柱基部被疏硬毛。果托坛状，长2~5cm，直径1~2.5cm，口部收缩，成熟时灰褐色，被短绒毛，内藏聚合瘦果。花期10月至翌年1月，果期4~7月。

分布于兴山、宜昌、秭归，生于海拔700m以下的山坡疏林中。

## 合欢 *Albizia julibrissin* Durazz.

合欢属 *Albizia* Durazz.

落叶乔木；二回羽状复叶，总叶柄近基部及最顶1对羽片着生处各有1个腺体；羽片4~12对，小叶10~30对，线形至长圆形，长6~12mm，宽1~4mm，向上偏斜，先端具小尖头；中脉紧靠上边缘。头状花序于枝顶呈圆锥花序；花粉红色；花萼管状；花冠长8mm，裂片三角形，花萼、花冠外均被短柔毛；花丝长2.5cm。荚果带状，长9~15cm，宽1.5~2.5cm。花期6~7月，果期8~10月。

宜昌市各地均有分布，生于海拔1400m以下的山坡林中。

## 山合欢 *Albizia kalkora* (Roxb.) Prain　　合欢属 *Albizia* Durazz.

落叶小乔木；二回羽状复叶，羽片 2~4 对，小叶 5~14 对，长圆形，长 1.8~4.5cm，宽 7~20mm，先端圆钝而有细尖头，基部不等侧，两面均被短柔毛。头状花序，花初白色，后变黄，具明显的小花梗；花萼管状，5 齿裂；花冠长 6~8mm，中部以下连合呈管状，裂片披针形，花萼、花冠均密被长柔毛；雄蕊长 2.5~3.5cm，基部连合呈管状。荚果带状，长 7~17cm，宽 1.5~3cm，深棕色；种子 4~12 粒，倒卵形。花期 5~6 月，果期 8~10 月。

宜昌市各地均有分布，生于海拔 1000m 以下的山坡林中。

## 鞍叶羊蹄甲 *Bauhinia brachycarpa* Wall. ex Benth.　　羊蹄甲属 *Bauhinia* L.

攀缘小灌木；叶纸质，近圆形，常宽大于长，长 3~6cm，宽 4~7cm，基部近截形至浅心形，先端二裂达中部，裂片先端圆钝；基出脉 7~11 条；叶柄长 6~16mm。伞房式总状花序，总花梗短；苞片线形，早落；花托陀螺形；萼佛焰状，裂片 2；花瓣白色；能育雄蕊通常 10；子房被茸毛。荚果长圆形，扁平，长 5~7.5cm，宽 9~12mm，两端渐狭，先端具短喙，果瓣革质；种子 2~4 粒，卵形，略扁平。花期 5~7 月，果期 8~10 月。

分布于五峰、兴山、宜昌、秭归，生于海拔 800~2200m 的山坡或溪边灌丛中。

## 龙须藤 *Bauhinia championii* (Benth.) Benth.　　羊蹄甲属 *Bauhinia* L.

藤本；有卷须。叶纸质，卵形或心形，长 3~10cm，宽 2.5~6.5cm，先端锐渐尖、圆钝、微凹或 2 裂，裂片长度不一，基部截形、微凹或心形，下面被短柔毛；基出脉 5~7 条；叶柄长 1~2.5cm。总状花序；花直径约 8mm，花梗长 10~15mm；花托漏斗形，萼片披针形；花瓣白色，瓣片匙形，长约 4mm；能育雄蕊 3，退化雄蕊 2；子房具短柄，仅沿两缝线被毛，花柱短。荚果倒卵状长圆形或带状，扁平，长 7~12cm，宽 2.5~3cm，果瓣革质；种子 2~5 粒，圆形，扁平。花期 6~10 月，果期 7~12 月。

分布于宜昌，生于海拔 1000m 以下的山谷、河边或灌丛中。

## 薄叶羊蹄甲 *Bauhinia glauca* subsp. *tenuiflora* (Watt ex C. B. Clarke) K. Larsen & S. S. Larsen　　羊蹄甲属 *Bauhinia* L.

木质藤本；具卷须。叶近膜质，近圆形，长 5~7cm，分裂仅及叶长的 1/6~1/3；裂片卵形，先端圆钝，基部阔心形至截平；基出脉 9~11 条；叶柄长 2~4cm。伞房花序状总状花序，具密集的花；花托长 25~30mm，为萼裂片长的 4~5 倍；萼片卵形，急尖，长约 6mm，外被锈色茸毛；花瓣白色至粉色，倒卵形，边缘皱波状，长 10~12mm；能育雄蕊 3，退化雄蕊 5~7；子房无毛，具柄。荚果带状，薄，不开裂，长 15~20cm，宽 4~6cm；种子卵形，扁平。花期 4~6 月，果期 7~9 月。

分布于长阳、兴山、宜昌、远安、秭归，生于海拔 2000m 以下的山坡灌丛或岩石上。

## 刺果苏木 *Caesalpinia bonduc* (L.) Roxb.　　云实属 *Caesalpinia* L.

木质藤本；二回羽状复叶，叶轴上具倒钩刺，羽片2~4对，对生；小叶4~6对，对生，革质，卵形或椭圆形，长3~6cm，宽1.5~3cm，先端圆钝，基部阔楔形或钝，两面无毛。总状花序排列呈大型圆锥花序，花梗长5~15mm；萼片5，披针形；花瓣5，不相等，其中4片黄色，卵形，瓣柄稍明显，上面1片具红色斑纹，向瓣柄渐狭，内面中部被毛；雄蕊略伸出；子房被毛，胚珠2枚。荚果斜阔卵形，革质，长3~4cm，宽2~3cm，肿胀，具网脉，先端有喙；种子1粒，扁平。花期4~7月，果期7~12月。

分布于兴山、宜昌，生于海拔1500m以下的山坡灌丛中。

## 云实 *Caesalpinia decapetala* (Roth) Alston　　云实属 *Caesalpinia* L.

藤本；枝、叶轴和花序均被柔毛和钩刺。二回羽状复叶长20~30cm；羽片3~10对，对生，具柄，基部有刺1对；小叶8~12对，膜质，长圆形，长10~25mm，宽6~12mm，两端近圆钝，两面均被短柔毛，后脱落。总状花序直立；萼片5，长圆形，被短柔毛；花瓣黄色，膜质，圆形或倒卵形，长10~12mm；雄蕊与花瓣近等长；子房无毛。荚果长圆状舌形，长6~12cm，宽2.5~3cm，革质，栗褐色，沿腹缝线膨胀成狭翅，先端具尖喙；种子6~9粒，椭圆状。花果期4~10月。

宜昌市各地均有分布，生于海拔1000m以下的山坡灌丛中。

## 紫荆 *Cercis chinensis* Bunge

紫荆属 *Cercis* L.

落叶灌木；叶纸质，近圆形或三角状圆形，长5~10cm，宽与长近相等，先端急尖，基部浅至深心形。花紫红色，2~10朵成束簇生于枝干上，常先于叶开放，花长1~1.3cm，花梗长3~9mm；龙骨瓣基部具深紫色斑纹；子房嫩绿色，胚珠6~7枚。荚果扁狭长形，长4~8cm，宽1~1.2cm，翅宽约1.5mm，先端急尖，喙细而弯曲，基部长渐尖；种子2~6粒，阔长圆形，黑褐色。花期3~4月，果期8~10月。

分布于长阳、五峰、兴山、远安、宜昌、宜都、秭归，生于海拔1400m以下的山坡林中，现各地栽培。

## 湖北紫荆 *Cercis glabra* Pamp.

紫荆属 *Cercis* L.

落叶乔木；叶厚纸质，心形或三角状圆形，长5~12cm，宽4.5~11.5cm，先端钝或急尖，基部心形；基脉7条；叶柄长2~4.5cm。总状花序短，总轴长0.5~1cm；有花数朵，花淡紫红色或粉红色，先于叶或与叶同时开放，长1.3~1.5cm，花梗细长，长1~2.3cm。荚果狭长圆形，紫红色，长9~14cm，宽1.2~1.5cm，翅宽约2mm，先端渐尖，基部圆钝，背缝稍长，向外弯拱，少数基部渐尖而缝线等长；果颈长2~3mm；种子近圆形，扁。花期3~4月，果期9~11月。

分布于长阳、兴山、五峰、宜昌、远安，生于海拔600~1000m的山坡林中。

## 垂丝紫荆 *Cercis racemosa* Oliv.　　紫荆属 *Cercis* L.

落叶乔木；叶阔卵圆形，长 6~12.5cm，宽 6.5~10.5cm，先端急尖，基部截形或浅心形，主脉 5 条；叶柄长 2~3.5cm。总状花序单生，下垂，长 2~10cm，花先开或与叶同时开放，花多数，长约 1.2cm，具长约 1cm 的花梗；花萼长约 5mm；花瓣玫瑰红色，旗瓣具深红色斑点；雄蕊内藏，花丝基部被毛。荚果长圆形，长 5~10cm，宽 1.2~1.8cm，翅宽 2~2.5mm，扁平，先端急尖并有一长约 5mm 的细喙，基部渐狭；果梗长约 1.5cm；种子 2~9 粒，扁平。花期 5 月，果期 10 月。

分布于兴山、宜昌，生于海拔 800~1500m 的山地林中。

## 皂荚 *Gleditsia sinensis* Lam.　　皂荚属 *Gleditsia* L.

落叶乔木；刺粗壮，常分枝，长达 16cm。一回羽状复叶，长 10~18cm；小叶 3~9 对，纸质，卵状披针形至长圆形，长 2~8.5cm，宽 1~4cm，先端急尖或渐尖，基部圆形或楔形，边缘具锯齿。总状花序杂性，黄白色；雄花：直径 9~10mm，萼片 4，花瓣 4，雄蕊 8，具退化雌蕊；两性花：直径 10~12mm，萼、花瓣与雄花的相似，雄蕊 8，子房被毛，胚珠多数。荚果带状，长 12~37cm，宽 2~4cm，两面臌起；果瓣革质，褐棕色，种子长圆形，棕色。花期 3~5 月，果期 10~12 月。

宜昌市各地均有分布，生于海拔 900m 以下的沟边或路边。现常栽培。

## 老虎刺 *Pterolobium punctatum* Hemsl. ex F. B. Forbes & Hemsl.　　老虎刺属 *Pterolobium* R. Br.

木质藤本；小枝幼时被短柔毛，具散生下弯的短钩刺。叶柄长 3~5cm，有成对托叶刺；羽片 9~14 对；小叶片 19~30 对，狭长圆形，中部的长 9~10mm，宽 2~2.5mm，顶端圆钝具凸尖，基部微偏斜；小叶柄具关节。总状花序被短柔毛，花梗长 2~4mm；萼片 5，舟形或长椭圆形；花瓣相等，倒卵形；雄蕊 10；子房扁平，胚珠 2 枚。荚果长 4~6cm，发育部分菱形，长 1.6~2cm，宽 1~1.3cm，翅一边直，另一边弯曲，长约 4cm，宽 1.3~1.5cm；种子椭圆形，扁，具一发达的膜质翅。花期 6~8 月，果期 9 月至翌年 1 月。

分布于长阳、五峰、兴山、宜昌、秭归，生于海拔 1500m 以下的山坡灌丛中。

## 香花崖豆藤 *Callerya dielsiana* (Harms ex Diels) P. K. Lôc ex Z. Wei & Pedley　　鸡血藤属 *Callerya* Endli.

攀缘灌木；羽状复叶，小叶 2 对，纸质，长圆形至狭长圆形，长 5~15cm，宽 1.5~6cm，先端急尖，基部钝圆，下面被平伏柔毛，侧脉 6~9 对；小叶柄长 2~3mm。圆锥花序，花单生，花梗长约 5mm，花萼阔钟状；花冠紫红色，旗瓣阔卵形，翼瓣甚短，龙骨瓣镰形；二体雄蕊；子房线形，密被绒毛。荚果线形至长圆形，长 7~12cm，宽 1.5~2cm，扁平，密被灰色绒毛，果瓣近木质；种子长圆状凸镜形。花期 5~9 月，果期 6~11 月。

分布于长阳、五峰、兴山、宜昌、宜都、远安、秭归，生于海拔 1800m 以下的山坡灌丛中。

## 网络鸡血藤 *Callerya reticulata* (Benth.) Schot.　　鸡血藤属 *Callerya* Endli.

藤本；羽状复叶；叶柄长 2~5cm；小叶 3~4 对，硬纸质，卵状长椭圆形，长 5~6cm，宽 1.5~4cm，先端钝或渐尖，基部圆形，两面均无毛，侧脉 6~7 对；小叶柄长 1~2mm；小托叶宿存。圆锥花序常下垂，基部分枝；花密集，小苞片卵形；花萼阔钟状至杯状，萼齿短而钝圆；花冠红紫色，旗瓣卵状长圆形，翼瓣和龙骨瓣均直；二体雄蕊；子房线形。荚果狭长，长约 15cm，宽 1~1.5cm，扁平，果瓣薄而硬，近木质，种子 3~6 粒；种子长圆形。花期 4~8 月，果期 6~11 月。

分布于五峰、兴山、宜昌，生于低海拔地区的山坡灌丛中。

## 杭子梢 *Campylotropis macrocarpa* (Bunge) Rehder　　杭子梢属 *Campylotropis* Bunge

灌木；嫩枝被毛。羽状复叶具 3 小叶，托叶狭三角形；小叶椭圆形或宽椭圆形，长 3~7cm，宽 1.5~4cm，先端钝，具小凸尖，基部圆形，上面常无毛，下面常被柔毛。总状花序单生，具被毛的总花梗；花萼钟形，稍浅裂或近中裂；花冠蝶形，常粉红色，长 10~12mm。荚果长圆形至椭圆形，长 9~16mm，宽 3.5~6mm，先端具短喙尖。花、果期 5~10 月。

分布于长阳、五峰、兴山、宜昌、宜都、远安、秭归，产生于海拔 100~1900m 的路边灌丛或疏林下。

## 锦鸡儿 *Caragana sinica* (Buc'hoz) Rehder

锦鸡儿属 *Caragana* Fabr.

落叶灌木；小枝有棱；托叶硬化成针刺，长 5~7 mm；叶轴脱落或硬化成针刺。小叶 2 对，羽状，有时假掌状，上部 1 对常较大，硬纸质，倒卵形或长圆状倒卵形，长 1~3.5cm，宽 5~15mm，先端圆形或微缺，基部楔形。花单生，花梗中部有关节；花萼钟状，基部偏斜；花冠黄色，常带红色，长 2.8~3cm，旗瓣狭倒卵形，翼瓣稍长于旗瓣，瓣柄与瓣片近等长，龙骨瓣宽钝；子房无毛。荚果圆筒状。花期 3~5 月，果期 7 月。

分布于宜昌市各地，生于海拔 1800m 以下的路边灌丛或疏林下。

## 小花香槐 *Cladrastis delavayi* (Franch.) Prain

香槐属 *Cladrastis* Raf.

落叶乔木；奇数羽状复叶，小叶 4~5 对，纸质，卵形或长圆状卵形，长 6~13cm，宽 2~4cm，先端急尖，基部宽楔形，下面苍白色，沿中脉被柔毛。圆锥花序，苞片早落；花萼钟形，萼齿 5，与花梗同被短茸毛；花冠白色，旗瓣椭圆形，翼瓣箭形，龙骨瓣半月形；雄蕊 10，分离；子房无柄，密被黄白色绢毛。荚果长圆形，扁平，长 5~8cm，宽 0.8~1cm，两侧无翅，具种子 2~4 粒；种子肾形。花期 5~7 月，果期 8~9 月。

分布于五峰、兴山、宜昌，生于海拔 600~1400m 的山地沟谷杂木林中。

## 藤黄檀 *Dalbergia hancei* Benth.

黄檀属 *Dalbergia* L. f.

落地藤本；羽状复叶长5~8cm，小叶3~6对，狭长圆或倒卵状长圆形，长10~20mm，宽5~10mm，先端钝或圆，基阔楔形。总状花序较复叶短；花梗长1~2mm，与花萼和小苞片同被短茸毛；花萼阔钟状，萼齿阔三角形；花冠绿白色，旗瓣椭圆形，翼瓣与龙骨瓣长圆形；雄蕊9，单体，有时10；子房线形。荚果扁平，长圆形或带状，长3~7cm，宽8~14mm，基部收缩为一细果颈，通常有1粒种子；种子肾形，极扁平，长约8mm，宽约5mm。花期4~5月，果期9~10月。

分布于长阳、兴山、宜昌、秭归，生于海拔300~1200m的山坡灌丛中或林中。

## 黄檀 *Dalbergia hupeana* Hance

黄檀属 *Dalbergia* L. f.

落叶乔木；树皮呈薄片状剥落。羽状复叶长15~25cm；小叶3~5对，椭圆形至长圆状椭圆形，长3.5~6cm，宽2.5~4cm，先端钝或稍凹入，基部圆形或阔楔形。圆锥花序，花梗被锈色短柔毛；花密集，花萼钟状，有不等长5齿，最下1齿披针形，较长，上面2齿宽卵形，连合，两侧2齿卵形，较短，有锈色柔毛；花冠白色或淡紫色；雄蕊10，成5+5的二体。荚果长圆形，长3~7cm，果瓣薄革质，有1~3粒种子，种子肾形。花期5~7月，果期8~10月。

宜昌市各地均有分布，生于海拔1000m以下的山地疏林中。

## 含羞草叶黄檀 *Dalbergia mimosoides* Franch.　　黄檀属 *Dalbergia* L. f.

落叶灌木状藤本；小叶 10~17 对，长圆形，长 8~20mm，宽 2~5mm，两端圆，两面疏被白柔毛；叶轴及小叶柄被淡黄色短柔毛；托叶卵形早落。圆锥花序，总梗及花梗被短柔毛；花萼钟状，萼齿 5，下面 1 齿披针形，较长，其余 4 齿卵形，上面 2 齿近合生，均被白色疏柔毛；花冠白色；雄蕊单体；子房被微毛。荚果长圆形至带状，扁平，长 3~6cm，宽 1~2cm；顶端急尖，基部钝或楔形；种子肾形，扁平。花期 4~5 月，果期 9~10 月。

分布于长阳、五峰、兴山、宜昌、秭归，生于海拔 700~1300m 的山坡灌丛中。

## 假地豆 *Desmodium heterocarpon* (L.) DC　　山蚂蝗属 *Desmodium* Desv.

小灌木；茎直立或平卧。三出复叶，托叶宿存；小叶纸质，顶生小叶椭圆形或宽倒卵形，长 2.5~6cm，宽 1.3~3cm，侧生小叶通常较小，先端圆，全缘，侧脉每边 5~10 条；叶柄长 1~2cm。总状花序，总花梗密被钩状毛；花极密，每 2 朵生于花序的节上；花萼钟形，4 裂；花冠紫红色，旗瓣倒卵状长圆形，翼瓣倒卵形，龙骨瓣极弯曲；雄蕊二体；子房无毛或被毛。荚果狭长圆形，长 12~20mm，宽 2.5~3mm。花期 7~10 月，果期 10~11 月。

分布于宜昌，生于海拔 400m 以下的路边灌丛中。

## 管萼山豆根 *Euchresta tubulosa* Dunn

山豆根属 *Euchresta* Benn.

灌木；具小叶 3~7，叶柄长 6~7cm；小叶纸质，椭圆形，先端短渐尖，基部楔形至圆形，上面无毛，下面被短柔毛，顶生小叶和侧生小叶近等大，长 8~10.5cm，宽 3.5~4.5cm；侧脉 5~6 对。总状花序顶生，总花梗和花梗均被短柔毛，花长 2~2.2cm；花萼管状，下半部狭；基部有小囊，上半部扩展呈杯状；旗瓣折合并向背后弯曲，冀瓣瓣片长圆形，龙骨瓣长圆形；雄蕊管长 1.2cm，子房线形。果椭圆形，黑褐色，果序长 10cm。花期 5~6 月，果期 7~9 月。

分布于长阳、五峰、宜昌，生于低海拔的沟边林下。

## 多花木蓝 *Indigofera amblyantha* Craib

木蓝属 *Indigofera* L.

直立灌木；羽状复叶，叶柄长 2~5cm；小叶 3~4 对，对生，形状、大小变异较大，常为卵状长圆形、长圆状椭圆形或椭圆形，长 1~3.7cm，宽 1~2cm，先端圆钝，具小尖头，基部阔楔形，两面被丁字毛，侧脉 4~6 对；小叶柄长约 1.5mm。总状花序，长达 11cm；花萼长约 3.5mm，被平贴丁字毛；花冠淡红色，旗瓣倒阔卵形，翼瓣长约 7mm，龙骨瓣较翼瓣短，距长约 1mm；子房线形。荚果棕褐色，线状圆柱形，长 3.5~6cm，被短丁字毛，种子间有横隔；种子褐色，长圆形。花期 5~7 月，果期 9~11 月。

分布于兴山、宜昌、秭归，生于海拔 300~2000m 的山坡灌丛中。

## 河北木蓝 *Indigofera bungeana* Walp.

木蓝属 *Indigofera* L.

直立灌木；羽状复叶长 2.5~5cm；叶柄长达 1cm，被灰色平贴丁字毛；托叶早落；小叶 2~4 对，对生，椭圆形，长 5~1.5mm，宽 3~10mm，先端钝圆，基部圆形，两面被丁字毛；小叶柄长 0.5mm。总状花序腋生，总花梗较叶柄短，苞片线形；花萼长约 2mm，萼齿近相等，三角状披针形；花冠紫红色，旗瓣阔倒卵形，翼瓣与龙骨瓣等长；子房线形，被疏毛。荚果褐色，线状圆柱形，长不超过 2.5cm，被白色丁字毛；种子椭圆形。花期 5~6 月，果期 8~10 月。

宜昌市各地均有分布，生于海拔 1800m 以下的山坡灌丛中或河边滩地。

## 苏木蓝 *Indigofera carlesii* Craib.

木蓝属 *Indigofera* L.

灌木；羽状复叶长 7~20cm；托叶早落；小叶 2~4 对，对生，坚纸质，椭圆形或卵状椭圆形，长 2~5cm，宽 1~3cm，先端钝圆，有针状小尖头，基部圆钝，上面绿色，下面灰绿色，两面密被白色短丁字毛，侧脉 6~10 对；小叶柄长 2~4mm。总状花序长 10~20cm；花萼杯状，萼齿披针形；花冠粉红色或玫瑰红色，旗瓣近椭圆形，翼瓣边缘有睫毛，龙骨瓣与翼瓣等长，距长约 1.5mm；子房无毛。荚果褐色，线状圆柱形，长 4~6cm，顶端渐尖。花期 4~6 月，果期 8~10 月。

分布于兴山、宜昌、秭归，生于海拔 1200m 以下的山坡林下或路边灌丛中。

## 宜昌木蓝 *Indigofera decora* var. *ichangensis* (Craib) Y. Y. Fang & C. Z. Zheng　木蓝属 *Indigofera* L.

灌木；羽状复叶长 8~25cm，托叶早落；小叶 3~6 对，对生或近对生；叶形变异甚大，常卵状披针形、卵状长圆形或长圆状披针形，长 2~6.5cm，宽 1~3.5cm，先端急尖，具小尖头，基部楔形，两面被毛；小叶柄长约 2mm。总状花序，直立；花萼杯状，萼筒长 1.5~2mm，萼齿三角形；花冠淡紫色或粉红色，旗瓣椭圆形，翼瓣长 1.2~1.4cm，具缘毛，龙骨瓣与翼瓣近等长，距长约 1mm；子房无毛，有胚珠 10 余枚。荚果棕褐色，圆柱形，长 2.5~6.5cm，内果皮有紫色斑点，有种子 7~8 粒；种子椭圆形。花期 4~6 月，果期 6~10 月。

分布于远安、宜昌、宜都，生于海拔800m的山坡灌丛中。

## 绿叶胡枝子 *Lespedeza buergeri* Miq.　胡枝子属 *Lespedeza* Michx.

直立灌木；托叶 2，线状披针形；三出复叶，小叶卵状椭圆形，长 3~7cm，宽 1.5~2.5cm，先端急尖，基部楔形，上面鲜绿色，无毛，下面灰绿色，密被毛。总状花序腋生；花萼钟状，5 裂至中部，裂片卵状披针形或卵形；花冠淡黄绿色，长约 10mm，旗瓣近圆形，基部两侧有耳，翼瓣椭圆状长圆形，龙骨瓣倒卵状长圆形；雄蕊 10，二体；子房被毛。荚果长圆状卵形，长约 15mm，表面具网纹和长柔毛。花期 6~7 月，果期 8~9 月。

分布于当阳、五峰、兴山、宜昌、秭归，生于海拔 600~1600m 的山地灌丛中。

## 截叶铁扫帚 *Lespedeza cuneata* (Dum.-Cours.) G. Don

胡枝子属 *Lespedeza* Michx.

小灌木；叶密集，柄短；小叶楔形或线状楔形，长 1~3cm，宽 2~5mm，先端截形，具小刺尖，基部楔形，上面近无毛，下面密被伏毛。总状花序具 2~4 花；总花梗极短；小苞片卵形或狭卵形；花萼狭钟形，密被伏毛，5 深裂；花冠淡黄色或白色，旗瓣基部有紫斑，有时龙骨瓣先端带紫色，冀瓣与旗瓣近等长，龙骨瓣稍长；闭锁花簇生于叶腋。荚果宽卵形或近球形，被伏毛，长 2.5~3.5mm，宽约 2.5mm。花期 7~8 月，果期 9~10 月。

分布于长阳、当阳、五峰、兴山、宜昌、宜都、远安、秭归，生于海拔 1600m 以下的山坡路边灌丛或草丛中。

## 大叶胡枝子 *Lespedeza davidii* Franch.

胡枝子属 *Lespedeza* Michx.

直立灌木；枝条较粗壮，具明显的条棱，密被长柔毛。托叶 2，卵状披针形，长 5mm；叶柄长 1~4cm，密被短硬毛；小叶宽卵圆形或宽倒卵形，长 3.5~13cm，宽 2.5~8cm，先端圆或微凹，基部圆形或宽楔形，全缘，两面密被绢毛。总状花序腋生或于枝顶呈圆锥花序，花稍密集，比叶长；总花梗长 4~7cm，密被长柔毛；小苞片卵状披针形，花萼阔钟形，5 深裂，裂片披针形，被长柔毛；花红紫色；荚果卵形，长 8~10mm，稍歪斜，先端具短尖，基部圆。花期 7~9 月，果期 9~10 月。

分布于五峰、兴山、宜昌，生于海拔 900m 以下的山坡灌丛中。

## 兴安胡枝子 *Lespedeza davurica* (Laxm.) Schindl.

胡枝子属 *Lespedeza* Michx.

小灌木；茎常稍斜升，幼枝有细棱，被白色短柔毛。羽状复叶具 3 小叶；叶柄长 1~2cm；小叶长圆形或狭长圆形，长 2~5cm，宽 5~16mm，先端圆形，有小刺尖，基部圆形，上面无毛，下面被贴伏的短柔毛；顶生小叶较大。总状花序腋生，总花梗密被短柔毛；花萼 5 深裂，萼裂片披针形；花冠白色或黄白色，旗瓣长圆形，翼瓣长圆形，龙骨瓣比翼瓣长，先端圆形；闭锁花生于叶腋；荚果小，倒卵形或长倒卵形，长 3~4mm，宽 2~3mm，先端有刺尖，基部稍狭，两面凸起，被毛，包于宿存花萼内。花期 7~8 月，果期 9~10 月。

分布于五峰、兴山，生于海拔 600m 以下的山坡灌丛中或疏林下。

## 多花胡枝子 *Lespedeza floribunda* Bunge

胡枝子属 *Lespedeza* Michx.

小灌木；托叶线形，先端刺芒状；三出复叶，小叶倒卵形或长圆形，长 1~1.5cm，宽 6~9mm，先端微凹或近截形，具小刺尖，基部楔形，上面被疏伏毛，下面密被白色伏柔毛；侧生小叶较小。总状花序，花多数，小苞片卵形；花萼长 4~5mm，5 裂；花冠紫色、紫红色或蓝紫色，旗瓣椭圆形，长 8mm，先端圆形，翼瓣稍短，龙骨瓣长于旗瓣，钝头。荚果宽卵形，长约 7mm，超出宿存萼片，密被柔毛，有网状脉。花期 6~9 月，果期 9~10 月。

分布于长阳、五峰、兴山、宜昌、秭归，生于海拔 1400m 以下的山坡灌丛中或疏林下。

## 铁马鞭 *Lespedeza pilosa* (Thunb.) Sieb. & Zucc. 胡枝子属 *Lespedeza* Michx.

亚灌木；全株密被长柔毛，茎平卧。三出复叶，小叶宽倒卵形或倒卵圆形，长 1.5~2cm，宽 1~1.5cm，先端圆形或微凹，具小刺尖，基部圆形或近截形，两面密被长毛，顶生小叶较大；叶柄长 6~15mm。总状花序腋生，苞片钻形；总花梗极短，密被长毛；花萼密被长毛，5 深裂，裂片狭披针形；花冠黄白色或白色，旗瓣椭圆形，翼瓣比旗瓣与龙骨瓣短；闭锁花常 1~3 集生于叶腋。荚果广卵形，长 3~4mm，凸镜状，两面密被长毛，先端具尖喙。花期 7~9 月，果期 9~10 月。

分布于长阳、五峰、兴山、远安、宜昌、宜都，生于海拔 1200m 以下的山坡灌丛或草丛中。

## 美丽胡枝子 *Lespedeza thunbergii* subsp. *formosa* (Vogel) H. Ohashi 胡枝子属 *Lespedeza* Michx.

直立灌木；三出复叶，小叶椭圆形或长圆状椭圆形，两端稍尖，长 2.5~6cm，宽 1~3cm；托叶披针形至线状披针形；叶柄长 1~5cm。总状花序腋生，总花梗长可达 10cm，苞片卵状渐尖；花萼钟状，5 深裂，裂片长圆状披针形；花冠红紫色，旗瓣近圆形，翼瓣倒卵状长圆形，龙骨瓣比旗瓣稍长，基部有耳和细长瓣柄。荚果倒卵形或倒卵状长圆形，表面具网纹且被疏柔毛。花期 7~9 月，果期 9~10 月。

分布于长阳、五峰、兴山、宜昌、秭归，生于海拔 2000m 以下的山坡灌丛中。

## 绒毛胡枝子 *Lespedeza tomentosa* (Thunb.) Sieb. ex Maxim.

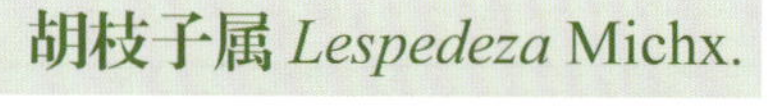

灌木；全株密被黄褐色绒毛。三出复叶，小叶椭圆形或卵状长圆形，长 3~6cm，宽 1.5~3cm，先端钝，边缘稍反卷，上面被短伏毛，下面密被黄褐色绒毛或柔毛；叶柄长 2~3cm。总状花序，总花梗粗壮，苞片线状披针形；花具短梗，密被黄褐色绒毛；花萼密被毛，5 深裂，裂片狭披针形；花冠黄色或黄白色，旗瓣椭圆形，龙骨瓣与旗瓣近等长，长圆形；闭锁花生于茎上部叶腋，簇生呈球状。荚果倒卵形，长 3~4mm，宽 2~3mm，表面密被毛。花期 6~8 月，果期 9~10 月。

分布于长阳、五峰、兴山、远安、宜昌、宜都、秭归，生于海拔 1000m 以下的山坡灌丛中。

## 细梗胡枝子 *Lespedeza virgata* (Thunb.) DC.

**胡枝子属 *Lespedeza* Michx.**

小灌木；枝细，被白色伏毛。三出复叶，小叶椭圆形或卵状长圆形，长 1~2cm，宽 4~10mm，先端钝圆，具小刺尖，基部圆形，边缘稍反卷，上面无毛，下面密被伏毛，侧生小叶较小；叶柄长 1~2cm，被白色伏柔毛；托叶线形。总状花序腋生，常具 3 花；总花梗纤细且长，毛发状，被白色伏柔毛；花梗短；花萼狭钟形，长 4~6mm，旗瓣长约 6mm，基部有紫斑，翼瓣较短，龙骨瓣长于旗瓣或近等长；闭锁花簇生于叶腋，无梗，结实。荚果近圆形，通常不超出萼。花期 7~9 月，果期 9~10 月。

分布于当阳、五峰、兴山、远安、宜昌、秭归、枝江，生于海拔 1300m 以下的草丛中。

## 马鞍树 *Maackia hupehensis* Takeda

马鞍树属 *Maackia* Rupr.

乔木；羽状复叶，小叶 4~6 对，上部对生，下部近对生，卵形或椭圆形，长 2~6.8cm，宽 1.5~2.8cm，先端钝，基部宽楔形或圆形，上面无毛，下面密被平伏短柔毛。总状花序，2~6 花集生枝稍；花密集，花萼长 3~4mm，萼齿 5；花冠白色，旗瓣圆形或椭圆形，龙骨瓣基部一侧具耳；子房密被白色长柔毛，胚珠 6 枚。荚果阔椭圆形，扁平，褐色，长 4.5~8.4cm，宽 1.6~2.5cm，其中翅宽约 2~5mm，果序均密被淡褐色毛；种子椭圆状微肾形，黄褐色有光泽。花期 6~7 月，果期 8~9 月。

分布于兴山、宜昌，生于海拔 1000m 以上的山地林中。

## 常春油麻藤 *Mucuna sempervirens* Hemsl.

黧豆属 *Mucuna* Adanson

常绿木质藤本；三出复叶，小叶厚纸质，顶生小叶椭圆形、长圆形或卵状椭圆形，长 8~15cm，宽 3.5~6cm，先端渐尖，基部楔形，侧生小叶极偏斜；小叶柄长 4~8mm，叶柄长 7~16.5cm。总状花序生于老茎上，萼筒钟形，有 5 齿；花冠深紫色，长约 6.5cm；子房被毛。果木质，带形，长 30~60cm，宽 3~3.5cm，种子间缢缩，种子扁长圆形，长约 2.2~3cm，宽 2~2.2cm。花期 4~5 月，果期 8~10 月。

分布于长阳、当阳、五峰、兴山、宜昌、宜都、远安、秭归，生于海拔 1000m 以下的山沟或峡谷中。

## 小槐花 *Ohwia caudata* (Thunb.) H. Ohashi　　小槐花属 *Ohwia* H. Ohashi

直立灌木；三出复叶，小叶近厚纸质，顶生小叶披针形，长 5~9cm，宽 1.5~2.5cm，侧生小叶较小，先端渐尖，基部楔形，全缘，上面疏被极短柔毛，下面疏被贴伏短柔毛，侧脉每边 10~12 条；叶柄长 1.5~4cm，两侧具极窄的翅。总状花序，每节生 2 花；花萼窄钟形，裂片披针形；花冠绿白或黄白色，旗瓣椭圆形，翼瓣狭长圆形，龙骨瓣长圆形；雄蕊二体。荚果扁平，长 5~7cm，被钩状毛，腹背缝线浅缢缩，有荚节 4~8。花期 7~9 月，果期 9~11 月。

分布于五峰、宜昌，生于 1000m 以下的山地林下、路边草丛或灌丛中。

## 花榈木 *Ormosia henryi* Prain　　红豆属 *Ormosia* Jackson

常绿乔木；树皮灰绿色，小枝、叶轴、叶腹面及花序密被茸毛。奇数羽状复叶，小叶 2~3 对，革质，椭圆形或长圆状椭圆形，长 4.3~17cm，宽 2.3~6.8cm，先端钝或短尖，基部圆或宽楔形。圆锥花序或总状花序，花长约 2cm；花萼钟形，5 齿裂；花冠中央淡绿色，雄蕊 10；子房扁。荚果扁平，长椭圆形，长 5~12cm，宽 1.5~4cm，果瓣革质，种子近圆形，种皮红色。花期 7~8 月，果期 10~11 月。

易危种，国家Ⅱ级保护植物。分布于五峰和秭归，生于海拔 800m 以下的山地林中。

## 红豆树 *Ormosia hosiei* Hemsl. & E. H. Wilson

红豆属 *Ormosia* Jackson

常绿或落叶乔木；小枝绿色。奇数羽状复叶，长12.5~23cm，小叶2~4对，薄革质，卵状椭圆形，长3~10.5cm，宽1.5~5.5cm，先端渐尖，基部宽楔形；叶柄长2~4cm。圆锥花序，花两性；花萼钟形，密被褐色短柔毛；花冠白色或淡紫色；雄蕊10；子房无毛，内有胚珠5~6枚。荚果扁平，长4~8cm，宽2.3~3.5cm，果瓣近革质，有种子1~2粒；种子近圆形，种皮红色。花期4~5月，果期10月。

近危种，国家Ⅱ级保护植物。分布于长阳、兴山、宜昌、秭归，生于海拔800m以下的山坡林中或沟边林缘。

## 刺槐 *Robinia pseudoacacia* L.

刺槐属 *Robinia* L.

落叶乔木；树皮常纵裂，具托叶刺，长达2cm。羽状复叶，小叶2~12对，常对生，椭圆形、长椭圆形或卵形，长2~5cm，宽1.5~2.2cm，先端圆，具小尖头，基部圆至阔楔形，全缘。总状花序腋生，下垂，花多数，苞片早落；花萼斜钟状，萼齿5；花冠白色，雄蕊二体，对旗瓣的1枚分离。荚果褐色，线状长圆形，长5~12cm，宽1~1.7cm，扁平，先端上弯，沿腹缝线具狭翅；花萼宿存；有种子2~15粒，近肾形，褐色至黑褐色，种脐圆形。花期4~6月，果期8~9月。

原产美国东部，现各地广泛栽植。

## 白刺花 *Sophora davidii* (Franch.) Skeels　　苦参属 *Sophora* L.

灌木；枝多开展，不育枝末端明显变成刺。羽状复叶；托叶钻状，部分变成刺；小叶 5~9 对，形态多变，一般为椭圆状卵形或倒卵状长圆形，长 10~15mm，先端圆，常具芒尖，基部钝圆形。总状花序，花长约 15mm；花萼钟状，蓝紫色，萼齿 5，圆三角形；花冠白色或淡黄色；雄蕊 10，基部连合不到三分之一。荚果非典型串珠状，长 6~8cm，宽 6~7mm，表面疏被毛，有种子 3~5 粒；种子卵球形，深褐色。花期 3~8 月，果期 6~10 月。

分布于长阳、五峰、兴山、宜昌、宜都、秭归，生于海拔 1500m 以下的山坡灌丛中。

## 苦参 *Sophora flavescens* Aiton　　苦参属 *Sophora* L.

亚灌木；羽状复叶，托叶披针状线形；小叶 6~12 对，互生或近对生，纸质，形状多变，椭圆形、卵形、披针形至披针状线形，长 3~4cm，宽 1.2~2cm，先端钝或急尖，基部宽楔形，下面疏被短柔毛。总状花序顶生，花多数；花萼钟状，明显歪斜，具不明显波状齿；花冠比花萼长 1 倍，白色或淡黄白色，旗瓣倒卵状匙形，翼瓣强烈皱褶，几达瓣片的顶部，龙骨瓣与翼瓣相似；雄蕊 10；子房被淡黄白色柔毛，胚珠多数。荚果长 5~10cm，种子间稍缢缩，呈不明显串珠状，有种子 1~5 粒，种子长卵形。花期 6~8 月，果期 7~10 月。

宜昌市各地均有分布，生于海拔 1400m 以下的山坡草丛中。

## 槐 *Sophora japonica* L.

苦参属 *Sophora* L.

乔木；羽状复叶，小叶4~7对，对生或近互生，纸质，卵状披针形，长2.5~6cm，宽1.5~3cm，先端渐尖，基部宽楔形，下面初被疏短柔毛；叶柄基部膨大，包裹着芽。圆锥花序顶生；花萼浅钟状，萼齿5，圆形或钝三角形；花冠白色或淡黄色，旗瓣近圆形，翼瓣卵状长圆形，龙骨瓣阔卵状长圆形；雄蕊近分离；子房近无毛。荚果串珠状，长2.5~5cm，径约10mm，种子间缢缩不明显，种子排列较紧密，具肉质果皮；具种子1~6粒，种子卵球形。花期7~8月，果期8~10月。

宜昌各地栽培。

## 紫藤 *Wisteria sinensis* (Sims) Sweet

紫藤属 *Wisteria* Nuttall

落叶藤本；奇数羽状复叶，小叶3~6对，纸质，卵状椭圆形，长5~8cm，宽2~4cm，先端渐尖，基部钝圆，嫩叶两面被平伏毛，后秃净。总状花序长15~30cm，花序轴被白色柔毛，花长2~2.5cm，花萼杯状；花冠紫色，旗瓣圆形，翼瓣长圆形，龙骨瓣阔镰形；子房线形，密被绒毛。荚果倒披针形，长10~15cm，宽1.5~2cm，密被绒毛，悬垂枝上不脱落，种子1~3粒，褐色，具光泽，圆形，宽1.5cm，扁平。花期4~5月，果期5~8月。

分布于长阳、当阳、五峰、兴山、宜昌、宜都、枝江、秭归，生于海拔1000m以下的山坡灌丛中。现多栽培。

## 中国旌节花 *Stachyurus chinensis* Franch. 旌节花属 *Stachyurus* Sieb. & Zucc.

落叶灌木；叶互生，纸质，卵形、长圆状卵形至长圆状椭圆形，长 5~12cm，宽 3~7cm，先端渐尖，基部钝圆至近心形，边缘具锯齿，侧脉 5~6 对；叶柄长 1~2cm。穗状花序，先叶开放，长 5~10cm；花黄色，苞片 1，小苞片 2；萼片 4，黄绿色，卵形；花瓣 4，卵形；雄蕊 8，与花瓣等长；子房瓶状，连花柱长约 6mm，被微柔毛。果实圆球形，直径 6~7cm，近无梗，基部具花被的残留物。花期 3~4 月，果期 5~7 月。

分布于长阳、五峰、兴山、远安、宜昌、宜都、秭归，生于海拔 350~2000m 的山谷、沟边或灌丛中。

## 西域旌节花 *Stachyurus himalaicus* Hook. f. & Thomson ex Benth. 旌节花属 *Stachyurus* Sieb. & Zucc.

落叶灌木；叶片坚纸质至薄革质，披针形至长圆状披针形，长 8~13cm，宽 3.5~5.5cm，先端渐尖，基部常楔形，边缘具锐锯齿，侧脉 5~7 对；叶柄长 0.5~1.5cm。穗状花序，长 5~13cm，无总梗，下垂；花黄色，长约 6mm，苞片 1，小苞片 2；萼片 4，宽卵形；花瓣 4，倒卵形；雄蕊 8，长 4~5cm，通常短于花瓣，花药黄色，2 室，纵裂；子房卵状长圆形，连花柱长约 6mm，柱头头状。果实近球形，直径 7~8cm，无梗或近无梗，具宿存花柱。花期 3~4 月，果期 5~8 月。

分布于长阳、五峰、兴山、宜昌，生于海拔 700~1500m 的山坡林中或灌丛中。

## 云南旌节花 *Stachyurus yunnanensis* Franch.

**旌节花属** *Stachyurus* Sieb. & Zucc.

常绿灌木；叶革质或薄革质，椭圆状长圆形至长圆状披针形，长 7~15cm，宽 2~4cm，先端渐尖，基部楔形，边缘具锯齿；侧脉 5~7 对；叶柄长 1~2.5cm。总状花序腋生，长 3~8cm，花近于无梗；萼片 4，卵圆形；花瓣 4，黄色至白色，倒卵圆形，顶端钝圆；雄蕊 8；子房和花柱长约 6mm，无毛，柱头头状。果实球形，直径 6~7mm，无梗，具宿存花柱，苞片及花丝的残存物。花期 3~4 月，果期 6~9 月。

分布于长阳、五峰、兴山、宜昌、秭归，生于海拔 400~1300m 的山坡疏林中。

## 瑞木 *Corylopsis multiflora* Hance

**蜡瓣花属** *Corylopsis* Sieb. & Zucc.

落叶或半常绿灌木；叶薄革质，倒卵形或倒卵状椭圆形，长 7~15cm，宽 4~8cm，先端尖锐，基部心形；上面脉上常被柔毛，下面带灰白色，被星状毛；侧脉 7~9 对；边缘具锯齿；叶柄长 1~1.5cm；托叶早落。总状花序；总苞卵形，长 1.5~2cm；苞片卵形，长 6~7mm；花序轴及花序柄均被毛；萼筒无毛，萼齿卵形；花瓣倒披针形；雄蕊突出花冠外，退化雄蕊不分裂；子房半下位。果序长 5~6cm；蒴果硬木质，果皮厚，长 1.2~2cm。种子黑色，长达 1cm。花期 2~4 月，果期 5~7 月。

分布于五峰、宜昌，生于海拔 700m 左右的山坡灌丛中或疏林中。

## 阔蜡瓣花 *Corylopsis platypetala* Rehder & E. H. Wilson　　蜡瓣花属 *Corylopsis* Sieb. & Zucc.

落叶灌木；叶卵形或广卵形，长7~10cm，宽4~7cm，先端短急尖，基部不等侧心形，嫩叶两面均被长毛，后脱落；侧脉6~10对；边缘具波状齿；叶柄长约1.5cm，托叶矩圆形，长2~3cm，先端尖。总状花序有花8~20朵；花序轴长2~2.5cm，被疏长毛；萼筒无毛，萼齿卵形，先端钝，无毛；花瓣斧形，有短柄，长3~4mm，宽约4mm；雄蕊比花瓣稍短；子房无毛，下半部完全与萼筒合生，花柱比雄蕊短。蒴果无毛，长7~9mm；种子长4~5mm，种脐白色。花期2~4月，果期5~7月。

分布于兴山、宜昌，生于海拔800~1800m的山地林中。

## 蜡瓣花 *Corylopsis sinensis* Hemsl.　　蜡瓣花属 *Corylopsis* Sieb. & Zucc.

落叶灌木；叶薄革质，倒卵圆形或倒卵形，长5~9cm，宽3~6cm；先端急短尖，基部不等侧心形；上面秃净无毛，下面被星状柔毛；侧脉7~8对，边缘具锯齿；叶柄长约1cm；托叶窄矩形，长约2cm。总状花序长3~4cm；花序柄和花序轴被绒毛；总苞状鳞片卵圆形，苞片卵形；萼筒被星状绒毛，萼齿卵形；花瓣匙形，雄蕊比花瓣略短，与萼齿等长或略超出；子房有星毛，花柱长6~7mm。果序长4~6cm；蒴果近圆球形，长7~9mm，被褐色柔毛。种子黑色，长5mm。花期2~4月，果期5~7月。

分布于长阳、五峰、兴山、宜昌，生于海拔600~1600m的山坡灌丛中。

## 星毛蜡瓣花 *Corylopsis stelligera* Guillaumin

蜡瓣花属 *Corylopsis* Sieb. & Zucc.

落叶小乔木；叶倒卵形或倒卵状椭圆形，长5~12cm，宽3~7cm，下面被星状毛，先端尖锐，基部心形，不等侧；侧脉7~8对；边缘上半部有齿突；叶柄长约1cm；托叶早落。总状花序，花序轴被绒毛，总苞状鳞片卵形，苞片卵形，花黄色；萼筒有星毛，萼齿卵形；花瓣匙形，雄蕊突出花冠外；退化雄蕊2裂，约与萼齿等长；子房上位。果序长5~6cm，蒴果近圆球形，长6~7mm，被星毛，具宿存花柱。种子卵状椭圆形，黑色，有光泽。花期2~3月，果期5~7月。

分布于五峰、兴山，生于海拔800~1400m的山地灌丛中。

## 小叶蚊母树 *Distylium buxifolium* (Hance) Merr.

蚊母树属 *Distylium* Sieb. & Zucc.

常绿灌木；叶薄革质，矩圆状倒披针形，长3~5cm，宽1~1.5cm，先端锐尖，基部狭窄下延；侧脉4~6对；边缘无锯齿，仅在最尖端有由中肋突出的小尖突；叶柄极短，托叶早落。雌花或两性花的穗状花序腋生，花序轴被毛，苞片线状披针形；萼筒极短，萼齿披针形；雄蕊红色；子房被星毛。蒴果卵圆形，被褐色星状绒毛，先端尖锐。种子褐色，长4~5mm。花期3月，果期7~8月。

分布于兴山、宜昌、宜都，生于海拔300~500m的山谷河边。现多栽培。

## 中华蚊母树 *Distylium chinense* (Franch. ex Hemsl.) Hemsl.　蚊母树属 *Distylium* Sieb. & Zucc.

常绿灌木；嫩枝被褐色柔毛，后脱落。叶革质，矩圆形，长2~4cm，宽约1cm，先端略尖，基部阔楔形，上面绿色，下面秃净无毛；侧脉5对；边缘在靠近先端处具2~3个小锯齿；叶柄长2mm，微被柔毛；托叶披针形，早落。雄花穗状花序，花无柄；萼筒极短，萼齿卵形或披针形，长1.5mm；雄蕊2~7，长4~7mm，花丝纤细，花药卵圆形。蒴果卵圆形，长7~8mm，外面被褐色星状柔毛，宿存花柱长1~2mm，干后片裂。种子长3~4mm，褐色，有光泽。花期3月，果期7~8月。

濒危种。分布于五峰、兴山、宜昌、秭归，生于300~1400m的山谷河边。

## 金缕梅 *Hamamelis mollis* Oliv. ex F. B. Forbes & Hemsl.　金缕梅属 *Hamamelis* Gronov.ex L.

落叶小乔木；嫩枝被星状绒毛。叶薄革质，阔倒卵圆形，长8~15cm，宽6~10cm，先端短急尖，基部不等侧心形，上面稍粗糙，下面密被灰色星状绒毛；侧脉6~8对；边缘具波状钝齿；叶柄长6~10mm，托叶早落。头状或短穗状花序，无花梗；萼筒短，与子房合生，萼齿卵形，均被星状绒毛；花瓣带状，长约1.5cm，黄白色；雄蕊4，退化雄蕊4；子房被绒毛。蒴果卵圆形，长1.2cm，宽1cm，密被黄褐色星状绒毛，萼筒长约为蒴果1/3；种子椭圆形，黑色，发亮。花期5月，果期10月。

分布于长阳、五峰、兴山、宜昌、秭归，生于海拔600~1600m的山地林中。

## 枫香树 *Liquidambar formosana* Hance

枫香树属 *Liquidambar* L.

落叶乔木；叶薄革质，阔卵形，长 6~12cm，宽 9~15cm，掌状 3 裂，中央裂片较长，先端尾状渐尖，两侧裂片平展，基部心形；掌状脉 3~5 条，边缘具锯齿；叶柄长达 11cm；托叶线形。雄性短穗状花序常多个排成总状，雄蕊多数。雌性头状花序。头状果序圆球形，木质，直径 3~4cm，蒴果下半部藏于花序轴内，有宿存花柱及针刺状萼齿。种子多数，褐色，多角形或有窄翅。花期 3 月，果期 9~11 月。

分布于长阳、当阳、五峰、兴山、远安、宜昌、宜都、秭归，生于海拔 1000m 以下的山地林中。

## 檵木 *Loropetalum chinense* (R. Brown) Oliv.

檵木属 *Loropetalum* R. Brown

常为灌木；小枝被星状毛。叶革质，卵形，长 2~5cm，宽 1.5~2.5cm，先端尖锐，基部钝，不等侧，上面略被粗毛，下面被星状毛，侧脉约 5 对；全缘；叶柄长 2~5mm，托叶早落。花 3~8 朵簇生，白色；萼筒杯状，被星状毛，萼齿卵形；花瓣 4，带状，长 1~2cm；雄蕊 4，具退化雄蕊。蒴果卵圆形，长 7~8mm，宽 6~7mm，先端圆，被星状绒毛，萼筒长为蒴果的 2/3；种子圆卵形，黑色。花期 3~4 月，果期 7~8 月。

分布于长阳、当阳、五峰、兴山、远安、宜昌、宜都、秭归，生于海拔300m以上的山地林中或灌丛中。

## 红花檵木 *Loropetalum chinense* f. *rubrum* H. T. Chang　　檵木属 *Loropetalum* R. Brown

与原变型的区别：花紫红色，长 2cm。

宜昌各地广泛栽培。

## 山白树 *Sinowilsonia henryi* Hemsl.　　山白树属 *Sinowilsonia* Hemsl.

落叶小乔木；叶纸质，倒卵形，长 10~18cm，宽 6~10cm，先端急尖，基部圆形或微心形，下面被柔毛；侧脉 7~9 对；边缘密生小齿突，叶柄长 8~15mm，被星状毛；托叶早落。雄花总状花序，萼筒极短，萼齿匙形，雄蕊与萼齿基部合生。雌花穗状花序，花序柄与花序轴均有星状绒毛；萼筒壶形，萼齿均被星状毛；退化雄蕊 5，子房上位。果序长 10~20cm，花序轴稍增厚，具不规则棱状突起，被星状绒毛。蒴果无柄，卵圆形，长 1cm，先端尖，被灰黄色长丝毛。种子长 8mm，黑色。花期 3~5 月，果期 6~8 月。

近危种，国家Ⅱ级保护植物。分布于五峰、兴山、宜昌，生于海拔 800~1600m 的山地林中。

## 水丝梨 *Sycopsis sinensis* Oliv.

水丝梨属 *Sycopsis* Oliv.

常绿乔木；叶革质，长卵形或披针形，长5~12cm，宽2.5~4cm，先端渐尖，基部楔形；上面秃净无毛，下面疏被星状柔毛；侧脉6~7对；全缘或中部以上具几个小锯齿；叶柄长8~18mm。雄花穗状花序近似头状，有花8~10朵；苞片红褐色，卵圆形；萼筒极短，萼齿细小；雄蕊10~11，红色或黄色；花柱长3~5mm。雌花或两性花呈短穗状花序，萼筒壶形，子房上位。蒴果长8~10mm，宿存萼筒长4mm。种子褐色，长约6mm。花期3~4月，果期7~9月。

分布于长阳、五峰、兴山、宜昌、宜都、秭归，生于海拔1300m以下的沟谷林中。

## 杜仲 *Eucommia ulmoides* Oliv.

杜仲属 *Eucommia* Oliv.

落叶乔木；树皮和叶折断拉开有多数细丝。叶椭圆形至卵形，薄革质，长6~15cm，宽3.5~6.5cm；基部圆形或阔楔形，先端渐尖；侧脉6~9对，边缘具锯齿。叶柄长1~2cm。雄花无花被，苞片早落；雄蕊长约1cm，花丝长约1mm，无退化雌蕊；雌花单生，苞片倒卵形，子房无毛，1室，先端二裂。翅果扁平，长椭圆形，长3~3.5cm，宽1~1.3cm，先端二裂，基部楔形，周围具薄翅。种子扁平，线形，长1.4~1.5cm。早春开花，秋后果实成熟。

易危种，国家Ⅱ级保护植物。宜昌各地栽培。

## 大花黄杨 *Buxus henryi* Mayr　　黄杨属 *Buxus* L.

常绿灌木；小枝四棱形。叶薄革质，披针形或长圆状披针形，长4~7cm，宽1.5~3.5cm，先端渐尖，基部楔形，中脉两面均凸出，侧脉不分明，叶柄长1~2mm。花序腋生，花密集；雄花：花梗长2~4mm，萼片长圆形或倒卵状长圆形，雄蕊连花药长11mm，不育雌蕊具细瘦柱状柄；雌花：外萼片长圆形，内萼片卵形，子房长2~2.5mm，花柱狭长，扁平，柱头线状倒心形。蒴果近球形，宿存花柱基部直立。花期4月，果期7月。

分布于长阳、五峰、兴山、宜昌、秭归，生于海拔600~1700m的山坡灌丛。

## 宜昌黄杨 *Buxus ichangensis* Hatus.　　黄杨属 *Buxus* L.

常绿灌木；小枝密生，四棱形。叶薄革质，倒披针形或狭倒卵形，长1~1.6cm，宽4~6mm，先端圆且有小尖凸头，基部楔形。花序头状，花序轴被毛；雄花：8~12朵，花梗长仅0.4mm，萼片卵形，雄蕊连花药长4~5mm，不育雌蕊细瘦；雌花：萼片卵状长圆形，长约2.5mm，受粉期子房较花柱稍长，无毛。蒴果椭圆形或长圆形，长5mm，光亮，有纵沟，宿存花柱长2mm，细瘦，斜开或直立，柱头下延达花柱中部。花期3月，果期7月。

分布于宜昌和秭归，生于海拔300m以下的山坡或河边灌丛中。

## 黄杨 *Buxus sinica* (Rehder & E. H. Wilson) M. Cheng

黄杨属 *Buxus* L.

常绿灌木；小枝四棱形，被短柔毛。叶革质，阔椭圆形或卵状椭圆形，长 1.5~3.5cm，宽 0.8~2cm，先端圆或钝，常具小凹口，基部圆或楔形。头状花序腋生，花密集，苞片阔卵形；雄花：无花梗，外萼片卵状椭圆形，雄蕊连花药长 4mm，不育雌蕊有棒状柄；雌花：萼片长 3mm，子房较花柱稍长，花柱粗扁，柱头倒心形，下延达花柱中部。蒴果近球形，宿存花柱长 2~3mm。花期 3 月，果期 5~6 月。

分布于长阳、五峰、兴山、宜昌、秭归，生于海拔 2400m 以下的山地灌丛中。

## 板凳果 *Pachysandra axillaris* (C. B. Clarke) Franch.

板凳果属 *Pachysandra* Michx.

常绿灌木；下部匍匐，上部直立。叶坚纸质，卵形至椭圆状卵形，长 5~8cm，宽 3~5cm，先端急尖，边缘中部以上具粗齿牙，中脉腹面平坦，叶背凸出，叶背密被短柔毛；叶柄长 2~4cm。花序腋生，长 1~2cm，直立，花轴及苞片均密被短柔毛，花常白色；雄花 5~10，雌花 1~3，生花序轴基部。果熟时黄色或红色，球形，和宿存花柱各长 1cm。花期 2~5 月，果期 9~10 月。

分布于长阳、五峰、宜昌，生于海拔 700~1300m 的山坡林下。

## 顶花板凳果 *Pachysandra terminalis* Sieb. & Zucc.　　板凳果属 *Pachysandra* Michx.

常绿灌木；下部根茎状横卧，上部直立。叶薄革质，菱状倒卵形，长 2.5~5cm，宽 1.5~3cm，上部边缘具齿牙，基部楔形，渐狭成长 1~3cm 的叶柄。花序顶生，直立，花白色，雄花数超过 15 朵，几占花序轴的全部，无花梗，雌花 1~2，生花序轴基部；雄花：苞片及萼片均阔卵形，苞片较小，萼片长 2.5~3.5mm，花丝长约 7mm，不育雌蕊高约 0.6mm；雌花：苞片及萼片均卵形，花柱受粉后伸出花外甚长，上端旋曲。果卵形，长 5~6mm，花柱宿存。花期 4~5 月，果期 9~10 月。

分布于长阳、五峰、兴山、宜昌，生于海拔 900m 以上的密林下。

## 双蕊野扇花 *Sarcococca hookeriana* var. *digyna* Franch.　　野扇花属 *Sarcococca* Lindl.

常绿灌木；叶互生，长圆状披针形、披针形或椭圆状长圆形，长 3~11cm，宽 0.7~3cm，变化甚大，先端渐尖或急尖，基部渐狭，叶面中脉常平坦或凹陷，中脉被微细毛。雄花：无小苞片，或下部雄花具类似萼片的 2 小苞片，并具花梗，萼片通常 4，较外萼片短；雌花：连柄长 6~10mm，小苞片疏生，萼片长约 2mm。果实球形，宿存花柱 2，直立，先端外曲。花果期 10 月至翌年 2 月。

分布于长阳、五峰、兴山、宜昌，生于海拔 300~1900m 的林下或灌丛中。

## 野扇花 *Sarcococca ruscifolia* Stapf　　野扇花属 *Sarcococca* Lindl.

常绿灌木；小枝被短柔毛。叶阔椭圆状卵形至椭圆状披针形，叶形变化大，长3.5~5.5cm，宽1~2.5cm。先端急尖或渐尖，基部渐狭或圆，叶面亮绿，叶背淡绿，中脉近基部有一对侧脉，多少成离基三出脉，侧脉不显；叶柄长3~6mm。花序短总状，花白色；雄花：萼片通常4，内方的阔椭圆形或阔卵形，外方的卵形，雄蕊连花药长约7mm；雌花：连柄长6~8mm，柄上小苞多片，狭卵形，覆瓦状排列。果实球形，直径7~8mm，熟时猩红至暗红色，花柱宿存。花、果期10月至翌年2月。

分布于长阳、五峰、兴山、宜昌、秭归，生于海拔200~1000m的山坡林下。

## 响叶杨 *Populus adenopoda* Maxim.　　杨属 *Populus* L.

落叶乔木；小枝被柔毛，老枝无毛。叶卵状圆形或卵形，长5~15cm，宽4~7cm，先端长渐尖，基部截形或心形，边缘具圆锯齿，上面无毛或沿脉被柔毛，下面幼时被密柔毛；叶柄侧扁，被绒毛或柔毛，长2~8cm，顶端有2显著腺点。雄花序长6~10cm，苞片条裂，被长缘毛，花盘齿裂。果序长12~20cm序轴被毛；蒴果卵状长椭圆形，长4~6mm，先端锐尖，无毛，有短柄，2瓣裂。种子倒卵状椭圆形，长2.5mm，暗褐色。花期3~4月，果期4~5月。

分布于长阳、五峰、兴山、宜昌、远安、秭归，生于海拔1500m以下的山地林中。

## 加杨 *Populus canadensis* Moench

杨属 *Populus* L.

落叶乔木；芽大，富粘质。叶三角形或三角状卵形，长7~10cm，长枝和萌枝叶较大，长10~20cm，一般长大于宽，先端渐尖，基部截形或宽楔形，叶缘具圆锯齿，近基部较疏，具短缘毛，上面暗绿色，下面淡绿色；叶柄侧扁而长。雄花序长7~15cm，花序轴光滑，每花有雄蕊15~25；苞片淡绿褐色，不整齐，丝状深裂，花盘淡黄绿色，全缘，花丝细长，白色，超出花盘。雌花序有花45~50朵，柱头4裂。果序长达27cm；蒴果卵圆形，长约8mm，先端锐尖，2~3瓣裂。雄株多，雌株少。花期4月，果期5~6月。

宜昌市各地广泛栽培。

## 山杨 *Populus davidiana* Dode

杨属 *Populus* L.

落叶乔木；芽卵形或卵圆形，微有粘质。叶三角状卵圆形或近圆形，长宽近等，长3~6cm，先端钝尖、急尖，基部圆形至浅心形，边缘具密波状浅齿，发叶时显红色，萌枝叶大，三角状卵圆形，下面被柔毛；叶柄侧扁，长2~6cm。花序轴被毛；苞片棕褐色，掌状条裂，边缘具密长毛；雄花序长5~9cm，雄蕊5~12，花药紫红色；雌花序长4~7cm，子房圆锥形，柱头2深裂，带红色。果序长达12cm；蒴果卵状圆锥形，长约5mm，有短柄，2瓣裂。花期3~4月，果期4~5月。

分布于长阳、五峰、兴山、宜昌，生于海拔1400m以上的山地林中。

## 大叶杨 *Populus lasiocarpa* Oliv.

杨属 *Populus* L.

落叶乔木；芽大，卵状圆锥形，微具粘质。叶卵形，叶大，长15~30cm，宽10~15cm，先端渐尖，基部深心形，常具2腺点，边缘具反卷的圆腺锯齿，上面近基部密被柔毛，下面被柔毛，沿脉尤为显著；叶柄圆，被毛，长8~15cm，通常与中脉同为红色。雄花序长9~12cm，花轴被柔毛；苞片倒披针形，光滑，赤褐色，先端条裂；雄蕊30~40。果序长15~24cm，蒴果卵形，长1~1.7cm，密被绒毛，有柄或近无柄，3瓣裂。种子棒状，暗褐色，长3~3.5mm。花期4~5月，果期5~6月。

分布于长阳、五峰、兴山、宜昌、秭归，生于海拔1200m以下的山地林中。

## 垂柳 *Salix babylonica* L.

柳属 *Salix* L.

落叶乔木；树冠开展而疏散枝细，下垂，无毛。叶狭披针形，长9~16cm，宽0.5~1.5cm，先端长渐尖，基部楔形，叶缘具细锯齿；叶柄长3~10mm，被短柔毛。花序先叶开放或与叶同时开放；雄花序长1.5~3cm，有短梗，雄蕊2；雌花序长达2~3cm，具梗，基部有3~4小叶，轴被毛；子房椭圆形，近无柄，花柱短，柱头2~4深裂；苞片披针形，长约1.8~2mm，外面被毛。蒴果长3~4mm，带绿黄褐色。花期3~4月，果期4~5月。

宜昌市各地广泛栽培。

## 川鄂柳 *Salix fargesii* Burkill　　柳属 *Salix* L.

灌木；叶椭圆形或狭卵形，长达 11cm，宽达 6cm，先端急尖至圆形，基部圆形至楔形，边缘具细腺锯齿，上面暗绿色，下面淡绿色，脉上被白色长柔毛，侧脉 16~20 对；叶柄长达 1.5cm，常具数个腺体。花序长 6~8cm，花序梗长 1~3cm，有正常叶，轴疏被丝状毛；苞片窄倒卵形，顶端圆，密被长柔毛；雄蕊 2；子房被长毛，有短柄，花柱长约 1mm，柱头 2 裂；仅 1 腹腺，宽卵形。果序长 12cm；蒴果长圆状卵形，被毛，有短柄。花期 4~5 月，果期 6~7 月。

分布于五峰、兴山，生于海拔 1100~1900m 的山地林中。

## 湖北柳 *Salix hupehensis* K. S. Hao ex C. F. Fang & A. K. Skvortsov　　柳属 *Salix* L.

落叶灌木；小枝被长柔毛。叶卵状披针形，生于小枝端部的叶线状披针形，长 3~5cm，宽 10~14mm，先端渐尖或急尖，基部渐狭或宽楔形，上面暗绿色，无毛或沿中脉疏生柔毛，下面被丝状绒毛，全缘；叶柄长 3~5mm，被柔毛。雌花序着生于花序梗上，连梗长约 4cm，粗 4mm，梗上着生 2~3 枚正常叶；子房卵状椭圆形，长约 1.5mm，无柄，被柔毛，花柱短，柱头较细长，2 浅裂；苞片椭圆状长圆形，约与子房等长，外面密被柔毛，内面近无毛；腹腺圆形。花期 4~5 月，果期 5~6 月。

分布于长阳、五峰，生于海拔 1400m 以下的山坡林中。

## 小叶柳 *Salix hypoleuca* Seemen

柳属 *Salix* L.

落叶灌木；叶椭圆形或椭圆状长圆形，长2~4cm，宽1.2~2.4cm，先端急尖，基部宽楔形，上面深绿色，下面苍白色，叶脉明显突起，全缘；叶柄长3~9mm。花序梗在开花时长3~10mm。雄花序长2.5~4.5cm，雄蕊2，花丝中下部有长柔毛，花药黄色；苞片倒卵形，褐色，无毛；腺1，卵圆形。雌花序长2.5~5cm，粗5~7mm，密花，花序梗短；子房长卵圆形，花柱2裂，柱头短；苞片宽卵形，先端急尖；仅1腹腺。蒴果卵圆形，长约2.5mm，近无柄。花期4~5月，果期5~6月。

分布于五峰、兴山，生于海拔1500~1800m的山地林中。

## 多枝柳 *Salix polyclona* C. K. Schneid.

柳属 *Salix* L.

落叶灌木；分枝多。叶椭圆形或椭圆状长圆形，长1.5~3cm，宽5~7mm，先端钝或急尖，基部圆形，上面沿中脉具白绒毛，下面苍白色，被密柔毛，全缘；叶柄长1~3mm，具绒毛。雄花序长3~4cm，花密集，轴被柔毛；雄蕊2，花丝基部被柔毛；苞片倒卵形；腹腺1，棒形。雌花序长2~3cm，花密集，轴被柔毛，花序梗具白柔毛；子房卵状长圆形，近无柄，花柱先端近2裂，柱头2裂；苞片褐色，两面被柔毛，边缘具长缘毛；腹腺1，长圆形。果序长约4cm，梗长约2cm；蒴果卵状圆锥形，有短柄。花期5月，果期6月。

分布于兴山，生于海拔2000m以上的山坡灌丛中。

## 中国黄花柳 *Salix sinica* (K. S. Hao ex C. F. Fang & A. K. Skvortsov) G. H. Zhu　　柳属 *Salix* L.

落叶小乔木；叶形多变化，一般为椭圆形、椭圆状披针形、椭圆状菱形或倒卵状椭圆形，长 3.5~6cm，宽 1.5~2.5cm，先端短渐尖，基部圆楔形，多全缘，在萌枝或小枝上部的叶较大；托叶半卵形至近肾形。花先叶开放；雄花宽椭圆形至近球形，长 2~2.5cm，粗 1.8~2cm；雄蕊 2，离生，花药黄色。雌花序短圆柱形，长 2.5~3.5cm，粗 7~9mm，子房狭圆锥形，长约 3.5mm，花柱短，柱头 2 裂。蒴果线状圆锥形，长达 6mm，果柄与苞片近等长。花期 4 月，果期 5 月。

分布于长阳、五峰、兴山，生于海拔 1500~2100m 的山地林中。

## 秋华柳 *Salix variegata* Franch.　　柳属 *Salix* L.

灌木；幼枝粉紫色。叶通常为长圆状倒披针形或倒卵状长圆形，形状多变化，长 1.5cm，宽约 4mm，先端急尖或钝，两面疏被柔毛，全缘或有锯齿；叶柄短。花叶后开放，花序长 1.5~2.5cm，花序梗短；雄蕊 2，花丝合生，花药黄色；苞片椭圆状披针形，外面有长柔毛，腺体 1 个，圆柱形。雌花序较粗，径约 7~8mm；子房卵形，无柄，密被柔毛，花柱近无，柱头 2 裂；苞片同雄花；仅 1 腹腺。果序长达 4cm，蒴果狭卵形，长达 4mm。花期不定，通常在秋季开花。

分布于宜昌、秭归，生于长江江滩。

## 皂柳 *Salix wallichiana* Andersson

柳属 *Salix* L.

小乔木；小枝初被毛后无毛。叶披针形、卵状长圆形或狭椭圆形，长4~8cm，宽1~2.5cm，先端急尖至渐尖，基部楔形，上面初被毛，后无毛，下面被绢质短柔毛；全缘，叶柄长约1cm；托叶半心形。花序先叶开放或近同时开放。雄花序长1.5~2.5cm，雄蕊2，花药椭圆形，黄色；苞片赭褐色，长圆形或倒卵形；腺1，卵状长方形。雌花序圆柱形，长2.5~4cm，子房狭圆锥形，密被短柔毛；苞片长圆形，先端急尖；腺体同雄花。果序可伸长至12cm，蒴果长可达9mm。花期4~5月，果期5~6月。

分布于长阳、五峰、兴山、宜昌、秭归，生于海拔800m以上的山地林中。

## 紫柳 *Salix wilsonii* Seemen

柳属 *Salix* L.

小乔木；一年生枝暗褐色，嫩枝被毛，后无毛。叶椭圆形、广椭圆形至长圆形，长4~5cm，宽2~3cm，先端急尖至渐尖，基部楔形至圆形，上面绿色，下面苍白色，边缘具有圆锯齿；叶柄长7~10mm。花与叶同时开放；花序梗长1~2cm。雄花序长3~6cm，疏花，轴密被生白柔毛；雄蕊3~5；苞片椭圆形；花有背腺和腹腺，常分裂。雌花序长2~4cm，疏花；花序轴有白柔毛；子房卵形，有长柄；苞片同雄花；腹腺宽厚，抱柄。果序长6~8cm，蒴果卵状长圆形。花期3~4月，果期5月。

分布于五峰、兴山、宜昌，生于海拔300~1600m的山地林中。

## 桤木 *Alnus cremastogyne* Burkill

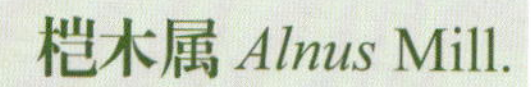
桤木属 *Alnus* Mill.

落叶乔木；叶倒卵形、倒卵状矩圆形或倒披针形，长 4~14cm，宽 2.5~8cm，顶端锐尖，基部楔形，边缘具不明显而稀疏的钝齿，幼时疏被长柔毛，下面密生腺点，脉腋间有时具簇生的髯毛，侧脉 8~10 对；叶柄长 1~2cm。雄花序单生，长 3~4cm。果序单生叶腋，矩圆形，长 1~3.5cm，直径 5~20mm；序梗细瘦，下垂，长 4~8cm；果苞木质，长 4~5mm，顶端具 5 浅裂片。小坚果卵形，长约 3mm，膜质翅宽仅为果的 1/2。花期 5~6 月，果期 8~9 月。

分布于长阳、五峰、兴山、宜昌、秭归，栽培。

## 红桦 *Betula albosinensis* Burkill

桦木属 *Betula* L.

落叶乔木；树皮淡红褐色或紫红色，呈薄层状剥落，纸质。叶卵形或卵状矩圆形，长 3~8cm，宽 2~5cm，顶端渐尖，基部圆形，边缘具重锯齿，上面幼时疏被长柔毛，下面沿脉疏被长柔毛，侧脉 10~14 对；叶柄长 5~15cm。雄花序圆柱形，苞鳞紫红色。果序圆柱形，单生或同时具有 2~4 枚呈总状，长 3~4cm，直径约 1cm；序梗纤细，长约 1cm；果苞长 47cm，中裂片矩圆形或披针形，侧裂片近圆形。小坚果卵形，膜质翅宽及果的 1/2。花期 5~6 月，果期 7~8 月。

分布于五峰、兴山、宜昌，生于海拔 1500m 以上的山地林中。

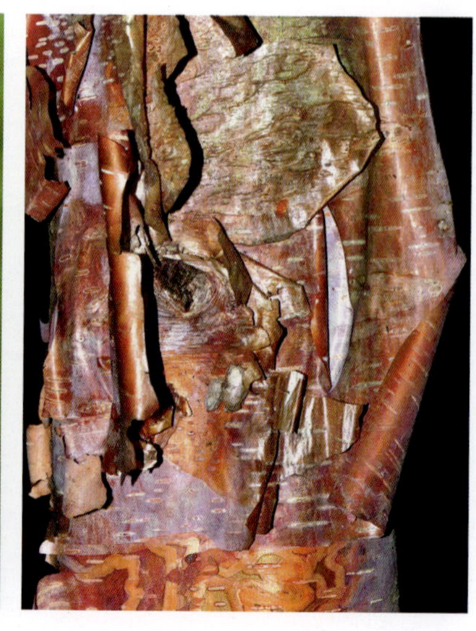

## 香桦 *Betula insignis* Franch.

桦木属 *Betula* L.

落叶乔木；叶厚纸质，椭圆形，卵状披针形，长 8~13cm，宽 3~6cm，顶端渐尖，基部圆形或几心形，边缘具不规则尖锯齿，上面幼时疏被毛，后脱落，下面沿脉密被长柔毛，侧脉 12~15 对；叶柄长 8~20mm，初时疏被长柔毛，后渐无毛。果序单生，矩圆形，直立或下垂，长 2.5~4cm，直径 1.5~2cm；序梗不明显；果苞长 7~12mm，背面密被短柔毛，基部楔形，上部具 3 枚披针形裂片，侧裂片直立，长及中裂片的 1/2 或近等长。小坚果狭矩圆形，长约 4mm，宽约 1.5mm，无毛，膜质翅极狭。花期 5~6 月，果期 7~8 月。

分布于兴山、宜昌，生于海拔 1400~2000m 的山地林中。

## 亮叶桦 *Betula luminifera* H. J. P. Winkl.

桦木属 *Betula* L.

落叶乔木；叶矩圆形或矩圆披针形，长 4.5~10cm，宽 2.5~6cm，顶端骤尖或呈细尾状，基部圆形，边缘具刺毛状重锯齿，叶上面仅幼时密被短柔毛，下面密被树脂腺点，沿脉疏被长柔毛，侧脉 12~14 对；叶柄长 1~2cm，密被短柔毛。果序单生，长圆柱形，长 3~9cm，直径 6~10mm；序梗长 1~2cm，下垂，密被短柔毛及树脂腺体；果苞长 2~3mm，背面疏被短柔毛，边缘具短纤毛。小坚果倒卵形，长约 2mm，背面疏被短柔毛，膜质翅宽为果的 1~2 倍。花期 5~6 月，果期 7~8 月。

分布于长阳、五峰、兴山、宜昌、秭归，生于海拔 700~2000m 的山地林中。

## 千金榆 *Carpinus cordata* Blume　　鹅耳枥属 *Carpinus* L.

落叶乔木；小枝初疏被长柔毛，后变无毛。叶厚纸质，卵形或矩圆状卵形，长8~15cm，宽4~5cm，顶端渐尖，具刺尖，基部斜心形，边缘具不规则的刺毛状重锯齿，上面疏被长柔毛，下面沿脉疏被短柔毛，侧脉15~20对；叶柄长1.5~2cm。果序长5~12cm，直径约4cm；序梗长约3cm；序轴密被短柔毛及稀疏的长柔毛；果苞宽卵状矩圆形，长15~25mm，宽10~13mm。小坚果矩圆形，长4~6mm，直径约2mm，具不明显的细肋。花期5~6月，果期7~8月。

分布于五峰、兴山、宜昌、秭归，生于海拔500~2300m的山地林中。

## 华千金榆 *Carpinus cordata* var. *chinensis* Franch.　　鹅耳枥属 *Carpinus* L.

与原变种的区别在于：本变种小枝密被短柔毛及稀疏长柔毛。花期5~6月，果期7~8月。

分布于长阳、五峰、兴山、宜昌、秭归，生于海拔1000~1700m的山地林中。

## 川陕鹅耳枥 *Carpinus fargesiana* H. J. P. Winkl.

鹅耳枥属 *Carpinus* L.

落叶乔木；树皮灰色，光滑。叶厚纸质，卵状椭圆或椭圆形，长2.5~6.5cm，宽2~2.5cm，基部近圆形，顶端渐尖，上面幼时疏被长柔毛，下面沿脉疏被长柔毛，侧脉12~16对，脉腋间具髯毛，边缘具重锯齿；叶柄长6~10mm。果序长约4cm，序梗长约1~1.5cm，序梗、序轴均疏被长柔毛；果苞半卵形或半宽卵形，长1.3~1.5cm，宽6~8mm，背面沿脉疏被长柔毛，外侧的基部无裂片，内侧的基部具耳突或仅边缘微内折，中裂片半三角状披针形，内侧边缘直，全缘，外侧边缘具疏齿，顶端渐尖。小坚果宽卵圆形。花期5~6月，果期8~9月。

分布于长阳、五峰、兴山，生于海拔1200~1800m的山地林中。

## 川鄂鹅耳枥 *Carpinus henryana* (H. J. P. Winkl.) H. J. P. Winkl.

鹅耳枥属 *Carpinus* L.

落叶乔木；叶厚纸质，卵状披针形或卵状椭圆形，长6~10cm，宽2.5~4.5cm，顶端渐尖，基部圆形，边缘具重锯齿，上面沿中脉被长柔毛，下面仅中脉与侧脉被长柔，脉腋间尚具髯毛，密被生疣状突起，侧脉11~16对；叶柄长7~12mm，密被长柔毛。果序长6~7cm，直径约2~3cm；序梗长15~20mm，序梗、序轴均密被长柔毛；果苞半卵形，长10~16mm，宽7~10mm，外侧的基部无裂片，内侧的基部具耳突或边缘微内折，中裂片半宽卵形、半三角状矩圆形。小坚果宽卵圆形。花期5~6月，果期7~8月。

分布于五峰、兴山，生于海拔800~1500m的山地林中。

## 多脉鹅耳枥 *Carpinus polyneura* Franch.　　鹅耳枥属 *Carpinus* L.

落叶乔木；叶厚纸质，长椭圆形、卵状披针形至狭披针形，长4~8cm，宽1.5~2.5cm，顶端长渐尖至尾状，基部圆楔形，边缘具刺毛状重锯齿，上面初时疏被长柔毛，沿脉密被短柔毛，下面沿脉疏被长柔毛，脉腋间具簇生的髯毛，侧脉16~20对。果序长约3~6cm；序梗长约2cm；序梗、序轴疏被短柔毛；果苞半卵形或半卵状披针形，长8~15mm，宽4~6mm，两面沿脉疏被长柔毛，外侧基部无裂片，内侧基部的边缘微内折。小坚果卵圆形。花期5~6月，果期8~9月。

分布于五峰、兴山，生于海拔900~1600m的山地林中。

## 云贵鹅耳枥 *Carpinus pubescens* Burkill　　鹅耳枥属 *Carpinus* L.

落叶乔木；叶厚纸质，长椭圆形或矩圆状披针形，长5~8cm，宽2~3.5cm，顶端渐尖，基部圆楔形，有时稍不对称，边缘具密细重锯齿，上面光滑，下面沿脉疏被长柔毛及脉腋间具簇生的髯毛，侧脉12~14对；叶柄长4~15mm。果序长5~7cm，序梗长2~3cm，序梗、序轴均疏被长柔毛；果苞厚纸质，半卵形，长10~25mm，两面沿脉疏被长柔毛，外侧的基部无裂片，内侧的基部边缘微内折或具耳突，中裂片内侧边缘直或微内弯。小坚果宽卵圆形，长3~4mm，密被短柔毛。花期5~6月，果期8~9月。

分布于五峰、兴山、宜昌，生于海拔1000~2000m的山地林中。

## 小叶鹅耳枥 *Carpinus stipulata* H. J. P. Winkl.　　鹅耳枥属 *Carpinus* L.

落叶乔木；叶卵形或卵状椭圆形，长 2~3.5cm，宽 1~3cm，顶端渐尖，基部近圆形，边缘具单锯齿，下面沿脉常疏被长柔毛，脉腋间具髯毛，侧脉 11~13 对；叶柄长约 10mm。果序长 3~5cm；序梗长 10mm，被长柔毛；果苞变异较大，半宽卵形、半矩圆形至卵形，长 6~20mm，宽 4~10mm，疏被短柔毛，顶端钝尖，内侧的基部具一个内折的卵形小裂片，外侧的基部无裂片，中裂片内侧边缘全缘，外侧边缘具不规则的缺刻状粗锯齿。小坚果宽卵。花期 5~6 月，果期 8~9 月。

分布于长阳、五峰，生于海拔 800~2100m 的山地林中。

## 雷公鹅耳枥 *Carpinus viminea* Wall. ex Lindl.　　鹅耳枥属 *Carpinus* L.

落叶乔木；叶厚纸质，椭圆形或卵状披针形，长 6~11cm，宽 3~5cm，顶端渐尖，基部圆楔形，边缘具重锯齿，背面沿脉疏被长柔毛外，侧脉 12~15 对；叶柄长 15~30mm。果序长 5~15cm，直径 2.5~3cm，下垂；果苞长 1.5~3cm，内外侧基部均具裂片；中裂片半卵状披针形至矩圆形，长 1~2cm，内侧边缘全缘，外侧边缘具粗齿，内侧基部的裂片卵形，外侧基部的裂片与之近相等或较小而呈齿裂状。小坚果宽卵圆形。花期 5~6 月，果期 8~9 月。

分布于长阳、五峰、兴山、宜昌，生于海拔 500~1800m 的山地林中。

## 华榛 *Corylus chinensis* Franch.

榛属 *Corylus* L.

落叶乔木；小枝密被长柔毛和腺体。叶椭圆形或宽卵形，长8~18cm，宽6~12cm，顶端骤尖至短尾状，基部心形，两侧不对称，边缘具不规则的钝锯齿，上面无毛，下面沿脉疏被淡黄色长柔毛，侧脉7~11对；叶柄长1~2.5cm。雄花序呈总状。果2~6枚簇生呈头状；果苞管状，于上部缢缩，较果长2倍，外面具纵肋，疏被长柔毛及刺状腺体，上部深裂，具3~5镰状披针形的裂片。坚果球形，长1~2cm。花期5~6月，果期8~9月。

分布于长阳、五峰、兴山、宜昌，生于海拔900m以上的山地林中。

## 披针叶榛 *Corylus fargesii* (Franch.) C. K. Schneid.

榛属 *Corylus* L.

小乔木；树皮暗灰色，呈鳞片状剥裂；小枝密被短柔毛。叶厚纸质，矩圆披针形、披针形或长卵形，长6~9cm，宽3~5cm，顶端渐尖，基部斜心形，边缘具不规则的重锯齿，两面均疏被长柔毛，下面沿脉毛较密，侧脉9~10对；叶柄长1~1.5cm，密被短柔毛。果数枚簇生，果苞管状，在果的上部急骤缢缩，无纵肋或有不明显的纵肋，密被黄色绒毛，有时疏生刺状腺体，上部浅裂，裂片三角形或披针形，反折。坚果球形，直径1~1.5cm。花期5~6月，果期8~9月。

分布于兴山，生于海拔800m以上的山地林中。

## 藏刺榛 *Corylus ferox* var. *tibetica* (Batalin) Franch.　　榛属 *Corylus* L.

小乔木；叶厚纸质，叶为宽椭圆形或宽倒卵形，长 5~15cm，宽 3~9cm，顶端尾状，基部近心形，边缘具刺毛状重锯齿，上面仅幼时疏被长柔毛，后变无毛，下面沿脉密被淡黄色长柔毛，脉腋有时具簇生的髯毛，侧脉 8~14 对；叶柄长 1~3.5cm，密被长柔毛或疏被毛至几无毛。雄花序 1~5 呈总状；苞鳞背面密被长柔毛；花药紫红色。果 3~6 枚簇生，极少单生；果苞钟状，背面具或疏或密刺状腺体，针刺状裂片疏被毛至几无毛。坚果扁球形，上部裸露，顶端密被短柔毛，长 1~1.5cm。花期 5~6 月，果期 9~10 月。

分布于长阳、五峰、兴山、宜昌、秭归，生于海拔 1000m 以上的山地林中。

## 川榛 *Corylus heterophylla* var. *sutchuenensis* Franch.　　榛属 *Corylus* L.

落叶小乔木；小枝密被柔毛。叶椭圆形或宽卵形，顶端尾状，长 4~13cm，宽 2.5~10cm，基部心形，边缘具重锯齿，中部以上具浅裂，下面幼时疏被短柔毛，以后仅沿脉琉被短柔毛，侧脉 3~5 对；叶柄长 1~2cm。雄花序单生，长约 4cm。果单生或 2~6 枚簇生头状；果苞钟状，外面具细条棱，密被柔毛，密被刺状腺体，较果长但不超过 1 倍，上部浅裂，果苞裂片的边缘具疏齿；序梗长约 1.5cm，密被短柔毛。坚果近球形。花期 5~6 月，果期 9~10 月。

分布于长阳、五峰、兴山、宜昌、秭归，生于海拔 700m 以上的山地林中。

## 铁木 *Ostrya japonica* Sarg.

铁木属 *Ostrya* Scopoli

落叶乔木；小枝密被短柔毛。叶卵形至卵状披针形，长3.5~12cm，宽1.5~5.5cm，顶端渐尖，基部近圆形；边缘具不规则的重锯齿；上面疏被短柔毛或几无毛，下面幼时密被短柔毛，后脱落；叶脉沿中脉密被短柔毛，侧脉10~15对；叶柄长1~1.5cm。雄花序单生叶腋间或2~4聚生，下垂；花序梗长1~2mm。果4至多枚聚生呈直立或下垂的总状果序；果序轴长1.5~2.5cm；序梗长2~4.5cm；果苞膜质，膨胀，倒卵状矩圆形或椭圆形，长1~2cm，最宽处直径6~12mm。小坚果长卵圆形，长约6mm，淡褐色，有光泽。花期5~6月，果期9~10月。

分布于兴山，生于海拔1000~2000m的山地林中。



## 锥栗 *Castanea henryi* (Skan) Rehder & E. H. Wilson

栗属 *Castanea* Mill.

落叶乔木；叶长圆形，长10~23cm，宽3~7cm，顶部长渐尖，基部圆或宽楔形，一侧偏斜，叶缘具锯齿，嫩叶具黄色鳞腺，成叶叶背无毛；叶柄长1~2.5cm。雄花序长5~16cm，花簇有花1~3朵；每壳斗有雌花1朵，仅1花发育结实。成熟壳斗近圆球形，连刺径2.5~4.5cm，刺或密或疏生，长4~10mm；坚果长12~15mm，宽10~15mm，顶部有伏毛。花期5~7月，果期9~10月。

分布于长阳、五峰、兴山、宜昌、宜都、远安、秭归，生于海拔600~2000m的山地林中。

## 栗 *Castanea mollissima* Blume

栗属 *Castanea* Mill.

落叶乔木；叶椭圆至长圆形，长 11~17cm，宽稀达 7cm，顶部渐尖，基部近截平或圆，常一侧偏斜，叶背被星芒状伏贴绒毛或毛脱落；叶柄长 1~2cm。雄花序长 10~20cm，花序轴被毛；花 3~5 朵聚生呈簇，雌花 1~3 朵发育结实，花柱下部被毛。成熟壳斗的锐刺有长有短，有疏有密，密时全遮蔽壳斗外壁，疏时则外壁可见，壳斗连刺径 4.5~6.5cm；坚果高 1.5~3cm，宽 1.8~3.5cm。花期 4~6 月，果期 8~10 月。

分布于长阳、五峰、兴山、宜昌、宜都、远安、秭归，生于 2400m 以下的山地林中，现常栽培。

## 茅栗 *Castanea seguinii* Dode

栗属 *Castanea* Mill.

落叶乔木；叶倒卵状椭圆形，长 6~14cm，宽 4~5cm，顶部渐尖，基部楔形至耳垂状，基部对称至一侧偏斜，叶背被鳞腺，幼嫩时沿叶背脉两侧疏被单毛；叶柄长 5~15mm。雄花序长 5~12cm，雄花簇有花 3~5 朵；雌花单生或生于混合花序的花序轴下部，每壳斗有雌花 3~5 朵，通常 1~3 朵发育结实，花柱 9 或 6，壳斗外壁密生锐刺，成熟壳斗连刺径 3~5cm，刺长 6~10mm；坚果长 15~20mm，宽 20~25mm，无毛或顶部疏被伏毛。花期 5~7 月，果期 9~11 月。

分布于长阳、五峰、兴山、宜昌、秭归，生于海拔 800~2200m 的山地林中。

## 苦槠 *Castanopsis sclerophylla* (Lindl. & Paxton) Schottky　锥属 *Castanopsis* (D. Don) Spach

常绿乔木；叶2列，革质，长椭圆形至卵状椭圆形，长7~15cm，宽3~6cm，顶部渐尖，基部宽楔形，常一侧偏斜，叶缘中部以上具锯齿，成熟叶叶背淡银灰色；叶柄长1.5~2.5cm。雄花序常单穗腋生，雄蕊10~12；雌花序长达15cm。果序长8~15cm，壳斗有坚果1个，圆球形或半圆球形，全包或包着坚果的大部分，径12~15mm，小苞片鳞片状，大部分退化并横向连生成脊肋状圆环，呈环带状突起；坚果近圆球形，径10~14mm，顶部短尖，被短伏毛。花期4~5月，果当年10~11月成熟。

分布于长阳、当阳、远安、宜昌、宜都、秭归、枝江，生于海拔1000m以下的低山丘陵林中。

## 丝栗栲 *Castanopsis tibetana* Hance　锥属 *Castanopsis* (D. Don) Spach

常绿乔木；新生嫩叶暗紫褐色，成熟叶革质，卵状椭圆形至倒卵状椭圆形，长15~30cm，宽5~10cm，顶部渐尖，基部近于圆形，一侧略偏斜，叶缘常在近顶部具锐齿，侧脉每边15~18条，新生叶背红褐色、成熟叶淡棕灰或银灰色；叶柄长1.5~3cm。雄穗状花序，雄蕊通常10；雌花序长5~25cm，花柱3。壳斗有坚果1个，圆球形，连刺径60~80mm，刺长15~25mm，常在基部合生成刺束；坚果扁圆锥形，高1.5~1.8cm，横径2~2.8cm，被毛，果脐占坚果面积约1/4。花期4~5月，果次年8~10月成熟。

分布于五峰，生于海拔300~900m的山地林中。

## 青冈栎 *Cyclobalanopsis glauca* (Thunb.) Oerst.

青冈属 *Cyclobalanopsis* Oerst.

常绿乔木；叶片革质，倒卵状椭圆形或长椭圆形，长6~13cm，宽2~5.5cm，顶端渐尖，基部宽楔形，叶缘中部以上具疏锯齿，侧脉每边9~13条，叶背被单毛，常有白色鳞秕；叶柄长1~3cm。雄花序长5~6cm，花序轴被绒毛。果序长1.5~3cm，着生果2~3枚。壳斗碗形，包着坚果1/3~1/2，直径0.9~1.4cm，高0.6~0.8cm；小苞片合生成5~6条同心环带。坚果卵形，直径0.9~1.4cm，高1~1.6cm。花期4~5月，果期10月。

分布于长阳、五峰、兴山、宜昌、宜都、远安、秭归，生于海拔1600m以下的山地林中。

## 小叶青冈 *Cyclobalanopsis myrsinifolia* (Blume) Oerst.

青冈属 *Cyclobalanopsis* Oerst.

常绿乔木；叶卵状披针形或椭圆状披针形，长6~11cm，宽1.8~4cm，顶端长渐尖，基部近圆形，叶缘中部以上具细锯齿，侧脉每边9~14条，叶面绿色，叶背粉白色；叶柄长1~2.5cm，无毛。雄花序长4~6cm；雌花序长1.5~3cm。壳斗杯形，包着坚果1/3~1/2，直径1~1.8cm，高5~8mm，内壁无毛，外壁被灰白色细柔毛；小苞片合生成6~9条同心环带，环带全缘。坚果椭圆形，直径1~1.5cm，高1.4~2.5cm，顶端圆，有5~6条环纹；果脐平坦，直径约6mm。花期6月，果期10月。

分布于兴山、宜昌、秭归，生于海拔500~1000m的山地林中。

## 曼青冈 *Cyclobalanopsis oxyodon* (Miq.) Oerst.　　青冈属 *Cyclobalanopsis* Oerst.

常绿乔木；叶长椭圆形至长椭圆状披针形，长 13~22cm，宽 3~8cm，顶端渐尖，基部宽楔形，常偏斜，叶缘具锯齿，侧脉每边 16~24 条，叶面绿色，叶背被灰白色；叶柄长 2.5~4cm。雄花序长 6~10cm，被疏毛；雌花序长 2~5cm。壳斗杯形，包着坚果 1/2 以上，直径 1.5~2cm，被灰褐色绒毛；小苞片合生成 6~8 条同心环带，环带边缘粗齿状。坚果近球形，直径 1.4~1.7cm，高 1.6~2.2cm；果脐微凸起，直径约 8mm。花期 5~6 月，果期 9~10 月。

分布于长阳、五峰、兴山、宜昌、秭归，生于海拔 700~1800m 的山地林中。

## 米心水青冈 *Fagus engleriana* Seemen ex Diels　　水青冈属 *Fagus* L.

落叶乔木；冬芽长达 25mm。叶菱状卵形，长 5~9cm，宽 2.5~4.5cm，顶部短尖，基部宽楔形圆，常一侧偏斜，叶缘波浪状，侧脉每边 9~14 条；叶柄长 5~15mm。果梗长 2~7cm，无毛；壳斗裂瓣长 15~18mm，位于壳壁下部的小苞片狭倒披针形，叶状，绿色，具中脉及支脉，无毛；位于上部的为线状而弯钩，被毛；每壳斗有坚果 2 稀 3 个，坚果脊棱的顶部有狭而稍下延的薄翅。花期 4~5 月，果期 8~10 月。

分布于兴山、宜昌、秭归，生于海拔 1000~2000m 的山地林中。

## 台湾水青冈 *Fagus hayatae* Palib.

水青冈属 *Fagus* L.

落叶乔木；叶棱状卵形，长3~7cm，宽2~3.5cm，顶部短尖，基部宽楔形，两侧稍不对称，侧脉每边5~9条，叶缘具锐齿。叶背中脉与侧脉交接处有腺点及短丛毛。总花梗被长柔毛，结果时毛较疏少；果梗长5~20mm，壳斗4瓣裂，裂瓣长7~10mm，小苞片细线状，弯钩，长1~3mm，与壳壁相同均被微柔毛；坚果与裂瓣等长或稍较长，顶部脊棱有甚狭窄的翅。花期4~5月，果期8~10月。

易危种，国家Ⅱ级保护植物。分布于兴山、宜昌，生于海拔1500~1800m的山地林中。

## 水青冈 *Fagus longipetiolata* Seemen

水青冈属 *Fagus* L.

落叶乔木；叶长9~15cm，宽4~6cm，顶部渐尖，基部宽楔形，叶缘波浪状，具尖齿，侧脉每边9~15条，直达齿端，开花期的叶沿叶背中、侧脉被长伏毛，其余被微柔毛，后几无毛；叶柄长1~3.5cm。总梗长1~10cm；壳斗4（3）瓣裂，裂瓣长20~35mm，稍增厚的木质；小苞片线状，向上弯钩，位于壳斗顶部的长达7mm，下部的较短，与壳壁相同均被灰棕色微柔毛，壳壁的毛较长且密，常有坚果2个；坚果比壳斗裂瓣稍短或等长，脊棱顶部有狭而略伸延的薄翅。花期4~5月，果期9~10月。

分布于长阳、五峰、兴山、宜昌、宜都，生于海拔500~2100m的山地林中。

## 包果柯 *Lithocarpus cleistocarpus* (Seem.) Rehder & E. H. Wilson

柯属 *Lithocarpus* Blume

常绿乔木；叶革质，卵状椭圆形或长椭圆形，长 9~16cm，宽 3~5cm，先端渐尖，基部渐狭，沿叶柄下延，全缘，侧脉每边 8~12 条，叶背有紧实的蜡鳞层；叶柄长 1.5~2.5cm。雄穗状花花序轴被蜡鳞；雌花 3 或 5 朵簇生于花序轴上，花柱 3。壳斗近圆球形，顶部平坦，包着坚果绝大部分，小苞片近顶部的为三角形，紧贴壳壁，被淡黄灰色细片状蜡鳞；坚果顶部微凹陷或近于平坦，果脐占坚果面积的 1/2~3/4。花期 6~10 月，果翌年秋冬成熟。

分布于长阳、五峰、兴山、宜昌，生于海拔1000~1900m的山地林中。

## 柯 *Lithocarpus glaber* (Thunb.) Nakai

柯属 *Lithocarpus* Blume

常绿乔木；一年生枝被短绒毛，后脱落。叶革质，倒卵形或长椭圆形，长 6~14cm，宽 2.5~5.5cm，先端急尖，基部楔形，上部具 2~4 个浅裂齿或全缘，侧脉每边常少于 10 条，叶背几无毛，有蜡鳞层；叶柄长 1~2cm。雄穗状花序长达 15cm，雌花每 3 朵稀 5 朵一簇。壳斗碟状或浅碗状，高 5~10mm，宽 10~15mm，顶端边缘甚薄，向下甚增厚，硬木质，小苞片三角形，覆瓦状排列或连生成圆环，密被微柔毛；坚果椭圆形，高 12~25mm，宽 8~15mm，顶端尖，有淡薄的白色粉霜，暗栗褐色。花期 7~11 月，果翌年同期成熟。

分布于五峰、兴山、远安，生于海拔 800m 以下的山地林中。

## 灰柯 *Lithocarpus henryi* (Seem.) Rehder & E. H. Wilson

柯属 *Lithocarpus* Blume

常绿乔木；叶革质，狭长椭圆形，长 12~22cm，宽 3~6cm，先端短渐尖，基部宽楔形，常一侧偏斜，全缘，侧脉每边 11~15 条；叶柄长 1.5~3.5cm。雄花序单穗腋生；雌花序长达 20cm，雌花每 3 朵一簇。壳斗浅碗斗，高 6~14mm，宽 15~24mm，包着坚果很少到一半，壳壁顶端边缘甚薄，向下逐渐增厚，基部近木质，小苞片三角形，覆瓦状排列；坚果高 12~20mm，宽 15~24mm，顶端圆，常具白粉，果脐深 0.5~1mm，口径 10~15mm。花期 8~10 月，果翌年同期成熟。

分布于长阳、五峰、兴山、秭归，生于海拔 500~1000m 的山地林中。

## 岩栎 *Quercus acrodonta* Seemen

栎属 *Quercus* L.

常绿乔木；小枝幼时被星状绒毛。叶片椭圆形或椭圆状披针形，长 2~6cm，宽 1~2.5cm，顶端短渐尖，基部圆形，叶片中部以上具锯齿，叶背被灰黄色星状绒毛，侧脉每边 7~11 条；叶柄长 3~5mm。雄花序长 2~4cm；雌花序生于枝顶叶腋，着生 2~3 花。壳斗杯形，包着坚果 1/2，直径 1~1.5cm，高 5~8mm；小苞片椭圆形，覆瓦状排列。坚果长椭圆形，直径 5~8mm，高 8~10mm，顶端被灰黄色绒毛。花期 3~4 月，果期 9~10 月。

分布于兴山、宜昌，生于海拔 600~1100m 的山地林中。

## 麻栎 *Quercus acutiserrata* Carruth.　　栎属 *Quercus* L.

落叶乔木；叶片形态多样，常为长椭圆状披针形，长8~19cm，宽2~6cm，顶端长渐尖，基部宽楔形，叶缘具刺芒状锯齿，叶片两面同色，幼时被毛，老时无毛，侧脉每边13~18条；叶柄长1~3cm。雄花序常集生于当年生枝下部叶腋；雌花有花1~3朵。壳斗杯形，包着坚果约1/2，直径2~4cm，高约1.5cm；小苞片钻形，向外反曲。坚果卵形，直径1.5~2cm，高1.7~2.2cm，顶端圆形，果脐突起。花期3~4月，果期翌年9~10月。

分布于长阳、当阳、五峰、兴山、远安、宜昌、秭归，生于海拔1700m以下的山地林中。

## 锐齿槲栎 *Quercus aliena* var. *acutiserrata* Maxim.　　栎属 *Quercus* L.

落叶乔木；叶片长椭圆状倒卵形至倒卵形，长10~20cm，宽5~14cm，顶端微钝或短渐尖，基部楔形，叶缘具粗大锯齿，齿端尖锐，内弯，叶背被灰棕色细绒毛，侧脉每边10~15条；叶柄长1~1.3cm。雄花序长4~8cm，雄花单生或数朵簇生于花序轴，花被6裂，雄蕊通常10。雌花单生或2~3朵簇生。壳斗杯形，包着坚果约1/2，直径1.2~2cm，高1~1.5cm；小苞片卵状披针形，排列紧密，被灰白色短柔毛。坚果椭圆形至卵形，直径1.3~1.8cm，高1.7~2.5cm，果脐微突起。花期4~5月，果期9~10月。

分布于长阳、五峰、兴山、远安、宜昌、秭归，生于海拔500~2100m的山地林中。

## 匙叶栎 *Quercus dolicholepis* A. Camus　　栎属 *Quercus* L.

常绿乔木；小枝幼时被灰黄色星状柔毛，后渐脱落。叶革质，叶片倒卵状匙形至倒卵状长椭圆形，长 2~8cm，宽 1.5~4cm，顶端圆形或钝尖，基部宽楔形或心形，叶缘上部具锯齿或全缘，幼叶两面被黄色毛，老时叶背被毛或脱落，侧脉每边 7~8 条；叶柄长 4~5mm。雄花序长 3~8cm；壳斗杯形，包着坚果 2/3~3/4，连小苞片直径约 2cm，高约 1cm；小苞片线状披针形，长约 5mm，先端向外反曲。坚果卵形至近球形，直径 1.3~1.5cm，高 1.2~1.7cm，顶端被绒毛，果脐微突起。花期 3~5 月，果期翌年 10 月。

分布于长阳、五峰、兴山、秭归，生于海拔 700~1400m 的山地林中。

## 巴东栎 *Quercus engleriana* Seemen　　栎属 *Quercus* L.

常绿乔木；小枝幼时被绒毛。叶片椭圆形至卵状披针形，长 6~16cm，宽 2.5~5.5cm，顶端渐尖，基部近圆形，中部以上具锯齿，叶片幼时两面被绒毛，后脱落，侧脉每边 10~13 条；叶柄长 1~2cm；托叶线形。雄花序生于新枝基部，长约 7cm，雄蕊 4~6；雌花序生于新枝上端叶腋，长 1~3cm。壳斗碗形，包着坚果 1/3~1/2，直径 0.8~1.2cm，高 4~7mm；小苞片卵状披针形，中下部被灰褐色柔毛。坚果长卵形，直径 0.6~1cm，高 1~2cm。花期 4~5 月，果期 11 月。

分布于长阳、五峰、兴山、宜昌、秭归，生于海拔 800~1700m 的山地林中。

## 白栎 *Quercus fabri* Hance　　栎属 *Quercus* L.

落叶乔木；叶片倒卵形或椭圆状倒卵形，长 7~15cm，宽 3~8cm，顶端钝或短渐尖，基部宽楔形，叶缘具波状锯齿，幼时两面被星状毛，侧脉每边 8~12 条；叶柄长 3~5mm，被绒毛。雄花序长 6~9cm，花序轴被绒毛，雌花序长 1~4cm，生 2~4 花。壳斗杯形，包着坚果约 1/3，直径 0.8~1.1cm，高 4~8mm；小苞片卵状披针形，在口缘处稍伸出。坚果长椭圆形或卵状长椭圆形，直径 0.7~1.2cm，高 1.7~2cm，无毛，果脐突起。花期 4 月，果期 10 月。

分布于长阳、五峰、兴山、远安、宜昌、秭归，生于海拔 1300m 以下的山地林中。

## 乌冈栎 *Quercus phillyreoides* A. Gray　　栎属 *Quercus* L.

常绿小乔；小枝幼时被短绒毛，后渐无毛。叶片革质，倒卵形或窄椭圆形，长 2~6cm，宽 1.5~3cm，顶端钝尖或短渐尖，基部圆形或近心形，叶缘中部以上具疏锯齿，老叶两面无毛，侧脉每边 8~13 条；叶柄长 3~5mm。雄花序长 2.5~4cm，花序轴被黄褐色绒毛；雌花序长 1~4cm，柱头 2~5 裂。壳斗杯形，包着坚果 1/2~2/3，直径 1~1.2cm；小苞片三角形，覆瓦状排列紧密，除顶端外被灰白色柔毛，果长椭圆形，高 1.5~1.8cm，径约 8mm，果脐平坦或微突起，直径 3~4mm。花期 3~4 月，果期 9~10 月。

分布于五峰、兴山、秭归，生于海拔 500~1400m 的山地林中。

## 枹栎 *Quercus serrata* Murray

栎属 Quercus L.

落叶乔木；幼枝被柔毛，后脱落。叶片薄革质，倒卵形或倒卵状椭圆形，长 7~17cm，宽 3~9cm，顶端渐尖，基部宽楔形，叶缘具腺状锯齿，幼时被伏贴单毛，老时叶背被单毛或无毛，侧脉每边 7~12 条；叶柄长 1~3cm。雄花序长 8~12cm，雄蕊 8；雌花序长 1.5~3cm。壳斗杯状，包着坚果 1/4~1/3，直径 1~1.2cm，高 5~8mm；小苞片长三角形，贴生，边缘具柔毛。坚果卵形至卵圆形，直径 0.8~1.2cm，高 1.7~2cm，果脐平坦。花期 3~4 月，果期 9~10 月。

分布于长阳、五峰、兴山、宜昌、秭归，生于海拔 800~1700m 的山地林中。

## 刺叶栎 *Quercus spinosa* David

栎属 *Quercus* L.

常绿乔木；小枝幼时被黄色星状毛，后渐脱落。叶面皱褶不平，叶片倒卵形至椭圆形，长 2.5~7cm，宽 1.5~4cm，顶端圆钝，基部圆形或心形，叶缘有刺状锯齿或全缘，幼叶两面被毛，老叶仅叶背中脉下段被灰黄色星状毛，中脉、侧脉在叶面均凹陷，侧脉每边 4~8 条；叶柄长 2~3mm。雄花序长 4~6cm，花序轴被疏毛；雌花序长 1~3cm。壳斗杯形，包着坚果 1/4~1/3，直径 1~1.5cm，高 6~9mm；小苞片三角形，排列紧密。坚果卵形至椭圆形，直径 1~1.3cm，高 1.6~2cm。花期 5~6 月，果期翌年 9~10 月。

分布于长阳、五峰、兴山、远安、宜昌，生于海拔 1000m 以上的山地。

## 栓皮栎 *Quercus variabilis* Blume　　栎属 *Quercus* L.

落叶乔木；树皮纵裂，木栓层发达。叶片卵状披针形或长椭圆形，长 8~15cm，宽 2~6cm，顶端渐尖，基部宽楔形，叶缘具刺芒状锯齿，叶背密被灰白色星状绒毛；侧脉每边 13~18 条，直达齿端；叶柄长 1~3cm。雄花序长达 14cm，花被 4~6 裂，雄蕊 10；壳斗杯形，包着坚果 2/3，连小苞片直径 2.5~4cm，高约 1.5cm；小苞片钻形，反曲，被短毛。坚果近球形或宽卵形，高、径约 1.5cm，顶端圆，果脐突起。花期 3~4 月，果期翌年 9~10 月。

分布于长阳、当阳、五峰、兴山、远安、宜昌、宜都、秭归，生于海拔 1600m 以下的山地林中。

## 紫弹树 *Celtis biondii* Pamp.　　朴属 *Celtis* L.

落叶乔木；叶宽卵形、卵形至卵状椭圆形，长 2.5~7cm，宽 2~3.5cm，基部钝至近圆形，稍偏斜，先端渐尖，中部以上疏具浅齿，薄革质；叶柄长 3~6mm；托叶条状披针形。果序单生叶腋，常具 2 果，总梗连同果梗长 1~2cm，被糙毛；果成熟时黄色至橘红色，近球形，直径约 5mm，核两侧稍压扁，直径约 4mm，表面具明显的网孔状。花期 4~5 月，果期 9~10 月。

分布于长阳、当阳、五峰、兴山、宜昌、秭归，生于海拔 1000m 以下的山坡疏林中。

## 黑弹树 *Celtis bungeana* Blume

朴属 *Celtis* L.

落叶乔木；小枝无毛，散生皮孔。叶厚纸质，狭卵形、卵状椭圆形至卵形，长3~7cm，宽2~4cm，基部宽楔形，先端渐尖，中部以上疏具不规则浅齿；叶柄长5~15mm，上面有沟槽，幼时槽中被短毛，老后脱净；萌发枝上的叶形变异较大，先端具尾尖且被糙毛。果单生叶腋，果柄较细软，长10~25mm，果成熟时蓝黑色，近球形，直径6~8mm；核近球形，表面极大部分近平滑或略具网孔状凹陷，直径4~5mm。花期4~5月，果期10~11月。

分布于当阳、兴山、宜昌，生于海拔1000m以下的山坡林中。

## 珊瑚朴 *Celtis julianae* C. K. Schneid.

朴属 *Celtis* L.

落叶乔木；当年生小枝、叶柄、果柄密被褐黄色茸毛。叶厚纸质，宽卵形至尖卵状椭圆形，长6~12cm，宽3.5~8cm，基部近圆形或二侧稍不对称，先端短渐尖至尾尖，叶面粗糙，叶背密被短柔毛，近全缘至上部以上具浅钝齿；叶柄长7~15mm。果单生叶腋，果梗长1~3cm；果椭圆形至近球形，长10~12mm，金黄色至橙黄色；核倒卵形，长7~9mm，两侧或仅下部稍压扁，基部尖至略钝，表面略有网孔状凹陷。花期3~4月，果期9~10月。

分布于长阳、五峰、兴山、宜昌、秭归，生于海拔1200m以下的山坡林中。

## 朴树 *Celtis sinensis* Pers.

朴属 *Celtis* L.

落叶乔木；树皮灰白色；小枝初被短柔毛，后脱落。叶厚纸质，叶多为卵形或卵状椭圆形，长 5~13cm，宽 3~5.5cm，基部几乎不偏斜或仅稍偏斜，先端尖至渐尖，近全缘至具钝齿，幼时叶背密被黄褐色短柔毛，后脱落。果梗常 2~3 枚生于叶腋，其中 1 枚果梗常有 2 果，其他的具 1 果，果梗长 7~17mm；果成熟时黄色至橙黄色，近球形，直径约 5~7mm；核近球形，直径约 4~5mm，具 4 条肋，表面有网孔状凹陷。花期 3~4 月，果期 9~10 月。

分布于长阳、五峰、兴山、宜昌、秭归，生于海拔 1000m 以下的山坡林中。

## 青檀 *Pteroceltis tatarinowii* Maxim.

青檀属 *Pteroceltis* Maxim.

落叶乔木；树皮不规则片状剥落；小枝疏被短柔毛，后脱落，皮孔明显。叶纸质，宽卵形至长卵形，长 3~10cm，宽 2~5cm，先端渐尖，基部楔形、圆形或截形，边缘具不整齐的锯齿，基部三出脉，侧脉 4~6 对；叶柄长 5~15mm。翅果状坚果近圆形或近四方形，直径 10~17mm，翅宽，下端截形，顶端有凹缺，具宿存的花柱和花被，果梗纤细，长 1~2cm，被短柔毛。花期 3~5 月，果期 8~10 月。

分布于长阳、当阳、五峰、兴山、宜昌、秭归，生于海拔 900m 以下的林中。

## 羽脉山黄麻 *Trema levigata* Hand.-Mazz.

山黄麻属 *Trema* Lour.

小乔木；小枝被灰白色柔毛。叶纸质，卵状披针形或狭披针形，长 5~11cm，宽 1.5~2.5cm，先端渐尖，基部钝圆或浅心形，边缘具锯齿，叶面被疏毛，后脱落；叶背除脉上疏被柔毛外，其他处光滑无毛；羽状脉，侧脉 5~7 对；叶柄长 5~8mm。聚伞花序与叶柄近等长；雄花直径约 1mm，花被片 5，退化子房狭倒卵状。核果近球形，微压扁，直径 1.5~2mm，熟时由橘红色渐变成黑色。花期 4~5 月，果期 9~12 月。

分布于长阳、兴山、秭归，生于低海拔的疏林中。

## 兴山榆 *Ulmus bergmanniana* C. K. Schneid.

榆属 *Ulmus* L.

落叶乔木；叶椭圆形、倒卵状矩圆形或卵形，长 6~16cm，宽 3~8.5cm，先端长渐尖或骤凸长尖，边缘具锯齿，基部多少偏斜，圆、心脏形、耳形或楔形，上面幼时密被硬毛，后脱落，下面脉腋有簇毛；侧脉每边 17~26 条，边缘具重锯齿，叶柄长 3~13mm。簇状聚伞花序。翅果宽倒卵形、近圆形或长圆状圆形，长 1.2~1.8cm，宽 1~1.6cm，果核部分位于翅果的中部或稍偏下，宿存花被钟形，上端 4~5 浅裂。花果期 3~5 月。

分布于长阳、五峰、兴山、宜昌、秭归，生于海拔 500~1400m 的山地林中。

## 多脉榆 *Ulmus castaneifolia* Hemsl.　　榆属 *Ulmus* L.

落叶乔木；树皮厚，当年生枝密被长柔毛。叶长圆状椭圆形或倒卵状长圆形，薄革质，长8~15cm，宽3.5~6.5cm，先端长尾尖，基部常明显地偏斜，一边耳状，一边圆，叶面幼时密被硬毛，后脱落；叶背密被长柔毛，边缘具重锯齿，侧脉每边16~35条；叶柄长3~10mm，密被柔毛。簇状聚伞花序。翅果长圆状倒卵形、倒三角状倒卵形或倒卵形，长1.5~3.3cm，宽1~1.6cm，果核部分位于翅果上部，宿存花被4~5浅裂，边缘具毛，果梗较花被为短，密被短毛。花果期2~4月。

分布于长阳、五峰、兴山，生于海拔600~1700m的山坡林中。

## 大果榆 *Ulmus macrocarpa* Hance　　榆属 *Ulmus* L.

落叶乔木；小枝两侧具对生而扁平的木栓翅；幼枝有疏毛，后脱落。叶宽倒卵形、倒卵状圆形、倒卵状菱形或倒卵形，厚革质，大小变异很大，通常长5~9cm，宽3.5~5cm，先端短尾状，基部渐窄至圆，偏斜或近对称，两面粗糙，叶背常被疏毛，脉上较密，脉腋常有簇生毛，侧脉每边6~16条，边缘具大而浅钝的重锯齿，叶柄长2~10mm。簇状聚伞花序。翅果宽倒卵状圆形、近圆形或宽椭圆形，长2.5~3.5cm，宽2~3cm，子房柄较明显，顶端凹或圆，果核部分位于翅果中部，宿存花被钟形。花果期4~5月。

分布于五峰、兴山、宜昌，生于海拔500~1700m的山坡林中。

## 榔榆 *Ulmus parvifolia* Jacquin　　榆属 *Ulmus* L.

落叶乔木；叶革质，披针状卵形或窄椭圆形，长 2.5~5cm，宽 1~2cm，先端尖或钝，基部偏斜，楔形或一边圆，边缘有单锯齿，侧脉 7~15；叶柄长 2~6mm。花秋季开放，簇生或呈簇状聚伞花序，花被上部杯状，下部管状，花被片 4，深裂至杯状花被的基部。翅果椭圆形或卵状椭圆形，长 10~13mm，宽 6~8mm，果翅稍厚，两侧的翅较果核部分为窄，果核部分位于翅果的中上部，上端接近缺口，花被片脱落或残存，果梗长 1~3mm，有疏被短毛。花果期 8~10 月。

分布于长阳、兴山、宜昌，生于海拔 500m 以下的林中或路边栽培。

## 大叶榉 *Zelkova schneideriana* Hand.-Mazz.

榉属 *Zelkova* Spach

落叶乔木；树皮呈不规则的片状剥落；当年生枝密被柔毛。叶厚纸质，卵形至椭圆状披针形，长 3~10cm，宽 1.5~4cm，先端渐尖，基部稍偏斜，圆形至宽楔形，叶面绿，干后深绿至暗褐色，被糙毛，叶背浅绿，干后变淡绿至紫红色，密被柔毛，边缘具圆齿状锯齿；侧脉 8~15 对；叶柄粗短，被柔毛。雄花 1~3 簇生于叶腋，雌花或两性花常单生于小枝上部叶腋。核果几无梗，斜卵状圆锥形，上面偏斜，凹陷，被毛，直径 2.5~4mm。花期 4 月，果期 9~11 月。

国家 II 级保护植物。分布于五峰、兴山、宜昌，生于海拔 1000m 以下的山坡林中。

## 榉树 *Zelkova serrata* (Thunb.) Makino

榉属 *Zelkova* Spach

乔木；树皮呈不规则的片状剥落；当年生枝疏被短柔毛，后脱落。叶纸质，叶形状变异大，卵形、椭圆形或卵状披针形，长3~10cm，宽1.5~5cm，先端渐尖，基部稍偏斜，叶面幼时疏被糙毛，后脱落；叶背幼时被短柔毛，后脱落，边缘有锯齿，侧脉5~14对；叶柄长2~6mm，被短柔毛。雄花具短梗，花被裂至中部，花被裂片5~8，无退化子房；雌花近无梗，花被片4~6，子房被细毛。核果几乎无梗，斜卵状圆锥形，上面偏斜，凹陷，直径2.5~3.5mm，具背腹脊，具宿存的花被。花期4月，果期9~11月。

分布于兴山，生于海拔900m以下的山坡林中。

## 藤构 *Broussonetia kaempferi* var. *australis* T. Suzuki

构属 *Broussonetia* L'Hér. ex Vent.

蔓生藤状灌木；小枝幼时被浅褐色柔毛，后脱落。叶互生，螺旋状排列，卵状椭圆形，长3.5~8cm，宽2~3cm，先端渐尖至尾尖，基部心形或截形，边缘锯齿细，不裂，稀为2~3裂，表面无毛，稍粗糙；叶柄长8~10mm。花雌雄异株，雄花序短穗状，长1.5~2.5cm，花序轴约1cm；雄花花被片3~4，裂片外面被毛，雄蕊3~4，退化雌蕊小；雌花集生为球形头状花序。聚花果直径1cm，花柱线形。花期4~6月，果期5~7月。

分布于五峰、兴山、宜昌，生于海拔200~1550m的山坡灌丛中。

## 楮 *Broussonetia kazinoki* Sieb.

构属 *Broussonetia* L'Hér. ex Vent.

落叶灌木；小枝幼时被毛，后脱落。叶卵形至斜卵形，长 3~7cm，宽 3~4.5cm，先端渐尖，基部近圆形或斜圆形，不裂或 3 裂，表面粗糙，背面近无毛；叶柄长约 1cm；托叶线状披针形。花雌雄同株；雄花序球形头状，直径 8~10mm，雄花花被 3~4 裂，裂片三角形，外面被毛，雄蕊 3~4；雌花序球形，被柔毛，花被管状，顶端齿裂，花柱单生。聚花果球形，直径 8~10mm；瘦果扁球形。花期 4~5 月，果期 5~6 月。

分布于长阳、五峰、兴山、宜昌、秭归，生于海拔 1200m 以下的山坡或林缘。

## 构树 *Broussonetia papyrifera* (L.) Vent.

构属 *Broussonetia* L'Hér. ex Vent.

落叶乔木；小枝密被柔毛。叶广卵形至长椭圆状卵形，长 6~18cm，宽 5~9cm，先端渐尖，基部心形，两侧常不相等，边缘具粗锯齿，不分裂或 3~5 裂，表面粗糙，背面密被绒毛，基生叶脉三出，侧脉 6~7 对；叶柄长 2.5~8cm，密被糙毛；托叶卵形。花雌雄异株；雄花序为柔荑花序，长 3~8cm，花被 4 裂，裂片三角状卵形，雄蕊 4；雌花序球形头状，花被管状，子房卵圆形。聚花果直径 1.5~3cm，成熟时橙红色，肉质。花期 4~5 月，果期 6~7 月。

宜昌市各地均有分布，生于海拔 1400m 以下的山坡或路边林中。

## 无花果 *Ficus carica* L.　　榕属 *Ficus* L.

落叶灌木；叶互生，厚纸质，广卵圆形，长宽近相等，10~20cm，常3~5裂，小裂片卵形，边缘具不规则钝齿，表面粗糙，背面密生钟乳体及短柔毛，基部浅心形，基生侧脉3~5条，侧脉5~7对；叶柄长2~5cm；托叶卵状披针形。雌雄异株，雄花和瘿花同生于一榕果内壁，雄花生内壁口部，花被片4~5，雄蕊3，瘿花花柱侧生；雌花花被与雄花同，子房卵圆形，花柱侧生，柱头2裂。榕果单生叶腋，大而梨形，直径3~5cm，顶部下陷，成熟时紫红色或黄色。花、果期5~7月。

宜昌各地栽培。

## 尖叶榕 *Ficus henryi* Warb. ex Diels　　榕属 *Ficus* L.

常绿小乔木；叶倒卵状长圆形至长圆状披针形，长7~16cm，宽2.5~5cm，先端渐尖或尾尖，基部楔形，两面均被点状钟乳体，侧脉5~7对，全缘或从中部以上有疏锯齿；叶柄长1~1.5cm。榕果单生叶腋，球形至椭圆形，直径1~2cm，总梗长5~6mm。雄花生于榕果内壁的口部或散生，具长梗，花被片4~5，白色；雄蕊3~4。瘿花生于雌花下部，具柄，花被片5，卵状披针形。雌花生于另一植株榕果内壁，子房卵圆形，花柱侧生，柱头2裂。榕果成熟橙红色；瘦果卵圆形。花期5~6月，果期7~9月。

分布于长阳、五峰、兴山、宜昌、秭归，生于海拔700m以下的山坡杂木林中或灌丛。

## 异叶榕 *Ficus heteromorpha* Hemsl.

榕属 *Ficus* L.

落叶小乔木；小枝红褐色。叶多形，琴形、椭圆形、椭圆状披针形，长 10~18cm，宽 2~7cm，先端渐尖或尾状，基部圆形或浅心形，表面略粗糙，背面被细小钟乳体，全缘或微波状，侧脉 6~15 对，红色；叶柄长 1.5~6cm；托叶长约 1cm。榕果无总梗，圆锥状球形，直径 6~10mm，成熟时紫黑色，基生苞片 3 枚，雄花和瘿花同生于一榕果中；雄花散生内壁，花被片 4~5，匙形，雄蕊 2~3；瘿花花被片 5~6，子房光滑；雌花花被片 4~5，包围子房，花柱侧生，柱头画笔状。瘦果光滑。花期 4~5 月，果期 5~7 月。

分布于长阳、五峰、兴山、宜昌，生于海拔 700~1500m 的疏林中或灌丛中。

## 薜荔 *Ficus pumila* L.

榕属 *Ficus* L.

攀缘或匍匐灌木；叶两型，不结果枝节上生不定根，叶卵状心形，长约 2.5cm，薄革质，基部稍不对称，尖端渐尖；结果枝上无不定根，叶革质，卵状椭圆形，长 5~10cm，宽 2~3.5cm，先端急尖至钝形，基部圆形至浅心形，全缘，背面被柔毛，网脉 3~4 对；叶柄长 5~10mm；托叶披针形。雄花生于榕果内壁口部，花被片 2~3，雄蕊 2；瘿花花被片 3~4，花柱短；雌花生另一植株榕一果内壁，花被片 4~5。榕果单生叶腋，瘿花果梨形，雌花果近球形，长 4~8cm，直径 3~5cm，顶部截平，榕果成熟黄绿色或微红。花、果期 5~8 月。

分布于当阳、兴山、远安、宜昌、秭归，生于海拔 1200m 以下的山地，常附生于树上或石头上。

## 珍珠莲 *Ficus sarmentosa* var. *henryi* (King ex Oliv.) Corner　　榕属 *Ficus* L.

木质攀缘匍匐藤状灌木；幼枝密被褐色长柔毛。叶革质，卵状椭圆形，长8~10cm，宽3~4cm，先端渐尖，基部圆形至楔形，表面无毛，背面密被褐色柔毛，基生侧脉延长，侧脉5~7对，小脉网结成蜂窝状；叶柄长5~10mm。榕果成对腋生，圆锥形，直径1~1.5cm，表面密被褐色长柔毛，后脱落，顶生苞片直立，长约3mm，基生苞片卵状披针形，长约3~6mm。榕果具短梗。花果期5~7月。

分布于长阳、五峰、兴山、远安、宜昌、秭归，生于海拔800m以下的山坡石上或灌丛中。

## 尾尖爬藤榕 *Ficus sarmentosa* var. *lacrymans* (H. Léveillé) Corner　　榕属 *Ficus* L.

藤状匍匐灌木；叶薄革质，披针状卵形，长4~8cm，宽2~2.5cm，先端渐尖至尾尖，基部楔形，两面绿色，侧脉5~6对，网脉两面平；叶柄长约5mm。榕果成对腋生或生于落叶枝叶腋，球形，直径5~9mm，表面无毛或疏被柔毛。花期4~5月，果期6~7月。

分布于长阳、五峰、兴山、宜昌、宜都、远安、秭归，生于海拔900m以下的山谷或路边，攀缘岩石上。

## 地果 *Ficus tikoua* Bureau

榕属 *Ficus* L.

常绿匍匐木质藤本；茎上生不定根；幼枝偶有直立的。叶坚纸质，倒卵状椭圆形，长2~8cm，宽1.5~4cm，先端急尖，基部圆形至浅心形，边缘具浅圆锯齿，侧脉3~4对，表面被短刺毛，背面沿脉被细毛；叶柄长1~2cm；托叶披针形。雄花生榕果内壁孔口部，花被片2~6，雄蕊1~3；雌花有短柄，无花被，有粘膜包被子房。瘦果卵球形，表面有瘤体，柱头2裂。榕果生于匍匐茎上，常埋于土中，球形至卵球形，直径1~2cm，成熟时深红色，表面多圆形瘤点。花期5~6月，果期7月。

分布于长阳、五峰、兴山、远安、宜昌、宜都，生于海拔1000m以下的山坡灌丛或岩石上。

## 黄葛榕 *Ficus virens* Aiton

榕属 *Ficus* L.

落叶或半落叶乔木；有板根或支柱根。叶薄革质，近披针形，长达20cm，宽4~7cm，先端渐尖，基部钝圆或楔形至浅心形，全缘，侧脉7~10对；叶柄长2~5cm；托叶披针状卵形，先端急尖，长可达10cm。雄花、瘿花、雌花生于同一榕果内；雄花无柄，生榕果内壁近口部，花被片4~5，披针形，雄蕊1；瘿花具柄，花被片3~4，花柱侧生，短于子房；雌花与瘿花相似，花柱长于子房。瘦果表面有皱纹，无总梗。榕果生于已落叶枝叶腋，球形，直径7~12mm，成熟时紫红色。花果期5~8月。

分布于宜昌、秭归，生于海拔200~1500m的山坡林中、河岸或沟边。现常栽培。

## 柘树 *Maclura tricuspidata* Carrière　　柘树属 *Maclura* Nuttall

落叶小乔木；小枝无毛，有棘刺，刺长 5~20mm。叶卵形或菱状卵形，偶为三裂，长 5~14cm，宽 3~6cm，先端渐尖，基部楔形至圆形，侧脉 4~6 对；叶柄长 1~2cm。雌雄异株，雌雄花序均为球形头状花序；雄花序直径 0.5cm，雄花有苞片 2，花被片 4，肉质，先端肥厚，雄蕊 4，与花被片对生，退化雌蕊锥形；雌花序直径 1~1.5cm，花被片与雄花同数，花被片先端盾形，内卷，内面下部有 2 个黄色腺体，子房埋于花被片下部。聚花果近球形，直径约 2.5cm，肉质，成熟时橘红色。花期 5~6 月，果期 6~7 月。

分布于长阳、五峰、兴山、宜昌、秭归，生于海拔 1000m 以下的山坡林中。

## 桑 *Morus alba* L.　　桑属 *Morus* L.

落叶小乔木；叶卵形，长 5~15cm，宽 5~12cm，先端急尖至渐尖，基部圆形至浅心形，边缘锯齿粗钝，偶有各种分裂；叶柄长 1.5~5.5cm；托叶披针形，早落。花单性，与叶同时生出；雄花序下垂，长 2~3.5cm，密被柔毛，花被片宽椭圆形，花药 2；雌花序长 1~2cm，总花梗长 5~10mm，被柔毛，雌花无梗，花被片倒卵形，柱头 2 裂。聚花果卵状椭圆形，长 1~2.5cm，成熟时红色或暗紫色。花期 4~5 月，果期 5~8 月。

宜昌市各地均有分布，生于海拔 600m 以下的山坡或宅旁。现常栽培。

## 鸡桑 *Morus australis* Poir.

桑属 *Morus* L.

落叶小乔木；叶卵形，长 5~14cm，宽 3.5~12cm，先端急尖或尾状，基部楔形或心形，边缘具粗锯齿，不分裂或 3~5 裂，表面粗糙，密被短刺毛，背面疏被粗毛；叶柄长 1~1.5cm，被毛；托叶线状披针形，早落。雄花序长 1~1.5cm，被柔毛，雄花具短梗，花被片卵形，花药黄色；雌花序球形，长约 1cm，密被白色柔毛，花被片长圆形，花柱长，柱头 2 裂，内面被柔毛。聚花果短椭圆形，直径约 1cm，成熟时红色或暗紫色。花期 3~4 月，果期 4~5 月。

分布于长阳、五峰、兴山、宜昌、宜都、远安、秭归，生于海拔 1600m 以下的山坡或林缘。

## 蒙桑 *Morus mongolica* (Bureau) C. K. Schneid.

桑属 *Morus* L.

落叶小乔木；叶长椭圆状卵形，长 8~15cm，宽 5~8cm，先端尾尖，基部心形，边缘具三角形单锯齿，稀为重锯齿，齿尖有长刺芒，两面无毛；叶柄长 2.5~3.5cm。雄花序长 3cm，雄花花被暗黄色，外面及边缘被长柔毛，花药 2 个，纵裂。雌花序短圆柱状，长 1~1.5cm，总花梗纤细，长 1~1.5cm；雌花花被片外面上部疏被柔毛，或近无毛；花柱长，柱头 2 裂，内面密生乳头状突起。聚花果长 1.5cm，成熟时红色至紫黑色。花期 3~4 月，果期 4~5 月。

分布于长阳、当阳、五峰、兴山、宜昌、秭归，生于海拔 500~1200m 的林中。

## 苎麻 *Boehmeria nivea* (L.) Gaudich.　　苎麻属 *Boehmeria* Jacq.

亚灌木；茎与叶柄均密被开展的长硬毛和糙毛。叶互生，草质，常圆卵形或宽卵形，长 6~15cm，宽 4~11cm，顶端骤尖，基部近截形，边缘具牙齿，上面稍粗糙，下面密被雪白色毡毛，侧脉约 3 对；叶柄长 2.5~9.5cm。圆锥花序，上部为雌性，下部为雄性，或同一植株的全为雌性；雄团伞花序直径 1~3mm；雌团伞花序直径 0.5~2mm。雄花，花被片 4，雄蕊 4；雌花，花被椭圆形，柱头丝形。瘦果近球形，光滑，基部突缩成细柄。花期 8~10 月，果期 11~12 月。

宜昌市各地均有分布，生于海拔 1200m 以下的山谷林边或路边。

## 水麻 *Debregeasia orientalis* C. J. Chen　　水麻属 *Debregeasia* Gaudich.

落叶灌木；叶纸质，长圆状狭披针形，先端渐尖，基部宽楔形，长 5~18cm，宽 1~2.5cm，边缘具细锯齿，上面常有泡状隆起，疏被短糙毛，背面被毡毛，基出脉 3 条；细脉结成细网；叶柄长 3~10mm；托叶披针形。花序雌雄异株，2 回二歧分枝或二叉分枝，雄的团伞花簇直径 4~6mm，雌的直径 3~5mm；苞片宽倒卵形。雄花花被片 4，雄蕊 4；雌花几无梗，倒卵形，柱头画笔头状。瘦果小浆果状，倒卵形，鲜时橙黄色。花期 3~4 月，果期 5~7 月。

宜昌市各地均有分布，生于海拔 400m 以下的沟边、路边灌丛中。

## 紫麻 *Oreocnide frutescens* (Thunb.) Miq.

紫麻属 *Oreocnide* Miq.

灌木；小枝上部常被粗毛，后脱落。叶常生于枝的上部，纸质，卵形至狭卵形，长3~15cm，宽1.5~6cm，先端渐尖，基部圆形，边缘具锯齿，上面常疏被糙伏毛，下面常被灰白色毡毛，基出脉3条，侧脉2~3对；叶柄长1~7cm，被粗毛；托叶条状披针形。花序生于上年生枝和老枝上，几无梗，呈簇生状，团伞花簇径3~5mm。雄花，花被片3，长圆状卵形，内弯；雄蕊3，退化雌蕊棒状；雌花无梗。瘦果卵球状，两侧稍压扁。花期3~5月，果期6~10月。

分布于长阳、五峰、兴山、宜昌、秭归，生于海拔1000m以下的山谷林下或沟边。

## 华中枸骨 *Ilex centrochinensis* S. Y. Hu

冬青属 *Ilex* L.

常绿灌木；叶片革质，椭圆状披针形，长4~9cm，宽1.5~2.8cm，先端渐尖，具刺状尖头，基部宽楔形，边缘具3~10对刺状牙齿。雄花序簇生于二年生的叶腋，花4基数，黄色，花萼盘状，深裂；花冠辐状，直径约6mm，花瓣长圆形，基部稍合生；雄蕊与花瓣互生；退化子房近球形。果1~3个，生于叶腋内，果球形，直径6~7mm，基部具平展的宿存花萼。分核4粒。花期3~4月，果期8~9月。

分布于兴山、宜昌，生于海拔1000m以下的山坡林中或灌丛中。

## 冬青 *Ilex chinensis* Sims　　冬青属 *Ilex* L.

常绿乔木；叶片薄革质至革质，椭圆形或披针形，长 5~11cm，宽 2~4cm，先端渐尖，基部楔形或钝，边缘具圆齿，或有时在幼叶为锯齿，叶面绿色；叶柄长 8~10mm。雄花：花序具 3~4 回分枝，总花梗长 7~14mm，每分枝具花 7~24 朵；花淡紫色或紫红色，花萼浅杯状，花冠辐状，直径约 5mm，花瓣卵形，开放时反折。雌花序具 1~2 回分枝，具花 3~7 朵，花萼和花瓣同雄花，子房卵球形。果长球形，成熟时红色，长 10~12mm，直径 6~8mm。花期 4~6 月，果期 7~12 月。

宜昌市各地均有分布，分布于 1800m 以下的山地林中或丘陵疏林中。现多栽培。

## 珊瑚冬青 *Ilex corallina* Franch.　　冬青属 *Ilex* L.

常绿乔木；叶革质，卵状椭圆形，长 4~10cm，宽 1.6~3cm，先端渐尖，基部圆形或钝，边缘波状，具圆齿状锯齿，侧脉每边 7~10 条；叶柄长 4~10mm。花序簇生于二年生枝的叶腋内；花黄绿色，4 基数。雄花：花萼盘状，4 深裂，裂片卵状三角形；花冠直径 6~7mm，花瓣长圆形，基部合生；雄蕊与花瓣等长；具退化子房。雌花：花萼裂片圆形；花瓣卵形；子房卵球形。果球形，直径 3~4mm，成熟时紫红色，柱头宿存，4 裂；宿存花萼平展。花期 4~5 月，果期 9~10 月。

分布于长阳、五峰、兴山、宜昌、秭归，生于海拔 400~1800m 的山地林中。

## 枸骨 *Ilex cornuta* Lindl. & Paxton

冬青属 *Ilex* L.

常绿灌木；叶片厚革质，二型，四角状长圆形或卵形，长4~9cm，宽2~4cm，先端具3枚尖硬刺齿，基部圆形或近截形，两侧各具1~2刺齿，有时全缘；两面无毛，侧脉5~6对；叶柄长4~8mm。花序簇生于二年生枝的叶腋内，花淡黄色，4基数。果球形，直径8~10mm，成熟时鲜红色，基部具四角形宿存花萼，顶端宿存柱头盘状，明显4裂；果梗长8~14mm。分核4粒，轮廓倒卵形或椭圆形，遍布皱纹和皱纹状纹孔，内果皮骨质。花期4~5月，果期10~12月。

宜昌市各地均有分布，生于海拔1000m以下的灌丛中或路边，也多栽培。

## 龙里冬青 *Ilex dunniana* H. Lév.

冬青属 *Ilex* L.

常绿乔木；小枝具纵棱沟。叶片厚革质，阔椭圆形至披针形，长8~13cm，宽2.5~7cm，先端渐尖，基部楔形，边缘具粗而锐的锯齿，两面无毛，侧脉8~10对；叶柄长8~10mm。花序簇生于二年生枝的叶腋内。雄花：总花梗长1~2mm；花4基数，绿色；花萼盘状，4深裂，裂片卵状三角形；花冠辐状，长圆形；雄蕊与花瓣等长。雌花：花萼盘状，4裂，裂片卵状三角形；花瓣卵状长圆形；子房近球形，柱头4裂。果球形，直径4~6mm，成熟时红色，具小瘤状突起；花萼宿存，明显4裂。花期4~5月，果期8~10月。

分布于长阳、五峰，生于海拔500~1200m的山地林中。

## 狭叶冬青 *Ilex fargesii* Franch.

冬青属 *Ilex* L.

常绿乔木；全株无毛，小枝，圆柱形，具横皱纹。叶片近革质，倒披针形或线状倒披针形，长5~16cm，宽1.5~3.7cm，先端渐尖，基部楔形，边缘中部以上具疏细锯齿，中下部全缘，叶面绿色，背面浅绿色；叶柄长8~16mm。花序簇生于二年生枝叶腋内，花白色，芳香。果序簇生，单个分枝具1果，果柄长5~7mm，中下部具宿存小苞片；果球形，直径5~7mm，成熟时红色，具纵条纹，宿存柱头薄盘状，4浅裂，宿存花萼平展。花期5月，果期9~10月。

分布于五峰、兴山、宜昌，生于海拔1000m以上的山地林中。

## 榕叶冬青 *Ilex ficoidea* Hemsl.

冬青属 *Ilex* L.

常绿乔木；叶片革质，长圆状椭圆形，长4.5~10cm，宽1.5~3.5cm，先端骤然尾状渐尖，基部楔形，边缘具不规则的细圆齿状锯齿，两面无毛，侧脉8~10对；叶柄长6~10mm。聚伞花序或单花簇生于当年生枝的叶腋内；花4基数，白色或淡黄绿色。雄花：花萼盘状，裂片三角形；花冠直径约6mm，花瓣卵状长圆形；雄蕊长于花瓣。雌花：花萼裂片常龙骨状；花冠直立，直径约3~4mm，花瓣卵形；退化雄蕊与花瓣等长；子房卵球形。果球形或近球形，直径约5~7mm，成熟后红色，花萼宿存；分核。花期3~4月，果期8~11月。

分布于五峰，生于海拔250~1000m的山地林中。

## 康定冬青 *Ilex franchetiana* Loes.

冬青属 *Ilex* L.

常绿小乔木；全株无毛。叶片近革质，倒披针形或长圆状披针形，长6~12.5cm，宽2~4.2cm，先端渐尖，基部楔形，边缘具细锯齿，侧脉每边8~15条；叶柄长1~2cm；托叶三角形。聚伞花序或单花，苞片早落；花淡绿色，4基数。雄花：花萼盘状，4深裂，裂片三角形；花瓣4，长圆形；雄蕊略短于花瓣。雌花：花萼同雄花，花瓣卵形，败育花药心形；子房卵形，直径约1.5mm。果球形，直径6~7mm，成熟时红色，宿存柱头薄盘状，花萼宿存；分核4粒。花期5~6月，果期9~11月。

分布于长阳、五峰、兴山、宜昌，生于海拔800~2000m的山地林中。

## 细刺枸骨 *Ilex hylonoma* Hu & Tang

冬青属 *Ilex* L.

常绿乔木；叶片薄革质，椭圆形或长圆状椭圆形，长6~12.5cm，宽2.5~4.5cm，先端短渐尖，基部楔形，边缘具锯齿，侧脉9~10对；叶柄长8~14mm；托叶三角形。雄花：花萼盘状，4裂；花冠辐状，淡黄色，花瓣4，雄蕊4，退化子房近球形。果近球形，宿存花萼平展，直径约3mm；果梗长3~4mm，分核4粒，轮廓倒卵形，横切面三棱形，顶端斜微凹，长6~9mm，背部宽约3~4mm，具不规则的皱纹及孔，中央具1纵脊；内果皮石质。花期3~5月，果期10~11月。

分布于五峰，生于海拔700~1200m的山地林中。

## 大叶冬青 *Ilex latifolia* Thunb.　　冬青属 *Ilex* L.

常绿大乔木；枝具纵棱及槽。叶片厚革质，长圆形或卵状长圆形，长8~19cm，宽4.5~7.5cm，先端钝，基部阔楔形，边缘具疏锯齿，侧脉每边12~17条；叶柄粗壮，长1.5~2.5cm。聚伞花序呈假圆锥花序，花淡黄绿色。雄花：呈聚伞花序状，苞片卵形；花萼近杯状，4浅裂，裂片圆形；花冠辐状，花瓣卵状长圆形；雄蕊与花瓣等长；不育子房近球形。雌花：花萼盘状，花冠直立，花瓣4，卵形；退化雄蕊长为花瓣的1/3；子房卵球形。果球形，直径约7mm，成熟时红色，宿存柱头薄盘状，花萼宿存；分核4粒。花期4月，果期9~10月。

分布于兴山，生于海拔400~1000m的山地林中。

## 大果冬青 *Ilex macrocarpa* Oliv.　　冬青属 *Ilex* L.

落叶乔木；枝皮孔明显，无毛。叶在长枝上互生，在短枝上为1~4片簇生，叶片纸质至坚纸质，卵形、卵状椭圆形，长4~15cm，宽3~6cm，先端渐尖至短渐尖，基部圆形或钝，边缘具细锯齿，叶面深绿色，背面浅绿色，两面常无毛；叶柄长1~1.2cm。花白色，有香味；雄花单生或2~5花呈聚伞花序；雌花单生叶腋。果球形，有宿存的柱头，直径约1.2~1.8cm，分核7~9粒。花期5月，果期10月。

分布于长阳、五峰、兴山、宜昌，生于海拔400~1500m的山地林中。

## 河滩冬青 *Ilex metabaptista* Loes.

冬青属 *Ilex* L.

常绿灌木；幼枝长柔毛。叶片近革质，披针形，长 3~6cm，宽 0.5~1.4cm，先端急尖，基部楔形，近全缘，常在先端具 1~2 细齿，幼时两面被柔毛，后变无毛，侧脉 6~8 对，叶柄长 3~8mm。花序簇生。雄花序：聚伞花序，花白色；花萼杯状，5~6 深裂；花冠辐状，花瓣卵状长圆形；雄蕊稍短于花瓣。雌花序：花梗密被柔毛；花萼杯状，裂片三角形；花冠辐状，花瓣长圆形；子房卵球形，被短柔毛。果卵状椭圆形，直径 4~5mm，成熟后红色，花萼宿存，分核 5~8 粒。花期 5~6 月，果期 7~10 月。

分布于长阳、五峰、宜昌，生于海拔 1000m 以下的山坡或河边灌丛。

## 小果冬青 *Ilex micrococca* Maxim.

冬青属 *Ilex* L.

落叶乔木；叶片纸质，卵形或卵状长圆形，长 7~13cm，宽 3~5cm，先端长渐尖，基部圆形或阔楔形，常不对称，边缘近全缘或具芒状锯齿，侧脉 5~8 对；叶柄长 1.5~3.2cm。花白色，伞房状 2~3 回聚伞花序，单生于当年生枝的叶腋内。核果球形，直径约 3mm，成熟时红色，有宿存萼，柱头盘状且凸起；分核 6~8 粒，椭圆形，长 2mm，宽约 1mm，具纵向单沟，侧面平滑，内果皮革质。花期 5~6 月，果期 9~10 月。

分布于长阳、五峰、宜昌，生于海拔 500~1100m 的山地林中。

## 具柄冬青 *Ilex pedunculosa* Miq.　　冬青属 *Ilex* L.

常绿灌木；叶片薄革质，卵形、长圆状椭圆形，长 4~9cm，宽 2~3cm，先端渐尖，基部钝或圆形，全缘或近顶端常具少数锯齿，侧脉 8~9 对，叶柄长 1.5~2.5cm。聚伞花序，花白色或黄白色。雄花：花萼盘状，4 或 5 裂，裂片三角形；花瓣 4 或 5，卵形；雄蕊短于花瓣；退化子房卵球形。雌花：花萼 4 或 5 裂；花瓣 4 或 5，卵形，退化雄蕊短于花瓣；子房阔圆锥状。果球形，直径 7~8mm，成熟时红色，宿存花萼裂片三角形；柱头宿存，分核 4~6 粒。花期 6 月，果期 7~11 月。

分布于长阳、五峰、兴山、宜昌、秭归，生于海拔 1000~2000m 的山地林中。

## 猫儿刺 *Ilex pernyi* Franch.　　冬青属 *Ilex* L.

常绿灌木；叶片革质，卵形或卵状披针形，长 1.5~3cm，宽 5~14mm，先端三角形渐尖，基部截形，边缘具深波状刺齿 1~3 对，两面均无毛；叶柄长 2mm；托叶三角形。花序簇生于二年生枝的叶腋内，多为 2~3 花聚生呈簇，花淡黄色，全部 4 基数；雄花：花萼 4 裂，花瓣椭圆形，雄蕊稍长于花瓣，退化子房圆锥状卵形；雌花：花萼雄花相似，花瓣卵形，退化雄蕊短于花瓣，败育花药卵形，子房卵球形。果球形或扁球形，直径 7~8mm，成熟时红色，宿存花萼四角形，宿存柱头厚盘状，4 裂。花期 4~5 月，果期 10~11 月。

分布于长阳、五峰、兴山、宜昌、秭归，生于海拔 1000~2300m 的山地林中。

## 神农架冬青 *Ilex shennongjiaensis* T. R. Dudley & S. C. Sun

冬青属 *Ilex* L.

灌木；幼枝近四棱形，无毛。叶革质，卵状椭圆形至卵状长圆形，长3~8cm，宽2~4cm，先端渐尖，基部楔形，边缘具锯齿，叶背主脉密被短柔毛；叶柄长4~6mm。花4~7基数；雄花呈聚伞花序，花冠辐状，花瓣4~5，退化子房扁球形；雌花，花萼4浅裂，花冠近直立，具退化雄蕊，子房近球形。果球形，直径7~8mm，成熟后黑色；果梗长8~10mm；花萼宿存，柱头宿存。花期5~6月，果期8~10月。

分布于兴山，生于海拔1700~2100m的山地林中。

## 香冬青 *Ilex suaveolens* (H. Lév.) Loes.

冬青属 Ilex L.

常绿乔木；当年生小枝具棱角，无毛，二年生枝近圆柱形。叶片革质，卵形或椭圆形，长5~6.5cm，宽2~2.5cm，先端渐尖，基部宽楔形，下延，叶缘疏生小圆齿，叶柄长约1.5~2cm。花序近伞房状，少数为聚伞状，单生于当年生小枝的叶腋，有花3~7朵。果成熟时红色，长球形，长约9mm，直径约6mm，花萼宿存。花期5月，果期10月。

分布于长阳、五峰、宜昌，生于海拔900~1500m的山地林中。

## 四川冬青 *Ilex szechwanensis* Loes.

冬青属 *Ilex* L.

灌木；枝近四棱形，具纵棱。叶片革质，卵状椭圆形至卵状长圆形，长3~8cm，宽2~4cm，先端渐尖，基部楔形，边缘具锯齿，侧脉6~7对；叶柄长4~6mm，被短柔毛；托叶卵状三角形。雄花：花萼盘状，裂片卵状三角形；花冠辐状，花瓣4~5，卵形；雄蕊短于花瓣；退化子房扁球形。雌花：花萼4浅裂，裂片圆形；花瓣卵形；退化雄蕊长约为花瓣的1/5；子房近球形。果球形，直径7~8mm，成熟后黑色；果梗长8~10mm；花萼宿存，柱头宿存。分核4粒。花期5~6月，果期8~10月。

分布于长阳、五峰、宜昌，生于海拔1200~1500m的山地林中。

## 云南冬青 *Ilex yunnanensis* Franch.

冬青属 *Ilex* L.

常绿灌木；幼枝具纵棱槽，密被金黄色柔毛。叶片革，卵形至卵状披针形，长2~4cm，宽1~2.5cm，先端急尖，基部圆形或钝，边缘具细圆齿状锯齿，主脉密被短柔毛；叶柄长2~6mm，密被短柔毛。雄花为聚伞花序，花4基数，白色；花萼盘状，4深裂；花瓣卵形，雄蕊短于花瓣，退化子房圆锥形。雌花常单生，花被同雄花；子房球形，柱头盘状，4裂。果球形，直径5~6mm，成熟后红色；果梗长5~15mm；花萼与柱头宿存；分核4粒。花期5~6月，果期8~10月。

分布于五峰、兴山、宜昌，生于海拔1500~2200m的山地林中。

## 苦皮藤 *Celastrus angulatus* Maxim.　　南蛇藤属 *Celastrus* L.

藤状灌木；小枝密生皮孔。叶大，近革质，长方阔椭圆形或阔卵形，长7~17cm，宽5~13cm，先端圆阔，具尖头，基部阔楔形，侧脉5~7对；叶柄长1.5~3cm；托叶丝状，早落。聚伞圆锥花序顶生，小花梗较短，关节在顶部；花萼镊合状排列，三角形至卵形；花瓣长方形，边缘不整齐；花盘肉质，5浅裂；雄蕊着生花盘之下；子房球状，柱头反曲。蒴果近球状，直径8~10mm；种子椭圆状，直径1.5~3mm。花期5月，果期9月。

分布于长阳、五峰、兴山、宜昌、宜都、秭归，生于海拔400~1700m的山坡灌丛或林缘。

## 小南蛇藤 *Celastrus cuneatus* (Rehder & E. H. Wilson) C. Y. Cheng & T. C. Kao　　南蛇藤属 *Celastrus* L.

藤状灌木；小枝具稀疏皮孔。叶阔倒卵形，长1.5~4.5cm，宽1.5~4cm，先端圆阔近平截，中央有小突尖，基部楔形，边缘具细锯齿，侧脉3~5对；叶柄长1~5mm。聚伞花序常腋生，花序梗长4~6.5mm，小花梗关节在中部或偏下；雄花萼片三角形或三角椭圆形；花盘浅杯状；雄蕊短于花瓣，退化雄蕊小；雌花花被与雄花近似；花盘稍长，裂较显著，退化雄蕊短小；雌蕊瓶状，子房球状，柱头棒状3深裂。蒴果球状，直径6~7mm，种子略平凸，椭圆状。花期4~5月，果期8~9月。

分布于远安、宜昌、秭归，生于海拔600m以下的山坡灌丛中。

## 大芽南蛇藤 *Celastrus gemmatus* Loes.　　南蛇藤属 *Celastrus* L.

落叶木质藤本；冬芽大，长圆锥状，长可达 12mm，基部直径近 5mm。叶卵状椭圆形，长 6~12cm，宽 3.5~7cm，先端渐尖，基部圆阔，边缘具浅锯齿，侧脉 5~7 对；叶柄长 10~23mm。聚伞花序，花序梗长 5~10mm；小花梗关节在中部以下；萼片卵圆形，边缘啮蚀状；花瓣长方倒卵形；雄蕊约与花冠等长，在雌花中退化长约 1.5mm；花盘浅杯状；雌蕊瓶状，子房球状，雄花中的退化雌蕊长 1~2mm。蒴果球状，直径 10~13mm，种子阔椭圆状。花期 4~9 月，果期 8~10 月。

分布于长阳、当阳、五峰、兴山、宜昌、秭归，生于海拔 2000m 以下的山地林中或灌丛中。

## 灰叶南蛇藤 *Celastrus glaucophyllus* Rehder & E. H. Wilson　　南蛇藤属 *Celastrus* L.

落叶木质藤本；小枝具皮孔。叶半革质，近倒卵椭圆形或椭圆形，长 5~10cm，宽 2.5~6.5cm，先端短渐尖，基部阔楔形，边缘具疏细锯齿，侧脉 4~5 对，叶面绿色，叶背灰白色；叶柄长 8~12mm。总状圆锥花序，花序梗常很短，小花梗关节在中部或偏上；花萼裂片椭圆形或卵形，边缘具稀疏不整齐小齿；花瓣倒卵长方形或窄倒卵形，在雌花中稍小；花盘浅杯状，裂片近半圆形；雄蕊稍短于花冠，花药阔椭圆形到近圆形，具退化雌蕊。果实近球状，长 8~10mm。花期 3~6 月，果期 9~10 月。

分布于当阳、五峰、兴山、秭归，生于海拔 600~1900m 的山地林中。

## 青江藤 *Celastrus hindsii* Benth.

南蛇藤属 *Celastrus* L.

常绿木质藤本；叶近革质，卵窄椭圆形至椭圆倒披针形，长7~14cm，宽3~6cm，先端渐尖，基部阔楔形，边缘具疏锯齿，侧脉5~7对；叶柄长6~10mm。聚伞圆锥花序，花淡绿色，小花梗长4~5mm，关节在中部偏上；花萼裂片近半圆形；花瓣长方形；花盘杯状；雄蕊着生花盘边缘，花丝锥状；雌蕊瓶状，子房近球状，在雄花中退化。果实近球状，长7~9mm，直径6.5~8.5mm，幼果顶端具明显宿存花柱；种子1粒，阔椭圆状，长5~8mm，假种皮橙红色。花期5~7月，果期7~10月。

分布于长阳、五峰、兴山、宜昌、秭归，生于海拔1400m以下的山坡林中或灌丛中。

## 粉背南蛇藤 *Celastrus hypoleucus* Warb. ex Loes.

南蛇藤属 *Celastrus* L.

落叶木质藤本；叶椭圆形或长方椭圆形，长6~9.5cm，先端短渐尖，基部钝楔形，边缘具锯齿，侧脉5~7对，叶面绿色，叶背粉灰色；叶柄长12~20mm。顶生聚伞圆锥花序，具3~7花，序梗较短，小花梗3~8mm，花后明显伸长，关节在中部以上；花萼近三角形，花瓣长方形或椭圆形，花盘杯状；雄蕊在雌花中退化；雌蕊长约3mm，子房椭圆状。果序顶生，下垂，腋生花多不结实。蒴果疏生，球状，有细长小果梗，长10~25mm，果瓣内侧有棕红色细点，种子直径1.4~2mm，黑色到黑褐色。花期6~8月，果期10月。

分布于兴山、五峰，生于海拔800~1800m的山坡灌丛中。

## 南蛇藤 *Celastrus orbiculatus* Thunberg

南蛇藤属 *Celastrus* L.

落叶木质藤本，小枝具不明显皮孔。叶通常阔倒卵形，长5~13cm，宽3~9cm，先端圆阔，具有小尖头，基部阔楔形，边缘具锯齿，侧脉3~5对；叶柄长1~2cm。聚伞花序，小花梗关节在中部以下；雄花萼片钝三角形，花瓣倒卵椭圆形或长方形，花盘浅杯状，雄蕊长2~3mm，退化雌蕊不发达；雌花花冠较雄花窄小，花盘肉质，退化雄蕊极短小，子房近球状，柱头3深裂。蒴果近球状，直径8~10mm；种子椭圆状稍扁，长4~5mm，直径2.5~3mm。花期5~6月，果期7~10月。

分布于宜昌各县市，生于海拔1800m以下的山坡灌丛中。

## 显柱南蛇藤 *Celastrus stylosus* Wall.

南蛇藤属 *Celastrus* L.

落叶木质藤本；叶片长方椭圆形，长6.5~12.5cm，宽3~6.5cm，先端短渐尖，基部楔形，边缘具钝齿，侧脉5~7对，两面无毛；叶柄长10~18mm。聚伞花序，有花3~7朵，花序梗被毛，关节位于中部之下；萼片近卵形或近椭圆形；花瓣长方倒卵形，边缘啮蚀状；花盘浅杯状；雄蕊稍短于花冠，在雌花中退化雄蕊长约1mm；雌蕊瓶状，柱头反曲，在雄花中退化。蒴果近球状，直径6.5~8mm，果序梗及小果梗光滑，并常具椭圆形皮孔；种子一侧突起，直径1.5~2mm。花期3~5月，果期8~10月。

分布于长阳、五峰、兴山、宜昌、秭归，生于海拔900m以下的山坡灌丛中。

## 刺果卫矛 *Euonymus acanthocarpus* Franch.

卫矛属 *Euonymus* L.

灌木；叶革质，长方椭圆形或长方卵形，长7~12cm，宽3~5.5cm，先端急尖，基部阔楔形，边缘具不明显浅齿，侧脉5~8对；叶柄长1~2cm。2~3次分枝的聚伞花序；花黄绿色，直径6~8mm；萼片近圆形；花瓣近倒卵形，基部窄缩成短爪；花盘近圆形；雄蕊具明显花丝；子房有柱状花柱，柱头不膨大。蒴果成熟时棕褐带红，近球状，直径连刺1~1.2cm，刺密集，针刺状，长约1.5mm；种子外被橙黄色假种皮。花期5月，果期9~10月。

分布于长阳、五峰、兴山、宜昌、秭归，生于海拔400~1200m的林中。

## 卫矛 *Euonymus alatus* (Thunb.) Sieb. 卫矛属 *Euonymus* L.

灌木；小枝常具2~4列宽阔木栓翅。叶卵状椭圆形至窄长椭圆形，长2~8cm，宽1~3cm，边缘具细锯齿，两面光滑无毛；叶柄长1~3mm。聚伞花序1~3花；花序梗长约1cm，小花梗长5mm；花白绿色，直径约8mm，4数；萼片半圆形；花瓣近圆形；雄蕊着生花盘边缘处，花丝极短，开花后稍增长，花药宽阔长方形，2室顶裂。蒴果1~4深裂，裂瓣椭圆状，长7~8mm；种子椭圆状或阔椭圆状，长5~6mm，种皮褐色或浅棕色，假种皮橙红色，全包种子。花期5~6月，果期7~10月。

宜昌市各地均有分布，生于海拔1600m以下的山地林中或灌丛中。

## 百齿卫矛 *Euonymus centidens* H. Lév. 卫矛属 *Euonymus* L.

灌木；小枝常有窄翅棱。叶近革质，窄长椭圆形或近长倒卵形，长3~10cm，宽1.5~4cm，先端长渐尖，叶缘具密而深的尖锯齿；近无柄。聚伞花序1~3花，花序梗长达1cm，小花梗常稍短；花4数，直径约6mm，淡黄色；萼片齿端常具黑色腺点；花瓣长圆形；花盘近方形；雄蕊无花丝，花药顶裂；子房四棱方锥状。蒴果4深裂，成熟裂瓣1~4，每裂内常有1粒种子；种子长圆状，长约5mm，直径约4mm，假种皮黄红色，覆盖于种子向轴面的一半，末端窄缩呈脊状。花期6月，果期9~10月。

分布于五峰、宜昌，生于海拔1300m左右的山坡灌丛中。

## 角翅卫矛 *Euonymus cornutoides* Loes.　　卫矛属 *Euonymus* L.

灌木；叶薄革质，披针形，长 6~11cm，宽 8~15mm，先端窄长渐尖，基部楔形，边缘有细密浅锯齿，侧脉 7~11 对，在叶缘处常稍作波状折曲；叶柄长 3~6mm。聚伞花序，花序梗长 3~5cm；小花梗长 1~1.2cm，中央花小花梗稍细长；花紫红色，直径约 1cm，花 4 数及 5 数并存；萼片肾圆形；花瓣倒卵形或近圆形；花盘近圆形；雄蕊着生花盘边缘，无花丝；子房无花柱。蒴果具 4 或 5 翅，近球状，直径连翅 2.5~3.5cm，翅长 5~10mm，向尖端渐窄；果序梗长 3.5~8cm；种子阔椭圆状，包于橙色假种皮中。花期 5 月，果期 9~10 月。

分布于长阳、五峰、兴山、宜昌，生于海拔 900~2200m 的山坡林下或灌丛中。

## 裂果卫矛 *Euonymus dielsianus* Loes.　　卫矛属 *Euonymus* L.

小乔木；叶片革质，窄长椭圆形或长倒卵形，长 4~12cm，宽 2~4.5cm，先端渐尖，近全缘，少有疏浅小锯齿；叶柄长达 1cm。聚伞花序，花序梗长达 1.5cm；小花梗长 3~5mm；花 4 数，直径约 5mm，黄绿色；萼片较阔圆形，边缘具锯齿；花瓣长圆形，边缘稍呈浅齿状；花盘近方形；雄蕊花丝极短，着生花盘角上，花药近顶裂；子房 4 棱形，柱头细小头状。蒴果 4 深裂，裂瓣卵状，长约 8mm，每裂有成熟种子 1 粒；种子长圆状，长约 5mm，假种皮橘红色，盔状，包围种子上半部。花期 6~7 月，果期 9~10 月。

分布于五峰、兴山、宜昌，生于海拔 1500m 以下的山地林中。

## 鸦椿卫矛 *Euonymus euscaphis* Hand.-Mazz.

卫矛属 *Euonymus* L.

灌木；直立或倾斜。叶革质，披针形，长6~18cm，宽1~3cm，先端渐尖，基部近圆形或阔楔形，边缘具浅细锯齿；叶柄短或近无柄。聚伞花序3~7花，花序梗细，长达1.5cm；小花梗与之近等长或稍短；花4数，绿白色，直径约8mm；雄蕊无花丝。蒴果4深裂，裂瓣卵圆状，长达8mm，种子每瓣内1粒，包围在橘红色假种皮内。花期4~5月，果期9~10月。

分布于五峰、兴山，生于海拔700~1000m的山坡灌丛中。

## 扶芳藤 *Euonymus fortunei* (Turcz.) Hand.-Mazz.

卫矛属 *Euonymus* L.

常绿木质藤本灌木；叶薄革质，椭圆形或长方椭圆形，长3.5~8cm，宽1.5~4cm，先端钝或急尖，基部楔形，边缘齿浅不明显；叶柄长3~6mm。聚伞花序3~4次分枝，花序梗长1.5~3cm，小花梗长约5mm；花白绿色，4数；花盘方形，直径约2.5mm；花丝细长，花药圆心形；子房三角锥状，花柱长约1mm。蒴果粉红色，近球状，直径6~12mm；果序梗长2~3.5cm；小果梗长5~8mm；种子长方椭圆状，棕褐色，假种皮鲜红色，全包种子。花期6月，果期10月。

分布于长阳、当阳、五峰、兴山、宜昌、宜都、远安、秭归，生于海拔1400m以下的山地林中，常附生于树上或岩石上。

## 西南卫矛 *Euonymus hamiltonianus* Wall. 卫矛属 *Euonymus* L.

落叶小乔木；小枝的棱上有时具4条极窄木栓棱。叶卵状椭圆形、长方椭圆形或椭圆披针形，长7~12cm，宽7cm，先端渐尖，基部楔形，边缘具细锯齿，侧脉8~9对，叶柄长1~2cm。聚伞花序，总花梗长2~3cm，花梗长6~8mm；花绿白色，直径约1cm；4基数，萼片半圆形，花瓣和椭圆形，花盘4裂，雄蕊花丝被短柔毛；子房与花盘贴生。蒴果粉红色，倒三角形，直径1~1.5cm。种子长4~6mm，具橙红色假种皮。花期5~6月，果期9~10月。

分布于长阳、当阳、五峰、兴山、宜昌，生于海拔800~2000m的山地林中。

## 冬青卫矛 *Euonymus japonicus* Thunb. 卫矛属 *Euonymus* L.

常绿灌木；叶革质，倒卵形或椭圆形，长3~5cm，宽2~3cm，先端圆阔或急尖，基部楔形，边缘具有浅细钝齿；叶柄长约1cm。聚伞花序5~12花，花序梗长2~5cm，2~3次分枝；小花梗长3~5mm；花白绿色，直径5~7mm；花瓣近卵圆形，长宽各约2mm，雄蕊花药长圆状，花丝长2~4mm；子房每室2枚胚珠，着生中轴顶部。蒴果近球状，直径约8mm，淡红色；种子每室1粒，顶生，椭圆状，长约6mm，直径约4mm；假种皮橘红色，全包种子。花期6~7月，果熟期9~10月。

宜昌各地栽培。

## 白杜 *Euonymus maackii* Rupr

卫矛属 *Euonymus* L.

小乔木；叶卵状椭圆形或卵圆形，长 4~8cm，宽 2~5cm，先端长渐尖，基部阔楔形，边缘具细锯齿；叶柄通常细长，常为叶片的 1/4~1/3。聚伞花序 3 至多花，花序梗略扁，长 1~2cm；花 4 数，淡白绿色或黄绿色，直径约 8mm；小花梗长 2.5~4mm；雄蕊花药紫红色，花丝细长，长 1~2mm。蒴果倒圆心状，4 浅裂，长 6~8mm，直径 9~10mm，成熟后果皮粉红色；种子长椭圆状，长 5~6mm，直径约 4mm，种皮棕黄色，假种皮橙红色，全包种子，成熟后顶端常有小口。花期 5~6 月，果期 9 月。

分布于兴山、宜昌，生于海拔 1000m 以上的山坡灌丛中或林缘。

## 小果卫矛 *Euonymus microcarpus* (Oliv. ex Loes.) Sprague

卫矛属 *Euonymus* L.

常绿灌木；叶薄革质，椭圆形或阔倒卵形，长 4~7cm，宽 2.5~4cm，先端急尖，基部楔形，边缘有微齿或近全缘，侧脉 6~10 对；叶柄长 8~20mm。聚伞花序 1~4 次分枝，花序梗长 2~4cm；小花梗长 2~5mm；花黄绿色，萼片扁圆，花瓣近圆形，花盘方圆，雄蕊着生花盘边缘处，子房具极短花柱。蒴果近长圆状，4 浅裂，裂片向外平展，长 5~10mm；种子棕红色，长圆状，长约 5mm，外被橘黄色假种皮。花期 4~5 月，果期 9~10 月。

分布于长阳、当阳、兴山、宜昌、秭归，生于海拔 1000m 以下的山坡灌丛中。

## 大果卫矛 *Euonymus myrianthus* Hemsl.　　卫矛属 *Euonymus* L.

常绿灌木；叶革质，窄倒卵形或窄椭圆形，长 5~13cm，宽 3~4.5cm，先端渐尖，基部楔形，边缘常呈波状或具明显钝锯齿，侧脉 5~7 对，与三生脉呈明显网状；叶柄长 5~10mm。聚伞花序；花序梗长 2~4cm，小花梗长约 7mm，均具 4 棱；花黄色，直径达 10mm；萼片近圆形；花瓣近倒卵形；花盘四角有圆形裂片；雄蕊着生裂片中央小突起上，花丝极短或无；子房锥状，有短壮花柱。蒴果黄色，多呈倒卵状，长 1.5cm，直径约 1cm，假种皮橘黄色。花期 4~5 月，果期 10 月。

分布于五峰、兴山、宜昌，生于海拔 2000m 以下的山地林中。

## 栓翅卫矛 *Euonymus phellomanus* Loes.　　卫矛属 *Euonymus* L.

落叶灌木；枝常具 4 纵列木栓厚翅。叶长椭圆形或略呈椭圆倒披针形，长 6~11cm，宽 2~4cm，先端窄长渐尖，边缘具细密锯齿；叶柄长 8~15mm。聚伞花序 2~3 次分枝，有花 7~15 朵；花序梗长 10~15mm，第一次分枝长 2~3mm，第二次分枝极短；小花梗长达 5mm；花白绿色，直径约 8mm，4 数；雄蕊花丝长 2~3mm；花柱短，长 1~1.5mm，柱头圆钝不膨大。蒴果 4 棱，倒圆心状，长 7~9mm，直径约 1cm，粉红色；种子椭圆状，长 5~6mm，直径 3~4mm，假种皮橘红色，包被种子全部。花期 7 月，果期 9~10 月。

分布于兴山，生于海拔 1000~2300m 的山坡灌丛或疏林中。

## 石枣子 *Euonymus sanguineus* Loes.

卫矛属 *Euonymus* L.

小乔木；叶厚纸质至近革质，卵形、卵状椭圆形或长方椭圆形，长 4~9cm，宽 2.5~4.5cm，先端渐尖，基部阔楔形，常稍平截，叶缘具细密锯齿；叶柄长 5~10mm。聚伞花序，梗长 4~6cm，顶端有 3~5 细长分枝，除中央枝单生花，其余常具一对 3 花小聚伞；小花梗长 8~10mm；花白绿色，4 数，直径 6~7mm。蒴果扁球状，直径约 1cm，4 翅略呈三角形，长 4~6mm，先端略窄而钝。花期 4~5 月，果期 9~10 月。

分布于长阳、当阳、五峰、兴山、宜昌、秭归，生于海拔 2300m 以下的山地林缘或灌丛中。

## 曲脉卫矛 *Euonymus venosus* Hemsl.

卫矛属 *Euonymus* L.

灌木；小枝被细密瘤突。叶革质，椭圆披针形或窄椭圆形，长 5~11cm，宽 3~5cm，先端圆钝或急尖，边缘全缘或近全缘，侧脉明显，常折曲 1~3 次，小脉明显，并结成纵向的不规则菱形脉岛，叶背常呈灰绿色；叶柄短，长 3~5mm。聚伞花序多为 1~2 次分枝，小花 3~5~7，稀达 9；花序梗长 1.5~2.5cm，中央小花梗长约 5mm，两侧小花梗长约 2mm；花淡黄色，直径 6~8mm，4 数；雄蕊花丝长 1mm 以上。蒴果球状，有 4 浅沟，直径达 15mm，果皮极平滑，黄白带粉红色；种子每室 1 粒，稍肾状，假种皮橘红色。花期 5~7 月，果期 8~9 月。

分布于五峰、兴山、宜昌，生于海拔 800~1800m 的山地林中。

## 刺茶裸实 *Gymnosporia variabilis* (Hemsl.) Loes.　　裸实属 *Gymnosporia* (Wight & Arn.) Benth. & Hook.f.

常绿灌木；小枝先端粗壮刺状。叶纸质，窄椭圆形，长3~12cm，宽1~4cm，先端急尖，基部楔形，边缘具浅锯齿；叶柄长3~6mm。聚伞花序，花序梗长3~13mm；花淡黄色，萼片卵形；花瓣长圆形；雄蕊较花瓣稍短，花盘较圆而肥厚；柱头3裂。蒴果三角宽倒卵状，长1.2~1.5cm，红紫色，3室，每室常只有1粒种子成熟；种子倒卵柱状，基部具浅杯状淡黄色假种皮。花期6~10月，果期7~12月。

分布于长阳、兴山、宜昌、秭归，生于海拔600m以下的山坡灌丛中。

## 核子木 *Perrottetia racemosa* (Oliv.) Loes.　　核子木属 *Perrottetia* Kunth

灌木；叶互生，纸质，长椭圆形，长5~15cm，宽2.5~5.5cm，先端长渐尖，基部阔楔形，边缘有细锯齿；叶柄长6~20mm。花白色，呈窄总状聚伞花序；花5数，单性为主，雌雄异株；雄花直径约3mm，花萼花瓣紧密排列，花瓣稍大，花盘平薄，花丝细长，子房细小不育；雌花花萼和花瓣均直立，花盘浅杯状，雄蕊退化，子房2室，每室2枚胚珠，花柱2裂。果序长穗状，长4~7cm。浆果红色，近球状，直径约3mm；种子每室1~2粒，细小。花期4~5月，果期9~10月。

生于长阳、兴山、宜昌，生于海拔1100m以下的山地林中。

## 无须藤 *Hosiea sinensis* (Oliv.) Hemsl. & E. H. Wilson　无须藤属 *Hosiea* Hemsl. & E. H. Wilson

攀缘藤本；具明显皮孔。叶纸质，三角状卵形或心状卵形，长 4~13cm，宽 3~9cm，先端长渐尖，基部心形，两面均被短柔毛，幼时较密，老叶近无毛，边缘具粗齿，侧脉约 6 对；叶柄长 2~7.5cm。聚伞花序，花小，两性；花梗长 0.3~0.5cm；花萼小，5 深裂，裂片长卵形；花瓣 5，绿色，基部联合，先端渐尖呈外折的尾；雄蕊 5；子房卵形，柱头 4 裂。核果扁椭圆形，长 1.5~1.8cm，成熟时红色，种子 1 粒。花期 4~5 月，果期 6~8 月。

分布于长阳、五峰、兴山、宜昌，生于海拔 800~2100m 的山坡灌丛或疏林中。

## 马比木 *Nothapodytes pittosporoides* (Oliv.) Sleumer　假柴龙树属 *Nothapodytes* Blume

小乔木；叶片长圆形或倒披针形，长 10~15cm，宽 2~4.5cm，先端长渐尖，基部楔形，薄革质，侧脉 6~8 对，全缘；叶柄长 1~3cm。聚伞花序顶生，花萼绿色，钟形，5 裂齿，裂齿三角形；花瓣黄色，条形，先端反折，外面被糙伏毛，里面被长柔毛；花丝基部稍粗，花药卵形；子房近球形，密被长硬毛。核果椭圆形，熟时红色，长 1~2cm，径 0.6~0.8cm，先端明显具鳞脐。花期 4~6 月，果期 6~8 月。

分布于五峰、兴山、宜昌，生于海拔 1600m 以下的山坡林中。

## 青皮木 *Schoepfia jasminodora* Sieb. et Zucc.

青皮木属 *Schoepfia* Schreb.

落叶小乔木；叶纸质，卵形或长卵形，长 3.5~7cm，宽 2~5cm，顶端近尾状，基部圆形；侧脉每边 4~5 条；叶柄长 2~3mm，红色。螺旋状聚伞花序，总花梗长 1~2.5cm，红色；花萼筒杯状，上端有 4~5 枚小萼齿；无副萼，花冠钟形，白色或浅黄色，先端具 4~5 枚小裂齿，裂齿外卷，雄蕊着生处有短毛；柱头常伸出花冠管外。果椭圆状，长约 1~1.2cm，直径 5~8mm，成熟时几全部为增大呈壶状的花萼筒所包围。花期 3~5 月，果期 4~6 月。

分布于长阳、五峰、兴山、宜昌，生于海拔 500~1500m 的山地林中。

## 锈毛钝果寄生 *Taxillus levinei* (Merr.) H. S. Kiu

钝果寄生属 *Taxillus* Tiegh.

寄生性灌木；嫩枝、叶、花序和花均密被锈色星状毛。叶互生或近对生，革质，长圆形，长 4~10cm，宽 2~4.5cm，先端圆钝，基部近圆形，上面无毛，下面被绒毛；叶柄长 6~15mm。伞形花序，1~2 个腋生，具花 1~3 朵；花红色，花托卵球形；副萼环状；花冠花蕾时管状，长 2~2.2cm，顶部卵球形。果卵球形，长约 6mm，直径 4mm，黄色。花期 9~12 月，果期翌年 4~5 月。

分布于长阳、五峰、兴山、宜昌、宜都、远安，生于海拔 600~1600m 的山坡林中，寄生于壳斗科、茶科、蔷薇科等植物的树上。

## 槲寄生 *Viscum coloratum* (Kom.) Nakai

槲寄生属 *Viscum* L.

灌木；茎、枝均圆柱状，节稍膨大，小枝节间长5~10cm，粗3~5mm。叶对生，革质，长椭圆形至椭圆状披针形，长3~7cm，宽0.7~1.5cm，顶端圆形，基部渐狭；基出脉3~5条。雌雄异株。雄花序聚伞状，通常具花3朵，中央的花具2苞片或无，雄花萼片4。雌花序聚伞式穗状，具花3~5朵；苞片阔三角形；雌花花托卵球形，萼片4，柱头乳头状。果球形，直径6~8mm，成熟时淡黄色。花期4~5月，果期9~11月。

分布于长阳、当阳、五峰、兴山、宜昌、远安，生于海拔500m左右的山坡林中，多寄生于杨柳科、榆科、蔷薇科的植物上。

## 米面蓊 *Buckleya henryi* Diels

米面蓊属 *Buckleya* Torrey

落叶半寄生灌木；叶对生，纸质，卵形至狭卵状披针形，长2~8cm，宽1~3cm，先端尾状渐尖，有褐色鳞片状短凸尖，近无柄。花单性，雌雄异株。雄花小，绿白色，聚伞花序；总花梗长1~2cm；花被裂片4；雄蕊4，与花被裂片对生。雌花单生于枝顶或腋生，有时2~3朵呈总状花序；叶状苞片4，位于子房上端，与4枚花被裂片互生，宿存，花后增大；子房下位。核果倒卵形或椭圆形，长约1~1.5cm；顶端叶状苞片长约1cm。花期5月，果期8~10月。

分布于秭归，生于海拔800~1700m的山地林中。

## 黄背勾儿茶 *Berchemia flavescens* (Wall.) Brongn.　勾儿茶属 *Berchemia* Neck. ex DC.

藤状灌木；叶纸质，卵圆形、卵状椭圆形或矩圆形，长7~15cm，宽3~7cm，顶端钝或圆形，具小突尖，基部圆形，侧脉每边12~18条；叶柄长1.3~2.5cm；托叶早落。花黄绿色，长约1.5mm，常数花簇生呈窄聚伞圆锥花序，花梗长2~3mm；萼片卵状三角形；花瓣倒卵形，稍短于萼片；雄蕊与花瓣等长。核果近圆柱形，长7~11mm，直径4~5mm，顶端具小尖头，基部有盘状的宿存花盘，成熟时紫红色或紫黑色。花期6~8月，果期翌年5~7月。

分布于五峰、兴山、秭归，生于海拔1200~2400m的林缘或山坡灌丛中。

## 多花勾儿茶 *Berchemia floribunda* (Wall.) Brongn.　勾儿茶属 *Berchemia* Neck. ex DC.

藤状灌木；叶纸质，椭圆形至矩圆形，长达11cm，宽达6.5cm，顶端钝，基部圆形，侧脉每边9~12条；叶柄长1~2cm；托叶狭披针形，宿存。花多数呈顶生宽聚伞圆锥花序，花序长可达15cm；花芽卵球形，顶端急狭成锐尖；花梗长1~2mm；萼三角形，顶端尖；花瓣倒卵形，雄蕊与花瓣等长。核果圆柱状椭圆形，长7~10mm，直径4~5mm；果梗长2~3mm，无毛。花期7~10月，果期翌年4~7月。

分布于长阳、五峰、兴山、宜昌、秭归，生于海拔2000m以下的山坡灌丛。

## 牯岭勾儿茶 *Berchemia kulingensis* C. K. Schneid.

勾儿茶属 *Berchemia* Neck. ex DC.

藤状或攀缘灌木；叶纸质，卵状椭圆形或卵状矩圆形，长 2~6.5cm，宽 1.5~3.5cm，顶端钝圆，具小尖头，基部圆形，两面无毛，侧脉每边 7~10 条；叶柄长 6~10mm；托叶披针形，基部合生。花绿色，通常 2~3 花簇生，排成近无梗或具短总梗的疏散聚伞总状花序，花梗长 2~3mm；萼片三角形，顶端渐尖，边缘被疏缘毛；花瓣倒卵形。核果长圆柱形，长 7~9mm，直径 3.5~4mm，红色，成熟时黑紫色，基部宿存的花盘盘状；果梗长 2~4mm，无毛。花期 6~7 月，果期翌年 4~6 月。

分布于当阳、五峰、远安，生于海拔 300~1500m 的山坡林中或灌丛中。

## 光枝勾儿茶 *Berchemia polyphylla* var. *leioclada* (Hand.-Mazz.) Hand.-Mazz.

勾儿茶属 *Berchemia* Neck. ex DC.

藤状灌木；叶纸质，卵状椭圆形、卵状矩圆形或椭圆形，长 1.5~4cm，宽 0.8~2cm，顶端钝，基部圆形，两面无毛，侧脉每边 7~9 条；叶柄长 3~6mm，疏被短柔毛；托叶小，披针状钻形，宿存。花浅绿色，常 2~10 花簇生呈聚伞总状，花序顶生，花序轴无毛，花梗长 2~5mm；萼片卵状三角形；花瓣近圆形。核果圆柱形，长 7~9mm，直径 3~3.5mm，成熟时红色，后变黑色，基部有宿存的花盘和萼筒；果梗长 3~6mm。花期 5~9 月，果期 7~11 月。

分布于兴山、宜昌、秭归，生于海拔 200~1900m 的山坡灌丛中。

## 勾儿茶 *Berchemia sinica* C. K. Schneid. 勾儿茶属 *Berchemia* Neck. ex DC.

藤状或攀缘灌木；叶纸质，互生或在短枝顶端簇生，卵状椭圆形，长 3~6cm，宽 1.6~3.5cm，顶端圆形，具小尖头，基部圆形或近心形，上面绿色，下面灰白色，仅脉腋被疏微毛，侧脉每边 8~10 条；叶柄长 1.2~2.6cm，带红色。花黄色或淡绿色，单生或数个簇生，在侧枝顶端排成具短分枝的窄聚伞状圆锥花序，花序轴长达 10cm，或为腋生总状花序。核果圆柱形，长 5~9mm，直径 2.5~3mm，成熟时紫红色或黑色；果梗长 3mm。花期 6~8 月，果期翌年 5~6 月。

分布于兴山、宜昌，生于海拔 1000~2000m 的山坡灌丛或疏林中。

## 小勾儿茶 *Berchemiella wilsonii* (C. K. Schneid.) Nakai 小勾儿茶属 *Berchemiella* Nakai

落叶灌木；小枝具密而明显的皮孔。叶纸质，互生，椭圆形，长 7~10cm，宽 3~5cm，顶端钝，基部圆形，不对称，仅脉腋微被髯毛，侧脉每边 8~10 条；叶柄长 4~5mm；托叶三角形。顶生聚伞总状花序，长 3.5cm；花淡绿色，萼片三角状卵形，花瓣宽倒卵形，顶端微凹，基部具短爪，子房基部为花盘所包围，花柱短，2 浅裂。果圆柱形，长 7~9mm，直径 3~4mm，成熟时黑色。花期 5 月，果期 7 月。

分布于长阳、五峰，生于海拔 400~1300m 的山坡林中。

## 枳椇 *Hovenia acerba* Lindl.　　枳椇属 *Hovenia* Thunb.

乔木；小枝皮孔明显。叶互生，厚纸质，宽卵形、椭圆状卵形或心形，长 8~17cm，宽 6~12cm，顶端长渐尖，基部截形或心形，边缘具细锯齿，下面沿脉或脉腋常被短柔毛；叶柄长 2~5cm。二歧式聚伞圆锥花序，被棕色短柔毛；花两性，直径 5~6.5mm；萼片具网状脉或纵条纹，长 1.9~2.2mm，宽 1.3~2mm；花瓣椭圆状匙形，长 2~2.2mm，宽 1.6~2mm；花盘被柔毛；花柱半裂，无毛。浆果状核果近球形，直径 5~6.5mm，成熟时黄褐色或棕褐色；果序轴明显膨大；种子直径 3.2~4.5mm。花期 5~7 月，果期 8~10 月。

分布于长阳、五峰、兴山、宜昌、宜都、秭归，生于海拔 1200m 以下的山地林中或林缘。

## 铜钱树 *Paliurus hemsleyanus* Rehder ex Schir. & Olabi　　马甲子属 *Paliurus* Mill.

乔木；叶互生，厚纸质，宽椭圆形或卵状椭圆形，长 4~12cm，宽 3~9cm，顶端渐尖，基部偏斜，宽楔形，边缘具锯齿，基生三出脉；叶柄长 0.6~2cm；无托叶刺，但幼树叶柄基部有 2 个针刺。聚伞花序或聚伞圆锥花序；萼片三角形；花盘五边形，5 浅裂；子房 3 室，每室具 1 枚胚珠，花柱 3 深裂。核果草帽状，周围具革质宽翅，红褐色或紫红色，直径 2~3.8cm；果梗长 1.2~1.5cm。花期 4~6 月，果期 7~9 月。

分布于长阳、当阳、五峰、兴山、宜昌、远安、秭归，生于海拔 400~1200m 的山地林中。

## 猫乳 *Rhamnella franguloides* (Maxim.) Weberb.　　猫乳属 *Rhamnella* Miq.

落叶小乔木；幼枝被柔毛。叶倒卵状矩圆形至长椭圆形，长 4~12cm，宽 2~5cm，顶端尾状渐尖，基部圆形，稍偏斜，边缘具细锯齿，下面被柔毛，侧脉每边 5~13 条；叶柄长 2~6mm，被密柔毛；托叶披针形，宿存。聚伞花序，花黄绿色，两性；萼片三角状卵形，花瓣宽倒卵形，花梗被疏毛或无毛。核果圆柱形，长 7~9mm，直径 3~4.5mm，成熟时红色或橘红色。花期 5~7 月，果期 7~10 月。

分布于长阳、五峰、兴山、宜昌、秭归，生于海拔 1200m 以下的山地林中。

## 多脉猫乳 *Rhamnella martini* (H. Lév.) C. K. Schneid.　　猫乳属 *Rhamnella* Miq.

小乔木；幼枝无毛。叶纸质，长椭圆形或矩圆状椭圆形，长 4~11cm，近圆形，稍偏斜，边缘具细锯齿，侧脉每边 6~8 条；叶柄长 2~4mm；托叶钻形，基部宿存。腋生聚伞花序，无毛，总花梗极短或长不超过 2mm；花小，黄绿色，萼片卵状三角形，顶端锐尖，花瓣倒卵形，顶端微凹；花梗长 2~3mm。核果近圆柱形，长 8mm，直径 3~3.5mm，成熟时或干后变黑紫色；果梗长 3~4mm。花期 4~6 月，果期 7~9 月。

分布于五峰、兴山、宜昌、秭归，生于海拔 1200m 以下的林中。

## 长叶冻绿 *Rhamnus crenata* Sieb. & Zucc.

鼠李属 *Rhamnus* L.

落叶灌木；叶纸质，倒卵状椭圆形、椭圆形或倒卵形，长 4~14cm，宽 2~5cm，顶端渐尖至短凸尖，基部楔形，边缘具锯齿，下面被柔毛，侧脉每边 7~12 条；叶柄长 4~10mm，被密柔毛。花数个腋生聚伞花序，总花梗长 4~10，花梗被短柔毛；萼片三角形与萼管等长；花瓣近圆形，顶端 2 裂；雄蕊与花瓣等长而短于萼片；子房球形，无毛。核果球形，成熟时黑色或紫黑色，长 5~6mm，直径 6~7mm，果梗长 3~6mm，具 3 粒分核。花期 5~8 月，果期 8~10 月。

分布于长阳、当阳、五峰、兴山、宜昌、宜都、远安、秭归，生于海拔 1800m 以下的灌丛中。

## 异叶鼠李 *Rhamnus heterophylla* Oliv.

鼠李属 *Rhamnus* L.

矮小灌木；枝无刺，幼枝被密短柔毛。叶纸质，互生，小叶近圆形或卵圆形，长 0.5~1.5cm，顶端圆形；大叶矩圆形，长 1.5~4.5cm，宽 1~2.2cm，顶端锐尖，常具小尖头，基部近圆形，边缘具锯齿；侧脉每边 2~4 条，叶柄长 2~7mm；托叶宿存。花单性，雌雄异株，5 基数；萼片外面被疏柔毛；雄花的花瓣匙形，具退化雌蕊，子房不发育；雌花花瓣小，2 浅裂，早落，退化雄蕊小，子房球形，花柱 3 半裂。核果球形，基部有宿存的萼筒，成熟时黑色。花期 5~8 月，果期 9~12 月。

分布于兴山、宜昌、秭归，生于海拔 1500m 以下的山坡灌丛中或林缘。

## 湖北鼠李 *Rhamnus hupehensis* C. K. Schneid.　　鼠李属 *Rhamnus* L.

无刺灌木；叶纸质或薄纸质，互生，脱落，椭圆形或矩圆状卵形，长5~11cm，宽2.5~5cm，顶端渐尖，基部楔形，边缘有钩状锯齿，上面深绿色，下面浅绿色，两面无毛，侧脉每边5~8条；叶柄长1~1.5cm；托叶早落。核果常1~2颗生于短枝上部叶腋，倒卵状球形，直径5~7mm，成熟时黑色，具2~3粒分核，基部有宿存的萼筒；果梗长7~8mm；种子矩圆状倒卵圆形，长5~7mm，紫黑色。花期4~5月，果期6~10月。

分布于五峰、兴山，生于海拔800~1500m的山地林中或灌丛中。

## 桃叶鼠李 *Rhamnus iteinophylla* C. K. Schneid.　　鼠李属 *Rhamnus* L.

灌木；枝端有时具刺。叶纸质，对生或近对生，在短枝上丛生，狭椭圆形或倒披针状椭圆形，长4~10cm，宽1~2.2cm，顶端尾状长渐尖，基部楔形，边缘具锯齿，下面脉腋被簇毛；侧脉每边5~7条；叶柄长2~6mm；托叶披针形。花单性，雌雄异株，4基数；雄花数朵簇生于短枝端；雌花通常1至数朵簇生于短枝顶端叶腋，退化雄蕊极小。核果倒卵状球形，直径3.5~4mm，紫黑色，顶端常有残存的花柱，基部有宿存的萼筒。花期4~5月，果期7~10月。

分布于五峰、兴山，生于海拔1300m以上的山地林中。

## 钩齿鼠李 *Rhamnus lamprophylla* C. K. Schneid.

鼠李属 *Rhamnus* L.

灌木；全株无毛，小枝互生，枝端刺状。叶纸质，互生或在短枝上簇生，长椭圆形或椭圆形，长 5~12cm，宽 2~5.5cm，顶端尾状渐尖，基部楔形，边缘有锯齿，侧脉每边 4~6 条；叶柄长 5~10mm；托叶早落。花单性，雌雄异株，4 基数，黄绿色；雄花数朵腋生或在短枝端和当年生枝下部簇生；雌花数朵簇生，花柱 2~3 浅裂。核果倒卵状球形，长 6~7mm，直径约 5mm，成熟时黑色；种子矩圆状倒卵圆形，暗褐色。花期 4~5 月，果期 6~9 月。

分布于长阳、五峰、兴山、宜昌，生于海拔 400~1400m 的山地林中或林缘。

## 薄叶鼠李 *Rhamnus leptophylla* C. K. Schneid.

鼠李属 *Rhamnus* L.

灌木；小枝对生或近对生，枝端刺。叶纸质，对生或近对生，或在短枝上簇生，倒卵形至倒卵状椭圆形，长 3~8cm，宽 2~5cm，顶端短突尖，基部楔形，边缘具锯齿，上面无毛，下面仅脉腋被簇毛，侧脉每边 3~5 条；叶柄长 0.8~2cm；托叶早落。花单性，雌雄异株，4 基数；雄花 10~20 朵簇生于短枝端；雌花数朵簇生于短枝端或长枝下部叶腋，退化雄蕊极小，花柱 2 半裂。核果球形，直径 4~6mm，萼筒宿存，成熟时黑色；种子宽倒卵圆形。花期 3~5 月，果期 5~10 月。

分布于长阳、五峰、兴山、宜昌、宜都、秭归，生于海拔 1800m 以下的山坡林下或灌丛中。

## 尼泊尔鼠李 *Rhamnus napalensis* (Wall.) M. A. Lawson 鼠李属 *Rhamnus* L.

藤状灌木；幼枝被柔毛。叶厚纸质，大小异形，互生，小叶卵圆形，长 2~5cm，宽 1.5~2.5cm；大叶宽椭圆形，长 6~20cm，宽 3~10cm，顶端圆形，基部圆形，边缘具锯齿，仅下面脉腋被簇毛，侧脉每边 5~9 条；叶柄长 1.3~2cm。腋生聚伞总状花序或聚伞圆锥花序；花单性，雌雄异株，5 基数；萼片长三角形，花瓣匙形；雌花的花瓣早落，具退化雄蕊，子房球形。核果倒卵状球形，长约 6mm，直径 5~6mm，基部有宿存的萼筒。花期 5~9 月，果期 8~11 月。

分布于长阳，生于海拔 1200m 以下的山坡灌丛中。

## 皱叶鼠李 *Rhamnus rugulosa* Hemsl. 鼠李属 *Rhamnus* L.

灌木；嫩枝被细短柔毛，后脱落，枝端有针刺。叶厚纸质，互生或簇生，倒卵状椭圆形或卵状椭圆形，长 3~10cm，宽 2~6cm，顶端锐尖，基部圆形，边缘具锯齿，上面被短柔毛，下面密被白色短柔毛，侧脉每边 5~8 条；叶柄长 5~16mm；托叶早落。花单性，雌雄异株，黄绿色，4 基数，有花瓣；雄花数朵，雌花簇生于当年生枝下部或短枝顶端，雌花有退化雄蕊，子房球形。核果倒卵状球形或圆球形，长 6~8mm，直径 4~7mm，成熟时紫黑色，基部有宿存的萼筒；种子矩圆状倒卵圆形。花期 4~5 月，果期 6~9 月。

分布于五峰、兴山、宜昌，生于海拔 300~1600m 的山坡或路边灌丛中。

## 冻绿 *Rhamnus utilis* Decne.

鼠李属 *Rhamnus* L.

灌木；小枝对生或近对生，枝端常具针刺。叶纸质，对生或近对生，椭圆形、矩圆形或倒卵状椭圆形，长 4~15cm，宽 2~6.5cm，顶端突尖，基部楔形，边缘具锯齿，下面沿脉或脉腋被柔毛；侧脉每边 5~6 条，叶柄长 0.5~1.5cm；托叶披针形。雌雄异株，4 基数；雄花数朵簇生于叶腋或小枝下部，具退化雌蕊；雌花 2~6 朵簇生于叶腋或小枝下部，退化雄蕊小。核果圆球形，成熟时黑色。花期 4~6 月，果期 5~8 月。

分布于长阳、当阳、五峰、兴山、宜昌、秭归，生于海拔 1400m 以下的山坡灌丛中或疏林中。

## 毛冻绿 *Rhamnus utilis* var. *hypochrysa* (C. K. Schneid.) Rehder

鼠李属 *Rhamnus* L.

此变种与原变种的区别在于：当年生枝、叶柄和花梗均被白色短柔毛，叶较小，两面特别下面有金黄色柔毛。

分布于宜昌，生于海拔 700m 以下的山坡灌丛中。

## 梗花雀梅藤 *Sageretia henryi* J. R. Drumm. & Sprague　雀梅藤属 *Sageretia* Brongniart

藤状灌木；叶互生或近对生，纸质，矩圆形或卵状椭圆形，长5~12cm，宽2.5~5cm，顶端尾状渐尖，基部宽楔形，边缘具细锯齿；侧脉每边5~7条；叶柄长5~13mm；托叶钻形，长1~1.5mm。花白色或黄白色，单生或数朵簇生排成疏散的总状；花序轴无毛，长3~17cm；萼片卵状三角形，顶端尖；花瓣白色，匙形，顶端微凹；子房3室，每室具1枚胚珠。核果椭圆形或倒卵状球形，长5~6mm，直径4~5mm，成熟时紫红色；果梗长1~4mm；种子扁平，两端凹入。花期7~11月，果期翌年3~6月。

分布于五峰、兴山、宜昌、秭归，生于海拔500~1200m的林中或灌丛中。

## 皱叶雀梅藤 *Sageretia rugosa* Hance　雀梅藤属 *Sageretia* Brongniart

藤状或直立灌木；幼枝和小枝被锈色柔毛，侧枝有时缩短呈钩状。叶纸质，互生或近对生，卵状矩圆形或卵形，长3~8cm，宽2~5cm，顶端锐尖，基部近圆形，边缘具细锯齿，幼叶上面常被白色绒毛，后脱落，下面被锈色或灰白色绒毛；侧脉每边6~8条；叶柄长3~8mm，被密短柔毛。花无梗，排成穗状或穗状圆锥花序；花序轴被密柔毛；花萼外面被柔毛，萼片三角形；花瓣匙形，顶端2浅裂；雄蕊与花瓣等长或稍长；子房藏于花盘内，花柱短，柱头不分裂。核果圆球形，成熟时红色或紫红色；种子扁平。花期7~12月，果期翌年3~4月。

分布于长阳、五峰，生于海拔1000m以下的山坡灌丛中。

## 雀梅藤 *Sageretia thea* (Osbeck) M. C. Johnst.

雀梅藤属 *Sageretia* Brongniart

藤状灌木；小枝具刺，被短柔毛。叶纸质，近对生或互生，常椭圆形、矩圆形或卵状椭圆形，长1~4.5cm，宽0.7~2.5cm，顶端锐尖或钝，基部圆形，边缘具细锯齿，侧脉每边3~5条；叶柄长2~7mm。花无梗，黄色，数朵簇生呈疏散穗状或圆锥状穗状花序；花序轴被毛；花萼萼片三角形，花瓣匙形，花柱极短。核果近圆球形，直径约5mm，成熟时黑色或紫黑色；种子扁平。花期7~11月，果期翌年3~5月。

分布于长阳、五峰、兴山、宜昌、秭归，生于海拔1500m以下的山坡疏林中或灌丛中。

## 枣 *Ziziphus jujuba* Mill.

枣属 *Ziziphus* Mill.

落叶小乔木；具2个托叶刺，刺可达3cm。叶纸质，卵形或卵状椭圆形；长3~7cm，宽1.5~4cm，顶端钝或圆形，基部近圆形，边缘具锯齿；基生三出脉；叶柄长1~6mm。花黄绿色，两性，5基数，单生或2~8朵密集呈腋生聚伞花序；花梗长2~3mm；萼片卵状三角形；花瓣倒卵圆形；子房下部藏于花盘内，花柱2半裂。核果矩圆形或长卵圆形，长2~3.5cm，直径1.5~2cm，成熟时红色，后变红紫色；种子扁椭圆形，长约1cm，宽8mm。花期5~7月，果期8~9月。

宜昌各地栽培。

## 窄叶木半夏 *Elaeagnus angustata* (Rehder) C. Y. Chang　　胡颓子属 *Elaeagnus* L.

落叶灌木；幼枝密被锈色鳞片。叶纸质，披针形，长 3~9cm，宽 1.2~2.2cm，顶端渐尖，基部微钝形，边缘全缘，上面幼时具白色星状柔毛，后无毛，下面银白色，被圆形鳞片；侧脉 7~10 对。花淡白色，下垂，密被银白色和少数褐色鳞片；花梗纤细，细长；萼筒阔钟形；雄蕊 4；花柱直立，上部弯曲。果实椭圆形，长 14mm，直径 5mm，成熟时红色，被白色和褐色鳞片；果梗长 15~25mm。花期 4~5 月，果期 7~8 月。

分布于长阳，生于海拔 1600~2000m 的山坡灌丛中。

## 长叶胡颓子 *Elaeagnus bockii* Diels　　胡颓子属 *Elaeagnus* L.

常绿直立灌木；常具粗壮的刺，幼枝密被锈色或褐色鳞片，后脱落。叶近革质，窄椭圆形或窄矩圆形，长 4~9cm，宽 1~3.5cm，两端渐尖，上面幼时被褐色鳞片，成熟后脱落，下面银白色，密被银白色和散生少数褐色鳞片，侧脉 5~7 对；叶柄长 5~8mm。花白色，密被鳞片，常呈伞形总状花序；花梗长 3~5mm；萼筒在花蕾时四棱形，开放后圆筒形或漏斗状圆筒形；雄蕊 4；花柱直立，顶端弯曲。果实短矩圆形，长 9~10mm，成熟时红色，果肉较薄；果梗长 4~6mm。花期 10~11 月，果期翌年 4 月。

分布于兴山、五峰、宜昌、秭归，生于海拔 400~1200m 的山坡灌丛中。

## 巴东胡颓子 *Elaeagnus difficilis* Serv.

胡颓子属 *Elaeagnus* L.

常绿直立灌木；幼枝褐锈色，密被鳞片，老枝鳞片脱落。叶纸质，椭圆形或椭圆状披针形，长7~13.5cm，宽3~6cm，顶端渐尖，基部楔形，全缘，上面幼时散生锈色鳞片，后脱落，下面灰褐色或淡绿褐色，密被锈色和淡黄色鳞片，侧脉6~9对；叶柄长8~12mm。花深褐色，密被鳞片，数花呈伞形总状花序；萼筒钟形，在子房上骤收缩；雄蕊的花丝极短；花柱弯曲。果实长椭圆形，长14~17mm，直径7~9mm，被锈色鳞片，成熟时橘红色。花期11月至翌年3月，果期4~5月。

分布于长阳、五峰、兴山、宜昌、秭归，生于海拔600~1400m的山坡林中。

## 宜昌胡颓子 *Elaeagnus henryi* Warb. ex Diels

胡颓子属 *Elaeagnus* L.

常绿直立具刺灌木；幼枝淡褐色，被鳞片，后脱落。叶革质，阔椭圆形或倒卵状阔椭圆形，长6~15cm，宽3~6cm，顶端渐尖，基部阔楔形，全缘，上面幼时被褐色鳞片，下面密被白色和褐色鳞片，侧脉5~7对；叶柄长8~15mm。短总状花序，花淡白色；萼筒圆筒状漏斗形，裂片三角形；雄蕊的花丝极短；花柱直立或稍弯曲。果实矩圆形，长18mm，幼时被银白色和褐色鳞片，成熟时红色。花期10~11月，果期翌年4月。

分布于长阳、五峰、兴山、宜昌，生于海拔400~2000m的山坡疏林中或灌丛中。

## 披针叶胡颓子 *Elaeagnus lanceolata* Warb.　　胡颓子属 *Elaeagnus* L.

常绿直立或蔓状灌木；叶革质，披针形或椭圆状披针形，长 5~14cm，宽 1.5~3.6cm，顶端渐尖，基部圆形，边缘全缘，反卷，上面幼时被褐色鳞片，下面银白色，密被银白色鳞片和鳞毛；侧脉 8~12 对。花淡黄白色，下垂，密被银白色和散生少褐色鳞片和鳞毛，常呈伞形总状花序；花梗长 3~5mm；萼筒圆筒形，裂片宽三角形；雄蕊的花丝极短；花柱直立。果实椭圆形，长 12~15mm，直径 5~6mm，密被褐色或银白色鳞片，成熟时红黄色。花期 8~10 月，果期翌年 4~5 月。

分布于长阳、五峰、兴山、宜昌、秭归，生于海拔 500~2000m 的山坡灌丛中。

## 木半夏 *Elaeagnus multiflora* Thunb.　　胡颓子属 *Elaeagnus* L.

落叶直立灌木；幼枝密被锈色或深褐色鳞片，后脱落。叶纸质，椭圆形至倒卵状阔椭圆形，长 3~7cm，宽 1.2~4cm，顶端钝尖，基部钝形，全缘，上面幼时具白色鳞片或鳞毛，后脱落，下面灰白色，密被银白色和散生少数褐色鳞片；侧脉 5~7 对。花白色，常单生叶腋；花梗长 4~8mm；萼筒圆筒形，裂片宽卵形；雄蕊着生花萼筒喉部稍下面；花柱直立，微弯曲。果实椭圆形，长 12~14mm，密被锈色鳞片，成熟时红色；果梗长 15~49mm。花期 5 月，果期 6~7 月。

分布于长阳、五峰、兴山、宜昌，生于海拔 1800m 以下的山坡灌丛中。

## 胡颓子 *Elaeagnus pungens* Thunb.

胡颓子属 *Elaeagnus* L.

常绿直立灌木；具刺，幼枝微扁棱形，密被锈色鳞片，后脱落。叶革质，椭圆形或阔椭圆形，长5~10cm，宽1.8~5cm，两端钝形或基部圆形；上面幼时具银白色和褐色鳞片，后脱落，下面密被银白色和褐色鳞片，侧脉7~9对；叶柄长5~8mm。花白色，下垂，1~3花生于叶腋锈色短小枝上；萼筒圆筒形，在子房上骤收缩，裂片三角形；雄蕊的花丝极短；花柱直立。果实椭圆形，长12~14mm，幼时被褐色鳞片，成熟时红色，果核内面具白色丝状棉毛；果梗长4~6mm。花期9~12月，果期翌年4~6月。

分布于秭归，生于海拔1500m以下的山坡灌丛中或疏林中。

## 牛奶子 *Elaeagnus umbellata* Thunb.

胡颓子属 *Elaeagnus* L.

落叶直立灌木；具刺，幼枝密被银白色和少数黄褐色鳞片，后脱落。叶纸质，椭圆形至卵状椭圆形，长3~8cm，宽1~3.2cm，顶端钝形，基部楔形，全缘；上面幼时具白色星状短柔毛或鳞片，后脱落，下面密被银白色和少数褐色鳞片；侧脉5~7对，叶柄长5~7mm。花黄白色，密被盾形鳞片；萼筒圆筒状漏斗形，裂片卵状三角形；雄蕊的花丝极短；花柱直立。果实几球形或卵圆形，长5~7mm，被银白色或有时全被褐色鳞片，成熟时红色。花期4~5月，果期7~8月。

分布于五峰、兴山、宜昌，生于海拔1800m以下的山坡疏林下和灌丛中。

## 蓝果蛇葡萄 *Ampelopsis bodinieri* (H. Lév. & Vaniot) Rehder　　蛇葡萄属 *Ampelopsis* Michx.

木质藤本；卷须2叉分枝，相隔2节间断与叶对生。叶片卵圆形或卵椭圆形，不分裂或上部微3浅裂，长7~12.5cm，宽5~12cm，顶端急尖，基部心形，边缘每侧有9~19尖锯齿；基出脉5；叶柄长2~6cm。复二歧聚伞花序；萼浅碟形，萼齿不明显；花瓣5，长椭圆形；雄蕊5，花盘明显，5浅裂；子房圆锥形。果实近球圆形，直径0.6~0.8cm，有种子3~4粒，种子倒卵椭圆形。花期4~6月，果期7~8月。

分布于长阳、当阳、五峰、兴山、远安、宜昌、宜都、秭归，生于1200m以下的灌丛或疏林下。

## 羽叶蛇葡萄 *Ampelopsis chaffanjonii* (H. Lév.) Rehder　　蛇葡萄属 *Ampelopsis* Michx.

木质藤本；卷须2叉分枝，相隔2节间断与叶对生。叶为一回羽状复叶，常有小叶2~3对，小叶长椭圆形或卵椭圆形，长7~15cm，宽3~7cm，顶端渐尖，基部阔楔形，边缘有5~11尖锐细锯齿；侧脉5~7对；叶柄长2~4.5cm。伞房状多歧聚伞花序；萼碟形，萼片阔三角形；花瓣5，卵椭圆形；雄蕊5，花药卵椭圆形；花盘发达，波状浅裂；子房下部与花盘合生，花柱钻形。果实近球形，直径0.8~1cm，种子倒卵形。花期5~7月，果期7~9月。

分布于长阳、五峰、兴山、秭归，生于海拔1200m以下的山坡灌丛中。

## 三裂蛇葡萄 *Ampelopsis delavayana* Planch. ex Franch.　　蛇葡萄属 *Ampelopsis* Michx.

木质藤本；卷须2~3叉，相隔2节间断与叶对生。叶为3小叶，中央小叶披针形，长5~13cm，宽2~4cm，顶端渐尖，基部近圆形；侧生小叶卵椭圆形，长4.5~11.5cm，宽2~4cm，基部不对称，近截形，边缘有粗锯齿，侧脉5~7对。多歧聚伞花序，萼碟形，边缘呈波状浅裂；花瓣5，卵椭圆形；雄蕊5，花药卵圆形，花盘明显，5浅裂；花柱明显，柱头不明显扩大。果实近球形，直径0.8cm；种子倒卵圆形。花期6~8月，果期9~11月。

分布于长阳、当阳、五峰、兴山、宜昌、宜都、远安、秭归、枝江，生于海拔1000m以下的山坡灌丛中。

## 掌裂蛇葡萄 *Ampelopsis delavayana* var. *glabra* (Diels & Gilg) C. L. Li　　蛇葡萄属 *Ampelopsis* Michx.

本变种与原变种区别在于，3~5小叶，植株光滑无毛。花期5~6月，果期7~9月。

分布于长阳、兴山、宜昌、秭归，生于海拔800m以下的路边灌丛中。

## 蛇葡萄 *Ampelopsis glandulosa* (Wall.) Momiy.

蛇葡萄属 *Ampelopsis* Michx.

木质藤本；小枝圆柱状；卷须2~3分枝。单叶互生，叶片卵圆形或卵椭圆形，不分裂或上部微3~5浅裂；叶柄1~7cm；叶片长3.5~14cm，宽3~11cm，基出脉5条，侧脉4~5对，基部心形，边缘有锐齿，先端锐尖。二歧聚伞花序，花序梗长1~2.5cm，花梗长1~3mm；花蕾卵球形，先端圆形；花瓣卵形或椭圆形，长0.8~1.8mm；雄蕊5，花药狭椭圆形；子房下部与花盘合生，花盘略微扩大。浆果直径5~8mm，有2~4粒种子。种子狭椭圆形。花期4~8月，果期7~10月。

宜昌市各地均有分布，生于海拔1000m以下的路边灌丛中。

## 白蔹 *Ampelopsis japonica* (Thunb.) Makino

蛇葡萄属 *Ampelopsis* Michx.

木质藤本；卷须不分枝或卷须顶端有短的分叉，相隔3节以上间断与叶对生。叶为掌状3~5小叶，一部分羽状深裂，一部分羽状缺刻，裂片卵形至披针形，中间裂片最长，两侧较小，叶轴有宽翅，裂片基部有关节，两面无毛；叶柄较叶片短。聚伞花序通常集生于花序梗顶端；花序梗长1.5~5cm，花梗极短；萼碟形，边缘呈波状浅裂；花瓣5，卵圆形；雄蕊5，花药卵圆形；花盘发达，边缘波状浅裂；子房下部与花盘合生，花柱短棒状。果实球形，直径0.8~1cm，有种子1~3粒；种子倒卵形。花期5~6月，果期7~9月。

宜昌市各地均有分布，生于海拔1000m以下的山坡灌丛中或林下。

## 异叶地锦 *Parthenocissus dalzielii* Gagnep.　　地锦属 *Parthenocissus* Planch.

木质藤本；卷须总状5~8分枝，卷须顶端呈吸盘状。两型叶，单叶为卵圆形，长3~7cm，宽2~5cm，顶端渐尖，基部心形或微心形，边缘有4~5细牙齿，3小叶，中央小叶长椭圆形，侧生小叶卵椭圆形；叶柄长5~20cm。多歧聚伞花序，萼碟形，边缘呈波状或近全缘；花瓣4，倒卵椭圆形；雄蕊5，花药椭圆形；花盘不明显，子房近球形。果实近球形，直径0.8~1cm，成熟时紫黑色；种子倒卵形。花期5~7月，果期7~11月。

分布于长阳、五峰、兴山、宜昌、宜都，生于海拔1200m以下的山坡，常附生于石上或树上。

## 花叶地锦 *Parthenocissus henryana* (C. B. Clarke) Ridley　　地锦属 *Parthenocissus* Planch.

木质藤本；小枝四棱形；卷须总状4~7分枝，相隔2节间断与叶对生，卷须顶端扩大呈吸盘状。叶为掌状5小叶，小叶倒卵形，长3~10cm，宽1.5~5cm，顶端急尖，基部楔形，边缘具锯齿，侧脉3~6对；叶柄长2.5~8cm，小叶柄长0.3~1.5cm。圆锥状多歧聚伞花序，假顶生；萼碟形；花瓣5，长椭圆形；雄蕊5，花盘不明显；子房卵状椭圆形。果实近球形；种子倒卵形，花期5~7月，果期8~10月。

分布于长阳、五峰、兴山、宜昌、秭归，生于海拔600m以下的岩石上或树上。

## 三叶地锦 *Parthenocissus semicordata* Planch.

地锦属 *Parthenocissus* Planch.

木质藤本；卷须总状4~6分枝，相隔2节间断与叶对生，顶端扩大呈吸盘状。叶为3小叶，中央小叶倒卵椭圆形，长6~13cm，宽3~6.5cm，顶端骤尾尖，基部楔形，边缘中部以上具锯齿，侧生小叶卵椭圆形，长5~10cm，宽2~5cm，顶端短尾尖，基部不对称；侧脉4~7对，叶柄长3.5~15cm，小叶几无柄。多歧聚伞花序着生在短枝上；萼碟形，边缘全缘；花瓣5，卵状椭圆形；雄蕊5，花药卵椭圆形，花盘不明显；子房扁球形。果实近球形，直径0.6~0.8cm；种子倒卵形。花期5~7月，果期9~10月。

分布于长阳、当阳、五峰、兴山、远安、宜昌，生于海拔600~1700m的山坡林中或林缘，附生于岩石上或树上。

## 崖爬藤 *Tetrastigma obtectum* Planch. ex Franch.

崖爬藤属 *Tetrastigma* Planch.

半木质化藤本；卷须4~7呈伞状集生，相隔2节间断与叶对生。叶为掌状5小叶，小叶菱状椭圆形，长1~4cm，宽0.5~2cm，顶端渐尖，基部楔形，边缘有锯齿；侧脉4~5对，叶柄长1~4cm，小叶几无柄。多花集生呈单伞形；萼浅碟形，边缘呈波状浅裂；花瓣4；雄蕊4，在雌花内败育；花盘明显，4浅裂；子房锥形。果实球形；种子椭圆形。花期4~6月，果期8~11月。

分布于长阳、五峰、兴山、宜昌、秭归，生于海拔900m的山坡林中，常附生于树上或岩石上。

## 桦叶葡萄 *Vitis betulifolia* Diels & Gilg

葡萄属 *Vitis* L.

木质藤本；卷须2叉分枝，每隔2节间断与叶对生。叶卵圆形或卵椭圆形，长4~12cm，宽3.5~9cm，不分裂或3浅裂，顶端急尖，基部心形，边缘具锯齿；两面初被柔毛，后脱落；基出脉5，中脉有侧脉4~6对；叶柄长2~6.5cm。圆锥花序，与叶对生；萼碟形，边缘膜质，全缘；花瓣5，呈帽状粘合脱落；雄蕊5，花丝丝状，花药椭圆形，雄蕊在雌花内败育；花盘发达，5裂；子房在雌花中卵圆形。果实圆球形，成熟时紫黑色，直径0.8~1cm；种子倒卵形。花期3~6月，果期6~11月。

分布于五峰、兴山、宜昌、秭归，生于海拔1000m以上的山坡、林缘或灌丛中。

## 刺葡萄 *Vitis davidii* (Roman. Du Caill.) Foex.

葡萄属 *Vitis* L.

木质藤本；小枝圆柱形，被皮刺；卷须2叉分枝，每隔2节间断与叶对生。叶卵圆形或卵椭圆形，长5~12cm，宽4~16cm，顶端急尖，基部心形，边缘具锯齿，不分裂或微三浅裂；基生脉5出，中脉有侧脉4~5对，网脉明显，下面常疏生小皮刺。花杂性异株，圆锥花序与叶对生；萼碟形，边缘萼片不明显；花瓣5，呈帽状粘合脱落；雄蕊5，花丝丝状，花药椭圆形，在雌花中败育；花盘发达，5裂；雌蕊1，子房圆锥形。果实球形，成熟时紫红色，直径1.2~2.5cm；种子倒卵椭圆形。花期4~6月，果期7~10月。

分布于长阳、五峰、兴山、宜昌、秭归，生于海拔1500m以下的山坡灌丛中。

## 毛葡萄 *Vitis heyneana* (Batalin) H. Hara　　葡萄属 *Vitis* L.

木质藤本；卷须密被绒毛，2 叉分枝，每隔 2 节间断与叶对生。叶卵圆形，长 4~12cm，宽 3~8cm，顶端急尖，基部心形，边缘具锐锯齿，上面初被绒毛，后脱落，下面密被绒毛；基出脉 3~5；叶柄长 2.5~6cm，密被绒毛。花杂性异株；圆锥花序被蛛丝状绒毛；萼碟形，边缘近全缘；花瓣 5，呈帽状粘合脱落；雄蕊 5，花丝丝状，在雌花内败育；花盘发达，5 裂；雌蕊 1，子房卵圆形。果实圆球形，成熟时紫黑色，直径 1~1.3cm；种子倒卵形。花期 4~6 月，果期 6~10 月。

宜昌市各地均有分布，生于海拔 1500m 以下的山坡灌丛中。

## 变叶葡萄 *Vitis piasezkii* Maxim.　　葡萄属 *Vitis* L.

木质藤本；卷须 2 叉分枝，每隔 2 节间断与叶对生。叶 3~5 小叶或混生有单叶，复叶者中央小叶菱状椭圆形，长 5~12cm，宽 2.5~5cm，顶端急尖，基部楔形，外侧小叶卵椭圆形，每侧具尖锯齿；下面被疏柔毛；基出脉 5；叶柄长 2.5~6cm；托叶早落。圆锥花序与叶对生，萼浅碟形，边缘呈波状；花瓣 5，呈帽状粘合脱落；雄蕊 5，花丝丝状，在雌花中退化；花盘发达，5 裂；子房卵圆形。果实球形，直径 0.8~1.3cm；种子倒卵圆形。花期 6 月，果期 7~9 月。

分布于长阳、五峰、兴山、宜昌、秭归，生于海拔 800m 以上的山坡林缘。

## 华东葡萄 *Vitis pseudoreticulata* W. T. Wang

葡萄属 *Vitis* L.

木质藤本；小枝被显著纵棱；卷须2叉分枝，每隔2节间断与叶对生。叶卵圆形或肾状卵圆形，长6~13cm，宽5~11cm，顶端急尖，基部心形，每侧具锯齿，两面初疏被绒毛，后脱落；基生脉5出，中脉有侧脉3~5对，下面沿侧脉被白色短柔毛；叶柄长3~6cm；托叶早落。圆锥花序，杂性异株；萼碟形，萼齿不明显；花瓣5，呈帽状粘合脱落；雄蕊5，在雌花中败育；花盘发达；雌蕊1，子房锥形。果实成熟时紫黑色，直径0.8~1cm；种子倒卵圆形。花期4~6月，果期6~10月。

分布于长阳、宜昌，生于海拔300m以下的山坡灌丛或林缘。

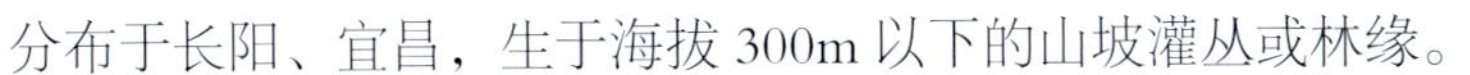

## 葡萄 *Vitis vinifera* L.

葡萄属 *Vitis* L.

木质藤本；卷须2叉分枝，每隔2节间断与叶对生。叶卵圆形，显著3~5浅裂，长7~18cm，宽6~16cm，中裂片顶端急尖，基部深心形，边缘具粗大锯齿，基生脉5出，中脉有侧脉4~5对；叶柄长4~9cm；托叶早落。圆锥花序与叶对生；萼浅碟形，边缘呈波状；花瓣5，呈帽状粘合脱落；雄蕊5，花丝丝状，花药卵圆形，在雌花中败育或完全退化；花盘发达，5浅裂；雌蕊1，在雄花中完全退化，子房卵圆形。果实球形或椭圆形，直径1.5~2cm；种子倒卵椭圆形。花期4~5月，果期8~9月。

宜昌各县市广泛栽培。

## 网脉葡萄 *Vitis wilsoniae* H. J. Veitch　　葡萄属 *Vitis* L.

木质藤本；小枝有纵棱纹，被稀疏褐色蛛丝状绒毛；卷须2叉分枝，每隔2节间断与叶对生。叶心形或卵状椭圆形，长7~16cm，宽5~12cm，顶端急尖，基部心形，边缘具牙齿；基生脉5出，中脉有侧脉4~5对，网脉在成熟叶片上突出；叶柄长4~8cm；托叶早落。圆锥花序与叶对生；萼浅碟形，边缘波状浅裂；花瓣5，呈帽状粘合脱落；雄蕊5，在雌花中败育；花盘发达，5裂；雌蕊1，在雌花中完全退化，子房卵圆形。果实圆球形，直径0.7~1.5cm；种子倒卵椭圆形。花期5~7月，果期6月至翌年1月。

分布于长阳、五峰、兴山、宜昌、秭归，生于海拔600~1600m的山坡林中。

## 武汉葡萄 *Vitis wuhanensis* C. L. Li　　葡萄属 *Vitis* L.

木质藤本；小枝有纵棱纹，疏被绒毛；卷须不分枝，每隔2节间断与叶对生。叶卵形或卵圆形，长3~7cm，宽2.5~6cm，不明显3~5裂，顶端急尖，基部心形，边缘具粗锯齿，上面无毛，下面苍白色，嫩时疏被蛛丝状绒毛，后脱落；基生脉5出，中脉有侧脉4~5对；叶柄长1.5~4cm。花杂性异株；圆锥花序与叶对生；萼碟形，几全缘；花瓣5，呈帽状粘合脱落；雄蕊5，花盘发达，5裂；雌蕊在雄花中退化。果实球形，直径0.6~0.7cm；种子倒卵椭圆形。花期4~5月，果期5~7月。

分布于当阳、远安、宜昌、枝江，生于海拔700m以下的路边灌丛中。

## 俞藤 *Yua thomsonii* (C. B. Clarke) Ridley　　俞藤属 *Yua* C. L. Li

木质藤本；卷须2叉分枝，相隔2节间断与叶对生。叶为掌状5小叶，草质，小叶披针形或，长2.5~7cm，宽1.5~3cm，顶端渐尖，基部楔形，边缘上半部具细锐锯齿，上面绿色，下面淡绿色，常被白色粉霜，侧脉4~6对；小叶柄长2~10cm，叶柄长2.5~6cm。复二歧聚伞花序与叶对生；萼碟形，边缘全缘；花瓣5，花蕾时粘合，后展开脱落，雄蕊5；花柱细，柱头不明显扩大。果实近球形，直径1~1.3cm，紫黑色；种子梨形。花期5~6月，果期7~9月。

分布于长阳、五峰、兴山、宜昌、秭归，生于海拔1300m以下的山坡林中。

## 酸橙 *Citrus* × *aurantium* L.　　柑橘属 *Citrus* L.

常绿小乔木；多刺，徒长枝刺长达8cm。叶卵状长圆形或椭圆形，长5~10cm，宽0.5~3cm，全缘或具浅齿；叶柄翅倒卵形，长1~3cm，宽0.6~1.5cm，稀叶柄无翅。总状花序少花，或腋生单花。花径2~3.5cm；花萼5浅裂；雄蕊20~25，基部合生成多束。果球形或扁球形，果皮厚，难剥离，橙黄或朱红色，油胞大，凹凸不平，果肉味酸，有时带苦味。花期4~5月，果期9~12月。

宜昌各地栽培。

## 宜昌橙 *Citrus cavaleriei* H. Lév. ex Cavalier　　柑橘属 *Citrus* L.

小乔木；枝干多劲直锐刺，刺长 1~2.5cm。叶卵状披针形，长达 2~8cm，宽 0.7~4.5cm，顶部渐狭尖，全缘或叶缘有甚细小的钝裂齿；翼叶比叶身略短小至稍较长。花常单生于叶腋；萼 5 浅裂；花瓣淡紫红色或白色；雄蕊 20~30，花丝合生成多束；花柱比花瓣短，早落。果扁圆形或圆球形，纵径 3~5cm，横径 4~6cm，淡黄色；果皮厚 3~6mm，果心实，瓢囊 7~10 瓣，果肉甚酸；种子 30 粒以上，近圆形。花期 5~6 月，果期 10~11 月。

分布于长阳、五峰、兴山、宜昌、秭归，生于海拔 1600m 以下的灌丛或林中。

## 柚 *Citrus maxima* (Burm.) Merr.　　柑橘属 *Citrus* L.

常绿乔木；叶革质，阔卵形或椭圆形，连翼叶长 9~16cm，宽 4~8cm，顶端钝或圆，基部圆，翼叶长 2~4cm，宽 0.5~3cm。总状花序或兼有腋生单花；花蕾淡紫红色；花萼不规则 3~5 浅裂；花瓣长 1.5~2cm；雄蕊 25~35；花柱粗长，柱头略较子房大。果圆球形，扁圆形，梨形或阔圆锥状，横径通常 10cm 以上，淡黄或黄绿色，果皮厚，海绵质，油胞大，瓢囊 10~15 瓣或更多；种子多达 200 余粒，形状不规则，常近似长方形。花期 4~5 月，果期 9~12 月。

宜昌各地栽培。

## 柑橘 *Citrus reticulata* Blanco

柑橘属 *Citrus* L.

常绿小乔木；单身复叶，翼叶通常狭窄，叶片披针形，椭圆形或阔卵形，变异较大，顶端常有凹口，叶缘至少上半段常有锯齿。花单生或2~3朵簇生；花萼不规则3~5浅裂；花瓣通常长1.5cm以下；雄蕊20~25；花柱细长，柱头头状。果形多样，通常扁圆形至近圆球形，果皮甚薄而光滑，或厚而粗糙，常淡黄色，橘络呈网状，易分离，瓢囊常7~14瓣，汁胞通常纺锤形；果肉酸或甜；种子或多或少数，常卵形。花期4~5月，果期10~12月。

宜昌各地栽培。

## 枳 *Citrus trifoliata* L.

柑橘属 *Citrus* L.

常绿小乔木；枝绿色，嫩枝扁，有纵棱，刺长达4cm。叶柄有狭长的翼叶，通常指状3出叶，小叶等长或中间的一片较大，长2~5cm，宽1~3cm，对称或两侧不对称，叶缘有细钝裂齿或全缘。花单朵或成对腋生，先叶开放；花径3.5~8cm；萼片长5~7mm；花瓣白色，匙形；雄蕊通常20。果近圆球形，纵径3~4.5cm，横径3.5~6cm，果皮暗黄色，粗糙，果心充实，瓢囊6~8瓣，甚酸且苦；有种子20~50粒；种子阔卵形。花期5~6月，果期10~11月。

宜昌市各地均有分布，生于海拔1500m以下的山坡林中或灌丛中，也常栽培。

## 臭常山 *Orixa japonica* Thunb.　　臭常山属 *Orixa* Thunb.

落叶灌木；髓中空。叶薄纸质，倒卵形，长 4~15cm，宽 2~6cm，先端急尖，基部渐狭，全缘或上部有细钝裂齿，嫩叶背面被长柔毛；叶柄长 3~8mm。雄花序长 2~5cm，苞片阔卵形；萼片细小；花瓣比苞片小，狭长圆形；雄蕊与花瓣互生。雌花的萼片及花瓣形状与大小均与雄花近似，4 枚靠合的心皮圆球形，花柱短，粘合。成熟分果瓣阔椭圆形，径 6~8mm，每分果瓣由顶端起沿腹及背缝线开裂，内有近圆形的种子 1 粒。花期 4~5 月，果期 9~11 月。

分布于兴山、宜昌，生于海拔 500~1500m 的灌丛中或疏林中。

## 黄檗 *Phellodendron amurense* Rupr.　　黄檗属 *Phellodendron* Rupr.

落叶小乔木；树皮鲜黄色，味苦，粘质。叶轴和叶柄均纤细，小叶 5~13，纸质，卵状披针形或卵形，长 6~12cm，宽 2.5~4.5cm，顶部长渐尖，基部阔楔形，叶缘具细钝齿和缘毛，叶面无毛或中脉被疏短毛，叶背仅基部中脉两侧密被长柔毛。花序顶生；萼片细小，阔卵形；花瓣紫绿色，长 3~4mm；雄花的雄蕊比花瓣长，退化雌蕊短小。果序较疏松，果圆球形，径约 1cm，蓝黑色，通常有 5~8 浅纵沟，干后较明显；种子通常 5 粒。花期 5~6 月，果期 9~10 月。

栽培于长阳、五峰、兴山、宜昌、宜都、秭归等地。

## 川黄檗 *Phellodendron chinense* C. K. Schneid.　　黄檗属 *Phellodendron* Rupr.

落叶乔木；内皮黄色。叶轴及叶柄粗壮，密被柔毛；小叶 7~15，纸质，长圆状披针形，长 8~15cm，宽 3.5~6cm，顶部渐尖，基部阔楔形。两侧常不对称，边缘全缘或浅波浪状，叶背密被长柔毛或至少在叶脉上被毛；小叶柄长 1~3mm，被毛。花序顶生，花密集，花序轴密被短柔毛。果多数密集成团，果椭圆形或近圆球形，径约 1cm，蓝黑色，有分核 5~8 粒；种子 5~8 粒，长 6~7mm，厚 4~5mm，一端微尖，有细网纹。花期 5~6 月，果期 9~11 月。

分布于长阳、五峰、兴山、宜昌、秭归，生于海拔 500~2100m 的山地林中。

## 黑果茵芋 *Skimmia melanocarpa* Rehder & E. H. Wilson.　　茵芋属 *Skimmia* Thunb.

常绿灌木；叶片椭圆形至披针形，长 3~7cm，宽 1.5~2.5cm，顶部渐尖，叶面沿中脉密被短柔毛；叶柄长 5~10mm。花淡黄白色，单性或两性或杂性异株，花密集，组成圆锥花序；萼片阔卵形；花瓣 5，雄花的花瓣常反折，倒披针形或长圆形；雄蕊与花瓣等长或稍长，两性花的雄蕊比花瓣短；花柱圆柱状，子房近圆球形。果蓝黑色，近圆球形，径约 8mm，通常 5 室，有分核 3~4 粒。花期 3~5 月，果期 9~11 月。

分布于五峰、兴山，生于海拔 1800~2200m 的山地林下。

## 茵芋 *Skimmia reevesiana* R. Fortune　　茵芋属 *Skimmia* Thunb.

常绿灌木；小枝常中空。叶有柑橘叶的香气，革质，集生于枝上部，叶片椭圆形至倒披针形，顶部短尖，基部阔楔形，长 5~12cm，宽 1.5~4cm；叶柄长 5~10mm。花序轴及花梗均被短细毛，花芳香，淡黄白色，顶生圆锥花序，花密集；萼片及花瓣均 5；萼片半圆形；花瓣黄白色；雄蕊与花瓣同数而等长或较长，花柱在花盛开时伸长，柱头增大；雄花的退化雄蕊棒状，子房近球形，柱头头状；雄花的退化雌蕊扁球形，顶部短尖。果圆或椭圆形，长 8~15mm，红色，有种子 2~4 粒；种子扁卵形。花期 3~5 月，果期 9~11 月。

分布于五峰、宜昌，生于海拔 600~2100m 的山地林下。

## 臭辣树 *Tetradium glabrifolium* (Champ. ex Benth.) T. G. Hartley　　四数花属 *Tetradium* Lour.

落叶乔木；奇数羽状复叶，小叶 5~9，小叶斜卵形至斜披针形，长 8~16cm，宽 3~7cm，基部通常一侧圆，另一侧楔尖，两侧甚不对称，叶面无毛，叶背灰绿色，沿中脉两侧被灰白色卷曲长毛，叶缘波纹状或有细钝齿，侧脉每边 8~14 条；小叶柄短。花序顶生，花 5 基数；萼片卵形；花瓣腹面被短柔毛；雄花的雄蕊花丝中部以下被长柔毛，退化雌蕊顶部 5 深裂；雌花的退化雄蕊甚短，子房近圆球形，无毛。成熟心皮常 4~5，紫红色，每分果瓣有 1 粒种子；种子褐黑色，有光泽。花期 6~8 月，果期 8~10 月。

分布于长阳、兴山、五峰、宜昌、秭归，生于海拔 500~1500m 的山地林中。

## 吴茱萸 *Tetradium ruticarpum* (A. Juss.) T. G. Hartley　　四数花属 *Tetradium* Lour.

落叶小乔木；小叶5~11，小叶纸质，卵形至椭圆形，长6~18cm，宽3~7cm，两侧对称或一侧的基部稍偏斜，全缘或浅波浪状，小叶两面及叶轴被长柔毛，油点大且多。花序顶生；雄花序的花彼此疏离，雌花序的花密集或疏离；萼片及花瓣均5；雄花花瓣腹面被疏长毛，退化雌蕊4~5深裂；雌花花瓣腹面被毛，具退化雄蕊，子房被长柔毛。果序暗紫红色，有大油点，每分果瓣有1粒种子；种子近圆球形，褐黑色，有光泽。花期4~6月，果期8~11月。

分布于长阳、五峰、兴山、宜昌、宜都、秭归，生于海拔1300m以下的山地林中或栽培。

## 飞龙掌血 *Toddalia asiatica* (L.) Lam.　　飞龙掌血属 *Toddalia* A. Juss.

常绿木质藤本；茎枝及叶轴具刺。小叶卵形至倒卵状椭圆形，长5~9cm，宽2~4cm，顶部尾状长尖，叶缘有细裂齿，侧脉多而细。花淡黄白色，萼片边缘被短毛，花瓣长2~3.5mm，雄花序为伞房状圆锥花序，雌花序呈聚伞圆锥花序。果橙红色，径8~10mm，有4~8条纵向浅沟纹；种子长5~6mm，厚约4mm，种皮褐黑色，有极细小的窝点。多于夏季开花，果期多在秋冬季。

分布于长阳、五峰、兴山、宜昌、秭归，生于海拔1800m以下的山坡灌丛或疏林下。

## 竹叶花椒 *Zanthoxylum armatum* DC.　　花椒属 *Zanthoxylum* L.

落叶小乔木；茎枝多锐刺，刺基部宽而扁。小叶 3~9，翼叶明显；小叶对生，常披针形，长 3~12cm，宽 1~3cm，先端渐尖，基部楔形，叶缘具疏离的裂齿或近全缘；小叶近无柄；小叶背面中脉上常有小刺。花被片 6~8；雄花的雄蕊 5~6，不育雌蕊垫状凸起；雌花有心皮 3~2 枚，不育雄蕊短线状。果紫红色，有微凸起少数油点；种子直径 3~4mm。花期 4~5 月，果期 8~10 月。

分布于长阳、五峰、兴山、宜昌、远安、秭归，生于海拔 2000m 以下的山坡灌丛或疏林中。

## 花椒 *Zanthoxylum bungeanum* Maxim.　　花椒属 *Zanthoxylum* L.

落叶小乔木；茎杆具短刺。小叶 5~13，叶轴常有狭窄的叶翼；小叶对生，无柄，卵形或椭圆形，顶生叶片较大，长 2~7cm，宽 1~3.5cm，叶缘有细裂齿，齿缝有油点；叶背中脉两侧有丛毛。花序顶生，花序轴及花梗密被短柔毛或无毛；花被片 6~8，黄绿色；雄花的雄蕊 5~8；退化雌蕊顶端叉状浅裂；雌花很少有发育雄蕊，有心皮 3 或 2 枚。果紫红色，单个分果瓣径 4~5mm，散生微凸起的油点，顶端有短的芒尖或无；种子长 3.5~4.5mm。花期 4~5 月，果期 8~10 月。

宜昌市各地均有分布，分布于 2000m 以下的山坡灌丛或栽培。

## 异叶花椒 *Zanthoxylum dimorphophyllum* Hemsl.

花椒属 *Zanthoxylum* L.

落叶乔木；单叶、三出复叶或有2~5小叶；小叶卵形或椭圆形，长4~9cm，宽2~3.5cm，顶部钝，常有浅凹缺，两侧对称，叶缘具明显的钝裂齿，油点多，网脉明显，叶面中脉被微柔毛。花序顶生；花被片6~8，大小不相等，形状略不相同，上宽下窄，顶端；雄花的雄蕊常6，退化雌蕊垫状；雌花的退化雄蕊5或4，长约为子房的一半，心皮2~3枚，花柱斜向背弯。分果瓣紫红色，幼嫩时常被疏短毛，径6~8mm；基部有极短的狭柄，油点稀少，顶侧有短芒尖；种子径5~7mm。花期4~6月，果期9~11月。

分布于长阳、五峰、兴山、宜昌、秭归，生于海拔1600m以下的山坡灌丛中。

## 蚬壳花椒 *Zanthoxylum dissitum* Hemsl.

花椒属 *Zanthoxylum* L.

常绿攀缘藤本；枝干、叶轴及小叶中脉上常具刺。叶有小叶5~9，小叶互生或近对生，小叶椭圆形或披针形，长达20cm，宽1~8cm，全缘，常两侧对称，先端渐尖，近革质；小叶柄长3~10mm。花序腋生，花序轴被短细毛，萼片及花瓣均4；萼片紫绿色，宽卵形；花瓣淡黄绿色，宽卵形；雄花的花梗长1~3mm，雄蕊4，退化雌蕊顶端4浅裂；雌花无退化雄蕊。果密集于果序上，果梗短；果成熟红色，外果皮比内果皮宽大，外果皮平滑，边缘较薄，长10~15mm；种子径8~10mm。花期4~5月，果期9~10月。

分布于长阳、五峰、兴山、宜昌、秭归，生于海拔300~1400m的山地林中或灌丛中。

## 小花花椒 *Zanthoxylum micranthum* Hemsl.　　花椒属 *Zanthoxylum* L.

落叶乔木；茎枝有稀疏短锐刺。小叶 9~17，对生，披针形，长 5~8cm，宽 1~3cm，先端渐尖，基部宽楔形，两面无毛，油点多，叶缘有裂齿，侧脉每边 8~12 条；小叶柄长 1.5~5mm。花序顶生，多花；萼片及花瓣均 5；萼片宽卵形；花瓣淡黄白色；雄花的雄蕊 5，退化雌蕊极短，3 浅裂或不裂；雌花的心皮 3 枚，稀 4 枚。分果瓣淡紫红色，干后淡灰黄或灰褐色，径约 5mm，油点小；种子长不超过 4mm。花期 7~8 月，果期 10~11 月。

分布于长阳、五峰、兴山、宜昌、秭归，生于海拔 900m 以下的山坡疏林中。

## 野花椒 *Zanthoxylum simulans* Hance　　花椒属 *Zanthoxylum* L.

落叶灌木；枝干具锐刺。小叶 5~15，叶轴有狭窄的叶质边缘；小叶对生，近无柄，卵形或披针形，长 2.5~7cm，宽 1.5~4cm，两侧略不对称，先端急尖，常有凹口，油点多，叶面常被有刚毛状细刺，叶缘有钝裂齿。花序顶生；花被片 5~8，狭披针形、宽卵形或近于三角形，淡黄绿色；雄花的雄蕊 5~8；雌花的花被片为狭长披针形；心皮 2~3 枚。果红褐色，分果瓣基部变狭窄且略延长 1~2mm 呈柄状，油点多；种子长约 4~4.5mm。花期 3~5 月，果期 7~9 月。

宜昌市各地均有分布，生于海拔 1200m 以下的山坡灌丛中。

## 狭叶花椒 *Zanthoxylum stenophyllum* Hemsl.

花椒属 *Zanthoxylum* L.

小乔木或灌木；小枝和小叶背面中脉常有锐刺。小叶9~23；小叶互生，披针形，长2~11cm，宽1~4cm，先端长渐尖，基部楔形，叶缘有裂齿；小叶柄长1~3mm，腹面被短柔毛。伞房状聚伞花序顶生；雄花的花梗长2~5mm；雌花梗长6~15mm，紫红色；萼片及花瓣均4，雄蕊4，具退化雌蕊；雌花无退化雄蕊，花柱短。果梗长1~3cm，与分果瓣同色；分果瓣淡紫红色或鲜红色，径4.5~5mm，顶端具芒尖，油点干后常凹陷；种子径约4mm。花期5~6月，果期8~9月。

分布于五峰、兴山、宜昌，生于海拔1000~1800m的山地林中或灌丛中。

## 波叶花椒 *Zanthoxylum undulatifolium* Hemsl.

花椒属 *Zanthoxylum* L.

落叶小乔木；小叶3~7，小叶卵形或卵状披针形，长3~8cm，宽1.5~3.5cm，先端渐尖，基部宽楔形，叶缘波浪状，有裂齿，侧脉每边6~10条，顶生小叶最大且有长6~10mm的小叶柄，侧生小叶近无柄。顶生的伞房状聚伞花序；花被片5~8。果梗及分果瓣红褐色，果梗长7~14mm，3~5梗聚生于同一总梗顶部；单个分果瓣径约5mm，油点大，凹陷；种子径约4mm。花期4~5月，果期8~10月。

分布于长阳、兴山、宜昌、秭归，生于海拔1000~1600m的山地林中或灌丛中。

## 臭椿 *Ailanthus altissima* (Mill.) Swingle

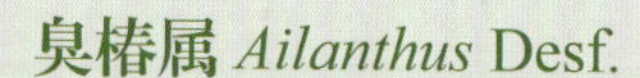
臭椿属 *Ailanthus* Desf.

落叶乔木；叶为奇数羽状复叶，长 40~60cm，叶柄长 7~13cm，有小叶 13~27；小叶对生，纸质，卵状披针形，长 7~13cm，宽 2.5~4cm，先端长渐尖，基部偏斜，截形，两侧各具 1~2 粗锯齿，齿背有腺体 1 个，叶揉碎后具臭味。圆锥花序，花淡绿色；萼片 5，覆瓦状排列；花瓣 5，基部两侧被硬粗毛；雄蕊 10；心皮 5 枚，柱头 5 裂。翅果长椭圆形，长 3~4.5cm，宽 1~1.2cm；种子位于翅的中间，扁圆形。花期 4~5 月，果期 8~10 月。

宜昌市各地均有分布，生于海拔 1000m 以下的路边林中。

## 苦木 *Picrasma quassioides* (C. B. Clarke) Ridley

苦木属 *Picrasma* Blume

落叶乔木；全株有苦味。叶互生，奇数羽状复叶，长 15~30cm；小叶 9~15，卵状披针形，边缘具不整齐的粗锯齿，先端渐尖，基部楔形，除顶生叶外，其余小叶基部均不对称，叶背初背柔毛，后变无毛；托叶披针形。花雌雄异株，组成腋生复聚伞花序；萼片常 5（4），卵形或长卵形；花瓣与萼片同数，卵形或阔卵形；雄花中雄蕊长为花瓣的 2 倍；花盘 4~5 裂；心皮 2~5 枚，分离。核果成熟后蓝绿色，萼宿存。花期 4~5 月，果期 6~9 月。

分布于长阳、五峰、兴山、宜昌、宜都、秭归，生于海拔 1800m 以下的林中。

## 苦楝 *Melia azedarach* L.　　楝属 *Melia* L.

落叶乔木；叶为2~3回奇数羽状复叶，长20~40cm；小叶对生，卵形、椭圆形至披针形，长3~7cm，宽2~3cm，先端短渐尖，基部楔形，边缘有钝锯齿，幼时被星状毛，侧脉每边12~16条。圆锥花序；花萼5深裂，裂片卵形；花瓣淡紫色，倒卵状匙形，长约1cm，两面均被微柔毛；雄蕊管紫色，管口有钻形、2~3齿裂的狭裂片10，花药10个；子房近球形。核果球形至椭圆形，长1~2cm，宽8~15mm；种子椭圆形。花期4~5月，果期10~12月。

宜昌市各地均有分布，生于低海拔的路边或旷野。

## 单叶地黄连 *Munronia unifoliolata* Oliv.　　地黄连属 *Munronia* Wight

矮小亚灌木；高15~30cm，全株被微柔毛。单叶互生，坚纸质，长椭圆形，长3~5.5cm，宽1.3~1.5cm，先端钝圆，基部宽楔形，全缘或有钝齿状裂片1~3，两面均被微柔毛，侧脉每边4~6条。聚伞花序有花1~3朵；萼5裂；花冠白色，长1.7~2cm，花冠管纤细，与裂片等长或更长，裂片倒披针状椭圆形；雄蕊管略突出，裂片10；花盘筒状；子房卵形，被毛，5室。蒴果球形，被柔毛；种子背部半球形。花期7~9月，果期9~10月。

分布于兴山、宜昌、秭归，生于海拔800m以下的的林下岩石缝中。

## 红椿 *Toona ciliata* M. Roem.

香椿属 *Toona* (Endl.) M. Roem.

落叶乔木；羽状复叶长25~40cm，小叶7~8对，小叶近对生，纸质，长圆状卵形，长8~15cm，宽2.5~6cm，先端尾状渐尖，基部一侧圆形，另一侧楔形，全缘，背面脉腋内被毛，侧脉每边12~18条。圆锥花序顶生，常被短硬毛；花萼短，5裂，裂片钝；花瓣5，白色，长圆形；雄蕊5，花盘与子房等长，子房密被长硬毛。蒴果长椭圆形，木质，长2~3.5cm；种子两端具翅。花期4~6月，果期10~12月。

易危种，国家II级保护植物。分布于长阳、五峰、兴山，生于海拔1500m以下的山坡林中。

## 香椿 *Toona sinensis* (Juss.) M. Roem.

香椿属 *Toona* (Endl.) M. Roem.

落叶乔木；树皮片状脱落。偶数羽状复叶；小叶16~20，对生或互生，纸质，卵状披针形，长9~15cm，宽2.5~4cm，先端尾尖，基部一侧圆形，另一侧楔形，边缘常有疏离的小锯齿，两面均无毛，侧脉每边18~24条。圆锥花序，多花；花长4~5mm，具短花梗；花萼5齿裂；花瓣5，白色，长圆形；雄蕊10，其中5枚能育，5枚退化；花盘近念珠状；子房圆锥形，无毛。蒴果狭椭圆形，长2~3.5cm，深褐色，具皮孔；种子上端具膜质的长翅，下端无翅。花期6~8月，果期10~12月。

宜昌市各地均有分布，生于海拔1900m以下的山坡、路边、村旁，常栽培。

## 伞花木 *Eurycorymbus cavaleriei* (H. Lév.) Rehder & Hand.-Mazz.

伞花木属 *Eurycorymbus* Hand.-Mazz.

落叶乔木；小枝被短绒毛。叶连柄长 15~45cm，叶轴被柔毛；小叶 4~10 对，近对生，薄纸质，长圆状披针形或长圆状卵形，长 7~11cm，宽 2.5~3.5cm，顶端渐尖，基部阔楔形，腹面仅中脉上被毛；侧脉约 16 对；小叶柄长约 1cm。花序半球状，极多花，主轴和分枝均被短绒毛；花梗长 2~5mm；萼片卵形，外面被短绒毛；花瓣长约 2mm，外面被长柔毛；花丝长约 4mm；子房被绒毛。蒴果的发育果爿长约 8mm，宽约 7mm，被绒毛；种子黑色，种脐朱红色。花期 5~6 月，果期 10 月。

分布于兴山、宜昌、秭归，生于海拔 1400m 的山坡林中。

## 复羽叶栾树 *Koelreuteria bipinnata* Franch.

栾属 *Koelreuteria* Laxm.

落叶乔木；枝具小疣点。叶平展，二回羽状复叶，长 45~70cm；叶轴和叶柄常被一纵行短柔毛；小叶 9~17，互生，纸质，斜卵形，长 3.5~7cm，宽 2~3.5cm，顶端短渐尖，基部阔楔形，边缘有锯齿，下面密被短柔毛。圆锥花序大型，长 35~70cm，花梗被短柔毛；萼 5 裂达中部，裂片阔卵状三角形；花瓣 4，长圆状披针形；雄蕊 8；子房三棱状长圆形，被柔毛。蒴果椭圆形或近球形，具 3 棱，淡紫红色，老熟时褐色；种子近球形，直径 5~6mm。花期 7~9 月，果期 8~10 月。

宜昌市各地均有分布，生于海拔 1200m 以下的山地疏林中，现多栽培。

## 无患子 *Sapindus saponaria* L.　　无患子属 *Sapindus* L.

落叶乔木；叶连柄长25~45cm，小叶5~8对，近对生，叶片薄纸质，长椭圆状披针形，长7~15cm，宽2~5cm，顶端短尖，基部楔形，稍不对称，两面无毛或背面被微柔毛；侧脉约15~17对；小叶柄长约5mm。圆锥花序顶生，花辐射对称；萼片卵形；花瓣5，披针形，有长爪，外面基部被长柔毛或近无毛，鳞片2个；花盘碟状，无毛；雄蕊8，花丝中部以下密被长柔毛；子房无毛。果近球形，直径2~2.5cm，橙黄色。花期2~3月，果期8~10月。

分布于五峰、兴山、远安、宜昌，生于海拔1500m以下的山地林中。现常栽培。

## 天师栗 *Aesculus chinensis* var. *wilsonii* (Rehder) Turland et N. H. Xia　　七叶树属 *Aesculus* L.

落叶乔木；掌状复叶对生，小叶5~9，长圆倒卵形，先端锐尖，基部阔楔形，边缘具锯齿，长10~25cm，宽4~8cm；下面被柔毛，侧脉20~25对；叶柄长10~15cm，嫩时被毛，后脱落；小叶柄长1.5~2.5cm。花序顶生，长20~30cm，总花梗长8~10cm，花杂性，雄花与两性花同株，雄花生于花序上段，两性花生于其下段；花萼管状；花瓣4，白色；雄蕊6或7；子房上位，3室。蒴果黄褐色，卵圆形，有斑点；种子近于球形，直径2~3.5cm。花期4~5月，果期9~10月。

分布于长阳、五峰、兴山、宜昌、秭归，生于海拔500~1700m的山地林中。

## 伯乐树 *Bretschneidera sinensis* Hemsl.　　伯乐树属 *Bretschneidera* Hemsl.

落叶乔木；小枝具明显皮孔。羽状复叶，小叶 7~15，狭椭圆形，长 6~26cm，宽 3~9cm，全缘，顶端渐尖，基部钝圆，叶背灰白色；叶柄长 10~18cm。花序长 20~36cm；花淡红色，直径约 4cm；花萼直径约 2cm，顶端具短的 5 齿；花瓣阔匙形或倒卵楔形。果椭圆形，直径 2~3.5cm，被柔毛；种子椭圆球形，直径约 1.3cm。花期 5~6 月，果期 8~9 月。

近危种，国家Ⅰ级保护植物。分布于五峰、宜昌，生于海拔 500~1500m 的山地林中。

## 三角枫 *Acer buergerianum* Miq.　　槭属 *Acer* L.

落叶乔木；叶纸质，椭圆形或倒卵形，长 6~10cm，常浅 3 裂，中央裂片三角卵形，侧裂片短钝尖或不发育，基部近于圆形，边缘全缘；下面略被毛，在叶脉上较密；基出脉 3 条；叶柄长 2.5~5cm。顶生伞房花序；萼片 5，黄绿色，卵形；花瓣 5，淡黄色，狭窄披针形或匙状披针形；雄蕊 8；子房密被淡黄色长柔毛。翅果黄褐色；小坚果直径 6mm；翅与小坚果共长 2~2.5cm，宽 9~10mm，张开成锐角。花期 4 月，果期 8 月。

宜昌各地栽培。

## 深灰槭 *Acer caesium* Wall. ex Brandis Miq.　　槭属 *Acer* L.

落叶乔木；叶纸质，基部心脏形，宽 15~21cm，长 12~14cm，常 5 裂，裂片三角形，边缘牙齿状，上面绿色，下面被白粉，主脉 5 条，侧脉 7~9 对均在下面显著；叶柄长 10~15cm。伞房花序顶生，长 6cm，直径约 7cm，总花梗长 2~3cm。花淡黄绿色，杂性，雄花与两性花同株；萼片 5，长圆形或倒卵状长圆形；花瓣 5，白色；倒披针形；雄蕊 8；子房紫色，被疏柔毛。翅果长 4~5cm，张开近于直立，小坚果凸起，深褐色，直径 8mm，嫩时被疏柔毛，翅倒卵形，嫩时淡紫绿色，成熟后淡黄色。花期 5 月，果期 9 月。

分布于兴山，生于海拔 2000m 左右的山地林中。

## 长尾槭 *Acer caudatum* Wall.　　槭属 *Acer* L.

落叶乔木；叶薄纸质，基部心脏形，长 8~12cm，宽 8~12cm；常 5 裂，裂片三角卵形，先端尾状锐尖，边缘具重锯齿；上面叶脉基部被毛，下面嫩时被短柔毛，成熟时仅叶脉被短柔毛；侧脉 10~11 对；叶柄长 5~9cm。花杂性，常呈顶生总状圆锥花序；萼片 5，黄绿色，卵状披针形；花瓣 5，淡黄色，线状长圆形或线状倒披针形；雄蕊 8；子房密被黄色绒毛，花柱长 1.5mm；花梗长 5~8mm。翅果淡黄褐色，小坚果椭圆形，翅与小坚果长 2.5~2.8cm，宽 7~9mm，张开成锐角或近于直立。花期 5 月，果期 9 月。

分布于兴山，生于海拔 1500m 以上的山地林中。

## 紫果槭 *Acer cordatum* Pax

槭属 *Acer* L.

常绿乔木；叶近于革质，卵状长圆形，长 6~9cm，宽 3~4.5cm，基部近心脏形，先端渐尖，先端部分具稀疏的细锯齿；两面无毛；侧脉 4~5 对；叶柄紫色，长约 1cm。伞房花序生于小枝顶端；萼片 5，紫色，倒卵形或长圆倒卵形；花瓣 5，阔倒卵形，淡白色；雄蕊 8；子房无毛，花柱长 1mm；花梗长 5~8mm。翅果嫩时紫色，成熟时黄褐色，小坚果凸起，无毛，长 4mm，宽 3mm；翅宽 1cm，连同小坚果长 2cm，张开成钝角或近于水平；果梗长 1~2cm。花期 4 月下旬，果期 9 月。

分布于五峰、宜昌，生于海拔 600~1200m 的山地林中。

## 青榨槭 *Acer davidii* Franch.

槭属 *Acer* L.

落叶乔木；叶纸质，长圆卵形，长 6~14cm，宽 4~9cm，先端锐尖，常有尖尾，基部近圆形，边缘具不整齐的钝圆齿；上面无毛，下面嫩时沿叶脉被紫褐色的短柔毛，后脱落；侧脉 11~12 对；叶柄长 2~8cm。花黄绿色，杂性，顶生，呈下垂的总状花序；萼片 5，椭圆形；花瓣 5，倒卵形，先端圆形；雄蕊 8，在两性花中不发育；花柱无毛，细瘦，柱头反卷。翅果嫩时淡绿色，成熟后黄褐色；翅宽约 1~1.5cm，展开成钝角或几成水平。花期 4 月，果期 9 月。

分布于长阳、当阳、五峰、兴山、宜昌、宜都、秭归，生于海拔 500~2000m 的山地林中。

## 葛罗槭 *Acer davidii* subsp. *grosseri* (Pax) P. C. de Jong　　槭属 *Acer* L.

落叶乔木；叶纸质，卵形，长7~9cm，宽5~6cm，边缘具重锯齿，基部近心脏形，5裂；中裂片三角形，先端钝尖，有短尖尾；侧裂片和基部的裂片钝尖；叶柄长2~3cm。花淡黄绿色，单性，雌雄异株，常呈下垂的总状花序；萼片5，长圆卵形；花瓣5，倒卵形；雄蕊8，在雌花中不发育；花盘无毛，位于雄蕊的内侧；子房紫色，无毛，在雄花中不发育；花梗长3~4mm。翅果嫩时淡紫色，成熟后黄褐色；小坚果长7mm，宽4mm；翅连同小坚果长2~2.5cm，宽5mm，张开成钝角或近于水平。花期4月，果期9月。

分布于远安、宜昌，生于海拔1000~1600m的山地林中。

## 毛花槭 *Acer erianthum* Schwer.　　槭属 *Acer* L.

落叶乔木；叶纸质，基部近于截形，长9~10cm，宽8~12cm，常5裂至叶片宽度的1/3~1/2；裂片三角卵形，先端锐尖，边缘具锯齿，基部全缘；上面无毛，下面初被短柔毛，后仅脉腋被丛毛；叶柄长5~9cm。花单性同株，圆锥花序，被毛；萼片5或4，卵形或阔卵形；花瓣5或4，倒卵形；雄蕊8；子房密被长柔毛；花梗细瘦。翅果成熟时黄褐色；小坚果近于球形，直径约5mm，嫩时密被长柔毛，翅和小坚果长2.5~3cm，宽1cm，张开近于水平。花期5月，果期9月。

分布于五峰、兴山、宜昌，生于海拔1200~2300m的山地林中。

## 罗浮槭 *Acer fabri* Hance

槭属 *Acer* L.

常绿乔木；叶革质，披针形或长圆倒披针形，长 7~11cm，宽 2~3cm，全缘，基部楔形，先端锐尖；两面无毛或脉腋稀被丛毛；侧脉 4~5 对；叶柄长 1~1.5cm。花杂性，雄花与两性花同株，伞房花序；萼片 5，紫色，微被短柔毛，长圆形；花瓣 5，白色，倒卵形，略短于萼片；雄蕊 8，无毛，长约 5mm；子房无毛；花柱短，柱头平展翅果嫩时紫色。翅果嫩时紫红色，成熟时黄褐色或淡褐色；小坚果凸起，直径约 5mm。翅与小坚果长 3~3.4cm，宽 8~10mm，张开成钝角；果梗长 1~1.5cm，细瘦，无毛。花期 3~4 月，果期 9 月。

分布于长阳、五峰，生于海拔 500~1300m 的山地林中。

## 扇叶槭 *Acer flabellatum* Rehder

槭属 *Acer* L.

落叶乔木；叶薄纸质，基部深心脏形，叶近于圆形，直径 8~12cm，常 7 裂，裂片卵状长圆形，先端锐尖，边缘具不整齐的钝尖锯齿，上面无毛，下面叶脉及脉腋被毛；叶柄长达 7cm。花杂性，常呈圆锥花序；萼片 5，淡绿色，卵状披针形；花瓣 5，淡黄色，倒卵形；雄蕊 8；子房无毛，花梗长约 1cm。翅果淡黄褐色，常下垂；小坚果凸起，近于卵圆形；翅宽 1~1.2cm，连小坚果长 3~3.5cm，张开近于水平。花期 6 月，果期 10 月。

分布于长阳、五峰、兴山、宜昌，生于海拔 1300~2300m 的山地林中。

## 血皮槭 *Acer griseum* (Franch.) Pax　　槭属 *Acer* L.

落叶乔木；树皮赭褐色，纸状的薄片脱落；当年生枝密被长柔毛。三出复叶，纸质，卵形至椭圆形，长 5~8cm，宽 3~5cm，先端钝尖，边缘有 2~3 个锯齿，顶生小叶片基部楔形，小叶柄长 5~8mm，侧生小叶基部斜形，上面嫩时被短柔毛；下面被疏柔毛，侧脉 9~11 对；叶柄长 2~4cm。聚伞花序，花淡黄色，杂性，异株；萼片 5，花瓣 5，雄蕊 10，子房有绒毛。小坚果黄褐色，近于卵圆形，密被黄色绒毛；翅宽 1.4cm，连同小坚果长 3.2~3.8cm，张开近于锐角或直角。花期 4 月，果期 9 月。

分布于长阳、当阳、五峰、兴山、宜昌，生于海拔 1300m 以上的山地林中。

## 建始槭 *Acer henryi* Pax　　槭属 *Acer* L.

落叶乔木；叶纸质，3 小叶；小叶椭圆形，长 6~12cm，宽 3~5cm，先端渐尖，基部楔形，全缘或近先端部分有 3~5 钝锯齿；侧脉 11~13 对；叶柄长 4~8cm。穗状花序，下垂，被短柔毛，花淡绿色，单性异株；萼片 5，卵形；花瓣 5，短小；雄花有雄蕊 4~6，花盘微发育；雌花的子房无毛，花柱短。翅果嫩时淡紫色，成熟后黄褐色，小坚果长圆形，翅宽 5mm，连同小坚果长 2~2.5cm，张开成锐角或近于直立。果梗长约 2mm。花期 4 月，果期 9 月。

分布于长阳、五峰、兴山、宜昌、秭归，生于海拔 500~1600m 的山地林中。

## 光叶槭 *Acer laevigatum* Wall.

槭属 *Acer* L.

常绿乔木；叶革质，全缘或近先端有细锯齿，披针形，长 10~15cm，宽 4~5cm，基部楔形；先端渐尖；上面无毛，下面嫩时脉腋被丛毛；侧脉 7~8 对；叶柄长 1~1.5cm。花杂性，雄花与两性花同株，伞房花序；萼片 5，花瓣 5，雄蕊 6~8，子房紫色；花梗长约 6~8cm。翅果嫩时紫色，成熟时淡黄褐色；小坚果特别凸起，椭圆形，翅连同小坚果长 3~3.7cm，宽 1cm，直伸或内弯，张开成锐角至钝角。花期 4 月，果期 8~9 月。

分布于五峰、宜昌、秭归，生于海拔 200~1300m 的山地或沟谷林中。

## 五尖槭 *Acer maximowiczii* Pax

槭属 *Acer* L.

落叶乔木；叶纸质，卵形或三角卵形，长 8~11cm，宽 6~9cm，边缘微裂并有紧贴的双重锯齿，基部近于心脏形，叶片 5 裂；中央裂片三角状卵形，先端尾状锐尖；侧裂片卵形，先端锐尖；上面无毛；下面脉腋和主脉被短柔毛；叶柄长 5~7cm。花黄绿色，单性，雌雄异株。雄花萼片 5，长圆卵形；花瓣 5，倒卵形；雄蕊 8；子房不发育。雌花萼片 5，椭圆形；花瓣 5，卵状长圆形；雄蕊 8；子房紫色，无毛。翅果紫色，成熟后黄褐色；小坚果稍扁平，直径约 6mm；翅连同小坚果长 2.3~2.5cm，张开成钝角。花期 5 月，果期 9 月。

分布于长阳、五峰、兴山、宜昌，生于海拔 1300m 以上的山地林中。

## 飞蛾槭 *Acer oblongum* Wall. ex DC.　　槭属 *Acer* L.

常绿乔木；叶革质，长圆卵形，长 5~7cm，宽 3~4cm，全缘，基部钝形，先端渐尖，下面具白粉；侧脉 6~7 对；叶柄长 2~3cm。花杂性，雄花与两性花同株；萼片 5，长圆形；花瓣 5，倒卵形；雄蕊 8，花盘微裂，位于雄蕊外侧；子房被短柔毛，在雄花中不发育，花柱短，2 裂。翅果嫩时绿色，成熟时淡黄褐色；小坚果凸起呈四棱形，翅与小坚果长约 1.8~2.5cm，宽 8mm，张开近于直角；果梗长 1~2cm，细瘦，无毛。花期 4 月，果期 9 月。

分布长阳、当阳、兴山、远安、宜昌、宜都、远安、秭归，生于海拔 1800m 以下的山地林中。

## 五裂槭 *Acer oliverianum* Pax　　槭属 *Acer* L.

落叶小乔木；叶纸质，长 4~8cm，宽 5~9cm，基部近于心脏形，5 裂；裂片三角状卵形或长圆卵形，先端锐尖，边缘具细锯齿；裂片深达叶片的 1/3 或 1/2，上面无毛，下面脉腋被丛毛；叶柄长 2.5~5cm。花杂性，雄花与两性花同株，常呈伞房花序；萼片 5，紫绿色，卵形或椭圆卵形；花瓣 5，淡白色，卵形；雄蕊 8，花盘微裂，位于雄蕊的外侧；子房微被长柔毛。翅果常下垂，嫩时淡紫色，成熟时黄褐色，镰刀形，连同小坚果共长 3~3.5cm，宽 1cm，张开近水平。花期 5 月，果期 9 月。

分布于长阳、五峰、兴山、宜昌，生于海拔 1000m 以上的山地林中。

## 鸡爪槭 *Acer palmatum* Thunb.

槭属 *Acer* L.

落叶小乔木；叶纸质，近圆形，直径7~10cm，基部心脏形，5~9掌状分裂，常7裂，裂片长圆卵形或披针形，先端锐尖，边缘具锐锯齿；裂片深达叶片直径的1/2或1/3；下面脉腋被白色丛毛；叶柄长4~6cm。花紫色，杂性，雄花与两性花同株，呈伞房花序；萼片5，卵状披针形；花瓣5，椭圆形或倒卵形；雄蕊8；子房无毛。翅果成熟时淡棕黄色；小坚果球形，直径7mm；翅与小坚果长2~2.5cm，宽1cm，张开成钝角。花期5月，果期9月。

分布于长阳、五峰、兴山、宜昌、秭归，生于海拔1500m以下的山地林中。

## 色木槭 *Acer pictum* subsp. *mono* (Maxim.) H. Ohashi

槭属 *Acer* L.

落叶乔木；叶纸质，基部截形或近心形，叶片的外貌近于椭圆形，长6~8cm，宽9~11cm，常5裂，有时3裂及7裂的叶生于同一树上；裂片卵形，先端尾状锐尖，全缘，裂片深达叶片的中段，上面无毛，下面叶脉或脉腋被短柔毛；主脉5条；叶柄长4~6cm。花多数，杂性，雄花与两性花同株，顶生呈圆锥状伞房花序；萼片5，黄绿色，长圆形；花瓣5，淡白色，椭圆形；雄蕊8；子房近于无毛，柱头2裂。翅果嫩时紫绿色，成熟时淡黄色；小坚果压扁状；翅长圆形，宽5~10mm，连同小坚果长2~2.5cm，张开成锐角或近于钝角。花期5月，果期9月。

分布于长阳、五峰、兴山、宜昌、宜都、秭归，生于海拔1800m以下的山地林中。

## 中华槭 *Acer sinense* Pax

槭属 *Acer* L.

落叶乔木；叶近于革质，基部近于心形，长10~14cm，宽12~15cm，常5裂；裂片长三角状卵形，先端锐尖，边缘具细锯齿；裂片深达叶片长度的1/2，上面无毛，下面脉腋被丛毛；叶柄长3~5cm。花杂性，呈下垂的顶生圆锥花序；萼片5，淡绿色，卵状长圆形；花瓣5，白色，长圆形；雄蕊5~8；子房被柔毛，花柱无毛。翅果淡黄色，小坚果椭圆形；翅宽1cm，连同小坚果长3~3.5cm，张开成近于直角。花期5月，果期9月。

分布于长阳、五峰、兴山、宜昌，生于海拔2000m以下的山地林中。

## 毛叶槭 *Acer stachyophyllum* Hiern

槭属 *Acer* L.

落叶乔木；叶纸质，卵形，基部近于圆形，先端长尾状锐尖，尖尾长2~2.5cm，边缘具锐尖的重锯齿，长9~11cm，宽4.5~6cm；下面密被淡黄色绒毛；侧脉8~9对；叶柄长6~7cm，淡紫色，除近顶端略被短柔毛外其余部分无毛。果序总状，长7~8cm，淡紫绿色，无毛；果梗细瘦，长2.5~3cm。翅果嫩时淡紫色，后变淡黄色，无毛；小坚果凸起，脊纹显著，长8mm，宽6mm，翅镰刀形，宽1cm，连同小坚果长3~4.5cm，张开近于直立或锐角。花期5月，果期10月。

分布于兴山、宜昌，生于海拔2000m左右的山坡林中。

## 四蕊槭 *Acer stachyophyllum* subsp. *betulifolium* (Maximowicz) P. C. de Jong　槭属 *Acer* L.

落叶乔木；叶纸质，卵形或长圆卵形，长 6~8cm，宽 4~5cm，基部圆形，先端渐尖，边缘具锐锯齿；两面初被短柔毛，后脱落；侧脉 4~6 对；叶柄长 2.5~5cm。花黄绿色，单性，雌雄异株，呈总状花序；萼片 4，长圆卵形；花瓣 4，长圆椭圆形；雄花有雄蕊 4，稀 5~6；花盘位于雄蕊的内侧；子房紫色。翅果成熟时黄褐色，常 5~10 余枚组成细瘦而下垂的总状果序；小坚果长卵圆形，连同小坚果长 3~3.5cm，张开成直角至近于直立。花期 4 月下旬至 5 月上旬，果期 9 月。

分布于长阳、五峰、兴山、宜昌，生于海拔 700~2000m 的山地林中。

## 房县槭 *Acer sterculiaceum* subsp. *franchetii* (Pax) A. E. Murray　槭属 *Acer* L.

落叶乔木；叶纸质，长 10~20cm，宽 11~23cm，基部心形，常 3 裂，边缘被疏锯齿；裂片先端渐尖；嫩时两面被短柔毛，下面的毛较多，后渐脱落，仅脉腋被毛；主脉 5 条；叶柄长 3~6cm。总状花序或圆锥总状花序，先叶或与叶同时发育；花黄绿色，单性，雌雄异株；萼片 5，长圆卵形；花瓣 5，与萼片等长；雄蕊常 8，在雌花中不发育；雌花的子房有疏柔毛。小坚果近于球形，直径 8~10mm，翅镰刀形，宽 1.5cm，连同小坚果长 4~4.5cm，张开成锐角。花期 5 月，果期 9 月。

分布于长阳、五峰、兴山，生于海拔 1300m 以上的山地林中。

## 薄叶槭 *Acer tenellum* Pax

槭属 *Acer* L.

乔木；叶薄纸质，基部近心形或近圆形，叶片外貌近于卵形，长4~6cm，宽3~6cm，通常3裂；中央的裂片钝形，全缘或微呈浅波状，裂片间的凹缺常呈钝尖；上面无毛，下面脉腋被丛毛；主脉3条，稀5条；叶柄长2~3cm。伞房花序顶生；花黄绿色，杂性，雄花与两性花同株；萼片5，长圆形；花瓣5，长圆倒卵形；雄蕊8~10；花盘位于雄蕊的外侧；子房无毛，柱头2裂。翅果无毛，成熟时黄褐色，小坚果压扁状，连同小坚果长2~2.2cm，张开近于水平；果梗细瘦，长约2.5cm。花期5月，果期9月。

分布于五峰，生于海拔800m左右的山地林中。

## 金钱槭 *Dipteronia sinensis* Oliv.

金钱槭属 *Dipteronia* Oliv.

落叶小乔木；叶为对生的奇数羽状复叶，长20~40cm；小叶纸质，常7~13，长圆卵形，长7~10cm，宽2~4cm，先端锐尖，基部圆形，边缘具稀疏的钝锯齿，下面叶脉及脉腋被毛；侧脉10~12对；叶柄长5~7cm。圆锥花序；花白色，杂性，雄花与两性花同株，萼片5；花瓣5，阔卵形；雄蕊8；子房扁形，2室。翅果，常有2枚扁形的果实生于1个果梗上，果实的周围围着圆形或卵形的翅；成熟时淡黄色，无毛；种子圆盘形，直径5~7mm。花期4月，果期9月。

分布于长阳、五峰、兴山、宜昌、秭归，生于海拔800m以上的山地林中。

## 泡花树 *Meliosma cuneifolia* (C. B. Clarke) Ridley　　泡花树属 *Meliosma* Blume

落叶小乔木；单叶互生，纸质，倒卵状楔形或狭倒卵状楔形，长 8~12cm，宽 2.5~4cm，先端短渐尖，中部以下渐狭，约 3/4 以上具锐尖齿，叶面初被短粗毛，叶背被白色平伏毛；侧脉每边 16~20 条，劲直达齿尖；叶柄长 1~2cm。圆锥花序顶生，直立，长和宽 15~20cm，被短柔毛；萼片 5，宽卵形；外面 3 花瓣近圆形，内面 2 花瓣 2 裂达中部，裂片狭卵形；雄蕊长 1.5~1.8mm；花盘具 5 细尖齿；雌蕊长约 1.2mm。核果扁球形，直径 6~7mm，核三角状卵形，花期 6~7 月，果期 9~11 月。

分布于长阳、五峰、兴山、宜昌、秭归，生于海拔 500~1600m 的山地林中。

## 垂枝泡花树 *Meliosma flexuosa* Pamp.　　泡花树属 *Meliosma* Blume

落叶小乔木；芽、嫩枝、嫩叶中脉、花序轴均被淡褐色柔毛。单叶，膜质，倒卵形或倒卵状椭圆形，长 6~12cm，宽 3~3.5cm，先端渐尖，中部以下渐狭，边缘具疏离粗锯齿，叶两面疏被短柔毛；侧脉每边 12~18 条；叶柄长 0.5~2cm。圆锥花序顶生，向下弯垂；花白色，直径 3~4mm；萼片 5，卵形或广卵形；外面 3 花瓣近圆形，内面 2 花瓣裂片广叉开；发育雄蕊长 1.5~2mm；雌蕊长约 1mm，子房无毛。果近卵形，长约 5mm，核极扁斜。花期 5~6 月，果期 7~9 月。

分布于长阳、五峰、兴山、宜昌，生于海拔 500~1200m 的山地林中。

## 红柴枝 *Meliosma oldhamii* (C. B. Clarke) Ridley

泡花树属 *Meliosma* Blume

落叶乔木；羽状复叶连柄长15~30cm；有小叶7~15，叶总轴、小叶柄及叶两面均被褐色柔毛，小叶薄纸质，卵形至长圆状卵形，顶生叶倒卵形，长5.5~8cm；宽2~3.5cm，先端急尖，基部阔楔形或狭楔形；侧脉每边7~8条。圆锥花序顶生，直立，被褐色短柔毛；花白色，萼片5，椭圆状卵形；外面3花瓣近圆形，内面2花瓣2裂达中部，侧裂片狭倒卵形；发育雄蕊长约1.5mm子房被黄色柔毛。核果球形，直径4~5mm，核具明显凸起网纹。花期5~6月，果期8~9月。

分布于长阳、五峰、兴山、宜昌，生于海拔300~1200m的山地林中。

## 暖木 *Meliosma veitchiorum* Hemsl.

泡花树属 *Meliosma* Blume

落叶乔木；树皮不规则的薄片状脱落；小枝粗壮，具粗大近圆形的叶痕。复叶连柄长60~90cm，叶轴圆柱形，基部膨大；小叶纸质，小叶7~11，卵形或卵状椭圆形，长7~15cm，宽4~8cm，先端渐尖，基部圆钝，偏斜，脉腋无髯毛，全缘或有粗锯齿；侧脉每边6~12条。圆锥花序顶生，直立，长40~45cm，具4~5次分枝；花白色，被褐色细柔毛；萼片4~5，椭圆形或卵形；外面3花瓣倒心形，内面2花瓣2裂约达1/3；雄蕊长1.5~2mm。核果近球形，直径约1cm；核近半球形。花期5月，果期8~9月。

分布于长阳、五峰、兴山、宜昌、秭归，生于海拔1300~2300m的山坡林中。

## 鄂西清风藤 *Sabia campanulata* subsp. *ritchieae* (Rehder & E. H. Wilson) Y. F. Wu　　清风藤属 *Sabia* Cole.

落叶攀缘木质藤本；成熟叶长圆形或长圆状卵形，长 3.5~8cm，宽 3~4cm，先端尾状渐尖，基部楔形，叶面有微柔毛，后脱落，叶背无毛或脉上被毛；侧脉每边 4~5 条。花深紫色，直径 1~1.5cm，花梗长 1~1.5cm，单生于叶腋；萼片 5，半圆形；花瓣 5，宽倒卵形或近圆形；雄蕊 5，花盘肿胀；子房无毛。分果爿阔倒卵形，长约 7mm，宽约 8mm；果核有中肋，两侧具块状或长块状凹穴，腹部稍凸出。花期 5 月，果期 7 月。

分布于长阳、五峰、兴山、宜昌、秭归，生于海拔 1800m 以下的林中或灌丛中。

## 四川清风藤 *Sabia schumanniana* Diels　　清风藤属 *Sabia* Colebr.

落叶攀缘木质藤本；枝无毛。叶纸质，长圆状卵形，长 3~13cm，宽 1.5~3.5cm，先端急尖或渐尖，基部阔楔形，两面均无毛，叶面深绿色，叶背淡绿色；侧脉每边 3~5 条；叶柄长 2~10mm。聚伞花序具花 1~3 朵；总花梗长 2~3cm，小花梗长 8~15mm；花淡绿色，萼片 5，三角状卵形；花瓣 5，长圆形或阔倒卵形；雄蕊 5；子房无毛，花柱长约 4mm。分果爿倒卵形或近圆形，长约 6mm，宽约 7mm，无毛，核的中肋呈狭翅状，中肋两边各两行蜂窝状凹穴，两侧有块状凹穴。花期 3~4 月，果期 6~8 月。

分布于长阳、五峰、兴山、宜昌、秭归，生于海拔 300~1400m 的山坡林中。

## 尖叶清风藤 *Sabia swinhoei* Hemsl.

清风藤属 *Sabia* Colebr.

常绿攀缘木质藤本；小枝纤细，被柔毛。叶纸质，椭圆形、卵状椭圆形或卵形，长 5~12cm，宽 2~5cm，先端尾状渐尖，基部宽楔形，叶面除嫩时中脉被毛外其余无毛，叶背被短柔毛或仅在脉上被柔毛；侧脉每边 4~6 条；叶柄长 3~5mm。聚伞花序有花 2~7 朵，被疏长柔毛，长 1.5~2.5cm；总花梗长 0.7~1.5cm；萼片 5，卵形；花瓣 5，浅绿色，卵状披针形或披针形；雄蕊 5；子房无毛。分果爿深蓝色，近圆形或倒卵形，基部偏斜，长 8~9mm，宽 6~7mm。花期 3~4 月，果期 7~9 月。

分布于当阳、五峰、兴山、宜昌，生于海拔 1100m 以下的山坡灌丛或沟谷林中。

## 野鸦椿 *Euscaphis japonica* (Thunb.) Kanitz

野鸦椿属 *Euscaphis* Sieb. & Zucc.

落叶小乔木；枝叶揉碎后发出恶臭气味。叶对生，奇数羽状复叶，长 12~32cm，小叶 5~9，厚纸质，长卵形或椭圆形，长 4~6cm，宽 2~3cm，先端渐尖，基部钝圆，边缘具疏短锯齿，齿尖有腺体，背面沿脉被柔毛，侧脉 8~11 条，小叶柄长 1~2mm。圆锥花序顶生，花梗长达 21cm，花较密集，黄白色，萼片与花瓣均 5，椭圆形；萼片宿存；花盘盘状，心皮 3 枚，分离。蓇葖果长 1~2cm，每花发育为 1~3 枚蓇葖，果皮软革质，紫红色；种子近圆形，径约 5mm，假种皮肉质，黑色。花期 5~6 月，果期 8~9 月。

宜昌市各地均有分布，生于海拔 2000m 以下的山坡灌丛或疏林中。

## 膀胱果 *Staphylea holocarpa* Hemsl.　　省沽油属 *Staphylea* L.

落叶小乔木；小叶3，小叶近革质，长圆状披针形至狭卵形，长5~10cm，基部钝，先端突渐尖，边缘有硬细锯齿，侧脉10，侧生小叶无柄，顶生小叶具长柄，柄长2~4cm。伞房花序，长5cm，花白色或粉红色，叶后开放。果为3裂，梨形膨大的蒴果，长4~5cm，宽2.5~3cm，基部狭；种子近椭圆形，灰色，有光泽。花期4~5月，果期8~9月。

分布于长阳、五峰、兴山、宜昌、秭归，生于海拔400~2200m的山地林中。

## 瘿椒树 *Tapiscia sinensis* Oliv.　　瘿椒树属 *Tapiscia* Oliv.

落叶乔木；奇数羽状复叶，长达30cm；小叶5~9，狭卵形或卵形，长6~14cm，宽3.5~6cm，基部近心形，边缘具锯齿；侧生小叶柄短，顶生小叶柄长达12cm。圆锥花序腋生，雄花与两性花异株，花小，黄色。两性花，花萼钟状，长约1mm，5浅裂；花瓣5，狭倒卵形；雄蕊5；子房1室，有1枚胚珠，花柱长过雄蕊。雄花有退化雌蕊。果序长达10cm，核果近球形或椭圆形，长仅达7mm。花期3~5月，果期翌年5~9月。

分布于长阳、五峰、兴山、宜昌、秭归，生于海拔400~1800m的山地林中。

## 南酸枣 *Choerospondias axillaris* (Roxb.) B. L. Burtt & A. W. Hill　南酸枣属 *Choerospondias* B. L. Burtt & A. W. Hill

落叶乔木；奇数羽状复叶，长25~40cm，小叶3~6对；小叶纸质，卵形或卵状披针形，长4~12cm，宽2~4.5cm，先端长渐尖，基部阔楔形，全缘，侧脉8~10对。雄花序长4~10cm；花萼外面疏被柔毛，裂片三角状卵形；花瓣长圆形，无毛；雄蕊10，雄花无不育雌蕊。雌花单生于上部叶腋；子房卵圆形，无毛，5室。核果椭圆形或倒卵状椭圆形，成熟时黄色，长2.5~3cm，径约2cm，果核长2~2.5cm，径1.2~1.5cm。花期4月，果期8~10月。

分布于长阳、五峰、兴山、宜昌、秭归，生于海拔1300m以下的山地林中。

## 黄栌 *Cotinus coggygria* Scop.　黄栌属 *Cotinus* (Tourn.) Mill.

落叶灌木；叶倒卵形或卵圆形，长3~8cm，宽2.5~6cm，先端圆形或微凹，基部圆形或阔楔形，全缘，两面或尤其叶背显著被柔毛，侧脉6~11对；叶柄短。圆锥花序被柔毛；花杂性，花梗长7~10mm，花萼无毛，裂片卵状三角形；花瓣卵形或卵状披针形，长2~2.5mm，无毛；雄蕊5，花药卵形，与花丝等长，花盘5裂，紫褐色；子房近球形，径约0.5mm，花柱3，分离，不等长。果肾形，长约4.5mm，宽约2.5mm，无毛。花期4~5月，果期8~9月。

分布于长阳、当阳、五峰、兴山、远安、宜昌、宜都、秭归，生于海拔1300m以下的灌丛中。

## 毛黄栌 *Cotinus coggygria* var. *pubescens* Engler

黄栌属 *Cotinus* (Tourn.) Mill.

与原变种 *Cotinus coggygria* 区别在于：叶多为阔椭圆形，稀圆形，叶背尤其沿脉上和叶柄密被柔毛；花序无毛或近无毛。花期 4~5 月，果期 8~9 月。

分布于长阳、五峰、兴山、远安、宜昌、秭归，生于海拔 1400m 以下的山坡灌丛中。

## 黄连木 *Pistacia chinensis* Bunge

黄连木属 *Pistacia* L.

落叶乔木；树皮呈鳞片状剥落。奇数羽状复叶，互生，小叶 5~6 对，纸质，披针形或卵状披针形，长 5~10cm，宽 1.5~2.5cm，先端渐尖，基部偏斜，全缘；小叶柄长 1~2mm。花单性异株，先花后叶，圆锥花序，雄花序排列紧密，雌花序排列疏松，均被微柔毛。雄花：花被片 2~4，披针形；雄蕊 3~5；雌蕊缺。雌花：花被片 7~9，披针形，不育雄蕊缺；子房球形。核果倒卵状球形，略压扁，径约 5mm，成熟时紫红色。花期 3~4 月，果期 10~11 月。

分布于长阳、当阳、五峰、兴山、远安、宜昌、秭归、枝江，生于海拔 1500m 以下的山坡林中。

## 盐麸木 *Rhus chinensis* Mill. 盐麸木属 *Rhus* Tourn.ex L.

落叶小乔木；小枝被锈色柔毛。奇数羽状复叶，小叶3~6对，叶轴具叶状翅，叶轴和叶柄密被锈色柔毛；小叶卵形或椭圆状卵形，长6~12cm，宽3~7cm，先端急尖，基部圆形，边缘具粗锯齿，叶背被锈色柔毛。圆锥花序密被锈色柔毛，苞片披针形，花白色。雄花：花萼裂片长卵形，花瓣倒卵状长圆形，雄蕊伸出，子房不育；雌花：花萼裂片较短，花瓣椭圆状卵形，子房卵形。核果球形，略压扁成熟时红色。花期8~9月，果期10月。

宜昌市各地均有分布，生于海拔1800m以下的山坡灌丛中或林中。

## 红麸杨 *Rhus punjabensis* var. *sinica* (Diels) Rehder & E. H. Wilson 盐麸木属 *Rhus* Tourn.ex L.

落叶乔木；奇数羽状复叶，小叶3~6对，叶轴上部具狭翅；小叶卵状长圆形或长圆形，长5~12cm，宽2~4.5cm，先端渐尖，基部圆形，全缘，侧脉约20对。圆锥花序密被绒毛；花小，白色；花萼裂片狭三角形；花瓣长圆形；花丝线形，在雌花中较短，花药卵形；花盘紫红色，无毛；子房球形，密被白色柔毛。核果近球形，略压扁，径约4mm，成熟时暗紫红色，被具节柔毛和腺毛；种子小。花期6~7月，果期8~9月。

分布于长阳、五峰、兴山、宜昌、宜都、远安、秭归，生于海拔2000m以下的山地林中。

## 川麸杨 *Rhus wilsonii* Hemsl.

盐麸木属 *Rhus* Tourn.ex L.

落叶灌木；幼枝密被灰黄色柔毛。奇数羽状复叶，长 10~20cm，有小叶 5~9 对，叶轴具叶状翅，宽 2~4mm，叶轴和叶柄被毛，叶柄长 1~2cm；小叶卵形或长圆形，长 2~6cm，宽 0.8~2cm，先端圆形，具小尖头，基部不对称，楔形或略成圆形，全缘或具稀疏锯齿，叶面被糙伏毛，叶背被硬毛。圆锥花序密被柔毛；花淡黄色；花萼裂片三角状卵形；花瓣卵状长圆形；在雌花中雄蕊长约 1mm；花盘波状 5 浅裂；子房被柔毛，花柱 3。果近球形，略压扁，径约 4mm，被具节柔毛和腺毛，成熟时红色。花期 4~6 月，果期 9~10 月。

分布于秭归，生于海拔 300m 以下的山坡灌丛中。

## 刺果毒漆藤 *Toxicodendron radicans* subsp. *hispidum* (Engl.) Gillis

漆树属 *Toxicodendron* Mill.

落叶攀缘状灌木；幼枝被锈色柔毛。掌状 3 小叶；叶柄长 5~10cm，被柔毛；侧生小叶卵状椭圆形，长 6~13cm，宽 3~7.5cm，基部偏斜，全缘，脉腋具髯毛，顶生小叶倒卵状椭圆形，长 8~16cm，宽 4~8.5cm，先端急尖，基部渐狭。圆锥花序被微硬毛，花黄绿色，花萼裂片卵形，花瓣长圆形，雄蕊与花瓣等长，花丝线形，子房球形。核果斜卵形，外果皮被刺毛，中果皮蜡质，果核黄色坚硬。花期 5 月，果期 8~10 月。

分布于长阳、五峰、宜昌，生于海拔 1000~1600m 的山地林中，常附生于树上。

## 野漆 *Toxicodendron succedaneum* (L.) Kuntze

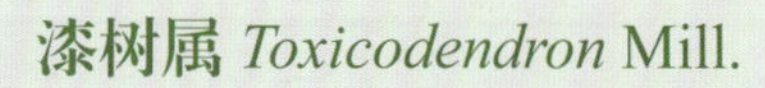
漆树属 *Toxicodendron* Mill.

落叶乔木；奇数羽状复叶互生，长 25~35cm，小叶 4~7 对；叶柄长 6~9cm；小叶对生或近对生，坚纸质，长圆状椭圆形或卵状披针形，长 5~16cm，宽 2~5.5cm，先端渐尖，基部偏斜，全缘，叶背常具白粉，侧脉 15~22 对。圆锥花序，花黄绿色，花萼裂片阔卵形，花瓣长圆形，雄蕊伸出，子房球形。核果大，径 7~10mm，压扁，先端偏离中心，外果皮淡黄色，中果皮蜡质，果核坚硬。花期 4~5 月，果期 8~10 月。

分布于长阳、五峰、兴山、宜昌、宜都、远安、秭归，生于海拔 500~1300m 的山地林中或林缘。

## 木蜡树 *Toxicodendron sylvestre* (Sieb. & Zucc.) Tardieu

漆树属 *Toxicodendron* Mill.

落叶小乔木；幼枝和芽被黄褐色绒毛。奇数羽状复叶，互生，小叶 3~7 对，叶轴和叶柄密被黄褐色绒毛；叶柄长 4~8cm；小叶对生，纸质，卵形或卵状椭圆形，长 4~10cm，宽 2~4cm，先端渐尖，基部不对称，全缘，叶面中脉密被卷曲微柔毛，叶背密被柔毛，侧脉 15~25 对。圆锥花密被锈色绒毛；花黄色；花萼裂片卵形；花瓣长圆形；雄蕊伸出；子房球形，径约 1mm，无毛。核果极偏斜，压扁，外果皮薄，中果皮蜡质，果核坚硬。花期 4~5 月，果期 8~10 月。

分布于长阳、五峰、兴山、宜昌、秭归，生于海拔 1400m 以下的山坡疏林中。

## 漆树 *Toxicodendron vernicifluum* (Stokes) F. A. Barkley

漆树属 *Toxicodendron* Mill.

落叶乔木；奇数羽状复叶，互生，小叶 4~6 对；叶柄长 7~14cm；小叶薄纸质，卵形或卵状椭圆形，长 6~13cm，宽 3~6cm，先端渐尖，基部偏斜，全缘，叶面常无毛，叶背沿脉上被柔毛，侧脉 10~15 对；小叶柄长 4~7mm。圆锥花序长 15~30cm，被微柔毛；花黄绿色；花萼裂片卵形；花瓣长圆形；雄蕊长约 2.5mm；子房球形，径约 1.5mm，花柱 3。果序多少下垂，核果肾形，不偏斜。花期 5~6 月，果期 7~10 月。

分布于长阳、当阳、五峰、兴山、宜昌、宜都、秭归，生于海拔 1500m 以下的山地林中。

## 青钱柳 *Cyclocarya paliurus* (Batal.) Iljinsk.

青钱柳属 *Cyclocarya* Iljinsk.

落叶乔木；奇数羽状复叶长约 20cm，常 7~9 小叶；叶柄长约 3~5cm；小叶纸质，近于对生，长椭圆状卵形，长 5~14cm，宽 2~6cm，基部歪斜，阔楔形，顶端急尖；顶生小叶具长约 1cm 的小叶柄，长椭圆形；叶缘具锐锯齿，侧脉 10~16 对。雄性柔荑花序常 3 个束生，雌性柔荑花序单独顶生。果序轴长 25~30cm。果实扁球形，径约 7mm，果梗长约 1~3mm，果实中部有径达 2.5~6cm 的革质圆盘状翅，顶端具 4 枚宿存花柱。花期 4~5 月，果期 7~9 月。

分布于长阳、五峰、兴山、宜昌、秭归，生于海拔 350~1800m 的山地林中。

## 胡桃楸 *Juglans mandshurica* Maxim.

胡桃属 *Juglans* L.

落叶乔木；叶长 40~50cm，叶柄及叶轴被短柔毛；小叶 9~17，椭圆形至长椭圆形，边缘具细锯齿；侧生小叶对生，无柄，先端渐尖，基部歪斜；顶生小叶基部楔形。雄性柔荑花序被短柔毛，雄花苞片顶端钝，雄蕊 12。雌性穗状花序具 4~10 雌花，花序轴被被茸毛；雌花长 5~6mm，被有茸毛；柱头鲜红色，被柔毛。果序长约 10~15cm，俯垂，通常具 5~7 果实，序轴被短柔毛。果实球状或卵状或椭圆状。花期 5 月，果期 8~9 月。

分布于长阳、五峰、兴山、宜昌、秭归，生于海拔 500~1800m 的山地林中。

## 胡桃 *Juglans regia* L.

胡桃属 *Juglans* L.

落叶乔木；小枝被盾状着生的腺体。奇数羽状复叶长 25~30cm，小叶通常 5~9，椭圆状卵形至长椭圆形，长约 6~15cm，宽约 3~6cm，基部歪斜，上面无毛，下面腋内具簇短柔毛，侧脉 11~15 对。雄性柔荑花序下垂，长约 5~15cm；苞片、小苞片及花被片均被腺毛；雄蕊 6~30。雌性穗状花序通常具 1~4 雌花；雌花的总苞被极短腺毛，柱头浅绿色。果序短，俯垂，具 1~3 果实；果实近于球状，直径 4~6cm，无毛；果核稍具皱曲。花期 3~4 月，果期 8~ 9 月。

国家Ⅱ级保护植物。宜昌各地分布，常栽培。

## 化香树 *Platycarya strobilacea* Sieb. & Zucc. 化香树属 *Platycarya* Sieb. & Zucc.

落叶乔木；叶长约15~30cm，有7~23小叶；小叶纸质，对生，卵状披针形，长4~11cm，宽1.5~3.5cm，基部歪斜，顶端渐尖，边缘有锯齿，基部对称。两性花序和雄花序在小枝顶端排列呈伞房状花序；两性花序通常1个，雌花序位于下部，雄花序部分位于上部，有时无雄花序。雄花：苞片阔卵形，雄蕊6~8。果序球果状，卵状椭圆形，长2.5~5cm，直径2~3cm；宿存苞片木质。种子小坚果状，背腹压扁状，两侧具狭翅。花期5~6月，果期7~8月。

宜昌市各地均有分布，生于海拔1800m以下的山地林中。

## 湖北枫杨 *Pterocarya hupehensis* Skan 枫杨属 *Pterocarya* Kunth

落叶乔木；奇数羽状复叶，小叶5~11，纸质，侧脉12~14对，叶缘具单锯齿；侧生小叶长椭圆形至卵状椭圆形，下部渐狭，基部近圆形，歪斜，顶端短渐尖，中间以上的各对小叶较大，长8~12cm，宽3.5~5cm；下端的小叶较小。雄花序长8~10cm，3~5个；雄花无柄，花被片仅2或3发育，雄蕊10~13。雌花序顶生，下垂，长约20~40cm；雌花小苞片及花被片均无毛而仅被腺体。果序长达30~45cm；果翅阔，椭圆状卵形，长10~15mm，宽12~15mm。花期3~5月，果期8月。

宜昌市各地区均有分布，生于海拔1500m以下的山坡林中或沟边。

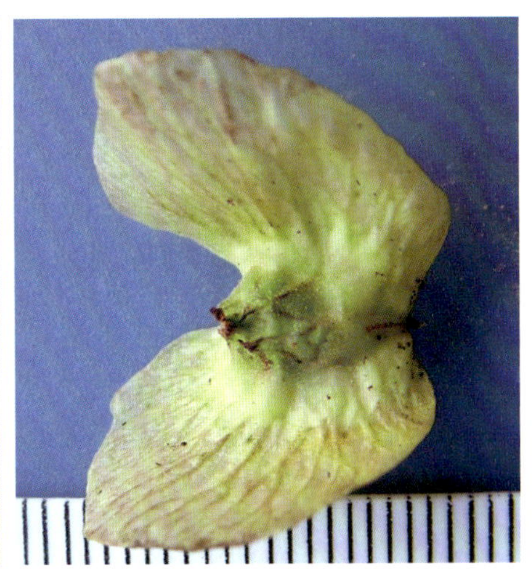

## 华西枫杨 *Pterocarya macroptera* var. *insignis* (Rehder & E. H. Wilson) W. E. Manning　枫杨属 *Pterocarya* Kunth

落叶乔木；奇数羽状复叶，小叶 7~13，边缘具细锯齿，侧脉 15~23 对，上面沿中脉密被星芒状柔毛，下面幼时被星芒状毡毛，后仅沿中脉及侧脉被毛；侧生小叶对生或近对生，长椭圆形，基部歪斜，顶端渐狭，常长 14~16cm，宽约 4~5cm，顶生小叶阔椭圆形至卵状长椭圆形，较大。雄性柔荑花序 3~4 个，长 18~20cm；雄花具雄蕊约 9。雌性柔荑花序长 20cm。果序长达 45cm；果实直径约 8mm，基部圆，顶端钝，果翅椭圆状圆形，在果一侧长约 1~1.5cm。花期 5 月，果期 8~9 月。

分布于五峰、兴山，生于海拔 1000~2000m 的山地林中。

## 枫杨 *Pterocarya stenoptera* C. DC.　枫杨属 *Pterocarya* Kunth

乔木；叶多为偶数羽状复叶，叶轴具翅；小叶 10~16，无小叶柄，对生，长椭圆形至长椭圆状披针形，长约 8~12cm，宽 2~3cm，顶端常钝圆，基部歪斜，边缘具细锯齿，下面幼时被疏柔毛，后脱落而仅侧脉腋具星芒状毛。雄性柔荑花序长约 6~10cm。雄花常具雄蕊 5~12。雌性柔荑花序顶生，长约 10~15cm。果序长 20~45cm，果实长椭圆形，长约 6~7mm，基部常有宿存的星芒状毛；果翅狭，条形或阔条形，长 12~20mm，宽 3~6mm。花期 4~5 月，果期 8~9 月。

宜昌市各地均有分布，生于海拔 1000m 以下的河边、溪边等。

## 灯台树 *Cornus controversa* Hemsl.

棶木属 *Cornus* L.

落叶乔木；树皮光滑，枝开展。叶互生，纸质，阔卵形至披针状椭圆形，长 6~13cm，宽 3.5~9cm，先端突尖，基部圆形，全缘，上面无毛，下面密被柔毛，侧脉 6~7 对；叶柄长 2~6.5cm。伞房状聚伞花序顶生；总花梗长 1.5~3cm；花小，白色，花萼裂片 4；花瓣 4，长圆披针形；雄蕊 4，与花瓣互生；花柱圆柱形，柱头小，头状；子房下位，密被短柔毛；花梗长 3~6mm，疏被短柔毛。核果球形，直径 6~7mm，成熟时紫红色至蓝黑色；核骨质，球形，直径 5~6mm，果梗长约 2.5~4.5mm，无毛。花期 5~6 月，果期 7~8 月。

分布于长阳、五峰、兴山、宜昌、宜都、远安、秭归，生于海拔 2000m 以下的林中。

## 红椋子 *Cornus hemsleyi* C. K. Schneid. & Wangerin

棶木属 *Cornus* L.

落叶灌木；幼枝红色，被贴生短柔毛。叶对生，纸质，卵状椭圆形，长 4.5~9.3cm，宽 1.8~4.8cm，先端渐尖，基部圆形，上面有贴生短柔毛，下面密被短柔毛及乳突，侧脉 6~7 对；叶柄长 0.7~1.8cm。伞房状聚伞花序顶生，总花梗被淡短柔毛；花小，白色；花萼裂片 4；雄蕊 4；花柱圆柱形，柱头盘状扁头形，略有 4 浅裂，子房下位，密被灰色及浅褐色贴生短柔毛；花梗长 1~5mm，被短柔毛。核果近于球形，直径 4mm，黑色，疏被短柔毛；核扁球形。花期 6 月，果期 9 月。

分布于长阳、五峰、兴山、宜昌，生于海拔 400~2000m 的山坡林中。

## 梾木 *Cornus macrophylla* Wall. 梾木属 *Cornus* L.

落叶乔木；冬芽狭长圆锥形，密被短柔毛。叶对生，纸质，阔卵形或卵状长圆形，长 9~16cm，宽 3.5~8.8cm，先端短渐尖，基部圆形，边缘略有波状小齿，上面近无毛，下面密被平贴短柔毛，侧脉 5~8 对；叶柄长 1.5~3cm。伞房状聚伞花序顶生，总花梗长 2.4~4cm；花白色，花萼裂片 4，花瓣 4，雄蕊 4，花盘垫状；花柱圆柱形，柱头扁平，子房下位；花托密被的平贴短柔毛。核果近于球形，直径 4.5~6mm，成熟时黑色，近无毛；核扁球形，直径 3~4mm。花期 6~7 月，果期 8~9 月。

分布于长阳、五峰、兴山、宜昌、秭归，生于海拔 400~1800m 的山坡林中。

## 小梾木 *Cornus quinquenervis* Franch. 梾木属 *Cornus* L.

落叶灌木；叶对生，厚纸质，椭圆状披针形至长圆卵形，长 4~9cm，宽 1~2.3cm，先端钝尖，基部楔形，全缘，侧脉常 3 对；叶柄长 5~15mm。伞房状聚伞花序顶生；总花梗密被短柔毛；花小，白色至淡黄白色，直径 9~10mm；花萼裂片 4，花瓣 4，雄蕊 4，花盘垫状；子房下位，花托倒卵形，花柱棍棒形。核果圆球形，直径 5mm，成熟时黑色；核近于球形，直径约 4mm。花期 6~7 月，果期 10~11 月。

分布于长阳、五峰、兴山、宜昌、宜都、秭归，生于海拔 1800m 以下的河边灌丛中。

## 光皮梾木 *Cornus wilsoniana* Wangerin　　梾木属 *Cornus* L.

落叶乔木；树皮灰色至青灰色，块状剥落。叶对生，纸质，椭圆形或卵状椭圆形，长 6~12cm，宽 2~5.5cm，先端渐尖，基部楔形，边缘波状，上面疏被短柔毛，下面密被短柔毛，侧脉 3~4 对；叶柄长 0.8~2cm。顶生圆锥状聚伞花序，被疏柔毛；总花梗长 2~3cm；花小，白色，花萼裂片 4，花瓣 4，雄蕊 4，花盘垫状，花柱圆柱形，子房下位，花托密被灰色平贴短柔毛。核果球形，直径 6~7mm，成熟时紫黑色至黑色；核球形，直径 4~4.5mm，肋纹不显明。花期 5 月，果期 10~11 月。

分布于长阳、五峰、宜昌，生于海拔 1050m 以下的山地林中或路边。

## 尖叶四照花 *Dendrobenthamia angustata* (Chun) Fang　　四照花属 *Dendrobenthamia* Hutch.

常绿乔木；树皮平滑，老枝近无毛。叶对生，革质，长圆椭圆形，长 7~9cm，宽 2.5~4.2cm，先端渐尖，具尖尾，基部楔形，上面初被细伏毛，老后无，下面密被白色贴生短柔毛，侧脉 3~4 对；叶柄长 8~12mm。头状花序球形，约由 55~80 花聚集而成，直径 8mm；总苞片 4，长卵形至倒卵形，长 2.5~5cm，宽 9~22mm，先端渐尖，基部狭窄，初为淡黄色，后变为白色；花萼管状，上部 4 裂；花瓣 4，卵圆形；雄蕊 4；花盘环状。果序球形，直径 2.5cm，成熟时红色，被白色细伏毛；总果梗长 6~10.5cm。花期 6~7 月，果期 10~11 月。

分布于长阳、五峰、宜昌，生于海拔 400~1400m 的山坡林中。

## 四照花 *Dendrobenthamia japonica* var. *chinensis* (Osborn) Fang　　四照花属 *Dendrobenthamia* Hutch.

落叶小乔木；叶对生，纸质，卵形或卵状椭圆形，长 5.5~12cm，宽 3.5~7cm，先端渐尖，基部宽楔形，边缘全缘或有明显的细齿，侧脉 4~5 对；叶柄长 5~10mm。头状花序球形，由 40~50 花组成；总苞片 4，白色，卵形或卵状披针形；花小，花萼管状，上部 4 裂，花瓣和雄蕊 4；花盘垫状；子房下位。果序球形，成熟时红色。花期 5 月，果期 9~10 月。

分布于长阳、五峰、兴山、宜昌、秭归，生于海拔 400~2200m 的山坡林中。

## 川鄂山茱萸 *Macrocarpium chinensis* (Wanger.) Hutch.　　山茱萸属 *Macrocarpium* (Spach) Nakai

落叶乔木；枝对生，密被短柔毛。叶对生，纸质，卵状披针形至长圆椭圆形，长 6~11cm，宽 2.8~5.5cm，先端渐尖，基部楔形，全缘，下面微被短柔毛，脉腋被明显的丛毛，侧脉 5~6 对；叶柄长 1~2cm。伞形花序，总苞片 4，总花梗长 5~12mm；花两性，先于叶开放，花萼裂片 4；花瓣 4，黄色；雄蕊 4；子房下位，花托钟形。核果长椭圆形，长 6~8mm，直径 3.4~4mm，紫褐色至黑色；核骨质，长椭圆形，长约 7.5mm，有几条肋纹。花期 4 月，果期 9 月。

分布于长阳、五峰、兴山、宜昌，生于海拔 500~1700m 的山坡林中。

## 山茱萸 *Macrocarpium officinalis* (Sieb. & Zucc.) Nakaim 山茱萸属 *Macrocarpium* (Spach) Nakai

落叶小乔木；叶对生，纸质，卵状披针形或卵状椭圆形，长 5.5~10cm，宽 2.5~4.5cm，先端渐尖，基部宽楔形，全缘，下面脉腋密被丛毛，侧脉 6~7 对；叶柄长 0.6~1.2cm。伞形花序，有总苞片 4；总花梗长约 2mm；花小，两性，先叶开放；花萼裂片 4，花瓣 4，雄蕊 4；子房下位，花柱圆柱形；花梗纤细，密被疏柔毛。核果长椭圆形，长 1.2~1.7cm，直径 5~7mm，红色至紫红色；核狭椭圆形，长约 12mm。花期 3~4 月，果期 9~10 月。

分布于长阳、五峰、兴山、宜昌和秭归，生于海拔 1200m 以下的山坡林中。现常栽培。

## 中华青荚叶 *Helwingia chinensis* Batalin 青荚叶属 *Helwingia* Willd.

常绿灌木；幼枝紫绿色。叶薄革质，线状披针形或披针形，长 4~15cm，宽 4~20mm，先端长渐尖，基部楔形，边缘具稀疏腺状锯齿，侧脉 6~8 对；叶柄长 3~4cm。雄花 4~5 呈伞形花序，生于叶面中脉中部或幼枝上段，花 3~5 数；花萼小，花瓣卵形，花梗长 2~10mm。雌花 1~3 生于叶面中脉中部，花梗极短；子房卵圆形，柱头 3~5 裂。果实具分核 3~5 粒，长圆形，直径 5~7mm，幼时绿色，成熟后黑色。花期 4~5 月，果期 8~10 月。

分布于长阳、五峰、兴山、宜昌、秭归等地，生于海拔 1000~2000m 的林下或灌丛中。

## 青荚叶 *Helwingia japonica* (Thunb.) F. Dietr. 青荚叶属 *Helwingia* Willd.

落叶灌木；叶纸质，卵形至卵圆形，长 3.5~9cm，宽 2~6cm，先端渐尖，基部阔楔形，边缘具细锯齿；叶上面亮绿色，下面淡绿色；中脉及侧脉在上面微凹陷；叶柄长 1~5cm；托叶线状分裂。花淡绿色，3~5 数，花萼小，花瓣长 1~2mm，镊合状排列。雄花 4~12，呈伞形，常着生于叶上面中脉的 1/2~1/3 处；花梗长 1~2.5mm；雄蕊 3~5，生于花盘内侧。雌花 1~3，着生于叶上面中脉的 1/2~1/3 处；花梗长 1~5mm；子房卵圆形或球形，柱头 3~5 裂。浆果幼时绿色，成熟后黑色，分核 3~5 粒。花期 4~5 月，果期 8~9 月。

分布于长阳、五峰、兴山、宜昌、宜都、远安、秭归，生于海拔 400~2000m 的林下。

## 白粉青荚叶 *Helwingia japonica* var. *hypoleuca* Hemsl. ex Rehder 青荚叶属 *Helwingia* Willd.

本变种和原变种 *Helwingia japonica* 的区别在于：叶下面被白粉，常呈灰白色或粉绿色。花期 4~5 月，果期 8~9 月。

分布于长阳、五峰、兴山、宜昌，生于海拔 400~2000m 的灌丛中或林下。

## 峨嵋青荚叶 *Helwingia omeiensis* (Fang) H. Hara & S. Kurosawa　　青荚叶属 *Helwingia* Willd.

常绿小乔木；叶片革质，倒卵状长圆形至长圆形，长9~15cm，宽3~5cm，先端急尖或渐尖，具1~1.5cm的尖尾，基部楔形，边缘除近基部1/3处全缘外，其余均具腺状锯齿，叶面深绿色，下面淡绿色，叶脉在叶上面不明显，下面微显；叶柄长1~5cm；托叶2枚，线状披针形。雄花多朵簇生，常呈密伞花序或伞形花序；花紫白色，3~5数；雌花1~4，呈伞形花序，小花梗长2~4mm，花绿色，柱头3~4裂，子房3~5室。浆果成熟后黑色，常具分核3~4枚，长椭圆形，长9mm。花期3~4月，果期7~8月。

分布于长阳、五峰、兴山，生于800~1300m的山地林中或灌丛中。



## 斑叶珊瑚 *Aucuba albopunctifolia* F. T. Wang　　桃叶珊瑚属 *Aucuba* Thunb.

常绿灌木；幼枝绿色，老枝黑褐色。叶厚纸质，倒卵形至长圆形，长2.5~8cm，宽2~4.5cm，上面亮绿色，具白色及淡黄色斑点，下面具小乳突状突起，叶基部楔形，先端锐尖；叶柄长7~20mm。顶生圆锥花序，花深紫色，花梗贴生短毛。果卵圆形，熟后亮红色，长约9mm，直径约6mm，种子1粒。花期3~4月，果期至翌年4月。

分布于长阳、五峰、兴山、宜昌、秭归，生于海拔1000~1600m的山坡林下。

## 桃叶珊瑚 *Aucuba chinensis* Benth.　　桃叶珊瑚属 *Aucuba* Thunb.

常绿小乔木；小枝绿色，具白色皮孔。叶革质，椭圆形，长10~20cm，宽3.5~8cm，先端锐尖，基部阔楔形，边缘微反卷，常具5~8对锯齿，侧脉6~8对，叶柄长2~4cm。圆锥花序顶生，雄花绿色，花瓣4，雄蕊4；雌花序较雄花序短，花萼及花瓣近于雄花，子房圆柱形，柱头头状。幼果绿色，成熟为鲜红色，圆柱状或卵状，长1.4~1.8cm，直径8~10mm，萼片、花柱及柱头均宿存于核果上端。花期1~2月，果熟期翌年2月。

分布于五峰、兴山、宜昌、秭归，生于海拔800~1500m的山坡或沟谷林中。

## 倒心叶珊瑚 *Aucuba obcordata* (Rehder) Fu ex W. K. Hu & T. P. Soong　　桃叶珊瑚属 *Aucuba* Thunb.

常绿灌木或小乔木；叶厚纸质，常为倒心脏形或倒卵形，长8~14cm，宽4.5~8cm，先端截形或倒心脏形，具长1.5~2cm的急尖尾，基部窄楔形；上面侧脉微下凹，下面突出，边缘具缺刻状粗锯齿；叶柄被粗毛。雄花序为总状圆锥序，长8~9cm，紫红色；花瓣先端具尖尾；雄蕊花丝粗壮。雌花序短圆锥状，长1.5~2.5cm。果较密集，卵圆形，长约1.2cm，直径约7mm。花期3~4月，果熟期11月以后。

分布于长阳、五峰、兴山、宜昌、秭归，生于海拔1500m以下的山坡或山谷林中。

## 喜马拉雅珊瑚 *Aucuba himalaica* Hook. f. & Thomson　桃叶珊瑚属 *Aucuba* Thunb.

常绿小乔木；当年生枝被柔毛，老枝具白色皮孔。叶厚纸质，椭圆形至长圆披针形，长 10~15cm，宽 3~5cm，先端渐尖，边缘 1/3 以上具细锯齿；叶脉在上面显著下凹，被粗毛；叶柄长 2~3cm，被毛。雄花序为总状圆锥花序，各部分均为紫红色，幼时密被柔毛；萼片 4；花瓣 4；雄蕊 4。雌花序为圆锥花序，密被毛，各部分均为紫红色；雌花萼片及花瓣与雄花相似；子房下位，被粗毛，柱头微 2 裂。幼果绿色，被疏毛，熟后深红色，卵状长圆形，长 1~1.2cm，花柱宿存于果实顶端。花期 3~5 月，果期 10 月至翌年 5 月。

分布于长阳、五峰、兴山、宜昌、秭归，生于海拔 700~1600m 的山地林中。

## 八角枫 *Alangium chinense* (Lour.) Harms　八角枫属 *Alangium* Lam.

落叶小乔木；叶纸质，近圆形或椭圆形，顶端短锐尖，基部常不对称，阔楔形，长 13~19cm，宽 9~15cm，不分裂或 3~9 裂；基出脉 3~5；叶柄长 2.5~3.5cm。聚伞花序腋生，7~30 花；花冠圆筒形，花萼顶端分裂为 5~8 萼片；花瓣 6~8，基部粘合，上部反卷，初为白色，后变黄色；雄蕊和花瓣同数；柱头常 2~4 裂。核果卵圆形，长约 5~7mm，直径 5~8mm，成熟后黑色。花期 5~7 月，果期 7~11 月。

宜昌市各地均有分布，分布于海拔 1800m 以下的山地林中或灌丛中。

## 瓜木 *Alangium platanifolium* (Sieb. & Zucc.) Harms　　八角枫属 *Alangium* Lam.

落叶小乔木；小枝被短柔毛。叶互生，近圆形，长 7~19cm，宽 6~16cm，常 3~5 裂，先端渐尖，基部近心形或宽楔形，幼时两面被柔毛，后仅叶脉及脉腋被柔毛；基出脉 3~5 条。花 1~7 朵组成腋生的聚伞花序；花瓣白色或黄白色，长 2.5~3.5cm；花丝微扁，密被短柔毛。核果卵形，长常为 9~12mm，花萼宿存。花期 5~6 月，果期 7~9 月。

分布于长阳、五峰、兴山、远安、宜昌、宜都、秭归，生于海拔 1900m 以下的山地林中或灌丛中。

## 喜树 *Camptotheca acuminata* Decne.　　喜树属 *Camptotheca* Decne.

落叶乔木；树皮纵裂；小枝初具微柔毛，后无毛。叶互生，纸质，矩圆状卵形，长 12~28cm，宽 6~12cm，顶端短锐尖，基部近圆形，全缘，幼树叶常具锯齿，下面叶脉被毛，侧脉 11~15 对；叶柄长 1.5~3cm。球形头状花序，直径 1.5~2cm，常由 2~9 头状花序组成圆锥花序，常上部为雌花序。花杂性同株；花瓣 5，淡绿色，雄蕊 10；子房下位，花柱长 4mm。翅果矩圆形，长 2~2.5cm，两侧具窄翅，着生成近球形的头状果序。花期 5~6，果期 9~10 月

国家Ⅱ级保护植物。宜昌市各地栽培。

## 蓝果树 *Nyssa sinensis* Oliv.

蓝果树属 *Nyss* L.

落叶乔木；叶纸质，互生，椭圆形，长 12~15cm，宽 5~8cm，顶端急锐尖，基部近圆形，侧脉 6~10 对；叶柄长 1.5~2cm。花序伞形或短总状，总花梗长 3~5cm，花单性。雄花着生于叶已脱落的老枝上，花萼裂片细小；花瓣早落；雄蕊 5~10。雌花生于具叶的幼枝上，花萼的裂片近全缘；花盘垫状，肉质；子房下位，与花托合生。核果矩圆状椭圆形，长 1~1.2cm，宽 6mm，成熟时深蓝色，常 3~4 颗；果梗长 3~4mm，总果梗长 3~5cm。种子外壳坚硬，稍扁，有 5~7 条纵沟纹。花期 4 月，果期 9 月。

分布于长阳、五峰、兴山，生于海拔 300~1700m 的山谷或溪边林中。

## 珙桐 *Davidia involucrata* Baillon

珙桐属 *Davidia* Baillon

落叶乔木；树皮呈不规则薄片脱落。叶互生，纸质，阔卵形，长 9~15cm，宽 7~12cm，先端急尖，基部心形，上面幼时被疏毛，下面密被粗毛，叶柄长 4~5cm。两性花与雄花同株，多数雄花与 1 个雌花或两性花组成球形的头状花序，苞片 2，长圆形或卵形，长 7~15cm，宽 3~5cm，初淡绿色，后变为乳白色。雄花有雄蕊 1~7，子房下位。核果长卵形，长 3~4cm，直径 15~20mm，紫绿色具黄色斑点；种子 3~5 粒。花期 4~5 月，果期 9~10 月。

易危种，国家 I 级保护植物。零星分布于长阳、五峰、兴山、宜昌、秭归，生于海拔 1300~2000m 的山地沟谷林中。

## 光叶珙桐 *Davidia involucrata* var. *vilmoriniana* Hemsl.　　珙桐属 *Davidia* Baillon

为珙桐 *Davidia involucrata* 的变种，区别在于本变种叶下面无毛或仅嫩时脉上被稀疏短柔毛和粗毛，有时下面被白霜。

易危种，国家Ⅰ级保护植物。零星分布于长阳、五峰、兴山、宜昌，生于海拔1300~2000m的山地沟谷林中。

## 楤木 *Aralia elata* (Miq.) Seem.　　楤木属 *Aralia* L.

落叶小乔木；小枝疏生刺。叶为二回或三回羽状复叶，长40~80cm；叶柄长20~40cm；托叶和叶柄基部合生；叶轴和羽片轴基部通常有短刺；小叶7~11，基部有小叶1对；小叶片薄纸质，卵形至椭圆状卵形，长5~15cm，宽2.5~8cm，先端渐尖，基部圆形，边缘疏生锯齿，侧脉6~8对。圆锥花序长30~45cm，伞房状；主轴密被灰色短柔毛；伞形花序，花梗被短柔毛；苞片和小苞片披针形；花黄白色；萼齿卵状三角形；花瓣5，卵状三角形；子房5室，花柱5。果实球形，黑色，直径4mm，有5棱。花期6~8月，果期9~10月。

宜昌市各地均有分布，生于海拔1600m以下的山坡灌丛或疏林中。

## 披针叶楤木 *Aralia stipulata* Franch.

楤木属 *Aralia* L.

灌木或小乔木；叶二回羽状复叶，无毛，无刺；羽片有 3~11 小叶，卵形到狭卵形，长 5~12，宽 2.5~8 cm，两面无毛，下面脉上疏被毛；基部圆形，先端锐尖，边缘具锯齿。圆锥花序顶生，无刺；雄花、两性花同株；末级花序轴具 1 两性花的顶生伞形花序和数雄花的侧生伞形花序，被短柔毛；苞片披针形；子房 5 室；花柱 5，顶部离生。果球状，花柱宿存，下弯。花期 5 月，果期 9~10 月。

分布于兴山；生于海拔 2000m 左右的山地林中。

## 波缘楤木 *Aralia undulata* Hand.-Mazz.

楤木属 *Aralia* L.

灌木或乔木；小枝具刺。二回羽状复叶，长达 80cm；叶柄无毛，疏生短刺；托叶和叶柄基部合生；羽片有小叶 5~15，基部有小叶 1 对，小叶片纸质，卵形至卵状披针形，长 5~13.5cm，宽 2.5~6cm，先端长渐尖，基部圆形；侧生小叶片基部歪斜，上面深绿色，下面灰白色，两面无毛，边缘有波状齿。圆锥花序大，主轴长 5~10cm，分枝长达 55cm，指状排列；二级分枝顶端由 3~5 个伞形花序组成复伞形花序；苞片披针形；花梗长 2~5mm，被棕色粗毛；花白色；萼片 5；花瓣 5，开花时反曲；子房 5 室。果实球形，黑色，有 5 棱。花期 6~8 月，果期 10 月。

分布于长阳、五峰、兴山，生于海拔 800~2000m 的疏林中。

## 糙叶五加 *Eleutherococcus henryi* Oliv.

五加属 *Eleutherococcus* Maxim.

落叶灌木；枝疏生粗刺；小枝密被短柔毛，后脱落。小叶 5，叶柄长 4~7cm，密被粗短毛；小叶片纸质，椭圆形，先端渐尖，基部狭楔形，长 8~12cm，宽 3~5cm，上面粗糙，下面脉上被短柔毛，边缘仅中部以上有细锯齿，侧脉 6~8 对；小叶柄长 3~6mm，被粗短毛。伞形花序数个组成短圆锥花序；总花梗粗壮，被粗毛，后脱落；花瓣 5，长卵形，开花时反曲；雄蕊 5，花丝细长，长约 2.5mm；子房 5 室，花柱全部合生成柱状。果实椭圆球形，有 5 浅棱，长约 8mm，黑色，花柱宿存。花期 7~9 月，果期 9~10 月。

分布于五峰、兴山、宜昌，生于海拔 1500~1800m 的山地林中或灌丛中。

## 藤五加 *Eleutherococcus leucorrhizus* Oliv.

五加属 *Eleutherococcus* Maxim.

落叶灌木；有时蔓生状；节上具刺数个或无刺。常有小叶 5，叶柄长 5~10cm；小叶片纸质，长圆形至披针形，先端渐尖，基部楔形，长 6~14cm，宽 2.5~5cm，两面均无毛，边缘具锐重锯齿，侧脉 6~10 对；小叶柄长 3~15mm。伞形花序单生枝顶，或数个组成短圆锥花序；总花梗长 2~8cm；花绿黄色；萼无毛，边缘有 5 小齿；花瓣 5，长卵形，开花时反曲；雄蕊 5，花丝长 2mm；子房 5 室，花柱合生成柱状。果实卵球形，有 5 棱，直径 5~7mm；宿存花柱短，长 1~1.2mm。花期 6~8 月，果期 8~10 月。

分布于五峰、兴山、秭归，生于海拔 1100~2200m 的山坡林中或路边灌丛中。

## 糙叶藤五加 *Eleutherococcus leucorrhizus* var. *fulvescens* (Harms & Rehder) Nakai 五加属 *Eleutherococcus* Maxim.

本变种与原变种 *Eleutherococcus leucorrhizus* 的区别在于：小叶片边缘有锐利锯齿，稀重锯齿状，上面被糙毛，下面脉上有黄色短柔毛，小叶柄密被黄色短柔毛。花期6~8月，果期8~10月。

分布兴山，生于1000~2300m的山坡林中或路边灌丛中。

## 蜀五加 *Eleutherococcus leucorrhizus* var. *setchuenensis* (Harms) C. B. Shang & J. Y. Huang 五加属 *Eleutherococcus* Maxim.

灌木；枝无刺或节上具数个刺。叶常小叶3，叶柄长3~12cm；小叶片革质，长圆状椭圆形至长圆状卵形，先端渐尖，基部宽楔形，长5~12cm，宽2~6cm，上面深绿色，下面灰白色，两面无毛，边缘全缘、疏生齿牙状锯齿或不整齐细锯齿，侧脉约8对；小叶柄长3~10mm。伞形花序单个顶生，或数个组成短圆锥状花序，直径约3cm；总花梗长3~10cm；花梗长0.5~2cm；花白色；萼无毛，边缘有5小齿；花瓣5，三角状卵形；雄蕊5；子房5室。果实球形，有5棱，直径6~8mm，黑色，花柱宿。花期5~8月，果期8~10月。

分布于五峰、兴山、秭归，生于海拔1500~2000m的山地林中。

## 细柱五加 *Eleutherococcus nodiflorus* (Dunn) S. Y. Hu　五加属 *Eleutherococcus* Maxim.

落叶灌木；枝软弱而下垂，蔓生状，节上常疏生反曲扁刺。小叶 5，在长枝上互生，在短枝上簇生；叶柄长 3~8cm，常有细刺；小叶片纸质，倒卵形至倒披针形，长 3~8cm，宽 1~3.5cm，先端尖至短渐尖，基部楔形，边缘具细钝齿，侧脉 4~5 对；几无小叶柄。伞形花序单或稀 2 个腋生，直径约 2cm；总花梗长 1~2cm，花梗长 6~10mm；花黄绿色；萼边缘近全缘或有 5 小齿；花瓣 5，长圆状卵形；雄蕊 5；子房 2 室，花柱 2。果实扁球形，长约 6mm，宽约 5mm，黑色；花柱宿存，反曲。花期 4~8 月，果期 6~10 月。

分布于兴山、宜昌，生于海拔 500~1900m 的山坡林下或路边灌丛中。

## 白簕 *Eleutherococcus trifoliatus* (L.) S. Y. Hu　五加属 *Eleutherococcus* Maxim.

灌木；枝软弱铺散，疏生下向刺。小叶 3，叶柄长 2~6cm；小叶片纸质，椭圆状卵形至椭圆状长圆形，长 4~10cm，宽 3~6.5cm，先端尖，基部楔形，两侧小叶片基部歪斜，两面无毛，边缘具细锯齿，侧脉 5~6 对；小叶柄长 2~8mm。多个伞形花序组成顶生复伞形花序；总花梗长 2~7cm，花梗长 1~2cm；花黄绿色；萼边缘有 5 三角形小齿；花瓣 5，三角状卵形；雄蕊 5；子房 2 室，花柱 2，基部或中部以下合生。果实扁球形，直径约 5mm，黑色。花期 8~11 月，果期 9~12 月。

分布于长阳、当阳、五峰、兴山、宜昌、宜都、远安、秭归，生于海拔 1300m 以下的路边灌丛。

## 常春藤 *Hedera nepalensis* var. *sinensis* (Tobl.) Rehd.　　常春藤属 *Hedera* L.

常绿攀缘灌木；茎生气生根。叶片革质，不育枝上通常为三角状卵形，基部截形，全缘或3裂；花枝叶片常椭圆状卵形，长5~16cm，宽1.5~10.5cm，先端渐尖，基部楔形，全缘或有1~3浅裂；叶柄长2~9cm。伞形花序；总花梗长1~3.5cm，花梗长0.4~1.2cm；花淡黄白色；萼密被棕色鳞片；花瓣5，三角状卵形；雄蕊5；子房5室，花柱全部合生成柱状。果实球形，红色或黄色，直径7~13mm。花期9~11月，果期翌年3~5月。

分布于长阳、五峰、兴山、宜昌、宜都、秭归，生于海拔400~1800m的林下石上或树上附生。

## 刺楸 *Kalopanax septemlobus* (Thunb.) Koidz.　　刺楸属 *Kalopanax* Miq.

落叶乔木；枝散生粗刺。叶片纸质，在长枝上互生，在短枝上簇生，近圆形，直径9~25cm，掌状5~7浅裂，裂片阔三角状卵形，长不及全叶片的1/2，先端渐尖，基部心形，边缘具细锯齿，脉5~7条；叶柄长8~50cm。圆锥花序，直径20~30cm；总花梗细长2~3.5cm，花梗无关节；花淡绿黄色；萼无毛，边缘有5小齿；花瓣5，三角状卵形；雄蕊5；子房2室。果实球形，直径约5mm，蓝黑色；花柱宿存。花期7~10月，果期9~12月。

分布于长阳、五峰、兴山、远安、宜昌、宜都、秭归，生于海拔1400m以下的山坡疏林中或路边。

## 短梗大参 *Macropanax rosthornii* (Harms) Wu ex G. Hoo　　大参属 *Macropanax* Miq.

常绿小乔木；小叶 3~5，叶柄长 2~20cm；小叶片纸质，倒卵状披针形，长 6~18cm，宽 1.2~3.5cm，先端渐尖，基部楔形，两面无毛，边缘疏生锯齿，侧脉 8~10 对；小叶柄长 0.3~1cm。圆锥花序顶生，伞形花序直径约 1.5cm；总花梗长 0.8~1.5cm，花梗长 3~5mm；花白色；萼边缘近全缘；花瓣 5，三角状卵形；雄蕊 5；子房 2 室，花柱合生成柱状，先端 2 浅裂。果实卵球形，花柱宿存。花期 7~9 月，果期 10~12 月。

分布于长阳、五峰、兴山、宜昌，生于海拔 1200m 以下的山地疏林或灌丛中。

## 异叶梁王茶 *Metapanax davidii* (Franch.) J. Wen & Frodin　　梁王茶属 *Metapanax* J. Wen & Frodin

小乔木；叶为单叶，稀具 3 小叶；叶柄长 5~20cm；叶片薄革质，长圆状卵形至长圆状披针形，不裂、掌状 2~3 裂，长 6~21cm，宽 2.5~7cm，先端渐尖，基部阔楔形，主脉 3 条，边缘疏生锯齿，侧脉 6~8 对。圆锥花序顶生；伞形花序直径约 2cm；总花梗长 1.5~2cm，花梗有关节；花白色或淡黄色；萼边缘有 5 小齿；花瓣 5，三角状卵形；雄蕊 5；子房 2 室，花柱 2。果实球形，侧扁，直径 5~6mm，黑色；花柱宿存。花期 6~8 月，果期 9~11 月。

分布于长阳、五峰、兴山、宜昌、秭归，生于海拔 300~1500m 的山坡林下或灌丛中。

## 穗序鹅掌柴 *Schefflera delavayi* (Franch.) Harms　　鹅掌柴属 *Schefflera* J. R. Forst. & G. Forst.

小乔木；小枝幼时密被星状绒毛，后脱落。叶有小叶 4~7，叶柄长 4~16cm；小叶片薄革质，形状变化大，椭圆状长圆形、卵状披针形或长圆状披针形，长 6~20cm，宽 2~8cm，先端急尖，基部钝形，下面密被星状绒毛，边缘全缘或疏生不规则的牙齿，或不规则缺刻或羽状分裂，侧脉 8~15 对。密集穗状花序组成圆锥花序；花白色，萼有 5 齿；花瓣 5，雄蕊 5，子房 4~5 室。果实球形，紫黑色，直径约 4mm。花期 10~11 月，果期翌年 1 月。

分布于五峰、兴山，生于海拔 600~1000m 的山地林中。

## 通脱木 *Tetrapanax papyrifer* (Hook.) K. Koch　　通脱木属 *Tetrapanax* (K. Koch) K. Koch

常绿小乔木；嫩枝密被星状厚绒毛，后脱落。叶大，集生茎顶，纸质，长 50~75cm，宽 50~70cm，掌状 5~11 裂，裂片常为叶片全长的 1/3 或 1/2，倒卵状长圆形或卵状长圆形，常再分裂为 2~3 小裂片，先端渐尖，下面密被白色绒毛，边缘常疏生粗齿；叶柄长 30~50cm。伞形花序直径 1~1.5cm；总花梗长 1~1.5cm，花梗长 3~5mm，密被星状绒毛；花淡黄白色；萼边缘近全缘；花瓣 4~5，三角状卵形；雄蕊和花瓣同数；子房 2 室，花柱 2。果实直径约 4mm，球形，紫黑色。花期 10~12 月，果翌年 1~2 月。

分布于兴山、宜昌，生于海拔 400~1900m 的山地林中。

## 角叶鞘柄木 *Torricellia angulata* Oliv.

鞘柄木属 *Torricellia* DC.

落叶小乔木；髓部宽，白色。叶互生，膜质或纸质，阔卵形或近于圆形，长 6~15cm，宽 5.5~15.5cm，有裂片 5~7，掌状叶脉 5~7 条；叶柄长 2.5~8cm，基部扩大成鞘包于枝上。总状圆锥花序顶生，下垂，密被短柔毛。雄花的花萼管倒圆锥形，裂片 5，齿状；花瓣 5，长圆披针形；雄蕊 5，中间有 3 退化花柱。雌花序较长，花萼管状钟形，裂片 5，披针形；无花瓣及雄蕊；子房倒卵形，3 室，柱头微曲，下延。果实核果状，卵形，直径 4mm，花柱宿存。花期 4 月，果期 6 月。

分布于长阳、五峰、兴山、宜昌、秭归，生于海拔 500~1500m 的山坡灌丛中。

## 城口桤叶树 *Clethra fargesii* Franch.

桤叶树属 *Clethra* L.

落叶小乔木；小枝嫩时密被星状绒毛，后脱落。叶硬纸质，披针状椭圆形或卵状披针形，长 6~14cm，宽 2.5~5cm，先端尾状渐尖，基部钝。成熟叶上面无毛，下面沿脉疏被长柔毛，侧脉腋内被髯毛，边缘具锯齿，侧脉 14~17 对；叶柄长 10~20mm。总状花序呈近伞形圆锥花序，花序轴和花梗均密被柔毛；萼 5 深裂，裂片卵状披针形；花瓣 5，白色，倒卵形；雄蕊 10；子房密被柔毛。蒴果近球形，直径 2.5~3mm，下弯；种子不规则卵圆形。花期 7~8 月，果期 9~10 月。

分布于长阳、五峰、兴山、宜昌、宜都、秭归，生于海拔 600~1800m 的山坡灌丛中或疏林中。

## 灯笼吊钟花 *Enkianthus chinensis* Franch.

吊钟花属 *Enkianthus* Lour.

落叶小乔木；叶互生，叶片椭圆形或倒卵形，薄纸质，长 3.5~7cm，宽 2~3cm，先端渐尖，基部钝圆或楔形，边缘具细锯齿；叶柄长 2~2.5cm。花多数排成总状花序，花序轴长达 7cm；花萼 5 裂，萼片披针状三角形；花冠宽钟形，长 7~15mm，宽 10~12mm，带黄红色，具较深色的脉纹；雄蕊 10，子房球形。蒴果卵圆形，果梗顶端明显下弯。种子小，具 2~3 狭翅。花期 4~5 月，果期 6~10 月。

分布于长阳、五峰、兴山，生于海拔 1000~2300m 的山地林中。

## 齿缘吊钟花 *Enkianthus serrulatus* (E. H. Wilson) C. K. Schneid.

吊钟花属 *Enkianthus* Lour.

落叶灌木；叶厚纸质，长圆形，长 6~8cm，宽 3.2~4cm，先端渐尖，基部宽楔形，边缘具细锯齿；叶柄长 6~12mm。伞形花序顶生，有花 2~6 朵，花下垂；花梗长 1~1.5cm，结果时直立；花萼绿色，萼片 5，三角形；花冠钟形，白绿色，长约 1cm，口部 5 浅裂，裂片反卷；雄蕊 10；子房圆柱形，5 室，每室有胚珠 10~15 枚。蒴果椭圆形，长约 1cm，直径 6~8mm，具棱，顶端有宿存花柱，5 裂，每室有种子数粒；种子瘦小，具 2 膜质翅。花期 4 月，果期 5~7 月。

分布于当阳、五峰，生于海拔 800~1500m 的山地林中。

## 小果珍珠花 *Lyonia ovalifolia* var. *elliptica* (Sieb. & Zucc.) Hand.-Mazz.　珍珠花属 *Lyonia* Nuttall

常绿小乔木；冬芽长卵圆形，淡红色。叶厚纸质，卵形，长 8~10cm，宽 4~5.8cm，先端急尖，基部钝圆，表面无毛，背面近于无毛；叶柄长 4~9mm。总状花序，近基部有 2~3 叶状苞片，花序轴上微被柔毛；花萼深 5 裂，裂片长椭圆形；花冠圆筒状，长约 8mm，径约 4.5mm，外面疏被柔毛，上部浅 5 裂，裂片向外反折；雄蕊 10；子房近球形。果序长 12~14cm，蒴果球形，直径约 3mm，缝线增厚；种子短线形，无翅。花期 5~6 月，果期 7~9 月。

分布于长阳、五峰、兴山、宜昌，生于海拔 1600m 以下的山坡灌丛中。

## 美丽马醉木 *Pieris formosa* (Wall.) D. Don　马醉木属 *Pieris* D. Don

常绿灌木；叶革质，披针形至长圆形，长 4~10cm，宽 1.5~3cm，先端渐尖，边缘具细锯齿，基部楔形，侧脉在表面下陷；叶柄长 1~1.5cm。总状花序簇生于枝顶的叶腋，有时为圆锥花序，长 4~10cm；花梗被柔毛；萼片宽披针形；花冠白色，坛状，上部浅 5 裂，裂片先端钝圆；雄蕊 10；子房扁球形，无毛，柱头小，头状。蒴果卵圆形，直径约 4mm；种子黄褐色，纺锤形。花期 5~6 月，果期 7~9 月。

分布于五峰、兴山、宜昌、秭归，生于海拔 400m 以上的山地林下。

## 弯尖杜鹃 *Rhododendron adenopodum* Franch.

杜鹃花属 *Rhododendron* L.

常绿灌木；小枝被绒毛及腺体。叶革质，倒卵状椭圆形，长6~13cm，宽2~4cm，先端急尖，常有歪曲的短尖尾，基部楔形，侧脉约10~12对，下面具灰白色毛被；叶柄长1~1.5cm。总状伞形花序，有花4~8朵；总轴长1~1.5cm，花梗长1~2.5cm；花萼小，5裂；花冠漏斗状钟形，长4~4.5cm，粉红色，有深红色斑点，5裂；雄蕊10；子房卵圆形，柱头3~5浅裂。蒴果圆柱状，长1.5~2cm，密被开展的腺头刚毛。花期4~5月，果期7~8月。

分布于五峰、兴山，生于海拔1000~2000m的山地疏林中或林缘。

## 耳叶杜鹃 *Rhododendron auriculatum* Hemsl.

杜鹃花属 *Rhododendron* L.

常绿小乔木；幼枝密被长腺毛，老枝无毛。叶革质，长圆形或长圆状披针形，长9~22cm，宽3~6.5cm，先端钝，有短尖头，基部耳形，侧脉20~22对，下面幼时密被柔毛；叶柄稍粗壮，长1.8~3cm，密被腺毛。顶生伞形花序，有花7~15朵；总轴和花梗密被长柄腺体；花萼小，裂片6；花冠漏斗形，长6~10cm，直径6cm，银白色，筒状部外面具长柄腺体，裂片7，卵形；雄蕊14~16；子房椭圆状卵球形，密被腺体，花柱粗壮。蒴果长圆柱形，微弯曲，长3~4cm，8室，具腺体残迹。花期7~8月，果期9~10月。

分布于长阳、五峰，生于海拔1200~2200m的山地林中或灌丛中。

## 腺萼马银花 *Rhododendron bachii* H. Lév.　　杜鹃花属 *Rhododendron* L.

常绿灌木；小枝被短柔毛和腺头刚毛。叶薄革质，卵形或卵状椭圆形，长 3~5.5cm，宽 1.5~2.5cm，先端凹缺，具短尖头，基部宽楔形，边缘具刚毛状细齿；叶柄长约 5mm，被短柔毛和腺毛。花单生叶腋；花梗被短柔毛和腺头毛；花萼 5 深裂，裂片卵形；花冠淡紫色或淡紫白色，5 深裂，上方 3 裂片内面近基部具深红色斑点；雄蕊 5；子房被短柄腺毛，长 2.5~3.2cm，伸出于花冠外。蒴果卵球形，直径 6mm，密被短柄腺毛。花期 4~5 月，果期 6~10 月。

分布于长阳、五峰、兴山，生于海拔 400~1600m 的山地灌丛。

## 秀雅杜鹃 *Rhododendron concinnum* Hemsl.　　杜鹃花属 *Rhododendron* L.

常绿灌木；叶长圆形、卵形至长圆状披针形，长 2.5~7.5cm，宽 1.5~3.5cm，顶端锐尖或短渐尖，具短尖头，基部宽楔形，上面多少被鳞片，下面密被鳞片；叶柄长 0.5~1.3cm。伞形花序，有 2~5 花；花梗长 0.4~1.8cm，密被鳞片；花萼小，5 裂，裂片长 0.8~1.5mm；花冠宽漏斗状，长 1.5~3.2cm，紫红色、淡紫或深紫色；雄蕊不等长，近与花冠等长，花丝下部被疏柔毛；子房 5 室，密被鳞片，花柱细长，略伸出花冠。蒴果长圆形，长 1~1.5cm。花期 4~6 月，果期 9~10 月。

分布于长阳、兴山、宜昌、秭归，生于海拔 1500m 以上的山地林中或灌丛中。

## 喇叭杜鹃 *Rhododendron discolor* Franch.

杜鹃花属 *Rhododendron* L.

常绿灌木或小乔木；叶革质，长圆状椭圆形至长圆状披针形，长9.5~18cm，宽2.4~5.4cm，先端钝，基部楔形，边缘反卷，上面深绿色，下面淡黄白色，无毛，侧脉约21对；叶柄粗壮，长1.5~2.5cm。顶生短总状花序，有花6~10朵；花梗长2~2.5cm；花萼小，裂片7；花冠漏斗状钟形，长5.5cm，宽约6cm，淡红色至白色，裂片7，近于圆形，长2cm，宽2.5cm，顶端有缺刻；雄蕊14~16；子房卵状圆锥形，密被淡黄白色短柄腺体。蒴果长圆柱形，微弯曲，长4~5cm，直径约1.5cm。花期6~7月，果期9~10月。

分布于五峰、兴山、宜昌，生于海拔1000~2000m的山地林中。

## 云锦杜鹃 *Rhododendron fortunei* Lindl.

杜鹃花属 *Rhododendron* L.

常绿小乔木；叶厚革质，长圆形至长圆状椭圆形，长8~14.5cm，宽3~9.2cm，先端钝至近圆形，基部圆形或截形，侧脉14~16对；叶柄长1.8~4cm。顶生总状伞形花序，有花6~12朵；总梗长2~3cm；花萼小，边缘有浅裂片7；花冠漏斗状钟形，长4.5~5.2cm，直径5~5.5cm，粉红色，裂片7；雄蕊14，不等长；子房圆锥形，密被腺体，花柱疏被白色腺体，柱头头状。蒴果长圆状卵形至长圆状椭圆形，长2.5~3.5cm，直径6~10mm。花期4~5月，果期8~10月。

分布于长阳、五峰、兴山、宜昌，生于海拔1000m以上的山地林中或灌丛中。

## 粉白杜鹃 *Rhododendron hypoglaucum* Hemsl. 杜鹃花属 *Rhododendron* L.

常绿灌木；叶常4~7集生于枝顶，革质，椭圆状披针形，长6~10cm，宽2~3.5cm，先端急尖，有短尖尾，基部楔形，上面无毛，下面被银白色薄层毛被；侧脉10~14对；叶柄长约1~2cm。总状伞形花序，有花4~9朵；总轴初有淡黄色疏柔毛，后脱落；花梗长2~3cm；花萼5裂，萼片卵状三角形；花冠乳白色，漏斗状钟形，长2.5~3.5cm，管口直径3cm，基有深红色至紫红色斑点，5裂；雄蕊10，不等长；子房圆柱状，柱头微膨大。蒴果圆柱形，长2~2.5cm，直径6mm。花期4~5月，果期7~9月。

分布于长阳、五峰、兴山、宜昌，生于海1300~2000m的山地林中或林缘。

## 麻花杜鹃 *Rhododendron maculiferum* Franch. 杜鹃花属 *Rhododendron* L.

常绿灌木；幼枝密被白色绒毛。叶革质，长圆形或椭圆形，长4~11cm，宽2.5~4.2cm，先端钝至圆形，基部圆形，上面绿色，下面被淡褐色绒毛，侧脉12~17对；叶柄长1.3~2.2cm，幼时密被毛，后脱落。顶生总状伞形花序，有花7~10朵；总轴和花梗被绒毛；花萼裂齿5，三角形；花冠宽钟形，长3.7~4cm，直径3.8~4.2cm，红色至白色，内面基部有深紫色斑块，裂片5，宽卵形；雄蕊10，不等长；子房圆锥形，被微柔毛。蒴果圆柱形，长1.5~2cm，直径4~5mm，被锈色刚毛。花期5~6月，果期9~10月。

分布于长阳、五峰、兴山、宜昌，生于海拔1600m以上的山地林中或灌丛中。

## 满山红 *Rhododendron mariesii* Hemsl. & E. H. Wilson　　杜鹃花属 *Rhododendron* L.

落叶灌木；叶厚纸质，常 2~3 集生枝顶，椭圆形或卵状披针形，长 4~7.5cm，宽 2~4cm，先端锐尖，具短尖头，基部近于圆形；叶柄长 5~7mm。花常 2 朵顶生，先花后叶；花梗长 7~10mm；花萼环状，5 浅裂，密被黄褐色柔毛；花冠漏斗形，淡紫红色或紫红色，长 3~3.5cm，花冠管长约 1cm，裂片 5，深裂；雄蕊 8~10；子房卵球形，密被淡黄棕色长柔毛。蒴果椭圆状卵球形，长 6~9mm，密被亮棕褐色长柔毛。花期 4~5 月，果期 6~11 月。

分布于长阳、当阳、五峰、兴山、远安、宜昌、宜都、秭归，生于海拔 1900m 以下的山地灌丛中。

## 照山白 *Rhododendron micranthum* Turcz.　　杜鹃花属 *Rhododendron* L.

常绿灌木；幼枝被鳞片及细柔毛。叶近革质，倒披针形、长圆状椭圆形至披针形，长 3~4cm，宽 0.4~1.2cm，顶端钝或急尖，基部狭楔形，两面被鳞片，鳞片相互重叠；叶柄长 3~5mm，被短毛和稀疏鳞片。花小，白色，多花组成顶生密总状花序；花梗细，长 0.8~1.2cm；花冠钟状，长 4~8mm，外面被鳞片，内面无毛，花裂片 5，较花管稍长；雄蕊 10，花丝无毛；子房长 1~3mm，5~6 室，密被鳞片，花柱与雄蕊等长或较短。蒴果长圆形，长 5~6mm，被疏鳞片。花期 5~6 月，果期 8~11 月。

分布于兴山、宜昌、秭归，生于海拔 800~2100m 的山坡林下或灌丛中。

## 羊踯躅 *Rhododendron molle* (Blume) G. Don

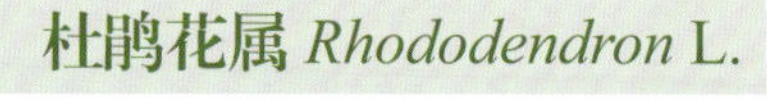

杜鹃花属 *Rhododendron* L.

落叶灌木；嫩枝密被柔毛及疏刚毛。叶纸质，长圆形至长圆状披针形，长5~11cm，宽1.5~3.5cm，先端钝，具短尖头，基部楔形，边缘具睫毛，幼时上面被微柔毛，下面密被灰白色柔毛；叶柄长2~6mm，被柔毛。总状伞形花序顶生，花多达13朵；花梗长1~2.5cm，花萼裂片圆齿状；花冠阔漏斗形，长4.5cm，直径5~6cm，黄色或金黄色，花冠管圆筒状，裂片5；雄蕊5，不等长；子房圆锥状，密被灰白色柔毛及疏刚毛，花柱长达6cm。蒴果圆锥状长圆形，长2.5~3.5cm，具5条纵肋，被微柔毛和疏刚毛。花期3~5月，果期7~8月。

分布于当阳、远安、宜昌，生于海拔800m以下的山坡灌丛中。

## 粉红杜鹃 *Rhododendron oreodoxa* var. *fargesii* (Franch.) D. F. Chamb.

杜鹃花属 *Rhododendron* L.

常绿灌木；叶革质，常5~6生于枝端，狭椭圆形或倒披针状椭圆形，长4.5~10cm，宽2~3.5cm，先端钝或圆形，基部钝至圆形，上面深绿色，下面淡绿色至苍白色；侧脉13~15对；叶柄长8~18mm。顶生总状伞形花序，有花6~8；总轴和花梗被短柄腺体；花萼具6~7宽卵形浅齿；花冠钟形，长3.5~4.5cm，直径3.8~5.2cm，淡红色；雄蕊12~14，不等长；子房圆锥形，具有柄腺体，花柱淡红绿色。蒴果长圆柱形，长1.8~3.2cm，有肋纹。花期4~6月，果期8~10月。

分布于五峰、兴山，生于海拔1600m以上的山地林中或灌丛中。

## 早春杜鹃 *Rhododendron praevernum* Hutch.

杜鹃花属 *Rhododendron* L.

常绿小乔木；幼枝被灰色微柔毛，后脱落。叶革质，椭圆状倒披针形，长10~19.5cm，宽3.3~5cm，先端钝尖，基部楔形至宽楔形，上面深绿色，下面淡绿色，侧脉14~20对；叶柄长1.5~2.5cm。顶生短总状伞形花序，有花7~10朵；总轴疏被微柔毛；花梗长1.5~3cm；花萼裂片5；花冠钟形，长5.8~6.2cm，直径达7cm，白色或带蔷薇色，内面近基部有淡灰色微柔毛，上方有1枚紫红色的大斑块和许多小斑点，裂片5；雄蕊15~16；子房圆锥形，无毛，柱头头状，宽3~3.2mm。蒴果长圆柱形，长2.6~4cm，褐色。花期3~4月，果期9~10月。

分布于长阳、五峰、兴山、宜昌，生于海拔1800m以上的山地林中。

## 杜鹃 *Rhododendron simsii* Planch.

杜鹃花属 *Rhododendron* L.

落叶灌木；小枝密被糙伏毛。叶革质，常集生枝端，卵形、椭圆状卵形或倒卵形，长1.5~5cm，宽0.5~3cm，先端短渐尖，基部楔形，边缘具细齿，两面被糙伏毛；叶柄长2~6mm，密被糙伏毛。花2~6朵簇生枝顶，花梗密被亮棕褐色糙伏毛；花萼5深裂，裂片三角状长卵形；花冠阔漏斗形，玫瑰色、鲜红色或暗红色，长3.5~4cm，宽1.5~2cm，裂片5，倒卵形，上部裂片具深红色斑点；雄蕊10；子房卵球形，10室，密被亮棕褐色糙伏毛。蒴果卵球形，长达1cm，密被糙伏毛；花萼宿存。花期4~5月，果期6~8月。

宜昌市各地均有分布，生于海拔2000m以下的山地林中。

## 长蕊杜鹃 *Rhododendron stamineum* Franch.

杜鹃花属 *Rhododendron* L.

常绿小乔木；幼枝无毛。叶常聚生枝顶，革质，椭圆形或长圆状披针形，长 6.5~8cm，宽 2~3.5cm，先端渐尖，基部楔形，上面深绿色，下面苍白绿色，两面无毛，侧脉不明显；叶柄长 8~12mm。花常 3~5 朵簇生枝顶叶腋；花萼小，微5裂，裂片三角形；花冠白色，有时蔷薇色，漏斗形，长 3~3.3cm，5 深裂，上方裂片内侧具黄色斑点，花冠管筒状；雄蕊 10，伸出于花冠外很长；子房圆柱形，无毛，柱头头状。蒴果圆柱形，长 2~4cm，具 7 条纵肋，无毛。花期 4~5 月，果期 7~10 月。

分布于五峰、兴山、宜昌、秭归，生于海拔 400~1600m 的山坡林下或灌丛中。

## 四川杜鹃 *Rhododendron sutchuenense* Franch.

杜鹃花属 *Rhododendron* L.

常绿小乔木；幼枝被灰白色绒毛。叶革质，倒披针状长圆形，长 10~22cm，宽 3~7cm，先端钝或圆形，基部楔形，边缘反卷，上面深绿色，下面苍白色，侧脉 17~22 对；叶柄长 2~3cm。顶生短总状花序，有花 8~10 朵；花梗长 1~1.3cm，被白色微柔毛；花萼小，裂片 5，宽三角形；花冠漏斗状钟形，长 5cm，直径 4.5cm，蔷薇红色，内面上方有深红色斑点，裂片 5；雄蕊 10，不等长；子房圆锥形，12 室，花柱无毛。蒴果长圆状椭圆形，长 1.8~3.6cm。花期 4~5 月，果期 8~10 月。

分布于长阳、五峰、兴山、宜昌，生于海拔 1300m 以上的山地林中。

## 无梗越橘 *Vaccinium henryi* Hemsl.

越橘属 *Vaccinium* L.

落叶灌木；幼枝密被短柔毛。叶多数，散生枝上，生殖枝上叶较小，营养枝上的叶向上部变大，叶片纸质，卵形、卵状长圆形或长圆形，长3~7cm，宽1.5~3cm，顶端锐尖，具小短尖头，基部宽楔形，边缘全缘；两面沿中脉有时连同侧脉密被短柔毛；叶柄长1~2mm，密被短柔毛。花单生叶腋；花梗密被毛；萼筒无毛，萼齿5，宽三角形；花冠黄绿色，钟状，长3~4.5mm，裂片三角形；雄蕊10。浆果球形，略呈扁压状，直径7~9mm，熟时紫黑色。花期6~7月，果期9~10月。

分布于长阳、五峰、兴山、宜昌、秭归，生于海拔1000~1800m的山坡林下或灌丛中。

## 扁枝越橘 *Vaccinium japonicum* var. *sinicum* (Nakai) Rehd.

越橘属 *Vaccinium* L.

落叶灌木；枝条扁平，绿色，无毛。叶散生枝上，纸质，卵形至卵状披针形，长2~6cm，宽0.7~2cm，顶端锐尖，基部宽楔形，边缘有细锯齿；叶柄长1~2mm。花单生叶腋，下垂；花梗纤细，长5~8mm；小苞片2，披针形；萼筒部无毛，萼裂片4，三角形；花冠白色，未开放时筒状，长0.8~1cm，4深裂至下部1/4，裂片线状披针形，花开后向外反卷，花冠管长为萼裂片的2倍；雄蕊8，长约9mm，花丝被疏柔毛。浆果直径约5mm，成熟时红色。花期6月，果期9~10月。

分布于长阳、五峰、兴山、宜昌，生于海拔800~2000m的山地林下。

## 江南越橘 *Vaccinium mandarinorum* Diels　　越橘属 *Vaccinium* L.

常绿灌木；叶片厚革质，卵形或长圆状披针形，长 3~9cm，宽 1.5~3cm，顶端渐尖，基部楔形至钝圆，边缘具细锯齿，两面无毛，中脉和侧脉纤细；叶柄长 3~8mm。总状花序长 2.5~10cm，有多花；花梗纤细，长 4~8mm；萼筒无毛，萼齿三角形或卵状三角形或半圆形；花冠白色，筒状，口部稍缢缩或开放，长 6~7mm，裂齿三角形或狭三角形；雄蕊内藏，药室背部有短距，药管长为药室的 1.5 倍，花丝扁平，密被毛；花柱内藏或微伸出花冠。浆果，熟时紫黑色，无毛，直径 4~6mm。花期 4~6 月，果期 6~10 月。

分布于长阳、五峰、兴山，生于海拔 400~1600m 的山坡灌丛中或林下。

## 喜冬草 *Chimaphila japonica* Miq.　　喜冬草属 *Chimaphila* Pursh

常绿草本状小半灌木；高 10~20cm。叶对生或 3~4 轮生，革质，阔披针形，长 1.6~3cm，宽 0.6~1.2cm，先端急尖，基部近圆形，边缘具锯齿；叶柄长 2~4mm；鳞片状叶互生。花葶有 1~2 长圆状卵形苞片，边缘具不规则锯齿。花单常 1，半下垂，白色；萼片膜质，边缘具不整齐的锯齿；花瓣倒卵圆形，先端圆形；雄蕊 10；花柱极短，倒圆锥形，柱头大，圆盾形，5 圆浅裂。蒴果扁球形，直径 5~5.5mm。花期 6~7 月，果期 7~8 月。

分布于长阳、五峰、兴山、宜昌、秭归，生于海拔 1200m 以上的山坡林下。

## 瓶兰花 *Diospyros armata* Hemsl.

柿属 *Diospyros* L.

半常绿乔木；幼枝被毛。叶薄革质或革质，椭圆形或倒卵形至长圆形，长 1.5~6cm，宽 1.5~3cm，先端钝或圆，基部楔形，上面无毛，下面微被柔毛；叶柄长约 3mm。雄花集呈小伞房花序；花乳白色，花冠甕形，芳香，长 4~5mm，有绒毛。果近球形，直径约 2cm，黄色，被伏粗毛，果柄长约 1~2cm；宿存萼裂片 4，裂片卵形，长约 1.2cm。花期 5 月，果期 10 月。

分布于宜昌、秭归，生于海拔500m以下的山坡灌丛中。

## 乌柿 *Diospyros cathayensis* Steward

柿属 *Diospyros* L.

常绿或半常绿小乔木；多枝，有刺。叶薄革质，长圆状披针形，长 4~9cm，宽 1.8~3.6cm，两端钝，侧脉纤细，每边 5~8 条；叶柄长 2~4mm。雄花：花萼 4 深裂，裂片三角形；花冠壶状，4 裂；雄蕊 16，子房退化。雌花：白色，芳香；花萼 4 深裂，裂片卵形；花冠壶状 4 裂，退化雄蕊 6；子房球形，被长柔毛，6 室。果球形，直径 1.5~3cm，熟时黄色；种子褐色，长椭圆形，侧扁；宿存萼 4 深裂，裂片革质，卵形，长 1.2~1.8cm，宽约 8mm，先端急尖，纵脉 9 条；果柄纤细，长 3~6cm。花期 4~5 月，果期 8~10 月。

分布于长阳、五峰、兴山，生于海拔 1000m 以下的山坡灌丛中。

## 柿 *Diospyros kaki* Thunb.　　柿属 *Diospyros* L.

落叶乔木；叶纸质，卵状椭圆形至倒卵形，长5~18cm，宽2.8~9cm，先端渐尖，基部楔形，侧脉每边5~7条。雌雄异株。雄花：花萼钟状，深4裂；花冠钟状，黄白色，4裂；雄蕊16~24。雌花：花萼深4裂，萼管近球状钟形；壶形或近钟形，较花萼短小，4裂，花冠管近四棱形；退化雄蕊8；子房近扁球形，直径约6mm，8室，每室有胚珠1枚。果形多样，成熟时变黄色，果肉变成柔软多汁，种子数颗，椭圆状，侧扁；宿存萼在花后增大增厚。花期5~6月，果期9~10月。

宜昌各地栽培。

## 野柿 *Diospyros kaki* var. *silvestris* Makino　　柿属 *Diospyros* L.

与原变种区别在于：小枝及叶柄常密被黄褐色柔毛，叶较栽培柿树的叶小，叶片下面的毛较多，花较小，果亦较小，直径约2~5cm。花期5~6月，果期9~10月。

分布于长阳、五峰、兴山、宜昌，生于海拔1100m以下的山坡林中。

## 君迁子 *Diospyros lotus* L. 柿属 *Diospyros* L.

落叶乔木；叶纸质，椭圆形至长椭圆形，长5~13cm，宽2.5~6cm，先端渐尖，基部宽楔形；上面初被柔毛，下面被柔毛；侧脉纤细，每边7~10条；叶柄长7~15mm。雄花：花萼钟形，4裂；花冠壶形，带红色或淡黄色，4裂；雄蕊16。雌花：淡绿色或带红色；花萼4裂至中部；花冠壶形，4裂；子房8室。果近球形或椭圆形，直径1~2cm，初熟时为淡黄色，后则变为蓝黑色；种子长圆形，长约1cm，宽约6mm，侧扁；宿存萼4裂，深裂至中部。花期5~6月，果期10~11月。

分布于长阳、五峰、兴山、宜昌、宜都、远安、秭归，生于海拔500~1800m的山地林中。

## 油柿 *Diospyros oleifera* Cheng 柿属 *Diospyros* L.

落叶乔木；树皮成薄片状剥落，内皮白色。叶纸质，长圆形或长圆状倒卵形，长6.5~17cm，宽3.5~10cm，先端短渐尖，基部近圆形；侧脉每边7~9条；叶柄长6~10mm。花雌雄异株或杂性。雄花：花萼4裂，裂片卵状三角形；花冠壶形，4裂；雄蕊16~20；退化子房微小。雌花：花萼钟形，4裂；花冠壶形，4深裂；子房球形或扁球形，密被长伏毛，8室。果卵形或球形，直径约5cm，成熟时暗黄色；种子近长圆形，侧扁；宿存花萼在花后增大，厚革质。花期4~5月，果期8~10月。

分布于长阳、五峰、宜昌，生于低海拔的河谷林中。

## 九管血 *Ardisia brevicaulis* Diels

紫金牛属 *Ardisia* Sw.

灌木；叶片坚纸质，狭卵形或卵状披针形，顶端急尖且钝，基部楔形或近圆形，长 7~14cm，宽 2.5~4.8cm，具不明显的边缘腺点，背面具疏腺点，侧脉 10~13 对；叶柄长 1~2cm。伞形花序，花枝近顶端有 1~2 叶；花梗长 1~1.5cm；花萼基部连合达 1/3，萼片披针形或卵形；花瓣粉红色，卵形；雄蕊较花瓣短；雌蕊与花瓣等长。果球形，直径约 6mm，鲜红色，具腺点，宿存萼与果梗通常为紫红色。花期 6~7 月，果期 10~12 月。

分布于兴山、宜昌、秭归，生于海拔 300~1000m 的山坡林下。

## 朱砂根 *Ardisia crenata* Sims

紫金牛属 *Ardisia* Sw.

灌木；叶片革质或坚纸质，椭圆形至椭圆状披针形，顶端急尖，基部楔形，长 7~15cm，宽 2~4cm，边缘具波状齿，具明显的边缘腺点；侧脉 12~18 对；叶柄长约 1cm。伞形花序或聚伞花序；花梗长 7~10mm；花萼仅基部连合，萼片长圆状卵形，具腺点；花瓣白色，盛开时反卷，卵形，具腺点；雄蕊较花瓣短；雌蕊与花瓣近等长或略长，子房无毛，具腺点，胚珠 5 枚。果球形，直径 6~8mm，鲜红色，具腺点。花期 5~6 月，果期 10~12 月。

宜昌市各地均有分布，生于海拔 1600m 以下的山坡林下或灌丛中。

## 百两金 *Ardisia crispa* (Thunb.) A. DC.　　紫金牛属 *Ardisia* Sw.

灌木；花枝多。叶片膜质或近坚纸质，椭圆状披针形或狭长圆状披针形，顶端长渐尖，基部楔形，长 7~15cm，宽 1.5~4cm，全缘或略波状，具明显的边缘腺点，侧脉约 8 对；叶柄长 5~8mm。伞形花序，花枝中部以上常具叶；花梗长 1~1.5cm，被柔毛；花长 4~5mm，花萼仅基部连合，萼片长圆状卵形或披针形，顶端急尖；花瓣白色或粉红色，卵形，顶端急尖，具腺点；雄蕊较花瓣略短；雌蕊与花瓣近等长，子房无毛。果球形，直径 5~6mm，鲜红色，具腺点。花期 5~6 月，果期 10~12 月。

宜昌市各地均有分布，生于海拔 1200m 以下的山坡林下或沟边灌丛中。

## 紫金牛 *Ardisia japonica* (Thunb.) Blume　　紫金牛属 *Ardisia* Sw.

小灌木；近蔓生，具匍匐生根的根茎。叶对生或近轮生，叶片坚纸质，椭圆形至椭圆状倒卵形，顶端急尖，基部楔形，长 4~7cm，宽 1.5~4cm，边缘具细锯齿，两面无毛或背面中脉被柔毛，侧脉 5~8 对；叶柄长 6~10mm，被微柔毛。伞形花序，总梗长约 5mm；花梗长 7~10mm，被微柔毛；花萼基部连合，萼片卵形，两面无毛；花瓣粉红色或白色，广卵形；雄蕊较花瓣略短；雌蕊与花瓣等长，子房卵珠形，无毛。果球形，直径 5~6mm，红色至黑色。花期 5~6 月，果期 11~12 月。

宜昌市各地均有分布，生于海拔 1000m 以下的山坡林下或灌丛中。

## 湖北杜茎山 *Maesa hupehensis* Rehder　　杜茎山属 *Maesa* Forssk.

灌木；叶片坚纸质，披针形或长圆状披针形，先端渐尖，基部圆形或钝，长10~15cm，宽2~4cm，几全缘；侧脉8~10对；叶柄长5~10mm。总状花序腋生；苞片披针形，全缘；花梗长3~4mm，小苞片卵形；花长3~4mm，萼片广卵形，顶端急尖，较萼管长；花冠白色，钟形，裂片广卵形，与花冠管等长；雄蕊短，内藏；子房与花柱等长，柱头微4裂。果近球形，直径约5mm，白色或白黄色，宿存萼包果达顶部。花期5~6月，果期10~12月。

分布于长阳、五峰、兴山、宜昌，生于海拔1200m以下的路边或山坡灌丛中。

## 杜茎山 *Maesa japonica* (Thunb.) Moritzi ex Zoll.　　杜茎山属 *Maesa* Forssk.

直立或近攀缘灌木；叶片革质，椭圆形至披针状椭圆形，顶端渐尖或钝，基部楔形、钝或圆形，一般长约10cm，宽约3cm，几全缘或中部以上具疏锯齿，两面无毛，侧脉5~8对；叶柄长5~13mm。总状花序或圆锥花序，苞片卵形，花梗长2~3mm，小苞片广卵形或肾形；萼片卵形至近半圆形；花冠白色，长钟形，管长3.5~4mm，裂片长为管的1/3或更短，卵形或肾形；雄蕊着生于花冠管中部略上，内藏；柱头分裂。果球形，直径4~5mm，宿存萼包果顶端。花期1~3月，果期10月。

分布于兴山、宜昌、秭归，生于海拔1000m以下的山坡林中、灌丛或林缘。

## 铁仔 *Myrsine africana* L.

铁仔属 *Myrsine* L.

灌木；小枝多少具棱角。叶片革质，常为椭圆状倒卵形，长 1~2cm，宽 0.7~1cm，顶端广钝或近圆形，具短刺尖，基部楔形，边缘中部以上具锯齿；叶柄短。花近伞形花序；花 4 数，萼片广卵形至椭圆状卵形；花冠在雌花中长近为萼的 2 倍，基部连合成管；雄蕊微伸出花冠；子房长卵形。花冠在雄花中长约为管的 1 倍，花冠管近为全长的 1/2，雄蕊伸出花冠，雌蕊在雄花中退化。果球形，红色变紫黑色。花期 2~3 月，果期 10~11 月。

分布于长阳、五峰、兴山、宜昌、宜都、远安、秭归，生于海拔 1300m 以下的林下。

## 针齿铁仔 *Myrsine semiserrata* Wall.

铁仔属 *Myrsine* L.

小乔木；小枝常具棱角。叶片近革质，椭圆形至披针形，顶端长急尖至长渐尖，基部楔形，长 5~9cm，宽 2~3.5cm，边缘常于中部以上具刺状细锯齿；叶柄长约 5mm。伞形花序或花簇生；花 4 数，花萼基部连合成短管，萼片卵形或三角形至椭圆形；花冠白色至淡黄色，基部近连合或成短管，裂片长椭圆形、长圆形或舌形；雄蕊与花冠等长或较长，在雌花中退化；雌蕊在雄花中退化，子房卵形。果球形，直径 5~7mm，红色变紫黑色。花期 2~4 月，果期 10~12 月。

分布于长阳、五峰、兴山、宜昌、宜都、秭归，生于海拔 1200m 以下的林下。

## 密花树 *Myrsine seguinii* H. Lév. 铁仔属 *Myrsine* L.

小乔木；叶片革质，长圆状倒披针形至倒披针形，顶端急尖，基部楔形，长7~17cm，宽1.3~6cm，全缘；叶柄长约1cm。花生于短枝上，呈伞形花序或簇生；苞片广卵形，花梗短；花长3~4mm，花萼仅基部连合，萼片卵形；花瓣白色或淡绿色，基部连合，花时反卷，卵形或椭圆形；雄蕊在雌花中退化，在雄花中着生于花冠中部，花丝极短；雌蕊与花瓣等长或超过花瓣，子房卵形或椭圆形，无毛。果近球形，直径4~5mm，灰绿色或紫黑色。花期4~5月，果期10~12月。

分布于五峰，生于700~1300m的山坡林中。

## 光叶铁仔 *Myrsine stolonifera* (Koidz.) Walker 铁仔属 *Myrsine* L.

灌木；小枝无毛。叶片坚纸质至近革质，椭圆状披针形，顶端渐尖，基部楔形，长6~8cm，宽1.5~2.5cm，全缘或中部以上具1~2对齿；叶柄长5~8mm。伞形花序或花簇生，每花基部具1苞片；花5数，花萼分离或仅基部连合，萼片狭椭圆形或狭长圆形；花冠基部连合成极短的管，裂片长圆形，具明显的腺点；雄蕊小，基部与花冠管合生，在雌花中退化；雌蕊在雌花中长达花瓣的2/3，子房卵形或椭圆形。果球形，直径约5mm，红色变蓝黑色。花期4~6月，果期12月至翌年12月。

分布于五峰，生于海拔1500m以下的山坡林下。

## 赤杨叶 *Alniphyllum fortunei* (Hemsl.) Makino　赤杨叶属 *Alniphyllum* Matsum.

落叶乔木；叶纸质，椭圆形或倒卵状椭圆形，长 8~15cm，宽 4~7cm，顶端渐尖，基部宽楔形，边缘具锯齿，两面被星状短柔毛，侧脉每边 7~12 条；叶柄长 1~2cm。总状花序或圆锥花序，花白色或粉红色，长 1.5~2cm；花萼杯状，萼齿卵状披针形；花冠裂片长椭圆形，长 1~1.5cm，宽 5~7mm，两面均密被星状细绒毛；雄蕊 10，下部联合成管；子房密被长绒毛。果实长圆形，长 10~18mm，直径 6~10mm；种子两端具不等大的膜质翅。花期 4~7 月，果期 8~10 月。

分布于长阳、五峰、宜昌，生于海拔 600~2000m 的山地林中。

## 白辛树 *Pterostyrax psilophyllus* Diels ex Perkins　白辛树属 *Pterostyrax* Sieb. & Zucc.

落叶乔木；叶椭圆形至倒卵状长圆形，长 5~15cm，宽 5~9cm，顶端急尖，基部楔形，边缘具细锯齿，下面密被灰色星状绒毛，叶柄长 1~2cm。圆锥花序长 10~15cm；花序梗、花梗和花萼均密被星状绒毛；花白色，长 12~14mm；花萼钟状，花瓣长椭圆形，长约 6mm，宽约 2.5mm，顶端钝或短尖；雄蕊 10；子房密被粗毛，柱头稍 3 裂。果近纺锤形，中部以下渐狭，连喙长约 2.5cm，5~10 棱或不明显，密被疏展、丝质长硬毛。花期 3 月，果期 8~9 月。

国家Ⅱ级保护植物。分布于长阳、五峰、兴山、宜昌、秭归，生于海拔 600~2000m 的山地林中。

## 长果秤锤树 *Sinojackia dolichocarpa* C. J. Qi　　秤锤树属 *Sinojackia* Hu

落叶乔木；叶薄纸质，卵状长圆形或卵状披针形，长 8~13cm，宽 3.5~4.8cm，顶端渐尖，基部宽楔形，边缘有细锯齿；上面中脉疏被星状柔毛，下面疏被长柔毛；侧脉每边 8~10 条；叶柄长 4~7mm。总状聚伞花序，花 5~6 朵；花梗被长柔毛；花萼陀螺形；花冠 4 深裂，白色；雄蕊 8，花丝下部联合成管；花柱钻形，子房 4 室。果实倒圆锥形，连喙长 4.2~7.5cm，具 8 条纵脊，密被长柔毛和星状毛。花期 4 月，果期 6~8 月。

濒危种，国家Ⅱ级保护植物。分布于五峰、兴山，生于海拔 1200m 以下的山地林中。

## 赛山梅 *Styrax confusus* Hemsl.　　安息香属 *Styrax* L.

落叶乔木；叶近革质，椭圆形或倒卵状椭圆形，长 4~14cm，宽 2.5~7cm，顶端急尖，基部宽楔形，边缘具细锯齿；初时两面疏被星状短柔毛，后脱落，侧脉每边 5~7 条；叶柄长 1~3mm。总状花序顶生，花白色，长 1.3~2.2cm，小苞片早落；花萼杯状，顶端有 5 齿；花冠裂片披针形；花冠管长 3~4mm；花丝长 8~10mm，下部联合成管。果实近球形，直径 8~15mm，外面密被星状绒毛和星状长柔毛；种子倒卵形。花期 4~6 月，果期 9~11 月。

分布于五峰、兴山，生于海拔 1700m 以下的山坡林中。

## 垂珠花 *Styrax dasyanthus* Perkins

安息香属 *Styrax* L.

落叶乔木；叶近革质，倒卵形或倒卵状椭圆形，长 7~14cm，宽 3.5~6.5cm，顶端急尖，基部楔形，边缘上部具细锯齿，两面疏被星状柔毛，后脱落，侧脉每边 5~7 条；叶柄长 3~7mm。圆锥花序或总状花序；花白色；花萼杯状，萼齿 5，钻形或三角形；花冠裂片长圆形至长圆状披针形，花冠管长 2.5~3mm；花丝下部联合成管，上部分离；花柱较花冠长。果实卵形，长 9~13mm，直径 5~7mm，密被星状短绒毛；种子平滑。花期 3~5 月，果期 9~12 月。

分布于长阳、五峰、兴山、宜昌、秭归，生于海拔 1700m 以下的山坡林中。

## 老鸹铃 *Styrax hemsleyanus* Diels

安息香属 *Styrax* L.

落叶乔木；叶纸质，小枝下部的两叶近对生，长圆形或卵状长圆形，长 8~12cm，宽 4~6cm，小枝上部的叶互生，椭圆形或卵状椭圆形长 7~15cm，宽 4~9cm，顶端短尖，基部楔形，两边稍不等，上部边缘具锯齿，侧脉每边 7~10 条；叶柄长 7~15mm。总状花序，花白色，芳香；花萼杯状，萼齿钻形或三角形，常不等大；花冠裂片椭圆形或椭圆状倒卵形，花冠管长 4~5mm；雄蕊较花冠裂片短，花丝下部联合成管，上部分离；花柱近无毛。果实球形至卵形，长 8~13mm 或更长，直径 10~15mm，密被星状绒毛。花期 5~6 月，果期 7~9 月。

分布于长阳、五峰，生于海拔 1000~2000m 的山地林中。

## 野茉莉 *Styrax japonicus* Sieb. & Zucc.

安息香属 *Styrax* L.

落叶乔木；叶卵形、倒卵形、近菱形至倒卵状长圆形，长4~8cm，宽2.5~4cm，先端急尖或渐尖，基部楔形或圆形，上部边缘疏生浅齿或几全缘，两面无毛或幼时下面被星状毛。花单生叶腋，或4~6花生于侧枝顶端，下垂，花梗长2~3cm；萼杯状，具5短齿；花冠裂片长圆形，两面被柔毛；子房卵圆形，被毛。果卵圆形，长约1.5cm。花期4~6月，果期7~10月。

分布于长阳、五峰、兴山、宜昌、宜都、秭归，生于海拔1800m以下的山地林中。

## 栓叶安息香 *Styrax suberifolius* Hook. & Arn.

安息香属 *Styrax* L.

常绿乔木；树皮红褐色。叶革质，长圆形或长圆状披针形，长6~12cm，宽2~4cm，先端渐尖，基部宽楔形，全缘，腹面深绿色，无毛，背面被灰白色星状绒毛；叶柄长7~15mm。花白色，长1.2~1.5cm，多呈总状或狭圆锥花序，被锈色星状毛；花萼杯状；花冠4~5深裂；雄蕊8~10。果近扁球形，长1~1.5cm，外被锈色绒毛；种子平滑。花期6月，果期7~8月。

分布于长阳、宜昌，生于海拔1500m以下的山地林中。

## 薄叶山矾 *Symplocos anomala* Brand　山矾属 *Symplocos* Jacq.

小乔木；叶薄革质，狭椭圆形至卵形，长 5~7cm，宽 1.5~3cm，先端渐尖，基部楔形，全缘，侧脉每边 7~10 条，叶柄长 4~8mm。总状花序腋生，被柔毛，苞片与小苞片卵形，先端尖；花萼长 2~2.3mm，被微柔毛，5 裂，裂片半圆形，与萼筒等长，有缘毛；花冠白色，有桂花香味，长 4~5mm，深裂几达基部；雄蕊约 30，花丝基部稍合生；花盘环状，被柔毛；子房 3 室。核果褐色，长圆形，长 7~10mm，被短柔毛，有明显的纵棱，3 室，顶端宿存萼裂片直立或向内伏。花果期 4~12 月；边开花边结果。

分布于长阳、五峰、兴山、宜昌，生于海拔 600~1600m 的山地林中。

## 光叶山矾 *Symplocos lancifolia* Sieb. & Zucc.　山矾属 *Symplocos* Jacq.

小乔木；芽、嫩枝、嫩叶背面脉上、花序均被黄褐色柔毛。叶纸质，卵形至阔披针形，长 3~6cm，宽 1.5~2.5cm，先端尾状渐尖，基部阔楔形，边缘具稀疏锯齿；中脉在叶面平坦，侧脉每边 6~9 条；叶柄长约 5mm。穗状花序；苞片椭圆状卵形，小苞片三角状阔卵形；花萼 5 裂，裂片卵形；花冠淡黄色，5 深裂几达基部，裂片椭圆形，长 2.5~4mm；雄蕊约 25，花丝基部稍合生；子房 3 室，花盘无毛。核果近球形，直径约 4mm，顶端宿存萼裂片直立。花期 3~11 月，果期 6~12 月；边开花边结果。

分布于五峰、兴山，生于海拔 400~1600m 的山地林中。

## 光亮山矾 *Symplocos lucida* Sieb. & Zucc.　　山矾属 *Symplocos* Jacq.

常绿小乔木；小枝稍具棱。叶革质，椭圆形或长圆状倒卵形，长 6~13cm，宽 2~4cm，先端急尖，基部楔形，边缘具波状浅锯齿；侧脉每边 8~12 条；叶柄长 8~15mm。穗状花序，长 8~15mm，常基部分枝，花序轴被短柔毛；苞片阔卵形；花萼裂片长圆形，背面无毛；花冠长约 4mm，5 深裂几达基部；雄蕊 40~50，花盘被毛；子房 3 室。核果椭圆形，顶端有直立的宿存萼裂片，核骨质，分成 3 分核。花期 3~4 月，果期 6~8 月。

分布于长阳、五峰、兴山、宜昌、秭归，生于海拔 1000m 以上的山地林中或灌丛中。

## 白檀 *Symplocos paniculata* Miq.　　山矾属 *Symplocos* Jacq.

落叶小乔木；嫩枝被灰白色柔毛。叶薄纸质，阔倒卵形或椭圆状倒卵形，长 3~11cm，宽 2~4cm，先端渐尖，基部阔楔形，边缘具细尖锯齿；侧脉每边 4~8 条；叶柄长 3~5mm。圆锥花序常被柔毛；苞片早落；萼筒褐色，裂片半圆形或卵形；花冠白色，长 4~5mm，5 深裂几达基部；雄蕊 40~60；子房 2 室，花盘具 5 枚凸起的腺点。核果熟时蓝色，卵状球形，稍偏斜，长 5~8mm，顶端宿存萼裂片直立。花期 4 月，果期 7 月。

宜昌市各地区均有分布，生于海拔 1900m 以下的山地林中。

## 多花山矾 *Symplocos ramosissima* Wall. ex G. Don

山矾属 *Symplocos* Jacq.

常绿乔木；叶厚纸质，椭圆状披针形或卵状椭圆形，长6~12cm，宽2~4cm，先端具尾状渐尖，基部楔形，侧脉每边4~9条；叶柄长约1cm。总状花序，基部分枝，被短柔毛，花梗长约2mm；花萼长约3mm，被短柔毛，裂片阔卵形，顶端圆，稍短于萼筒；花冠白色，长4~5mm，5深裂几达基部；雄蕊30~40，长短不一，稍伸出花冠，花丝基部稍合生；花盘无毛，有5枚腺点；子房3室。核果长圆形，长9~12mm，宽4~5mm，被微柔毛，嫩时绿色，成熟时黄褐色或蓝黑色，顶端宿存萼裂片张开。花期4~5月，果期5~6月。

分布于五峰，生于海拔700~1800m的山地林中。

## 老鼠矢 *Symplocos stellaris* Brand

山矾属 *Symplocos* Jacq.

常绿乔木；小枝粗壮，芽枝、嫩叶柄、苞片和小苞片均被红褐色绒毛。叶厚革质，叶面有光泽，叶背粉褐色，披针状椭圆形或狭长圆状椭圆形，长6~20cm，宽2~5cm，先端急尖，基部阔楔形，常全缘；侧脉每边9~15条；叶柄长1.5~2.5cm。团伞花序，苞片圆形，花萼裂片半圆形，有长缘毛；花冠白色，长7~8mm，5深裂几达基部，裂片椭圆形，顶端具缘毛；雄蕊18~25，花丝基部合生成5束；花盘圆柱形，无毛；子房3室。核果狭卵状圆柱形，长约1cm，宿存萼裂片直立；核具6~8条纵棱。花期4~5月，果期6月。

分布于五峰，生于海拔400~1300m的山地林中。

## 山矾 *Symplocos sumuntia* Buch.-Ham. ex D. Don　　山矾属 *Symplocos* Jacq.

常绿乔木；叶薄革质，卵形或倒披针状椭圆形，长3.5~8cm，宽1.5~3cm，先端常呈尾状渐尖，基部楔形，边缘具浅锯齿；侧脉每边4~6条；叶柄长0.5~1cm。总状花序，苞片早落，阔卵形至倒卵形；萼筒倒圆锥形，裂片三角状卵形；花冠白色，5深裂几达基部，裂片背面被微柔毛；雄蕊25~35，花丝基部稍合生；花盘环状；子房3室。核果卵状坛形，长7~10mm，外果皮薄而脆，宿存萼裂片直立，有时脱落。花期2~3月，果期6~7月。

分布于长阳、五峰、兴山、宜昌、秭归，生于海拔1500m以下的山地林中。

## 巴东醉鱼草 *Buddleja albiflora* Hemsl.　　醉鱼草属 *Buddleja* L.

落叶灌木；小枝、叶柄、花序和花萼外面均被星状毛和腺毛。叶对生，纸质，长圆状披针形，长7~25cm，宽1.5~5cm，顶端渐尖，基部楔形，边缘具重锯齿；侧脉每边10~17条；叶柄长2~15mm。圆锥状聚伞花序顶生；花萼钟状，花萼裂片三角形；花冠淡紫色，内面仅在花冠管内壁中部以上或喉部被长髯毛，花冠裂片近圆形；雄蕊着生于花冠管喉部；子房卵形。蒴果长圆状，长5~8mm，直径2~3mm。花期2~9月，果期8~12月。

分布长阳、当阳、五峰、兴山、宜昌、宜都、远安、秭归，生于海拔500~2000m的山坡灌丛。

## 白背枫 *Buddleja asiatica* Lour.

醉鱼草属 *Buddleja* L.

常绿灌木；嫩枝条四棱形，老枝条圆柱形；幼枝、叶下面、叶柄和花序均密被灰色或淡黄色星状短绒毛。叶对生，纸质，狭椭圆形或披针形，长 6~30cm，宽 1~7cm，顶端渐尖，基部渐狭，全缘或具小锯齿；侧脉每边 10~14 条；叶柄长 2~15mm。总状花序窄而长，由多个小聚伞花序组成；花萼钟状，花萼裂片三角形，长为花萼之半；花冠白色，花冠管圆筒状，花冠裂片近圆形；雄蕊着生于花冠管喉部；子房卵形，柱头 2 裂。蒴果椭圆状，长 3~5mm，直径 1.5~3mm；种子椭圆形，两端具短翅。花期 1~10 月，果期 3~12 月。

分布于宜昌，生于海拔 1600m 以下的山坡灌丛或林缘。

## 大叶醉鱼草 *Buddleja davidii* Franch.

醉鱼草属 *Buddleja* L.

灌木；幼枝、叶背、叶柄和花序均密被灰白色星状短绒毛。叶对生，薄纸质，狭卵形至卵状披针形，长 1~20cm，宽 0.3~7.5cm，顶端渐尖，基部宽楔形，边缘具细锯齿；侧脉每边 9~14 条；叶柄长 1~5mm。总状或圆锥状聚伞花序顶生；花萼钟状，裂片披针形；花冠淡紫色，后变黄白色至白色，花冠裂片近圆形；雄蕊着生于花冠管内壁中部；子房卵形。蒴果狭椭圆形，长 5~9mm，直径 1.5~2mm；种子长椭圆形，两端具尖翅。花期 5~10 月，果期 9~12 月。

分布于长阳、五峰、兴山、远安、宜昌、宜都、秭归，生于海拔 300~1800m 的山坡灌丛或沟边。

## 醉鱼草 *Buddleja lindleyana* Fortune ex Lindl. 醉鱼草属 *Buddleja* L.

半常绿灌木；小枝具四棱，棱上略具窄翅；幼枝、叶片下面、叶柄、花序、苞片及小苞片均密被星状短绒毛和腺毛。叶对生，膜质，卵形至长圆状披针形，长3~11cm，宽1~5cm，顶端渐尖，基部宽楔形，边缘全缘；侧脉每边6~8条；叶柄长2~15mm。穗状聚伞花序顶生，长4~40cm；花紫色，花萼钟状，花萼裂片宽三角形；花冠长13~20mm，花冠管弯曲，花冠裂片阔卵形；雄蕊着生于花冠管下部或近基部；子房卵形，无毛。果序穗状；蒴果长圆状，长5~6mm，直径1.5~2mm，无毛；种子无翅。花期4~10月，果期8月至翌年4月。

分布于宜昌市各地，生于800m以下的山坡灌丛或路边。

## 密蒙花 *Buddleja officinalis* Maxim. 醉鱼草属 *Buddleja* L.

常绿灌木；小枝略呈四棱形，小枝、叶背、叶柄和花序均密被灰白色星状短绒毛。叶对生，纸质，狭椭圆形、卵状披针形或长圆状披针形，长4~19cm，宽2~8cm，顶端渐尖，基部楔形，常全缘；叶面被星状毛；侧脉每边8~14条；叶柄长2~20mm。花多而密集，组成顶生聚伞圆锥花序；花萼钟状，花萼裂片三角形；花冠紫堇色，花冠管圆筒形，花冠裂片卵形；雄蕊着生于花冠管内壁中部；子房卵珠状，被星状短绒毛。蒴果椭圆状，长4~8mm，宽2~3mm，被星状毛；种子狭椭圆形。花期3~4月，果期5~8月。

分布于长阳、五峰、兴山、远安、宜昌、宜都、秭归，生于海拔500~1500m的山坡或河边灌丛中。

## 蓬莱葛 *Gardneria multiflora* Makino

蓬莱葛属 *Gardneria* Wall.

木质藤本；全株无毛。叶片纸质，椭圆形、长椭圆形或卵形，长 5~15cm，宽 2~6cm，先端渐尖，基部宽楔形或圆；侧脉每边 6~10 条，叶柄长 1~1.5cm，叶腋内有钻状腺体。2~3 歧聚伞花序；花 5 数；花萼裂片半圆形；花冠辐状，黄色或黄白色，花冠管短，花冠裂片椭圆状披针形至披针形，厚肉质；雄蕊着生于花冠管内壁近基部；子房卵形或近圆球形。浆果圆球状，直径约 7mm，果成熟时红色；种子圆球形。花期 3~7 月，果期 7~11 月。

分布于长阳、五峰、兴山、宜昌，生于海拔 1200m 以下的山坡林中或灌丛中。

## 流苏树 *Chionanthus retusus* Paxton

流苏树属 *Chionanthus* L.

落叶乔木；叶片薄革质，长圆形或椭圆形，长 3~12cm，宽 2~6.5cm，先端圆钝，基部宽楔形，上面沿脉被长柔毛，下面被长柔毛；侧脉 3~5 对；叶柄长 0.5~2cm。聚伞状圆锥花序顶生；苞片线形；花长 1.2~2.5cm，单性而雌雄异株或为两性花；花梗长 0.5~2cm；花萼 4 深裂；花冠白色，4 深裂；雄蕊藏于管内或稍伸出；子房卵形。果椭圆形，长 1~1.5cm，径 6~10mm，呈蓝黑色或黑色。花期 3~6 月，果期 6~11 月。

分布于兴山、宜昌、秭归，生于海拔 500~1400m 的山坡灌丛中。

## 连翘 *Forsythia suspensa* (Thunb.) Vahl　　连翘属 *Forsythia* Vahl

落叶灌木；叶常为单叶，卵形、宽卵形或椭圆状卵形，长2~10cm，宽1.5~5cm，先端锐尖，基部楔形，叶缘除基部外具锐锯齿或粗锯齿，两面无毛；叶柄长0.8~1.5cm。花先叶开放；花梗长5~6mm；花萼绿色，裂片长圆形或长圆状椭圆形；花冠黄色，裂片倒卵状长圆形；雄蕊长3~5mm，雌蕊长约3mm。果卵球形或卵状椭圆形，长1.2~2.5cm，宽0.6~1.2cm，先端喙状渐尖，表面疏生皮孔；果梗长0.7~1.5cm。花期3~4月，果期7~9月。

分布于五峰、兴山、宜昌、秭归，生于海拔1800m以下的山坡灌丛中。

## 金钟花 *Forsythia viridissima* Lindl.　　连翘属 *Forsythia* Vahl

落叶灌木；全株除花萼裂片边缘具睫毛外，其余均无毛；小枝呈四棱形，皮孔明显，具片状髓。叶片长椭圆形至披针形，长3.5~15cm，宽1~4cm，先端锐尖，基部楔形，通常上半部具锯齿；叶柄长6~12mm。花1~3朵着生于叶腋，先叶开放；花萼裂片绿色，卵形或宽长圆形；花冠深黄色，长1.1~2.5cm，裂片狭长圆形至长圆形。果卵形，长1~1.5cm，宽0.6~1cm，具皮孔；果梗长3~7mm。花期3~4月，果期8~11月。

分布于五峰、兴山、宜昌，生于海拔1000m以下的山坡灌丛中。现常栽培。

## 白蜡树 *Fraxinus chinensis* Roxb.　　梣属 *Fraxinus* L.

落叶乔木；羽状复叶长 15~25cm；叶柄长 4~6cm；小叶 5~7，硬纸质，卵形、倒卵状长圆形至披针形，长 3~10cm，宽 2~4cm，顶生小叶与侧生小叶近等大，先端渐尖，基部钝圆或楔形，叶缘具整齐锯齿，侧脉 8~10 对；小叶柄长 3~5mm。圆锥花序长 8~10cm；雌雄异株；雄花密集，花萼小，钟状，无花冠；雌花疏离，花萼大，桶状，花柱细长。翅果匙形，长 3~4cm，宽 4~6mm，先端锐尖，基部渐狭，坚果圆柱形，长约 1.5cm。花期 4~5 月，果期 7~9 月。

分布于长阳、五峰、兴山、宜昌、秭归，生于海拔 600~1200m 的山坡林中。

## 光蜡树 *Fraxinus griffithii* C. B. Clarke　　梣属 *Fraxinus* L.

半落叶乔木；树皮灰白色，呈薄片状剥落。羽状复叶长 10~25cm；叶柄长 4~8cm；小叶 5~7，薄革质，卵形至长卵形，长 2~14cm，宽 1~5cm，下部 1 对小叶通常略小，先端斜骤尖至渐尖，基部钝圆、楔形或歪斜不对称，近全缘；侧脉 5~6 对；小叶柄长约 1cm。圆锥花序长 10~25cm，多花；叶状苞片匙状线形；花萼杯状，萼齿阔三角形；花冠白色，裂片舟形；两性花的花冠裂片与雄蕊等长，雌蕊短。翅果阔披针状匙形，钝头，坚果圆柱形。花期 5~7 月，果期 7~11 月。

分布于五峰、兴山、宜昌、秭归，生于海拔 800~2000m 的山坡林中。

## 湖北梣 *Fraxinus hupehensis* S. Z. Qu, C. B. Shang & P. L. Su　　梣属 *Fraxinus* L.

落叶乔木；营养枝常呈棘刺状。羽状复叶长 7~15cm；叶柄长 3cm，叶轴具狭翅，小叶着生处具关节；小叶 7~9，革质，披针形至卵状披针形，长 1.7~5cm，宽 0.6~1.8cm，先端渐尖，基部楔形，叶缘具锐锯齿，上面无毛，下面沿中脉基部被短柔毛，侧脉 6~7 对；小叶柄长 3~4mm，被细柔毛。花杂性，密集簇生于去年生枝上，呈甚短的聚伞圆锥花序；两性花，花萼钟状，雄蕊 2；雌蕊具长花柱，柱头 2 裂。翅果匙形，长 4~5cm，宽 5~8mm，中上部最宽，先端急尖。花期 2~3 月，果期 9 月。

濒危种。宜昌各地栽培。

## 苦枥木 *Fraxinus insularis* Hemsl.　　梣属 *Fraxinus* L.

落叶乔木；羽状复叶长 10~30cm；叶柄长 5~8cm；小叶 5~7，厚纸质，长圆形或椭圆状披针形，长 6~9cm，宽 2~3.5cm，先端急尖、渐尖以至尾尖，基部楔形至钝圆，两侧不等大，叶缘具浅锯齿；侧脉 7~11 对，小叶柄长 1~1.5cm。圆锥花序长 20~30cm；花萼钟状，齿截平；花冠白色，裂片匙形；雄蕊伸出花冠外；雌蕊长约 2mm，柱头 2 裂。翅果红色至褐色，长匙形，长 2~4cm，宽 3.5~4mm，先端钝圆，翅下延至坚果上部，坚果近扁平；花萼宿存。花期 4~5 月，果期 7~9 月。

分布于长阳、五峰、兴山、宜昌、秭归，生于海拔 400~1800m 的山坡林中。

## 象蜡树 *Fraxinus platypoda* Oliv.　　梣属 *Fraxinus* L.

落叶乔木；冬芽大，阔卵形。羽状复叶长10~25cm；叶柄长5~6cm，基部囊状膨大，呈耳状半抱茎，小叶着生处具关节；小叶7~11，长圆状椭圆形，长4~7cm，宽1~2.5cm，先端短渐尖，基部钝圆，叶缘具不明显细锯齿；侧脉12~15对；小叶近无柄。聚伞圆锥花序长12~15cm；花杂性异株，无花冠；两性花花萼钟状，萼齿三角形，雄蕊2，雌蕊较短。翅果长圆状椭圆形，扁平，长4~5cm，宽7~10mm，近中部最宽，两端钝或急尖，翅下延至坚果基部，坚果扁平。花期4~5月，果期8月。

分布于五峰，生于海拔2000m以上的山地林中。

## 探春花 *Jasminum floridum* Bunge　　素馨属 *Jasminum* L.

直立或攀缘灌木；当年生枝绿色，四棱。叶互生，小叶3或5；叶柄长2~10mm；小叶片卵至椭圆形，长0.7~3.5cm，宽0.5~2cm，先端急尖，具小尖头，基部楔形；顶生小叶片常稍大，具小叶柄。聚伞花序有花3~25朵；花萼具5条突起的肋，裂片锥状线形；花冠黄色，近漏斗状，花冠管长0.9~1.5cm，裂片卵形或长圆形。果长圆形或球形，长5~10mm，径5~10mm，成熟时呈黑色。花期5~9月，果期9~10月。

分布于长阳、兴山、宜昌、秭归，生于海拔200~2000m的山坡灌丛中。

## 清香藤 *Jasminum lanceolaria* Roxb.　　素馨属 *Jasminum* L.

常绿木质藤本；叶对生或近对生，三出复叶；叶柄长 1~4.5cm；小叶片椭圆形、长圆形或披针形，长 3.5~16cm，宽 1~9cm，先端钝至锐尖，基部圆形，顶生小叶柄长 0.5~4.5cm。复聚伞花序常排列呈圆锥状，花密集；花梗果时增粗增长；花萼筒状，萼齿三角形；花冠白色，高脚碟状，花冠管纤细，长 1.7~3.5cm，裂片 4~5；花柱异长。果球形或椭圆形，长 0.6~1.8cm，径 0.6~1.5cm，成熟时黑色。花期 4~10 月，果期 6 月至翌年 3 月。

分布于当阳、五峰、兴山、远安、宜昌、宜都、秭归，生于海拔 1300m 以下的山坡灌丛或疏林下。

## 野迎春 *Jasminum mesnyi* Hance　　素馨属 *Jasminum* L.

常绿直立灌木；小枝四棱形。叶对生，三出复叶，叶柄长 0.5~1.5cm；小叶片近革质，长卵形或长卵状披针形，先端钝或圆，具小尖头，基部楔形，顶生小叶片长 2.5~6.5cm，宽 0.5~2.2cm，基部延伸成短柄，侧生小叶片较小，无柄。花常单生于叶腋；苞片倒卵形或披针形；花萼钟状，裂片 5~8，小叶状，披针形；花冠黄色，漏斗状，径 2~4.5cm，花冠管长 1~1.5cm，裂片 6~8，宽倒卵形或长圆形，栽培时出现重瓣。果椭圆形。花期 11 至翌年 8 月，果期 3~5 月。

宜昌各地栽培。

## 迎春花 *Jasminum nudiflorum* Lindl.

素馨属 *Jasminum* L.

落叶灌木；枝条下垂，四棱形，棱上多少具狭翼。叶对生，三出复叶，叶柄长3~10mm；小叶片卵形、长卵形或椭圆形，先端锐尖或钝，具短尖头，基部楔形，侧脉不明显；顶生小叶片较大，长1~3cm，宽0.3~1.1cm，侧生小叶片长0.6~2.3cm，宽0.2~11cm，无柄。花单生，苞片小叶状，披针形、卵形或椭圆形；花萼绿色，裂片5~6，窄披针形；花冠黄色，径2~2.5cm，花冠管长0.8~2cm，基部直径1.5~2mm，向上渐扩大，裂片5~6，长圆形或椭圆形，长0.8~1.3cm，宽3~6mm，先端锐尖或圆钝。花期6月。

宜昌各地栽培。

## 华素馨 *Jasminum sinense* Hemsl.

素馨属 *Jasminum* L.

缠绕藤本；小枝密被锈色长柔毛。叶对生，三出复叶；叶柄长0.5~3.5cm；小叶片纸质，卵形或卵状披针形，先端钝、锐尖至渐尖，基部圆形或宽楔形，两面被锈色柔毛。羽状脉，侧脉3~6对。顶生小叶片较大，长3~12.5cm，宽2~8cm，小叶柄长0.8~3cm，侧生小叶片长1.5~7.5cm，宽0.8~5.4cm。聚伞花序常呈圆锥状；花萼被柔毛，裂片线形或尖三角形；花冠白色，高脚碟状，花冠管细长，长1.5~4cm，径1~1.5mm，裂片5。果长圆形或近球形，径6~10mm，呈黑色。花期6~10月，果期9月至翌年5月。

分布于五峰、宜昌，生于海拔1000m以下的山坡灌丛或疏林下。

## 丽叶女贞 *Ligustrum henryi* Hemsl.　　女贞属 *Ligustrum* L.

常绿灌木；小枝密被短柔毛。叶片薄革质，宽卵形、椭圆形或近圆形，长 1.5~4.5cm，宽 1~2.5cm，先端锐尖至渐尖，基部圆形或浅心形，侧脉 4~6 对；叶柄长 1~5mm。圆锥花序顶生，长 3~8cm，宽 1.5~2cm；花序轴密被短柔毛，花序基部苞片有时呈小叶状；花萼无毛，长约 1mm；花冠长 6~9mm，花冠管长 4~6mm，裂片长 1.5~3mm；花丝稍短于裂片，花药长 2~3mm，与裂片近等长；花柱长 2~5mm，内藏，柱头微 2 裂。果近肾形，长 6~10mm，径 3~5mm，弯曲，呈黑色或紫红色。花期 5~6 月，果期 7~10 月。

分布于长阳、五峰、兴山、宜昌、秭归，生于海拔 2200m 以下的山坡灌丛中。

## 蜡子树 *Ligustrum leucanthum* (S. Moore) P. S. Green　　女贞属 *Ligustrum* L.

落叶灌木；小枝被毛。叶片纸质，椭圆状长圆形至狭披针形，长 2.5~10cm，宽 1.5~4.5cm，先端锐尖，基部楔形，侧脉 4~9 对；叶柄长 1~3mm。圆锥花序顶生，花序轴常被毛；花萼长 1.5~2mm，萼齿呈宽三角形；花冠管长 4~7mm，裂片卵形，长 2~4mm，稀具睫毛，近直立；花药宽披针形，长约 3mm，达花冠裂片 1/2~2/3 处。果近球形至宽长圆形，长 0.5~1cm，径 5~8mm，呈蓝黑色。花期 6~7 月，果期 8~11 月。

分布于长阳、五峰、兴山、宜昌、秭归，生于海拔 1800m 以下的山坡灌丛中。

## 女贞 *Ligustrum lucidum* W. T. Aiton

女贞属 *Ligustrum* L.

常绿小乔木；叶革质，卵形、长卵形或椭圆形至宽椭圆形，长 6~17cm，宽 3~8cm，先端锐尖至渐尖，基部圆形或近圆形；侧脉 4~9 对；叶柄长 1~3cm。圆锥花序顶生，花序轴及分枝轴无毛；花萼无毛，齿不明显或近截形；花冠长 4~5mm，花冠管长 1.5~3mm，裂片反折；花丝长 1.5~3mm；花柱长 1.5~2mm，柱头棒状。果肾形或近肾形，长 7~10mm，径 4~6mm，深蓝黑色，成熟时呈红黑色，被白粉；果梗长 0~5mm。花期 5~7 月，果期 7 月至翌年 5 月。

宜昌市各地均有分布，生于海拔 1400m 以下的山地林中。

## 总梗女贞 *Ligustrum pedunculare* Rehder

女贞属 *Ligustrum* L.

常绿灌木；当年生枝被圆形皮孔和短柔毛。叶片革质，长圆状披针形、椭圆状披针形或椭圆形，长 3~9cm，宽 1~3.5cm，先端渐尖，基部楔形，两面光滑无毛，侧脉 4~7 对；叶柄长 2~8mm。圆锥花序，花序梗常长 1~2cm，花序轴和分枝轴密被短柔毛；花萼长 1.5~2.5mm，先端具宽三角形齿或近截形；花冠长 0.7~1.1cm，花冠管长 5~7mm，裂片卵形；花丝长 0.5~2mm；花柱长 2~4mm。果椭圆形，长 7~10mm，宽 5~7mm，呈黑色。花期 5~7 月，果期 8~12 月。

分布于五峰、兴山，生于海拔 600~1000m 的山坡灌丛中。

## 小叶女贞 *Ligustrum quihoui* Carr.　　女贞属 *Ligustrum* L.

落叶灌木；叶片薄革质，披针形至倒卵状长圆形，长 1~5.5cm，宽 0.5~3cm，先端锐尖、钝或微凹，基部狭楔形至楔形，两面无毛，侧脉 2~6 对；叶柄长 0~5mm。圆锥花序顶生，分枝处常有 1 对叶状苞片；小苞片卵形；花萼长 1.5~2mm，萼齿宽卵形或钝三角形；花冠长 4~5mm，花冠管长 2.5~3mm，裂片卵形或椭圆形；雄蕊伸出裂片外。果倒卵形、宽椭圆形或近球形，长 5~9mm，径 4~7mm，呈紫黑色。花期 5~7 月，果期 8~11 月。

分布于长阳、五峰、兴山、宜昌、宜都、秭归，生于海拔 1400m 以下的山坡灌丛中。

## 小蜡 *Ligustrum sinense* Lour.　　女贞属 *Ligustrum* L.

落叶灌木；小枝幼时被短柔毛。叶片纸质，卵形、椭圆状卵形、长圆形至披针形，长 2~7cm，宽 1~3cm，先端锐尖至渐尖，或钝而微凹，基部宽楔形至近圆形，侧脉 4~8 对；叶柄长 28mm，被短柔毛。圆锥花序塔形，长 4~11cm，花序轴被较密短柔毛；花梗长 1~3mm；花萼无毛，长 1~1.5mm，先端呈截形或呈浅波状齿；花冠长 3.5~5.5mm，花冠管长 1.5~2.5mm，裂片长圆状椭圆形或卵状椭圆形，长 2~4mm；花丝与裂片近等长或长于裂片，花药长圆形，长约 1mm。果近球形，径 5~8mm。花期 3~6 月，果期 9~12 月。

宜昌市各地均有分布，生于海拔 1400m 以下的山坡灌丛中。

## 宜昌女贞 *Ligustrum strongylophyllum* Hemsl.　　女贞属 *Ligustrum* L.

灌木；叶片厚革质，卵形、卵状椭圆形或近圆形，长 1.5~3cm，宽 1.5~2cm，先端钝，基部近圆形至楔形；侧脉 3~5 对；叶柄长 0.2~0.7cm，被微柔毛。圆锥花序开展，顶生；花序轴和分枝轴具棱，被微柔毛；花序梗长 0~2cm；花萼长 1~1.5mm，先端截形或浅裂；花冠长 4~5mm，花冠管长 1~3mm，裂片长 2~3mm，常反折；花丝长 1~3mm，稍短于裂片，花药长 1~2mm；花柱长 1.5~3mm。果倒卵形，长 6~9mm，径 3~5mm，两侧不对称，略弯，呈黑色。花期 6~8 月，果期 8~10 月。

分布于兴山、宜昌、秭归，生于海拔 800~1700m 的山坡灌丛中。

## 红柄木犀 *Osmanthus armatus* Diels　　木犀属 *Osmanthus* Lour.

常绿小乔木；叶片厚革质，长圆状披针形至椭圆形，长 6~8cm，宽 2.2~3cm，先端渐尖，具锐尖头，基部近圆形，叶缘具硬而尖的刺状齿，稀全缘；侧脉 8~10 对，两面明显凸起；叶柄长 2~5mm，密被柔毛。聚伞花序簇生于叶腋，每腋内有花 4~12 朵，花梗长 6~10mm；花冠白色，花冠管与裂片等长；雄蕊着生于花冠管中部；雄花中不育雌蕊为狭圆锥形。果长约 1.5cm，呈黑色。花期 9~10 月，果期翌年 4~6 月。

分布于长阳、五峰、兴山、宜昌、秭归，生于海拔 600~1500m 的山坡疏林下或灌丛中。

## 木犀 *Osmanthus fragrans* (Thunb.) Lour. 木犀属 *Osmanthus* Lour.

常绿乔木；叶片革质，椭圆形或椭圆状披针形，长 7~14.5cm，宽 2.6~4.5cm，先端渐尖，基部渐狭呈楔形，全缘或通常上半部具细锯齿，两面无毛，侧脉 6~8 对，叶柄长 0.8~1.2cm。聚伞花序簇生于叶腋；花梗细弱，长 4~10mm；花极芳香；花萼裂片稍不整齐；花冠黄白色、淡黄色、黄色或橘红色，长 3~4mm，花冠管仅长 0.5~1mm；雄蕊着生于花冠管中部；雌蕊长约 1.5mm，花柱长约 0.5mm。果歪斜，椭圆形，长 1~1.5cm，呈紫黑色。花期 9~10 月，果期翌年 3 月。

宜昌市各地广泛栽培。

## 垂丝丁香 *Syringa komarowii* subsp. *reflexa* (C. K. Schneid.) P. S. Green & M. C. Chang 丁香属 *Syringa* L.

落叶灌木；叶片卵状长圆形至长圆状披针形，长 5~19cm，宽 1.5~7cm，先端长渐尖，基部楔形；叶柄长 1~3cm。圆锥花序顶生，下垂，花梗短；花萼长 2~3mm；花冠外面淡红色或淡紫色，内面白色或带白色，呈漏斗状，长 1~2.2cm，花冠管长 0.8~2cm，花冠裂片常成直角开展，卵形、宽卵形至卵状长椭圆形。果长椭圆形，长 1~2cm，先端锐尖而具小尖头。花期 5~7 月，果期 7~10 月。

分布于兴山，生于海拔 1000~2000m 的山地灌丛中。

## 欧洲夹竹桃 *Nerium oleander* L.

**夹竹桃属 *Nerium* L.**

常绿灌木；叶 3~4 轮生，或对生，窄披针形，顶端急尖，基部楔形，长 11~15cm，宽 2~2.5cm；侧脉密生，每边达 120 条；叶柄长 5~8mm。聚伞花序顶生；总花梗长约 3cm，花梗长 7~10mm；花萼 5 深裂，红色，披针形；花冠深红色或粉红色，花冠为漏斗状，长和直径约 3cm；雄蕊着生在花冠筒中部以上；心皮 2 枚，离生；每心皮有胚珠多枚。蓇葖果 2，离生，长圆形，长 10~23cm，直径 6~10mm；种子长圆形，基部较窄，种皮被锈色短柔毛，种毛长约 1cm。花期几乎全年，果期一般在冬春季。

宜昌市各地栽培。

## 紫花络石 *Trachelospermum axillare* Hook. f.

**络石属 *Trachelospermum* Lem.**

常绿木质藤本；叶厚纸质，倒披针形或倒卵形，长 8~15cm，宽 3~4.5cm，先端尖尾状，基部楔形或锐尖；侧脉多至 15 对；叶柄长 3~5mm。聚伞花序长 1~3mm；花梗长 3~8mm；花紫色；花萼裂片卵圆形，内有腺体约 10 个；花冠高脚碟状；雄蕊着生于花冠筒的基部；子房卵圆形。蓇葖圆柱状长圆形，平行，向端部渐狭，长 10~15cm，直径 10~15mm；外果皮无毛，种子暗紫色；种毛细丝状，长约 5cm。花期 5~7 月，果期 8~10 月。

分布于长阳、五峰、兴山、宜昌、秭归，生于海拔 1300m 以下的山地疏林中。

## 络石 *Trachelospermum jasminoides* (Lindl.) Lem.　　络石属 *Trachelospermum* Lem.

常绿木质藤本；具乳汁。叶革质或近革质，椭圆形至卵状椭圆形，长2~10cm，宽1~4.5cm，顶端锐尖或钝，基部渐狭至钝，叶背被疏短柔毛，后脱落；侧脉每边6~12条。二歧聚伞花序；花白色，总花梗长2~5cm；花萼5深裂，裂片线状披针形，基部具10个鳞片状腺体；花冠筒圆筒形，中部膨大，内面在喉部及雄蕊着生处被短柔毛；雄蕊着生在花冠筒中部；子房由2枚离生心皮组成。蓇葖双生，线状披针形，长10~20cm，宽3~10mm；种子褐色，线形，长1.5~2cm，种毛长1.5~3cm。花期3~7月，果期7~12月。

宜昌市各地均有分布，生于1000m以下的沟谷、溪边或路边，常附生于树上或岩石上。

## 苦绳 *Dregea sinensis* Hemsl.　　南山藤属 *Dregea* E. Meyer

木质藤本；叶纸质，卵状心形，长5~11cm，宽4~6cm，叶面被短柔毛，后脱落，叶背被绒毛；侧脉每边约5条；叶柄长1.5~4cm，顶端具丛生小腺体。伞形状聚伞花序；花萼裂片卵圆形，花萼内面基部有5个腺体；花冠内面紫红色，外面白色，直径1~1.6cm，裂片卵圆形；副花冠裂片肉质；子房无毛。蓇葖狭披针形，长5~6cm，直径约1cm，外果皮具波纹，被毛；种子扁平，卵状长圆形，顶端具绢质种毛。花期4~8月，果期7~10月。

分布于长阳、当阳、兴山、宜昌、秭归，生于海拔1500m以下的山坡灌丛中。

## 青蛇藤 *Periploca calophylla* (Wight) Falc.　　杠柳属 *Periploca* L.

木质藤本；全株无毛。叶近革质，椭圆状披针形，长 4.5~6cm，宽 1.5cm，顶端渐尖，基部楔形；侧脉纤细，密生；叶柄长 1~2mm。聚伞花序腋生，苞片卵圆形；花萼裂片卵圆形，花萼内面基部有 5 个小腺体；花冠筒短，裂片长圆形；副花冠环状，5~10 裂；雄蕊着生在花冠的基部，花丝离生；子房无毛，心皮离生。蓇葖双生，长箸状，长 12cm，直径 5mm；种子长圆形，顶端具白色绢质种毛。花期 4~5 月，果期 8~9 月。

分布于长阳、五峰、兴山、宜昌、宜都、秭归，生于海拔 1000m 以下的山坡林中或灌丛中。

## 细叶水团花 *Adina rubella* Hance　　水团花属 *Adina* Salisb.

落叶小灌木；叶对生，近无柄，薄革质，卵状披针形或卵状椭圆形，全缘，长 2.5~4cm，宽 8~12mm，顶端渐尖，基部阔楔形或近圆形；侧脉 5~7 对，被稀疏或稠密短柔毛；托叶小，早落。头状花序，直径 4~5mm，单生、顶生或兼有腋生，总花梗被柔毛；小苞片线形或线状棒形；花萼管疏被短柔毛，萼裂片匙形或匙状棒形；花冠管长 2~3mm，5 裂，花冠裂片三角状，紫红色。果序直径 8~12mm；小蒴果长卵状楔形，长 3mm。花果期 5~12 月。

分布于长阳、五峰、兴山、宜昌、秭归，生于海拔 500m 以下的山坡疏林下或河边灌丛。

## 茜树 *Aidia cochinchinensis* Lour. 茜树属 *Aidia* Lour.

小乔木；叶近革质，对生，椭圆状长圆形或长圆状披针形，长 6~21.5cm，宽 1.5~8cm，顶端渐尖至尾状渐尖，基部楔形；侧脉 5~10 对；叶柄长 5~18mm；托叶披针形，脱落。聚伞花序与叶对生或生于无叶的节上；花梗长可达 7mm；花萼管杯形，檐部扩大，顶端 4 裂，裂片三角形；花冠黄色或白色，冠管长 3~4mm，花冠裂片 4，长圆形，开放时反折；花药线状披针形，伸出；花柱长约 7mm，柱头纺锤形，伸出。浆果球形，直径 5~6mm，紫黑色。花期 3~6 月，果期 5 月至翌年 2 月。

分布于兴山，生于海拔 900m 以下的山地林中。

## 虎刺 *Damnacanthus indicus* C. F. Gaertn. 虎刺属 *Damnacanthus* C. F.Gaertn.

具刺灌木；嫩枝密被粗毛，节上托叶腋常生 1 针状刺。叶常大小叶对相间，大叶长 1~3cm，宽约 1cm，小叶长可小于 0.4cm，卵形或圆形，顶端锐尖，边全缘，基部常歪斜；侧脉每边 3~4 条。花两性，1~2 朵生于叶腋；花梗长 1~8mm；花萼钟状，绿色或具紫红色斑纹，裂片 4；花冠白色，管状漏斗形，长 0.9~1cm，檐部 4 裂，裂片椭圆形；雄蕊 4，子房 4 室，每室具胚珠 1 枚。核果红色，近球形。花期 3~5 月，果熟期冬季至翌年春季。

分布于长阳和宜昌，生于海拔 1000m 以下的山坡灌丛中或疏林下。

## 香果树 *Emmenopterys henryi* Oliv.　　香果树属 *Emmenopterys* Oliv.

落叶乔木；单叶对生，叶薄革质，阔椭圆形或卵状椭圆形，长6~30cm，宽3.5~14.5cm，顶端渐尖，基部楔形，全缘，上面无毛，下面较苍白，被柔毛或仅沿脉上被柔毛；侧脉5~9对；叶柄长2~8cm，托叶三角状卵形，早落。聚伞圆锥花序顶生，花芳香，花梗长约4mm，变态叶状萼片白色，匙状卵形，长1.5~8.0cm，宽1~6cm，柄长1~3cm；花冠漏斗形，白色或黄色，长2~3cm。蒴果长圆状卵形或近纺锤形，长3~5cm，径1~1.5cm，有纵细棱；种子多数，小而有阔翅。花期6~8月，果期8~11月。

国家Ⅱ级保护植物。分布于长阳、五峰、兴山、宜昌、秭归，生于海拔1600m以下的山坡林中。

## 栀子 *Gardenia jasminoides* J. Ellis　　栀子属 *Gardenia* J. Ellis

常绿灌木；叶对生，革质，长圆状披针形或倒卵形，长3~25cm，宽1.5~8cm，顶端渐尖，基部楔形；侧脉8~15对；叶柄长0.2~1cm；托叶膜质。花常生枝顶；萼管倒圆锥形，有纵棱，萼檐管形，顶部常6裂；花冠白色，高脚碟状，冠管狭圆筒形，顶部常6裂；花丝极短；柱头纺锤形。果卵形至长圆形，黄色或橙红色，长1.5~7cm，直径1.2~2cm，有翅状纵棱5~9条，顶部萼片宿存；种子扁。花期3~7月，果期5月至翌年2月。

宜昌市各地均有分布，生于海拔1000m以下的山坡灌丛或疏林中。

## 白蟾 *Gardenia jasminoides* var. *fortuneana* (Lindl.) H. Hara　　栀子属 *Gardenia* J. Ellis

本变种与原变种不同之处在于花重瓣。花期 3~7 月。

宜昌各地栽培。

## 薄皮木 *Leptodermis oblonga* Bunge　　野丁香属 *Leptodermis* Wall.

灌木；小枝纤细，微被柔毛，表皮薄。叶纸质，披针形，长 0.7~2.5cm，宽 0.3~1cm，顶端渐尖，基部渐狭，上面粗糙，下面被短柔毛；侧脉每边约 3 条；叶柄极短。花无梗，常 3~7 朵簇生枝顶；小苞片卵形，约 2/3~1/2 合生，裂片近三角形；花冠淡紫红色，漏斗状，长 11~20mm，冠管狭长，下部常弯曲，裂片狭三角形或披针形；短柱花雄蕊微伸出，长柱花内藏；花柱长柱花微伸出，短柱花内藏。蒴果长 5~6mm；种子有假种皮。花期 6~8 月，果期 10 月。

分布于五峰、兴山、宜昌、秭归，生于海拔 600~800m 的山坡灌丛中。

## 野丁香 *Leptodermis potaninii* Batalin

野丁香属 *Leptodermis* Wall.

灌木；嫩枝常淡红色。叶卵形或披针形，顶端钝至近圆，有短尖头，基部楔形，全缘，两面被白色短柔毛，下面苍白色；侧脉每边3~4条；叶柄短；托叶阔三角形。聚伞花序顶生；小苞片2；萼管狭倒圆锥形，裂片5或6，狭三角形；花冠漏斗形，长达1.5cm，花冠裂片5或6；雄蕊5或6，花丝比花药稍长，花药半伸出；雌蕊长为花冠之半，柱头3~4，子房3室。蒴果自顶5裂至基部，其裂片冠以宿萼裂片。花期5月，果期秋冬季。

分布于五峰、兴山、宜昌，生于海拔800~1500m的山坡灌丛中。

## 玉叶金花 *Mussaenda pubescens* W. T. Aiton

玉叶金花属 *Mussaenda* L.

攀缘灌木；叶对生或轮生，薄纸质，卵状长圆形，长5~8cm，宽2~2.5cm，顶端渐尖，基部楔形，下面密被短柔毛；叶柄长3~8mm；托叶三角形。聚伞花序顶生，密花；苞片线形，花萼管陀螺形，长3~4mm；萼裂片线形；花叶阔椭圆形，长2.5~5cm，宽2~3.5cm，有纵脉5~7条；花冠黄色，花冠管长约2cm，花冠裂片长圆状披针形，渐尖；花柱短。浆果近球形，长8~10mm，直径6~7.5mm，疏被柔毛。花期6~7月，果期10月。

分布于五峰、宜昌，生于海拔800m以下的山坡灌丛或沟谷灌丛。

## 大叶白纸扇 *Mussaenda shikokiana* Makino 玉叶金花属 *Mussaenda* L.

攀缘灌木；叶对生，薄纸质，广卵形或广椭圆形，长10~20cm，宽5~10cm，顶端骤渐尖，基部楔形，幼嫩时两面疏被伏毛，后脱落；侧脉9对；叶柄长1.5~3.5cm；托叶卵状披针形。聚伞花序顶生，花疏散；苞片托叶状；花梗长约2mm；花萼管陀螺形，萼裂片近叶状，白色，披针形，长达1cm；花叶倒卵形，短渐尖，长3~4cm，柄长5mm；花冠黄色，花冠管长1.4cm，上部略膨大，花冠裂片卵形；雄蕊着生于花冠管中部，花药内藏；柱头2裂。浆果近球形，直径约1cm。花期5~7月，果期7~10月。

分布于长阳、五峰、兴山、宜昌，生于海拔1200m以下的山坡林中或灌丛中。

## 白马骨 *Serissa japonica* (Thunb.) Thunb. 白马骨属 *Serissa* Comm. ex Juss.

小灌木；枝粗壮，灰色，嫩枝被柔毛。叶通常丛生，薄纸质，倒卵形或倒披针形，长1.5~4cm，宽0.7~1.3cm，顶端短尖，基部收狭成一短柄；侧脉每边2~3条；托叶具锥形裂片。花无梗，生于小枝顶部，苞片膜质，斜方状椭圆形；萼檐裂片5，坚挺延伸呈披针状锥形；花冠管长4mm，喉部被毛，裂片5，长圆状披针形，长2.5mm；花药内藏，长1.3mm；花柱长约7mm，2裂，裂片长1.5mm。花期4~6月，果期9~10月。

分布于长阳、当阳、五峰、兴山、宜昌、远安、枝江、秭归，生于低海拔的山坡灌丛中或林下。

## 鸡仔木 *Sinoadina racemosa* (Sieb. & Zucc.) Ridsd.　　鸡仔木属 *Sinoadina* Ridsd.

半常绿乔木；叶对生，薄革质，宽卵形或椭圆形，长 9~15cm，宽 5~10cm，顶端渐尖，基部圆钝；侧脉 6~12 对；叶柄长 3~6cm；托叶 2 裂，裂片近圆形，早落。头状花序，约 10 个排成聚伞状圆锥花序式；花具小苞片；花萼管密被和萼裂片密被长柔毛；花冠淡黄色，长 7mm，花冠裂片三角状，外面密被细绵毛状微柔毛。果序直径 11~15mm；小蒴果倒卵状楔形，长 5mm，被疏毛。花果期 5~12 月。

分布于长阳、兴山、宜昌，生于海拔 600m 以下的山坡林中。

## 钩藤 *Uncaria rhynchophylla* Miq.　　钩藤属 *Uncaria* Schreb.

藤本；枝方柱形。叶纸质，椭圆形或椭圆状长圆形，长 5~12cm，宽 3~7cm，两面均无毛，顶端短尖，基部楔形；侧脉 4~8 对，腋窝有簇毛；叶柄长 5~15mm；托叶狭三角形，深 2 裂达全长 2/3。头状花序单生叶腋，总花梗腋生，小苞片线形或线状匙形；花近无梗；花萼管疏被毛，萼裂片近三角形，疏被短柔毛，顶端锐尖；花冠管外面无毛，花冠裂片卵圆形；花柱伸出冠喉外，柱头棒形。果序直径 10~12mm；小蒴果长 5~6mm，被短柔毛，宿存萼裂片近三角形，星状辐射。花果期 5~12 月。

分布于长阳、五峰，生于海拔 1000m 以下的山坡林中或灌丛中。

## 水晶棵子 *Wendlandia longidens* (Hance) Hutch.

水锦树属 *Wendlandia* Bart. ex Cand.

多分枝小灌木；小枝被糙伏毛。叶纸质，椭圆状披针形或卵形，长 0.8~3cm，宽 0.3~1cm，顶端短尖，基部渐狭，两面均被糙伏毛；侧脉 3 对；叶柄长 0.5~2mm；托叶披针形。圆锥状聚伞花序顶生，长 2~4cm，被硬毛；花梗被硬毛；花萼裂片线状长圆形，长 2~3mm，比萼管长；花冠管状，白色，长达 1.6cm，裂片线状长圆形；花药线状披针形，花丝长伸出；花柱伸出花冠之上，柱头 2 裂。蒴果球形，直径 2~2.5mm，被硬毛，有宿存萼裂片。花期 5~7 月，果期 7~12 月。

分布于长阳、宜昌、秭归，生于海拔 500~1000m 的山地林下或灌丛中。

## 糯米条 *Abelia chinensis* R. Br.

糯米条属 *Abelia* R. Br.

落叶灌木；嫩枝纤细，红褐色，被短柔毛；老枝树皮纵裂。叶常对生，圆卵形至椭圆状卵形，顶端渐尖，基部圆或心形，长 2~5m，宽 1~3.5cm，边缘具稀疏圆锯齿，下面基部主脉及侧脉密被白色长柔毛。聚伞花序生于小枝上部叶腋，由多数花序集成圆锥状花簇；花芳香，萼筒圆柱形毛，萼檐 5 裂，果期变红色；花冠白色至红色，漏斗状，长 1~1.2cm，圆卵形；雄蕊伸出花冠筒外；花柱细长。果实具宿存而略增大的萼裂片。花期 5~6 月，果熟期 8~10 月。

分布于长阳、五峰、兴山、宜昌、秭归，生于海拔 170~1500mm 的灌丛或疏林下。

## 蓪梗花 *Abelia uniflora* R. Brown

糯米条属 *Abelia* R. Br.

落叶灌木；幼枝红褐色，被短柔毛，老枝树皮条裂脱落。叶圆卵形至披针形，长1.5~4cm，宽5~15mm，顶端渐尖，基部楔形，边缘具稀疏锯齿，两面疏被柔毛。花生于侧生短枝顶端叶腋，聚伞花序状；萼筒细长，萼檐2裂；花冠红色，狭钟形，5裂，稍呈二唇形；雄蕊4；花柱与雄蕊等长，稍伸出花冠喉部。果实长圆柱形，冠以2枚宿存萼裂片。花期5~6月，果熟期8~9月。

分布于长阳、五峰、兴山、宜昌、秭归，生于海拔500~1600m的山坡灌丛中。

## 双盾木 *Dipelta floribunda* Maxim.

双盾木属 *Dipelta* Maxim.

落叶灌木；树皮剥落。叶卵状披针形或卵形，长4~10cm，宽1.5~6cm，顶端尖，基部楔形，全缘，侧脉3~4对；叶柄长6~14mm。聚伞花序簇生，花梗细，苞片早落；2对小苞片形状、大小不等，紧贴萼筒的1对盾状，宿存而增大；萼筒具6萼齿，坚硬而宿存；花冠粉红色，上部呈钟形，喉部橘黄色。果实具棱角，连同萼齿为宿存而增大的小苞片所包被。花期4~7月，果熟期8~9月。

分布于长阳、五峰、兴山和宜昌，生于海拔600~2000m的林中。

## 七子花 *Heptacodium miconioides* Rehder

七子花属 *Heptacodium* Rehder

落叶小乔木；茎干树皮呈片状剥落。叶厚纸质，矩圆状卵形，长 8~15cm，宽 4~8.5cm，顶端长尾尖，基部钝圆，具长 1~2cm 的柄。圆锥花序，长 8~15cm，宽 5~9cm；花序分枝开展，花芳香；花萼筒状，先端具萼齿；花冠长 1~1.5cm，外面密被倒向短柔毛，白色。果实长 1~1.5cm，具棱；种子长 5~6mm。花期 6~7 月，果期 9~11 月。

濒危种，国家Ⅱ级保护植物。分布于兴山，生于海拔 600~1000m 的林中（可能野外已灭绝）。

## 淡红忍冬 *Lonicera acuminata* Wall.

忍冬属 *Lonicera* L.

半常绿藤本；幼枝、叶柄常被毛。叶卵状矩圆形至条状披针形，长 4~8.5cm，宽 2~3cm，顶端渐尖，基部圆至近心形，两面被毛。双花呈近伞房状花序或单生叶腋；萼筒椭圆形；花冠黄白色而有红晕，漏斗状，长 1.5~2.4cm；雄蕊略高出花冠，约为花丝的 1/2；花柱除顶端外均被糙毛。果实蓝黑色，卵圆形，直径 6~7mm；种子椭圆形至矩圆形。花期 6 月，果熟期 10~11 月。

分布于长阳、五峰、兴山、宜昌、秭归，生于海拔 500m 以上的山地灌丛或林中。

## 须蕊忍冬 *Lonicera chrysantha* var. *koehneana* (Rehder) Q.E.Yang & Landrein & Borosova & Osborne 忍冬属 *Lonicera* L.

落叶灌木；幼枝、叶柄和总花梗均被短柔毛。叶纸质，菱状卵形至卵状披针形，长 4~12cm，宽 2~4cm，顶端渐尖，基部楔形，叶下面常被短柔毛。总花梗细，长 1.5~4cm；花冠先白色后变黄色，长 1~2cm，外面疏被短糙毛，唇形，筒内被短柔毛，基部常有 1 深囊；雄蕊和花柱短于花冠，花丝中部以下被密毛；花柱全被短柔毛。果实红色，圆形，直径约 5mm。花期 5~6 月，果熟期 7~9 月。

分布于长阳、五峰、兴山，生于海拔 700~1700m 的山地林中或林缘。

## 匍匐忍冬 *Lonicera crassifolia* Batalin 忍冬属 *Lonicera* L.

常绿匍匐灌木；叶常密集于当年小枝的顶端，宽椭圆形至矩圆形，长 1~3.5cm，宽 0.7~3cm，两端稍尖至圆形，顶端有时具小凸尖，除上面中脉被短糙毛外，两面均无毛。双花生于小枝梢叶腋；花冠白色，后变黄色，长约 2cm，外面无毛，内被糙毛，筒基部一侧略肿大，上唇直立，有波状齿或短的卵形裂片，下唇反卷；雄蕊长与花冠几相等，花丝下部疏被糙毛；花柱远高出花冠，中上部以下被糙毛。果实黑色，圆形。花期 6~7 月，果熟期 10~11 月。

分布于长阳、五峰、兴山，生于海拔 900~1400m 的溪沟旁或湿润的林缘岩壁中。

## 北京忍冬 *Lonicera elisae* Franch.　　忍冬属 *Lonicera* L.

落叶灌木；冬芽近卵圆形，有数对鳞片。叶纸质，卵状椭圆形至卵状披针形，长 5~9cm，宽 1~4.5cm，顶端渐尖；两面被短硬伏毛，下面被较密毛。花与叶同时开放，总花梗出自二年生小枝顶端苞腋；苞片宽卵形至卵状披针形；相邻两萼筒分离；花冠白色或带粉红色，长漏斗状，长 1.5~2cm，筒细长，被毛或无毛基部有浅囊；雄蕊不高出花冠裂片；花柱稍伸出。果实红色，椭圆形，种子淡黄褐色，稍扁，矩圆形或卵圆形。花期 4~5 月，果熟期 5~6 月。

分布于长阳、五峰、宜昌，生于海拔 500~1600m 的山坡或灌丛中。

## 郁香忍冬 *Lonicera fragrantissima* Lindl. & Paxton　　忍冬属 *Lonicera* L.

半常绿灌木；冬芽有 1 对鳞片。叶厚纸质，形态变异很大，从倒卵状椭圆形、椭圆形、卵形至卵状矩圆形，长 3~7cm，宽 1~4.5cm，顶端短尖，基部阔楔形；叶柄长 2~5mm。花先于叶或与叶同时开放，芳香，生于幼枝基部苞腋，总花梗长 5~10mm；苞片披针形至近条形；相邻两萼筒约连合至中部，萼檐近截形或微 5 裂；花冠白色或淡红色，长 1~1.5cm，唇形，基部有浅囊；雄蕊内藏；花柱无毛。果实鲜红色，矩圆形，长约 1cm；种子褐色，稍扁，矩圆形。花期 2~4 月，果期 4~5 月。

分布于五峰、兴山、宜昌，生于海拔 200~700m 的灌丛中。

## 苦糖果 *Lonicera fragrantissima* var. *lancifolia* (Rehder) Q. E. Yang & Landrein & Borosova & Osborne 忍冬属 *Lonicera* L.

与原变种的区别在于：落叶灌木；小枝和叶柄被短糙毛。叶卵形、椭圆形或卵状披针形，长 3~8.5cm，宽 1~2cm，先端短尖或具凸尖，基部圆形或阔楔形，通常两面被刚伏毛及短腺毛或至少下面中脉被刚伏毛，有时中脉下部或基部两侧夹杂短糙毛。花柱下部疏被糙毛。花期 1 月下旬至 4 月上旬，果熟期 5~6 月。

分布于长阳、宜昌、兴山，生于海拔 200~2000m 的林中或灌丛中。

## 蕊被忍冬 *Lonicera gynochlamydea* Hemsl. 忍冬属 *Lonicera* L.

落叶灌木；幼枝常带紫色，无毛。叶纸质，卵状披针形至条状披针形，长 5~10cm，宽 1.5~3.5cm，顶端长渐尖，基部圆至楔形，边缘有短糙毛；两面中脉被毛。花具总花梗，杯状小苞片包围 2 枚分离的萼筒；花冠白带淡红色或紫红色，长 8~12mm，内、外两面均被短糙毛，唇形，基部具深囊；雄蕊稍伸出，花丝中部以下被毛；花柱比雄蕊短，全部被糙毛。果实紫红色至白色。花期 5 月，果熟期 8~9 月。

分布于五峰、兴山、宜昌，生于海拔 1200~1900m 的林中或灌丛中。

## 忍冬 *Lonicera japonica* Thunb. 忍冬属 *Lonicera* L.

半常绿藤本；幼枝被毛。叶纸质，卵形至矩圆状卵形，长3~9cm，宽2~3cm，顶端尖，基部圆或近心形；叶柄长4~8mm，密被短柔毛。花具总花梗，萼筒长约2mm；花冠白色，有时基部向阳面呈微红，后变黄色，长3~6cm，唇形，筒稍长于唇瓣；雄蕊和花柱均高出花冠。果实圆形，熟时蓝黑色；种子卵圆形或椭圆形。花期4~6月，果期10~11月。

分布于宜昌市各地，生于1500m以下的山坡灌丛或林缘。

## 红白忍冬 *Lonicera japonica* var. *chinensis* (P. Watson) Baker 忍冬属 *Lonicera* L.

半常绿藤本；幼枝紫黑色。幼叶带紫红色，叶纸质，卵形至矩圆状卵形，长3~10cm，宽2~3cm，顶端尖，基部圆或近心形。具总花梗，萼筒长约2mm，小苞片比萼筒狭；花冠外面紫红色，内面白色，上唇裂片长，裂隙深超过唇瓣的1/2；雄蕊和花柱均高出花冠。果实圆形，熟时蓝黑色；种子卵圆形或椭圆形。花期4~6月，果期10~11月。

分布于宜昌，生于海拔150m左右灌丛中。

## 蕊帽忍冬 *Lonicera ligustrina* var. *pileata* (Oliv.) Franch.

忍冬属 *Lonicera* L.

常绿灌木；幼枝密被短糙毛。叶革质，形状和大小变异很大，通常卵形至矩圆状披针形或菱状矩圆形，长 1~6cm，宽 5~8mm，顶端钝，基部常楔形，上面深绿色有光泽。总花梗极短；苞片叶质，杯状小苞包围 2 枚分离的萼筒；萼齿小而钝，卵形；花冠白色，漏斗状，长 6~8mm，外被短毛，筒 2~3 倍长于裂片，基部具浅囊；雄蕊与花柱均略伸出。果实成熟时透明蓝紫色，圆形；种子卵圆形。花期 4~6 月，果期 9~12 月。

分布于长阳、五峰、兴山、宜昌、秭归，生于海拔 700~1200m 的疏林中或灌丛中。

## 金银忍冬 *Lonicera maackii* (Rupr.) Maxim.

忍冬属 *Lonicera* L.

落叶灌木；全株除花外被短柔毛。叶纸质，形状变化较大，通常卵状椭圆形至卵状披针形，长 5~8cm，宽 2~3cm，顶端渐尖，基部宽楔形；叶柄长 2~5 mm。花生于幼枝叶腋，总花梗短于叶柄；相邻两萼筒分离，萼檐钟状，萼齿宽三角形；花冠先白色后变黄色，长约 2cm，外被短伏毛或无毛，唇形，筒长约为唇瓣的 1/2；雄蕊与花柱长约花冠的 2/3，花丝中部以下和花柱均被柔毛。果实暗红色，圆形；种子具蜂窝状微小浅凹点。花期 5~6 月，果熟期 8~10 月。

分布于长阳、五峰、兴山、宜昌、秭归，生于海拔 1800m 以下的山地灌丛中。

## 下江忍冬 *Lonicera modesta* Rehder

忍冬属 *Lonicera* L.

落叶灌木；幼枝、叶柄和总花梗密被短柔毛。叶厚纸质，菱状椭圆形至圆状椭圆形，长2~4cm，宽1.5~2.5cm，顶端钝圆，基部渐狭至近截形，上面暗绿色，下面网脉明显，全被短柔毛。总花梗短；苞片钻形，杯状小苞长约为萼筒的1/3；花冠白色，基部微红，后变黄色，唇形，长10~12mm，筒与唇瓣等长或略短，基部有浅囊；雄蕊长短不等，花丝基部被毛。相邻两果实几全部合生，由橘红色转为红色；种子淡黄褐色，稍扁。花期5月，果期9~10月。

分布于长阳、宜昌，生于海拔500~1300m的疏林中。

## 细毡毛忍冬 *Lonicera similis* Hemsl.

忍冬属 *Lonicera* L.

落叶藤本；幼枝被柔毛。叶纸质，卵形至卵状披针形，长3~10cm，宽2~3.5cm，顶端渐尖，基部截形至微心形，上面初中脉被糙伏毛，后变无毛，侧脉和小脉下陷，下面被细毡毛，脉上被长糙毛或无毛。双花单生叶腋或集生枝端；总花梗向上渐短；萼筒椭圆形至长圆形，萼齿近三角形；花冠先白色后变淡黄色，长4~6cm，唇形，筒细，长3~3.6cm；雄蕊与花冠几等长；花柱稍超出花冠，无毛。果实蓝黑色，卵圆形；种子褐色，卵圆形。花期5~7月，果期9~10月。

分布于五峰、兴山、宜昌、秭归，生于1200~1600m的灌丛中或疏林中。

## 唐古特忍冬 *Lonicera tangutica* Maxim.

忍冬属 *Lonicera* L.

落叶灌木；幼枝无毛或被2列弯的短糙毛，冬芽顶渐尖。叶纸质，倒披针形至矩圆形，顶端钝或稍尖，基部渐窄，长1~4cm，宽约1cm，两面常被伏毛，上面较密。总花梗生于叶腋，长1.5~3cm；相邻两萼筒中部以上至全部合生，椭圆形，萼檐杯状；花冠白色或黄白色或有淡红晕，筒状漏斗形，长8~13mm，筒基部稍一侧肿大或具浅囊；雄蕊着生花冠筒中部；花柱高出花冠裂片。果实红色，种子卵圆形或矩圆形。花期5~6月，果期7~8月。

分布于五峰、兴山、宜昌，生于海拔1600m以上的山地林中。

## 盘叶忍冬 *Lonicera tragophylla* Hemsl.

忍冬属 *Lonicera* L.

落叶藤本；叶纸质，矩圆形或卵状矩圆形，长5~12cm，宽2~3cm，顶端钝或稍尖，基部楔形，下面粉绿色，花序下方1~2对叶连合成近圆形的盘。由3朵花组成的聚伞花序密集呈头状花序，常6~9花；萼筒壶形，花冠黄色至橙黄色，长5~9cm，唇形，筒稍弓弯，长2~3倍于唇瓣，内面疏被柔毛；雄蕊与唇瓣等；花柱伸出。果实成熟时深红色，近圆形。花期6~7月，果期9~10月。

分布于长阳、当阳、五峰、兴山、宜昌、秭归，生于海拔1000~2000m的林中或灌丛中。

## 接骨木 *Sambucus williamsii* Hance　　接骨木属 *Sambucus* L.

落叶灌木；老枝具明显的皮孔。羽状复叶常具小叶 2~3 对，侧生小叶片卵圆形至矩圆状披针形，长 5~15cm，宽 1.2~7cm，顶端渐尖，边缘具不整齐锯齿，基部楔形。花与叶同出，圆锥聚伞花序顶生，具总花梗；花小而密；萼筒杯状，萼齿三角状披针形；花冠蕾时粉红色，开后白色；雄蕊与花冠裂片等长；柱头 3 裂。果实红色，近圆形。花期 4~5 月，果期 9~10 月。

分布于长阳、五峰、兴山、宜昌、远安、秭归，生于海拔 1600m 以下的山坡或路边灌丛。

## 毛核木 *Symphoricarpos sinensis* Rehder　　毛核木属 *Symphoricarpos* Duhamel du Monceau

直立灌木；幼枝纤细，被短柔毛；老枝树皮细条状剥落。叶卵形，长 1.5~2.5cm，宽 1.2~1.8cm，顶端尖或钝，基部楔形，全缘，上面绿色，下面灰白色，近基部三出脉；叶柄短。花小，无梗，单生于钻形苞片的腋内，组成一短小的顶生穗状花序；萼筒长约 2mm，萼齿 5，卵状披针形；花冠白色，钟形；雄蕊 5，着生于花冠筒中部，与花冠等长或稍伸出；花柱长 6~7mm，无毛，柱头头状。果实卵圆形，长 7mm，顶端有 1 小喙，蓝黑色，具白霜；分核 2 粒，密被长柔毛。花期 7~9 月，果期 9~11 月。

分布于兴山、宜昌和秭归，生于海拔 600~2200m 的山坡灌丛中。

## 桦叶荚蒾 *Viburnum betulifolium* Batalin

荚蒾属 *Viburnum* L.

落叶灌木；小枝具皮孔。叶厚纸质，干后变黑色，宽卵形至菱状卵形，长 3.5~8.5cm，宽 3~5.5cm，顶端尖，基部宽楔形，边缘离基 1/3~1/2 以上具波状牙齿，下面脉腋集聚簇状毛，侧脉 5~7 对；叶柄长 1~2cm。复伞形聚伞花序顶生，直径 5~12cm；萼筒具黄褐色腺点；花冠白色，辐状；雄蕊常高出花冠；柱头高出萼齿。果实红色，近圆形。花期 6~7 月，果熟期 9~10 月。

分布于长阳、五峰、兴山、宜昌、秭归，生于海拔 1300~2000m 的林中或灌丛中。

## 短序荚蒾 *Viburnum brachybotryum* Hemsl.

荚蒾属 *Viburnum* L.

常绿小乔木；小枝散生凸起皮孔，冬芽有 1 对鳞片。叶革质，倒卵形至矩圆形，长 7~20cm，宽 3~7cm，顶端渐尖，基部宽楔形，边缘自基部 1/3 以上疏生尖锯齿，侧脉 5~7 对，弧形，叶柄长 1~2cm。圆锥花序；萼筒筒状钟形，萼齿卵形；花冠白色，辐状，筒极短；雄蕊花药黄白色；柱头 3 裂，远高出萼齿。果实鲜红色，卵圆形，顶端渐尖，长约 1cm，常被毛；种子卵圆形或长卵形。花期 1~3 月，果期 7~8 月。

分布于五峰、兴山、宜昌，生于海拔 400~1900m 的山谷密林或山坡灌丛中。

## 短筒荚蒾 *Viburnum brevitubum* (P. S. Hsu) P. S. Hsu　　荚蒾属 *Viburnum* L.

落叶灌木；小枝散生皮孔，冬芽鳞片1对。叶纸质，椭圆状矩圆形至狭矩圆形，长3~7.5cm，宽2~3cm，顶端渐尖，基部钝圆，边缘离基1/3以上具浅锯齿，上面无毛，下面脉腋集聚簇状毛，有趾蹼状小孔，侧脉约5对。圆锥花序顶生，总花梗长2~3.5cm；花大部生于序轴的第二级分枝上，无梗；萼筒筒状，萼檐碟形，齿宽三角形；花冠白色而微红，筒状钟形，筒长约4mm，裂片宽卵形；雄蕊生于花冠筒顶端；花柱约与萼齿等长，柱头头状。果实红色。花期5~6月，果熟期7月。

分布于长阳、兴山、宜昌，生于海拔1300~2300m的山坡林中。

## 水红木 *Viburnum cylindricum* Buch.-Ham. ex D. Don　　荚蒾属 *Viburnum* L.

常绿小乔木；枝带红色，散生小皮孔。叶革质，椭圆形至矩圆形，长8~16cm，宽4.5~7cm，顶端渐尖，基部渐狭，全缘或中上部疏生浅齿，近基部两侧有腺体，侧脉3~5对，弧形。聚伞花序伞形式，总花梗长1~6cm；萼筒卵圆形，萼齿不显著；花冠白色或有红晕，钟状；雄蕊高出花冠。果实先红色后变蓝黑色，卵圆形；种子卵圆形。花期6~10月，果熟期10~12月。

分布于长阳、五峰、兴山、宜昌、秭归，生于海拔500m以上的山坡林中。

## 荚蒾 *Viburnum dilatatum* Thunb.　　荚蒾属 *Viburnum* L.

落叶灌木；当年小枝连同芽、叶柄和花序均密被毛。叶纸质，宽倒卵形或倒卵形，长 3~10cm，宽 2~8cm，顶端急尖，基部圆形至钝形，边缘具牙齿状锯齿，两面被毛，下面脉上尤密，脉腋集聚簇状毛，侧脉 6~8 对。复伞形式聚伞花序稠密，总花梗长 1~2cm；萼筒狭筒状；花冠白色，辐状，裂片圆卵形；雄蕊明显高出花冠；花柱高出萼齿。果实红色，椭圆状卵圆形。花期 5~6 月，果期 9~11 月。

分布于长阳、五峰、兴山、宜昌，生于海拔 1000m 以下的山坡林中。

## 宜昌荚蒾 *Viburnum erosum* Thunb.　　荚蒾属 *Viburnum* L.

落叶灌木；当年枝密被柔毛。叶纸质，形状变化很大，卵状披针形、卵状矩圆形、狭卵形或椭圆形，长 3~11cm，宽 1.5~7cm，顶端渐尖，基部宽楔形或微心形，边缘具波状小尖齿，下面密被绒毛，侧脉 7~10 对。复伞形式聚伞花序，总花梗长 1~2.5cm，萼筒筒状，萼齿卵状三角形；花冠白色；雄蕊略短于至长于花冠，花药黄白色；花柱高出萼齿。果实红色，宽卵圆形；种子扁。花期 4~5 月，果期 8~10 月。

分布于长阳、五峰、兴山、宜昌、秭归，生于海拔 1300m 以下的山坡林中。

## 直角荚蒾 *Viburnum foetidum* var. *rectangulatum* Rehder　　荚蒾属 *Viburnum* L.

直立或攀缘状灌木；枝披散，侧生小枝甚长而呈蜿蜒状，常与主枝呈直角或近直角开展。叶厚纸质至薄革质，卵形至矩圆形或矩圆状披针形，长 3~6cm，宽 1.5~3.5cm, 全缘或中部以上具少数不规则浅齿，侧脉直达齿端或近缘前互相网结，基部一对较长而常作离基 3 出脉状。总花梗通常很少长达 2cm；第一级辐射枝通常 5 条。萼筒长约 1mm，萼齿小，密生柔毛；花冠白色，长约 1.5mm；雄蕊稍长于花冠。核果红色。花期 5~7 月，果熟期 10~12 月。

分布于兴山，生于海拔 600~2000m 的林下或灌丛中。

## 聚花荚蒾 *Viburnum glomeratum* Maxim.　　荚蒾属 *Viburnum* L.

落叶灌木；当年小枝、芽、幼叶下面、叶柄及花序均被黄色毛。叶纸质，卵状椭圆形、卵形或宽卵形，长 6~10cm，宽 2.5~7cm，顶钝圆或渐尖，基部圆或多少带斜微心形，边缘具牙齿，下面初时被绒毛，后毛渐变稀，侧脉 5~11 对。聚伞花序，总花梗长 1~2.5cm；萼筒被白色簇状毛，萼齿卵形；花冠白色，雄蕊稍高出花冠裂片。果实红色，后变黑色；种子椭圆形，扁。花期 4~6 月，果期 7~9 月。

分布于兴山、宜昌、秭归，生于海拔 1200~2500m 的山坡林中或灌丛中。

## 巴东荚蒾 *Viburnum henryi* Hemsl.　　荚蒾属 *Viburnum* L.

常绿小乔木；叶近革质，倒卵状矩圆形至矩圆形，长6~10cm，宽2~4cm，顶端渐尖，基部楔形至圆形，边缘中部以上具锯齿，侧脉5~7对，脉腋有趾蹼状小孔；叶柄长1~2cm。圆锥花序顶生，总花梗纤细；苞片和小苞片迟落或宿存；花芳香，萼筒筒状至倒圆锥筒状；花冠白色，雄蕊与花冠裂片近等长，花柱与萼齿几等长。果实红色，后变紫黑色，椭圆形；种子稍扁，椭圆形。花期6月，果成熟期8~10月。

分布于长阳、五峰、兴山、宜昌、秭归，生于海拔900~2000m的山谷林中。

## 绣球荚蒾 *Viburnum macrocephalum* Fortune　　荚蒾属 *Viburnum* L.

半常绿灌木；芽、幼技、叶柄及花序均密被簇状短毛，后渐变无毛。叶纸质，卵形至椭圆形，长5~11cm，宽2~5cm，基部圆，边缘具小齿，中脉被毛，下面被簇状短毛，侧脉5~6对；叶柄长1~1.5cm。聚伞花序，全部由大型不孕花组成，总花梗长1~2cm；萼筒筒状，萼齿与萼筒几等长，矩圆形；花冠白色，辐状，直径1.5~4cm，裂片圆状倒卵形，筒部甚短；雄蕊长约3mm，花药小，近圆形；雌蕊不育。花期4~5月。

宜昌市各地均有栽培。

## 琼花 *Viburnum macrocephalum* f. *keteleeri* (Carrière) Rehder　　荚蒾属 *Viburnum* L.

与绣球荚蒾区别在于：聚伞花序仅周围具大型的不孕花，花冠直径 3~4.2cm，裂片倒卵形或近圆形，顶端常凹缺；可孕花的萼齿卵形；花冠白色，辐状，直径 7~10mm，裂片宽卵形，长约 2.5mm，雄蕊稍高出花冠，花药近圆形。果实红色而后变黑色，椭圆形，长约 1.2cm；种子扁，矩圆形至宽椭圆形。花期 4 月，果期 9~10 月。

分布于当阳、五峰、宜昌，生于海拔 300m 以下的灌丛或林下。

## 显脉荚蒾 *Viburnum nervosum* D. Don　　荚蒾属 *Viburnum* L.

落叶灌木；幼枝、叶下、叶柄和花序均疏被鳞片状。叶纸质，卵形至宽卵形，长 9~18cm，宽 5~16cm，顶端渐尖，基部心形，边缘常具锯齿，下面常多少被簇毛，侧脉 8~10 对，上面凹陷，下面凸起，小脉横列；叶柄粗壮。聚伞花序与叶同时开放，无大型的不孕花；萼筒筒状钟形，花冠白色或带微红；雄蕊花丝长约 1mm；花柱略高出萼齿。果实先红色后变黑色，卵圆形；种子扁，两端内弯。花期 4~6 月，果期 9~10 月。

分布于兴山，生于海拔 1500m 以上的林中或灌丛中。

## 珊瑚树 *Viburnum odoratissimum* Ker.-Gawl.　　荚蒾属 *Viburnum* L.

常绿灌木；枝灰具凸起的瘤状皮孔。叶革质，椭圆形至矩圆形，长 7~20cm，宽 3~5.5cm，顶端渐尖，基部宽楔形，边缘上部具不规则浅波状锯齿，上面深绿色有光泽，下面脉腋常具集聚簇状毛和趾蹼状小孔，侧脉 5~6 对；叶柄长 1~2cm。圆锥花序顶生或侧生短枝上；花芳香，萼筒筒状钟形，花冠白色，雄蕊略超出花冠裂片，柱头头状。果实先红色后变黑色，卵圆形或卵状椭圆形，种子卵状椭圆形。花期 4~5 月，果熟期 7~9 月。

宜昌市各地均有栽培。

## 鸡树条 *Viburnum opulus* subsp. *calvescens* (Rehder) Sugimoto　　荚蒾属 *Viburnum* L.

落叶灌木；树皮暗灰褐色，有纵条及软木条层。单叶对生，卵形至阔卵圆形，长 6~12cm，宽 5~10cm，常浅 3 裂，基部圆形或截形，具掌状 3 出脉，中裂片长于侧裂片，先端均渐尖，边缘具不整齐的大齿，上面无毛，下面脉腋具茸毛。伞形聚伞花序顶生，能孕花在中央，外围有不孕的辐射花；花冠杯状，辐状开展，乳白色，5 裂；花药紫色；不孕性花白色，直径 1.5~2.5cm，深 5 裂。核果球形，鲜红色。种子圆形，扁平。花期 5~6 月，果期 8~9 月。

分布于五峰、兴山、宜昌、秭归，生于海拔 2200m 以下的疏林中。

## 蝴蝶戏珠花 *Viburnum plicatum* f. *tomentosum* (Miq.) Rehder　　荚蒾属 *Viburnum* L.

落叶灌木；叶宽卵形或矩圆状卵形，下面常带绿白色，侧脉 10~17 对。花序直径 4~10cm，外围有 4~6 朵白色不孕花，具长花梗；中央可孕花直径约 3mm，萼筒长约 15cm，花冠辐状，黄白色，雄蕊高出花冠，花药近圆形。果实先红色后变黑色，宽卵圆形或倒卵圆形。花期 4~5 月，果期 8~9 月。

分布于长阳、五峰、兴山、宜昌，生于海拔 1800m 以下的疏林中或灌丛中。

## 球核荚蒾 *Viburnum propinquum* Hemsl.　　荚蒾属 *Viburnum* L.

常绿灌木；全体无毛，小枝具凸起的皮孔。幼叶带紫色，成长后革质，卵形至卵状披针形，长 4~9cm，宽 2~4.5cm，顶端渐尖，基部狭窄至近圆形，边缘常疏生浅锯齿，具离基三出脉；叶柄长 1~2cm。聚伞花序，总花梗纤细；萼筒长约 0.6mm，萼齿宽三角状卵形；花冠绿白色，雄蕊常稍高出花冠。果实蓝黑色，有光泽，近圆形或卵圆形，直径 3.5~4mm。花期 4~5 月，果熟期 7~9 月。

分布于长阳、五峰、兴山、宜昌、秭归，生于海拔 1300m 以下的林中或灌丛中。

## 皱叶荚蒾 *Viburnum rhytidophyllum* Hemsl.

荚蒾属 *Viburnum* L.

常绿灌木；幼枝、芽、叶下面、叶柄及花序均被黄白色、黄褐色或红褐色厚绒毛。叶革质，卵状矩圆形至卵状披针形，长 8~25cm，宽 2.5~8cm，顶端稍尖，基部圆形，全缘或有不明显小齿，上面各脉深凹陷而呈极度皱纹状，下面有凸起网纹，侧脉 6~8 对；叶柄粗壮。聚伞花序稠密，总花梗粗壮，萼筒筒状钟形；花冠白色，雄蕊高出花冠。果实红色，后变黑色，宽椭圆形。花期 4~5 月，果期 9~10 月。

分布于长阳、五峰、兴山、宜昌、远安、秭归，生于海拔 800~2400m 的山坡林中或灌丛中。

## 茶荚蒾 *Viburnum setigerum* Hance

荚蒾属 *Viburnum* L.

落叶灌木；叶纸质，卵状矩圆形至卵状披针形，长 7~12 cm，顶端渐尖，基部圆形，边缘除基部外疏生尖锯齿，下面仅中脉及侧脉被浅黄色贴生长纤毛，侧脉 6~8 对，上面略凹陷，下面显著凸起；叶柄长 1~1.5cm。复伞形式聚伞花序，总花梗长 1~2.5cm；花冠白色，雄蕊与花冠几等长，花柱不高出萼齿。果序弯垂，果实红色，卵圆形；种子甚扁，卵圆形。花期 4~5 月，果期 9~10 月。

分布于长阳、五峰、兴山、宜昌、秭归，生于海拔 1600m 以下的灌丛中或林中。

## 合轴荚蒾 *Viburnum sympodiale* Graebn.　　荚蒾属 *Viburnum* L.

落叶小乔木；叶纸质，卵形至椭圆状卵形，长6~13cm，顶端渐尖，基部圆形，边缘具锯齿，侧脉6~8对，上面稍凹陷，下面凸起。聚伞花序，周围有大型、白色的不孕花；萼筒近圆球形，花冠白色，雄蕊花药宽卵圆形，花柱不高出萼齿；不孕花直径2.5~3cm。果实红色，后变紫黑色，卵圆形；种子稍扁，直径约5mm。花期4~5月，果期8~9月。

分布于长阳、五峰、兴山、宜昌、秭归，生于海拔800~1700m的山林疏林中或灌丛中。

## 烟管荚蒾 *Viburnum utile* Hemsl.　　荚蒾属 *Viburnum* L.

常绿灌木；当年小枝被带黄褐色或灰白色绒毛，后变无毛。叶革质，卵圆状矩圆形，长2~5cm，顶端圆至稍钝，基部圆形，全缘，上面深绿色而无毛，叶下面被细绒毛，侧脉5~6对；叶柄长5~10mm。聚伞花序，总花梗粗壮，花冠白色，雄蕊与花冠裂片几等长，花药近圆形，花柱与萼齿近于等长。果实红色，后变黑色，椭圆状矩圆形至椭圆形；种子稍扁，椭圆形或倒卵形。花期3~4月，果期8月。

分布于长阳、五峰、兴山、宜昌、秭归，生于海拔1800m以下的山坡疏林或灌丛。

## 半边月 *Weigela japonica* Thunb.　　锦带花属 *Weigela* Thunb.

落叶灌木；叶长卵形至卵状椭圆形，长 5~15cm，宽 3~8cm，顶端渐尖，基部阔楔形，边缘具锯齿，上面脉上毛较密，下面密被短柔毛；叶柄被柔毛。单花或具 3 朵花的聚伞花序生于短枝的叶腋或顶端；萼筒长 10~12mm，萼齿条形，深达萼檐基部；花冠白色或淡红色，花开后逐渐变红色，漏斗状钟形，长 2.5~3.5cm，筒基部呈狭筒形，中部以上突然扩大。果实长 1.5~2cm，种子具狭翅。花期 4~5 月，果期 8~9 月。

分布于长阳、五峰、兴山、宜昌、秭归，生于海拔 400~1800m 的林缘或灌丛中。

## 南方六道木 *Zabelia dielsii* (Graebn.) Makino　　六道木属 *Zabelia* (Rehder) Makino

落叶灌木；叶长卵形、矩圆形至披针形，变化幅度较大，长 3~8cm，宽 0.5~3cm，嫩时上面疏被柔毛，下面除叶脉基部被白色粗硬毛外，光滑无毛，顶端渐尖，基部楔形，全缘或有 1~6 对齿牙；叶柄基部膨大。花生于侧枝顶部叶腋，总花梗长 1.2cm；花梗极短，苞片 3，萼筒长约 8mm，萼檐 4 裂；花冠白色，4 裂；雄蕊 4，二强；花柱细长，与花冠等长，柱头不伸出花冠筒外。果实长 1~1.5cm。花期 4~6 月，果熟期 8~9 月。

分布于兴山、宜昌，生于海拔 1000m 以下的山坡灌丛中。

## 厚壳树 *Ehretia acuminata* R. Br.　　厚壳树属 *Ehretia* L.

落叶乔木；小枝具明显的皮孔。叶椭圆形或长圆状倒卵形，长5~13cm，宽4~6cm，先端尖，基部宽楔形，边缘有具锯齿；叶柄长1.5~2.5cm。聚伞花序圆锥状；花多数，密集，芳香；花萼长1.5~2mm，裂片卵形，具缘毛；花冠钟状，白色，长3~4mm，裂片长圆形，开展，长2~2.5mm，较筒部长；雄蕊伸出花冠外，花药卵形，花丝长2~3mm，着生花冠筒基部以上；花柱长1.5mm。核果黄色或橘黄色，直径3~4mm；核具皱折，成熟时分裂为2个具2粒种子的分核。花果期4~6月。

分布于长阳、五峰、兴山、宜昌，生于海拔1500m以下的山坡林中。

## 粗糠树 *Ehretia dicksonii* Hance　　厚壳树属 *Ehretia* L.

落叶乔木；叶宽椭圆形、卵形或倒卵形，长8~25cm，宽5~15cm，先端尖，基部宽楔形，边缘具锯齿，上面密被短硬毛，下面密被短柔毛；叶柄长1~4cm。聚伞花序顶生，花近无梗；花萼长3.5~4.5mm，裂至近中部；花冠筒状钟形，白色至淡黄色，裂片长圆形；雄蕊伸出花冠外；花柱长6~9mm。核果黄色，近球形，直径10~15mm，内果皮成熟时分裂为2个具2粒种子的分核。花期3~5月，果期6~7月。

分布于长阳、五峰、兴山、宜昌、远安、秭归，生于海拔1200m以下的山坡林中。

## 枸杞 *Lycium chinense* Mill.

枸杞属 *Lycium* L.

多分枝灌木；枝条细弱，淡灰色，棘刺长 0.5~2cm，生叶和花的棘刺较长，小枝顶端锐尖成棘刺状。叶纸质，单叶互生或 2~4 簇生，卵形、卵状菱形、长椭圆形或卵状披针形，顶端急尖，基部楔形，长 1.5~5cm，宽 0.5~2.5cm；叶柄长 0.4~1cm。花梗长 1~2cm，向顶端渐增粗。花萼通常 3 中裂或 4~5 齿裂；花冠漏斗状，长 9~12mm，淡紫色，筒部向上骤然扩大，5 深裂，裂片卵形；雄蕊较花冠稍短；花柱稍伸出雄蕊。浆果红色，卵状，长 7~15mm 直径 5~8mm。种子扁肾脏形，长 2.5~3mm，黄色。花果期 6~11 月。

宜昌市各地均有分布，生于海拔 800m 以下的山坡或路边灌丛。现常栽培。

## 大果三翅藤 *Tridynamia sinensis* (Hemsl.) Staples

三翅藤属 *Tridynamia* Gagnepain

木质藤本；叶宽卵形，纸质，长 5~10cm，宽 4~6.5cm，先端锐尖，基部心形，两面疏被短柔毛，掌状脉 5 出，侧脉 1~2 对；叶柄长 2~2.5cm。花淡蓝色，成总状花序；花柄长 5~6mm；萼片被绒毛，极不相等；花冠宽漏斗形，长 1.5~2cm，张开时宽达 2.5cm，冠檐浅裂；雄蕊近等长；子房中部以上被疏柔毛。蒴果球形，成熟时 2 个外萼片极增大，长圆形，长 6.5~7cm，宽 1.2~1.5cm；种子压扁，不规则近圆形。花期 6~7 月，果期 9~10 月。

分布于长阳、五峰、宜昌，生于海拔 1000m 以下的山坡灌丛中或林缘。

## 来江藤 *Brandisia hancei* Hook. f.

来江藤属 *Brandisia* Hook. f. & Thomson

灌木；全株密被锈黄色星状绒毛。叶片卵状披针形，长3~10cm，宽达3.5cm，顶端锐尖头，基部近心脏形，全缘；叶柄短。花单生于叶腋，花梗长达1cm；萼宽钟形，长宽均约1cm，5裂至1/3处，萼齿宽卵形；花冠橙红色，长约2cm，外面有星状绒毛，上唇宽大，2裂，裂片三角形，下唇3裂，裂片舌状；雄蕊约与上唇等长；子房卵圆形，被星状毛。蒴果卵圆形，略扁平，被星状毛。花期11月至翌年2月，果期3~4月。

分布于长阳、五峰、兴山、宜昌、秭归，生于海拔500~1800m的山坡灌丛中。

## 白花泡桐 *Paulownia fortunei* (Seem.) Hemsl.

泡桐属 *Paulownia* Sieb. & Zucc.

落叶乔木；幼枝、叶、花序和幼果均被黄褐色星状绒毛。叶片长卵状心脏形，长达20cm，顶端长渐尖，基部心形；叶柄长达12cm。花序狭长呈圆柱形，长约25cm；萼倒圆锥形，分裂至1/4或1/3处，萼齿卵圆形至三角状卵圆形；花冠管状漏斗形，白色或浅紫色，管部在基部以上不突然膨大，内部密布紫色细斑块；雄蕊长3~3.5cm；子房具腺体。蒴果长圆形，长6~10cm，顶端喙长达6mm。花期3~4月，果期7~8月。

宜昌市各地均有分布。现多栽培。

## 毛泡桐 *Paulownia tomentosa* (Thunb.) Steud.　　泡桐属 *Paulownia* Sieb. & Zucc.

落叶乔木；叶片心脏形，长达40cm，顶端锐尖头，全缘或波状浅裂，新枝上的叶较大。花序金字塔形或狭圆锥形，长一般在50cm以下，小聚伞花序的总花梗长1~2cm；萼浅钟形，长约1.5cm，外面被绒毛，分裂至中部，萼齿卵状长圆形；花冠紫色，漏斗状钟形，长5~7.5cm，在离管基部约5mm处弓曲，向上突然膨大，檐部2唇形，直径约5cm；雄蕊长达2.5cm；子房卵圆形，有腺毛，花柱短于雄蕊。蒴果卵圆形，幼时密被粘质腺毛，长3~4.5cm，宿萼不反卷。花期4~5月，果期8~9月。

宜昌市各地均有分布。现多栽培。

## 凌霄 *Campsis grandiflora* (Thunb.) K. Schum.　　凌霄属 *Campsis* Lour.

攀缘藤本；茎表皮脱落，以气生根攀附于它物之上。叶对生，奇数羽状复叶，小叶7~9；小叶卵形至卵状披针形，顶端尾状渐尖，基部阔楔形，两侧不等大，长3~6cm，宽1.5~3cm，侧脉6~7对，边缘有粗锯齿。顶生圆锥花序；花萼钟状，长3cm，分裂至中部，裂片披针形；花冠内面鲜红色，外面橙黄色，长约5cm，裂片半圆形；雄蕊着生于花冠筒近基部，花丝长2~2.5cm；花柱线形，长约3cm，柱头2裂。蒴果长10~20cm，2瓣裂；种子多数，扁平，具翅。花期5~8月，果期9~10月。

宜昌市各地均有分布，生于海拔1200m以下的林缘或灌丛中。

## 楸 *Catalpa bungei* C. A. Mey.　　梓属 *Catalpa* Scop.

落叶乔木；叶三角状卵形或卵状长圆形，长 6~15cm，宽达 8cm，顶端长渐尖，基部截形、阔楔形或心形，有时基部具 1~2 牙齿，叶面深绿色，叶背无毛；叶柄长 2~8cm。顶生伞房状总状花序，有花 2~12 朵；花萼蕾时圆球形，2 唇开裂，顶端有 2 尖齿；花冠淡红色，内面具有 2 黄色条纹及暗紫色斑点，长 3~3.5cm。蒴果线形，长 25~45cm，宽约 6mm；种子狭长椭圆形，长约 1cm，宽约 2mm，两端生长毛。花期 5~6 月，果期 6~10 月。

分布于宜昌、秭归，生于海拔 1000m 以下的林中或栽培。

## 梓 *Catalpa ovata* G. Don　　梓属 *Catalpa* Scop.

乔木；叶对生，阔卵形，长宽近相等，长约 25cm，顶端渐尖，基部心形，全缘，常 3 浅裂，侧脉 4~6 对，基部掌状脉 5~7 条；叶柄长 6~18cm。顶生圆锥花序，花序梗长 12~28cm；花萼蕾时圆球形，2 唇开裂，长 6~8mm；花冠钟状，淡黄色，内面具 2 黄色条纹及紫色斑点，长约 2.5cm，直径约 2cm；能育雄蕊 2，退化雄蕊 3；子房上位，棒状，花柱丝形，柱头 2 裂。蒴果线形，下垂，长 20~30cm，粗 5~7mm。种子长椭圆形，长 6~8mm。花期 5~6 月，果期 8~10 月。

分布于五峰、兴山、宜昌、秭归，生于海拔 1500m 以上的山坡林中或路边栽培。

## 紫珠 *Callicarpa bodinieri* H. Lév.　　紫珠属 *Callicarpa* L.

灌木；小枝、叶柄和花序均被粗糠状星状毛。叶片卵状长椭圆形至椭圆形，长 7~18cm，宽 4~7cm，顶端长渐尖，基部楔形，边缘具细锯齿，表面被短柔毛，背面密被星状柔毛，两面密生暗红色或红色细粒状腺点；叶柄长 0.5~1cm。聚伞花序，4~5 次分歧，花序梗长不超过 1cm；苞片细小，线形；花萼长约 1mm，萼齿钝三角形；花冠紫色，长约 3mm，被星状柔毛和暗红色腺点；雄蕊长约 6mm，花药椭圆形；子房被毛。果实球形，熟时紫色，无毛，径约 2mm。花期 6~7 月，果期 8~11 月。

分布于长阳、五峰、兴山、宜昌、宜都、秭归，生于海拔 200m 以上的山坡灌丛。

## 华紫珠 *Callicarpa cathayana* Chang　　紫珠属 *Callicarpa* L.

灌木；小枝纤细，幼嫩疏被星状毛，后脱落。叶片椭圆形或卵形，长 4~8cm，宽 1.5~3cm，顶端渐尖，基部楔形，两面近无毛，具显著红色腺点，侧脉 5~7 对，边缘密生细锯齿。聚伞花序细弱，宽约 1.5cm，3~4 次分歧，略有星状毛，花序梗长 4~7mm，苞片细小；花萼杯状，具星状毛和红色腺点，萼齿不明显或钝三角形；花冠紫色，疏被星状毛，有红色腺点，花丝等于或稍长于花冠；子房无毛，花柱略长于雄蕊。果实球形，紫色，径约 2mm。花期 5~7 月，果期 8~11 月。

分布于长阳、兴山、宜昌、秭归，生于海拔 1200m 以下的山坡灌丛中。

## 白棠子树 *Callicarpa dichotoma* (Lour.) K. Koch　　紫珠属 *Callicarpa* L.

多分枝的小灌木；嫩枝被星状毛。叶倒卵形或披针形，长 2~6cm，宽 1~3cm，顶端急尖或尾状尖，基部楔形，边缘仅上半部具数个粗锯齿，背面密生细小黄色腺点；侧脉 5~6 对；叶柄长不超过 5mm。聚伞花序在叶腋的上方着生，细弱，2~3 次分歧，花序梗长约 1cm，略有星状毛，至结果时无毛；苞片线形；花萼杯状，无毛，顶端具不明显的 4 齿或近截头状；花冠紫色，长 1.5~2mm，无毛；花丝长约为花冠的 2 倍，花药细小，药室纵裂；子房无毛，具黄色腺点。果实球形，紫色，径约 2mm。花期 5~6 月，果期 7~11 月。

分布于五峰、兴山、远安、宜昌，生于海拔 600m 以下的灌丛中。

## 老鸦糊 *Callicarpa giraldii* Hesse ex Rehder　　紫珠属 *Callicarpa* L.

灌木；小枝圆柱形，被星状毛。叶片纸质，宽椭圆形至披针状长圆形，长 5~15cm，宽 2~7cm，顶端渐尖，基部楔形，边缘具锯齿，表面稍被微毛，背面疏被星状毛和细小黄色腺点，侧脉 8~10 对；叶柄长 1~2cm。聚伞花序 4~5 次分歧；花萼钟状，疏被星状毛，老后常脱落，长约 1.5mm，萼齿钝三角形；花冠紫色，具黄色腺点，长约 3mm；雄蕊长约 6mm；子房被毛。果实球形，初时疏被星状毛，熟时无毛，紫色，径约 2.5~4mm。花期 5~6 月，果期 7~11 月。

分布于长阳、五峰、兴山、宜昌、秭归，生于海拔 500~1800m 的灌丛中。

## 臭牡丹 *Clerodendrum bungei* Steud.　　大青属 *Clerodendrum* L.

灌木；植株有臭味，小枝皮孔显著。叶片纸质，宽卵形或卵形，长 8~20cm，宽 5~15cm，顶端渐尖，基部宽楔形或心形，边缘具锯齿，侧脉 4~6 对，基部脉腋有数个盘状腺体；叶柄长 4~17cm。伞房状聚伞花序顶生；苞片叶状，长约 3cm；花萼钟状，被短柔毛及盘状腺体，萼齿三角形；花冠淡红色或紫红色，花冠管长 2~3cm，裂片倒卵形；雄蕊及花柱均突出花冠外；柱头 2 裂。核果近球形，径 0.6~1.2cm，成熟时蓝黑色。花果期 5~11 月。

分布于长阳、五峰、兴山、宜昌、宜都、秭归，生于海拔 1200m 以下的山坡林下或林缘。

## 海通 *Clerodendrum mandarinorum* Diels　　大青属 *Clerodendrum* L.

乔木；幼枝略呈四棱形，密被黄褐色绒毛，髓具明显的黄色薄片状横隔。叶片近革质，卵状椭圆形、卵形、宽卵形至心形，长 10~27cm，宽 6~20cm，顶端渐尖，基部截形或近心形，表面被短柔毛，背面密被灰白色绒毛。伞房状聚伞花序顶生，分枝多，疏散；苞片易脱落，小苞片线形；花萼钟状，长 3~4mm，密被短柔毛和腺体，萼齿钻形；花冠白色，外被短柔毛，花冠管纤细，长 7~10mm，裂片长圆形；雄蕊及花柱伸出花冠外。核果近球形，成熟后蓝黑色，宿萼增大，红色，包果一半以上。花果期 7~12 月。

分布于长阳、五峰、兴山、宜昌、秭归，生于海拔 400~1200m 的山地林中。

## 海州常山 *Clerodendrum trichotomum* Thunb.　　大青属 *Clerodendrum* L.

小乔木；叶片纸质，卵形或卵状椭圆形，长 5~16cm，宽 2~13cm，顶端渐尖，基部宽楔形，两面幼时被短柔毛，侧脉 3~5 对，全缘或具波状齿；叶柄长 2~8cm。伞房状聚伞花序，苞片叶状，早落；花萼蕾时绿白色，后紫红色，基部合生，有 5 棱脊，顶端 5 深裂，裂片三角状披针形；花冠白色或带粉红色，花冠管细，长约 2cm，顶端 5 裂；柱头 2 裂。核果近球形，径 6~8mm，藏于增大的宿萼内，成熟时外果皮蓝紫色。花果期 6~11 月。

分布于长阳、五峰、兴山、宜昌、远安、秭归，生于海拔 1500m 以下的山坡林中或灌丛中。

## 豆腐柴 *Premna microphylla* Turcz.　　豆腐柴属 *Premna* L.

直立灌木；幼枝被柔毛，老枝变无毛。叶揉之有臭味，卵状披针形、椭圆形、卵形或倒卵形，长 3~13cm，宽 1.5~6cm，顶端急尖至长渐尖，基部渐狭窄下延至叶柄两侧，全缘至有不规则粗齿；叶柄长 0.5~2cm。聚伞花序组成顶生塔形的圆锥花序；花萼杯状，密被毛至几无毛，但边缘常有睫毛，近整齐的 5 浅裂；花冠淡黄色，外被柔毛和腺点，花冠内部被柔毛。核果紫色，球形至倒卵形。花果期 5~10 月。

分布于五峰、兴山、宜昌，生于海拔 1400m 以下的山坡林中或林缘。

## 狐臭柴 *Premna puberula* Pamp. 豆腐柴属 *Premna* L.

直立或近攀缘灌木；小枝近直角伸出。叶片纸质至坚纸质，卵状椭圆形或长圆状椭圆形，全缘或上半部有波状深齿，长 2.5~11cm，宽 1.5~5.5cm，顶端急尖，基部楔形；叶柄长 1~3.5cm。聚伞花序组成塔形圆锥花序，生于小枝顶端；苞片披针形或线形；花萼杯状，顶端 5 浅裂，裂齿三角形；花冠淡黄色，有紫色或褐色条纹，4 裂成二唇形，下唇 3 裂，上唇圆形，花冠管长约 4mm；雄蕊二强，花丝无毛；子房圆形，无毛。核果紫色转黑色，倒卵形，有瘤突。花果期 5~8 月。

分布于兴山、宜昌、秭归，生于海拔 300~1400m 的山坡林中或灌丛中。

## 灰毛牡荆 *Vitex canescens* Kurz 牡荆属 *Vitex* L.

乔木；小枝四棱形，密被灰黄色细柔毛。掌状复叶，对生，叶柄长 2.5~7cm，小叶 3~5；小叶片卵形、椭圆形或椭圆状披针形，长 6~18cm，宽 2.5~9cm，顶端渐尖，基部宽楔形或近圆形，侧生的小叶基部常不对称，全缘，表面被短柔毛，背面密被柔毛和腺点，侧脉 8~19 对，小叶柄长 0.5~3cm。圆锥花序顶生，长 10~30cm，苞片早落；花萼顶端有 5 小齿；花冠黄白色，外面密被细柔毛和腺点；雄蕊 4，二强；子房顶端有腺点。核果近球形。花期 4~5 月，果期 5~6 月。

分布于长阳、兴山、宜昌，生于海拔 600m 以下的山坡林中。

## 黄荆 *Vitex negundo* L. 牡荆属 *Vitex* L.

灌木；小枝四棱形，密被灰白色绒毛。掌状复叶，小叶常5；小叶片长圆状披针形至披针形，顶端渐尖，基部楔形，全缘或每边有少数粗锯齿，背面密被灰白色绒毛；中间小叶长4~13cm，宽1~4cm，两侧小叶依次递小。聚伞花序排成圆锥状，顶生，长10~27cm，花序梗密被灰白色绒毛；花萼钟状，顶端有5裂齿，外被灰白色绒毛；花冠淡紫色，外被微柔毛，顶端5裂，二唇形；雄蕊伸出花冠管外；子房近无毛。核果近球形，径约2mm；宿萼接近果实的长度。花期4~6月，果期7~10月。

宜昌市各地均有分布，生于海拔1000m以下的山坡灌丛或路边。

## 牡荆 *Vitex negundo* var. *cannabifolia* (Sieb. & Zucc.) Hand.-Mazz. 牡荆属 *Vitex* L.

落叶灌木或小乔木；小枝四棱形。叶对生，掌状复叶，小叶5，少有3；小叶片披针形或椭圆状披针形，顶端渐尖，基部楔形，边缘有粗锯齿，表面绿色，背面淡绿色，常被柔毛。圆锥花序顶生，长10~20cm；花冠淡紫色。果实近球形，黑色。花期6~7月，果期8~11月。

分布于长阳、当阳、五峰、兴山、远安、宜昌、枝江、秭归，生于海拔800m以下的山坡灌丛中。

## 鸡骨柴 *Elsholtzia fruticosa* Rehder　　香薷属 *Elsholtzia* Willd.

直立灌木；叶披针形，长6~13cm，宽2~3.5cm，先端渐尖，基部狭楔形，边缘具粗锯齿，上面被糙伏毛，下面被短柔毛，侧脉约6~8对；叶柄极短。穗状花序由具短梗多花的轮伞花序组成；苞叶向上渐呈苞片状。花萼钟形，萼齿5，三角状钻形。花冠白色至淡黄色，冠檐二唇形，上唇直立，下唇3裂；雄蕊4，柱头2裂。坚果长圆形，径0.5mm。花期7~9月，果期10~11月。

分布于长阳、五峰、兴山、宜昌、宜都、秭归，生于海拔600~1800m的山坡灌丛中或疏林中。



## 密疣菝葜 *Smilax chapaensis* Gagnep.　　菝葜属 *Smilax* L.

攀缘灌木；枝条具2~3棱，密生疣状突起。叶通常纸质，卵形至披针形，长8~15cm，宽3~6cm，先端渐尖，基部宽楔形；叶柄长1~2.5cm，约占全长的1/4，具狭鞘，基部也多少具疣状突起。伞形花序常单生叶腋；总花梗常短于叶柄，花梗1~1.5cm，果期可与叶柄等长，近基部有一关节；花黄绿色。雄花：花被片长3~4mm，宽约1mm，内花被片稍狭；雄蕊长3.5~4mm，花药近矩圆形；雌花：花被片稍小于雄花，退化雄蕊6。浆果球形，直径6~7mm。花期2~3月，果期10~11月。

分布于长阳、五峰、宜昌，生于海拔600~1500m的山坡林下或灌丛中。

## 菝葜 *Smilax china* L.　　菝葜属 *Smilax* L.

攀缘灌木；根状茎粗厚，为不规则的块状；茎疏生刺。叶薄革质或坚纸质，圆形或卵形，长3~10cm，宽1.5~6cm，下面通常淡绿色；叶柄长5~15mm，常有卷须，脱落点位于靠近卷须处。伞形花序，常呈球形；总花梗长1~2cm；花序托稍膨大，近球形，具小苞片；花绿黄色，外花被片长3.5~4.5mm，宽1.5~2mm；雄花中花药比花丝稍宽；雌花与雄花大小相似，退化雄蕊6。浆果直径6~15mm，熟时红色。花期2~5月，果期9~11月。

宜昌市各地均有分布，生于海拔2000m以下的山坡林下或灌丛中。

## 银叶菝葜 *Smilax cocculoides* Warb. ex Diels　　菝葜属 *Smilax* L.

灌木；多少攀缘，具粗短的根状茎；枝条常有不明显的钝棱，无刺。叶纸质或近革质，卵形、椭圆状卵形或近披针形，长5~12cm，宽2.5~4cm，先端骤凸或长渐尖，基部楔形，下面浅绿色；叶柄长5~10mm，基部有狭鞘，无卷须；鞘向前延伸，呈舌状。伞形花序单生叶腋；总花梗长1~2cm，近基部有关节；花序托几不膨大；雄花黄绿色，外花被片长2.5~3.5mm，宽约1.5mm，内花被片较狭，雄蕊长约0.7mm。浆果直径约8mm，熟时黑蓝色。花期2~4月，果期11月。

分布于长阳、五峰、兴山、宜昌，生于海拔1400m以下的山坡林下或灌丛中。

## 托柄菝葜 *Smilax discotis* Warb.

菝葜属 *Smilax* L.

灌木；多少攀缘，茎疏生刺或近无刺。叶纸质，近椭圆形，长4~10cm，宽2~5cm，基部心形，下面苍白色；叶柄长3~5mm，脱落点位于近顶端，有时具卷须；鞘与叶柄等长或稍长，近半圆形或卵形，多少呈贝壳状。伞形花序，总花梗长1~4cm，具多枚小苞片；花绿黄色；雄花外花被片长约4mm，宽约1.8mm，内花被片宽约1mm；雌花比雄花略小，退化雄蕊3。浆果直径6~8mm，熟时黑色，具粉霜。花期4~5月，果期10月。

分布于长阳、当阳、五峰、兴山、宜昌、宜都、秭归，生于海拔600~1800m的山坡林下或灌丛中。

## 长托菝葜 *Smilax ferox* Wall. ex Kunth

菝葜属 *Smilax* L.

攀缘灌木；枝条多少具纵条纹，疏生刺。叶厚革质至坚纸质，椭圆形至矩圆形，变化较大，长3~16cm，宽1.5~9cm，下面常苍白色，主脉一般3条；叶柄长5~25mm，约占全长的1/2~3/4，具鞘，脱落点位于鞘上方。伞形花序，总花梗长1~2.5cm；花黄绿色或白色；雄花外花被片长4~8mm，宽2~3mm，内花被片稍狭；雌花比雄花小，花被片长3~6mm，具退化雄蕊6。浆果直径8~15mm，熟时红色。花期3~4月，果期10~11月。

分布于长阳、当阳、五峰、兴山、宜昌、秭归，生于海拔200~2000m的山地林下或灌丛中。

## 土茯苓 *Smilax glabra* Roxb. 菝葜属 *Smilax* L.

攀缘灌木；根状茎粗厚，块状；枝条光滑，无刺。叶薄革质，狭椭圆状披针形至狭卵状披针形，长 6~12cm，宽 1~4cm，先端渐尖；叶柄长 5~15mm，约占全长的 1/4~3/5，具狭鞘，有卷须。伞形花序，总花梗明显短于叶柄，花序托膨大，花绿白色。雄花外花被片近扁圆形，宽约 2mm；内花被片近圆形；雄蕊与内花被片近等长。雌花外形与雄花相似，但内花被片边缘无齿，具退化雄蕊 3。浆果直径 7~10mm，熟时紫黑色。花期 7~11 月，果期 11 月至翌年 4 月。

宜昌市各地均有分布，生于海拔 1800m 以下的山地林中或灌丛中。

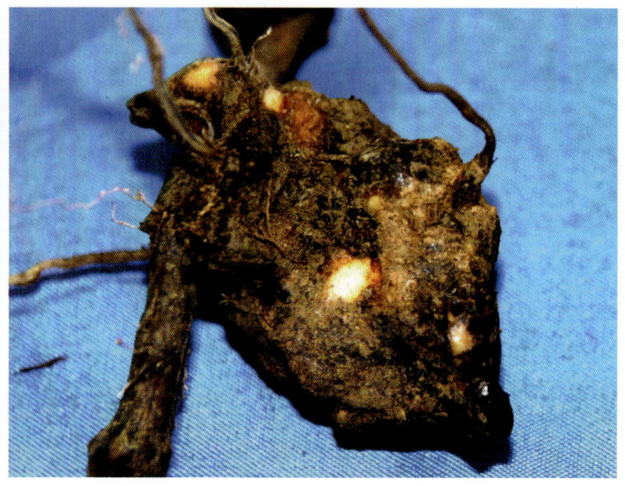

## 黑果菝葜 *Smilax glaucochina* Warb. ex Diels 菝葜属 *Smilax* L.

攀缘灌木；根状茎粗壮，茎常疏生刺。叶厚纸质，通常椭圆形，长 5~8cm，宽 2.5~5cm，先端微凸，基部圆形或宽楔形，下面苍白色；叶柄长 7~15mm，约占全长的 1/2，具鞘，有卷须，脱落点位于上部。伞形花序，总花梗长 1~3cm；花序托稍膨大；花绿黄色；雄花花被片长 5~6mm，宽 2.5~3mm，内花被片宽 1~1.5mm；雌花与雄花大小相似，具退化雄蕊 3。浆果直径 7~8mm，熟时黑色，具粉霜。花期 3~5 月，果期 10~11 月。

分布于五峰、兴山、宜昌、秭归，生于海拔 300~1600m 的山坡林下或灌丛中。

## 小叶菝葜 *Smilax microphylla* C. H. Wright 菝葜属 *Smilax* L.

攀缘灌木；枝条平滑或稍粗糙，多少具刺。叶革质，卵状披针形到线状披针形，长3~9cm，宽1~4cm，先端急尖，基部钝或浅心形，下面苍白色；叶柄长0.5~2cm，约占全长的1/2~2/3，具狭鞘，脱落点位于近顶端，一般有卷须。伞形花序，总花梗近圆柱形，常稍粗糙，明显短于叶柄；花淡绿色；雄花外花被片长1.6~2mm，宽约1mm，雄蕊极短；雌花与雄花相似，具退化雄蕊3。浆果直径5~7mm，熟时蓝黑色。花期5~6月，果期12月。

分布于长阳、五峰、兴山、宜昌、秭归，生于海拔1600m以下的山地林下或灌丛中。

## 短梗菝葜 *Smilax scobinicaulis* C. H. Wright 菝葜属 *Smilax* L.

攀援藤本；茎和枝条通常疏生刺，刺针状，长4~5mm。叶卵形或椭圆状卵形，干后有时变为黑褐色，长4~12.5cm，宽2.5~8cm，基部钝或浅心形；叶柄长5~15mm。总花梗很短，一般不到叶柄长度的一半；雌花具退化雄蕊3。浆果直径6~9mm。花期5月，果期10月。

分布于长阳、五峰、兴山、宜昌、秭归，生于海拔500~2000m的山地灌丛中。

## 鞘柄菝葜 *Smilax stans* Maxim.　　菝葜属 *Smilax* L.

落叶灌木；直立或披散，茎和枝条稍具棱，无刺。叶纸质，卵形、卵状披针形或近圆形，长 1.5~4cm，宽 1.2~3.5cm，下面略苍白色；叶柄长 5~12mm，向基部渐宽呈鞘状，无卷须，脱落点位于近顶端。花序具 1~3 朵或更多；总花梗纤细，比叶柄长 3~5 倍；花序托不膨大；雄花外花被片长 2.5~3mm，宽约 1mm，内花被片稍狭；雌花比雄花略小，具退化雄蕊 6，退化雄蕊有时具不育花药。浆果直径 6~10mm，熟时黑色，具粉霜。花期 5~6 月，果期 10 月。

分布于长阳、五峰、兴山、宜昌、宜都、秭归，生于海拔 300m 以上的山地林中或灌丛中。



## 棕榈 *Trachycarpus fortunei* (Hook.) H. Wendl.　　棕榈属 *Trachycarpus* H. Wendl.

乔木状；老叶柄基部被密集的网状纤维，不能自行脱落。叶片呈 3/4 圆形，深裂成 30~50 具皱折的线状剑形，宽 2.5~4cm，长 60~70cm，裂片先端具短 2 裂；叶柄长 75~80cm，两侧具细圆齿。花序粗壮，常雌雄异株。雄花无梗，黄绿色，卵球形；花萼卵状急尖，花瓣阔卵形，雄蕊 6。雌花淡绿色，球形；萼片阔卵形，花瓣卵状近圆形，心皮被银色毛。果实阔肾形。花期 4 月，果期 12 月。

分布于长阳、五峰、兴山、宜昌、宜都、远安、秭归，生于低海拔地区的山坡疏林中或栽培。

## 慈竹 *Bambusa emeiensis* L. C. Chia et H. L. Fung

簕竹属 *Bambusa* Schreber

秆丛生；秆高 5~10m，梢端细长作弧形向外弯曲如钓丝状；节间长 15~30cm，径粗 3~6cm，表面贴生小刺毛；秆环平坦；箨环显著；节内长约 1cm；箨鞘革质，背部密被白色短柔毛和棕黑色刺毛，腹面具光泽；箨耳无；箨舌呈流苏状；箨片两面均被白色小刺毛，先端渐尖。秆每节约有 20 条以上的分枝，呈半轮生状簇聚。叶片窄披针形，长 10~30cm，宽 1~3cm，质薄，先端渐尖，基部楔形，上面无毛，下面被细柔毛。笋期 6~9 月或 12 月至翌年 3 月，花期 7~9 月。

分布于长阳、五峰、兴山、宜昌、秭归，生于海拔 700m 以下的山坡或栽培。

## 刺黑竹 *Chimonobambusa purpurea* Hsueh f. & T. P. Yi

寒竹属 *Chimonobambusa* Makino

地下茎为复轴型；秆高 4~8m，直径 1.5~5cm。中部以下各节具发达的刺状气生根；秆中部的节间一般长 18cm；箨环隆起，初时密被小刺毛；秆环微隆起；节内长 1.5~2.5mm；箨鞘纸质，长三角形，背面具紫褐色而夹有灰白色小斑块，鞘基的毛密集呈环状，小横脉明显，中上部边缘具发达的纤毛；箨耳缺；箨舌膜质，拱形；箨片微小。末级小枝具 2~4 叶，叶片纸质，狭披针形，长 5~19cm，宽 0.5~2cm，先端长渐尖，基部楔形。笋期 3~4 月。

分布于兴山，生于海拔 800m 以下的山谷沟边或林下。

## 拐棍竹 *Fargesia robusta* T. P. Yi　　箭竹属 *Fargesia* Franch.

秆丛生或近散生；高 2~7m，粗 1~3cm；节间长 15~30cm，圆筒形，幼时被白粉，髓呈锯屑状；无箨环隆起，秆环微隆起，节内长 2.5~5mm。箨鞘早落或迟落，革质，三角状椭圆形，先端短三角形，背部被刺毛；无箨耳无或偶有极微小箨耳，鞘口无缝毛或初时两肩各具强度弯曲的缝毛；箨舌截形，上缘初时密被纤毛；箨片位于秆之下部箨者直立，三角形或线状披针形。每节分 15~20 枝。小枝具 2~4 叶，叶片披针形，长 8~14 cm，宽 6~14mm，先端长渐尖，基部楔形。笋期 5 月，花期 6~8 月。

分布于五峰、兴山、宜昌，生于海拔 1200m 以上的山地林中。

## 华西箭竹 *Fargesia nitida* (Mitford) Keng f. ex T. P. Yi　　箭竹属 *Fargesia* Franch.

秆丛生或近散生；高 2~5m，粗 1~2cm。节间长 11~20cm，圆筒形，幼时被白粉，髓呈锯屑状；箨环隆起，秆环微隆起；节内长 1.5~2.5mm。箨鞘宿存，革质，三角状椭圆形，先端三角形；无箨耳及鞘口缝毛；箨舌圆拱形，紫色，边缘幼时密被短纤毛；箨片三角形或线状披针形。分枝每节为 15~18 枝。小枝具 2~3 叶；叶片线状披针形，长 3.8~9.5cm，宽 6~10mm，基部楔形，下表面灰绿色，两面均无毛，次脉 3~4 对，叶缘近于平滑或其一侧具微锯齿而略粗糙。笋期 4~5 月。

分布于五峰、兴山，生于海拔 1500m 以上的山坡林中。

## 阔叶箬竹 *Indocalamus latifolius* (Keng) McClure

箬竹属 *Indocalamus* Nakai

地下茎复轴型；竿高可达2m，直径0.5~1.5cm；节间长5~22cm，被微毛；竿环略高于箨环；竿每节常1分枝。箨鞘硬纸质，背部常被棕色小刺毛或细柔毛，后易脱落，边缘具棕色纤毛；箨耳无或不明显；箨舌截形，先端无毛或有时具短缝毛而呈流苏状；箨片直立，线形或狭披针形。叶片长圆状披针形，先端渐尖，长10~45cm，宽2~9cm，下表面灰白色或灰白绿色，多少被微毛，次脉6~13对，小横脉明显，形成近方格形，叶缘生小刺毛。笋期4~5月。

分布于长阳、五峰、兴山、宜昌、秭归，生于海拔1000m以下的山坡、河边或村边。

## 毛竹 *Phyllostachys edulis* (Carrière) J. Houz.

刚竹属 *Phyllostachys* Sieb. & Zucc.

地下茎为单轴散生；竿高达20m，粗可达20cm以上，幼竿密被细柔毛及白粉，箨环被毛，老竿无毛，并由绿色变为绿黄色；节间从基部向上则逐节变长，中部节间长达40cm或更长，壁厚约1cm。箨鞘背面黄褐色或紫褐色，具黑褐色斑点及密被棕色刺毛；箨耳微小，缝毛发达；箨舌宽短，强隆起呈尖拱形，边缘具粗长纤毛；箨片较短，长三角形至披针形，有波状弯曲，绿色，初时直立，以后外翻。末级小枝具2~4叶；叶片披针形，长4~11cm，宽0.5~1.2cm，下表面在沿中脉基部被柔毛。笋期4月。

宜昌各地均有分布，生于海拔800m以下的山谷林中。现常栽培。

## 水竹 *Phyllostachys heteroclada* Oliv.　　刚竹属 *Phyllostachys* Sieb. & Zucc.

地下茎为单轴散生；竿高可达6m，粗1~3cm，节间长6~28cm，幼时被白粉；竿环比箨环稍隆起。箨鞘暗绿色略带紫色，无斑点，边缘被白色或淡褐色纤毛；箨耳小，中部箨鞘具小箨耳，边缘具数条紫色缝毛；箨舌短，截形或稍呈弧形，边缘被纤毛；箨叶直立，三角形或狭三角状披针形，绿色，贴生。每小枝着生1~3叶，叶片长圆状披针形或线状披针形，长5.5~12.5cm，宽1~1.7cm，下表面在基部被毛，叶鞘无毛，但鞘口有易脱落的缝毛。笋期5月，花期4~8月。

分布于长阳、五峰、兴山、宜昌、秭归，生于海拔1400m以下的山坡林中。

## 紫竹 *Phyllostachys nigra* (Lodd. ex Lindl.) Munro　　刚竹属 *Phyllostachys* Sieb. & Zucc.

地下茎为单轴散生；竿高4~10m，直径可达5cm，幼竿绿色，密被细柔毛及白粉，箨环被毛，一年后竿逐渐先出现紫斑，最后全部变为紫黑色，无毛；中部节间长25~30cm；竿环与箨环均隆起。箨鞘背面红褐色，无斑点或常具极微小斑点；箨耳长圆形至镰形，紫黑色，边缘具紫黑色缝毛；箨舌拱形至尖拱形，紫色，边缘具长纤毛；箨片三角形至三角状披针形，绿色，脉为紫色。末级小枝具2~3叶；叶耳不明显，被脱落性鞘口缝毛；叶片质薄，长7~10cm，宽约1.2cm。笋期4月下旬。

分布于长阳、五峰、宜都、秭归，栽培于1300m以下的村边。

## 金竹 *Phyllostachys sulphurea* (Carrière) Rivière & C. Rivière





地下茎为单轴散生；竿高6~15m，直径4~10cm，幼时微被白粉，成竿呈绿色或黄绿色；中部节间长20~45cm，壁厚约5mm；箨环微隆起。箨鞘背面呈乳黄色或绿黄褐色或带灰色，具淡褐色或褐色略呈圆形的斑点；箨耳及鞘口缕毛俱缺；箨舌绿黄色，拱形或截形，边缘具纤毛；箨片狭三角形至带状，外翻，绿色。末级小枝有2~5叶；叶耳及鞘口缕毛均发达；叶片长圆状披针形或披针形，长5.6~13cm，宽1.1~2.2cm。笋期5月中旬。

分布于长阳、五峰、兴山、宜昌、秭归，生于海拔1200m以下的山坡林中或栽培。

# 拉丁文索引

## A



## B

**D**

## Q



## R

## S

## T

# 中文索引
（按汉语拼音）

## D

E



F



G

H

## J



## K

T



W



X

## Z

## 参考文献

宋朝枢，刘胜祥．湖北后河自然保护区科学考察集 [M]．北京：中国林业出版社，1999．
汪正祥，雷耘，杨其．湖北崩尖子自然保护区生物多样性及其保护 [M]．北京：中国林业出版社，2016．
汪正祥．湖北万朝山自然保护区生物多样性及其保护研究 [M]．北京：科学出版社，2018．
吴金清．三峡库区大老岭植物多样性与保护 [M]．北京：中国水利水电出版社，2008．
傅书遐．湖北植物志（第 1 册）[M]．武汉：湖北科学技术出版社，1998．
傅书遐．湖北植物志（第 2 ～ 4 册）[M]．武汉：湖北科学技术出版社，2002．
中国科学院中国植物志编辑委员会．中国植物志 [M]．北京：科学出版社，1959-2004．
湖北林业厅．湖北林木种质资源 [M]．武汉：湖北科技出版社，1993．
郑重．哈佛大学植物标本馆湖北木本植物标本志要 [J]．武汉植物学研究，1984，2(1)：104-105．
郑重，许天全，张全发．湖北省珍稀特有植物及其分布概况 [J]．环境科学与技术，1990，990：40-47．
郑重．湖北植物大全 [M]．武汉：武汉大学出版社，1993．
王玉兵，梁宏伟，陈发菊，等．湖北珍稀濒危植物 [M]．北京：科学出版社，2017．
姚小洪，叶其刚，康明，等．秤锤树属与长果安息香属植物的地理分布及其濒危现状［J］．生物多样性，2005，13（4）：339-346
傅立国，金鉴明．中国植物红皮书 [M]．北京：科学出版社，1992．
郑万钧．中国树木志 [M]．北京：中国林业出版社，1983-1997．
周国齐，郑小江．鄂西南木本植物资源 [M]．武汉：湖北科学技术出版社，2000．
马履一，王罗荣，贺随超，等．中国木兰科木兰属——新变种 [J]．植物研究，2006，26（5）：516-519．
马履一，王罗荣，贺随超，等．中国木兰科木兰属——新变种 [J]．植物研究，2006，26（1）：4-7．
覃海宁，杨永，董仕勇，等．中国高等植物受威胁物种名录 [J]．生物多样性，2017，25（7）：696-744．
Wu Zhengyi，Peter H．Raven．Flora of China[M]．Beijing：Science Press & St．Louis：MissouriBotanical Garden Press：1988-2013．